21世纪本科院校土木建筑类创新型应用人才培养规划教材

工程力学

主　编　王明斌　庞永平
副主编　付　聪　刘振宇

内 容 简 介

本书是21世纪本科院校土木建筑类创新型应用人才培养规划教材，是土木工程专业重要基础课教材之一。本书在编写过程中，根据我国高等教育和教学改革的发展趋势以及素质教育与创新精神培育的要求，同时注意吸取国内外同类教材的经验，充分反映近年来力学教学第一线的新成果及新经验。

本书分静力学和材料力学两篇。静力学篇包括静力学的基本概念与受力分析、平面汇交力系、平面力偶系、平面一般力系、摩擦、空间力系6章；材料力学篇包括绪论和基本概念、轴向拉伸和压缩、剪切、扭转、弯曲内力、截面的几何性质、弯曲应力、弯曲变形、应力状态和强度理论、组合变形的强度计算、压杆稳定11章。每章附有思考题和习题，书后附有型钢表和参考答案。

本书可作为普通高等学校土建类专业教学用书，也可作为独立学院、高职高专与成人高校的教材，还可作为有关工程技术人员学习参考用书。

图书在版编目(CIP)数据

工程力学/王明斌，庞永平主编．—北京：北京大学出版社，2011.10
(21世纪本科院校土木建筑类创新型应用人才培养规划教材)
ISBN 978-7-301-19530-7

Ⅰ.①工… Ⅱ.①王…②庞… Ⅲ.①工程力学—高等学校—教材 Ⅳ.①TB12

中国版本图书馆CIP数据核字(2011)第192862号

书　　　名：**工程力学**
著作责任者：王明斌　庞永平　主编
策 划 编 辑：卢　东　吴　迪
责 任 编 辑：卢　东
标 准 书 号：ISBN 978-7-301-19530-7/TU·0186
出 版 者：北京大学出版社
地　　　址：北京市海淀区成府路205号　100871
网　　　址：http://www.pup.cn　http://www.pup6.cn
电　　　话：邮购部010-62752015　发行部010-62750672　编辑部010-62750667
电 子 邮 箱：编辑部pup6@pup.cn　总编室zpup@pup.cn
印 刷 者：北京虎彩文化传播有限公司
发 行 者：北京大学出版社
经 销 者：新华书店
787毫米×1092毫米　16开本　19.5印张　453千字
2011年10月第1版　2024年6月第8次印刷
定　　　价：42.00元

前　言

人才培养是高校的首要任务，现代社会既需要研究型人才，也需要大量在生产领域解决实际问题的应用型人才，作为知识传承、能力培养和课程建设载体的教材在应用型高校的教学活动中起着至关重要的作用，但目前“应用型”教材的建设和发展却远远滞后于应用型人才培养的步伐。

本书根据应用型本科土木建筑类各专业的“工程力学”课程要求编写，包括静力学和材料力学两部分，在沿用传统体系的基础上，对部分内容进行了精简，加强了与专业及工程应用相结合，强调实用性。通过本课程的学习，学生获得静力学方面的受力分析、力系简化、各种力系的平衡方程、摩擦问题及重心、形心的知识；并获得固体力学的入门知识，即综合几何、物理、静力三方面知识的基本分析方法与杆件和简单的杆系结构的强度、刚度、稳定性方面的知识，培养学生分析问题和解决问题的能力以及实验动手能力。同时，为进一步学习结构力学、结构设计原理等相关专业课打好基础。编者在编写过程中力求做到以下几点。

(1) 体系新颖。编写体系范围内，有关工程力学基本内容均已涉及，但舍弃了一些过深而又不实用的内容。以读者为本，以本科教学为主，以理论严谨、逻辑清晰、由浅入深为基本原则。本书最大的特点为要点突出，便于教学，专业对口性强。

(2) 内容紧凑。书中内容在介绍时注意交待来龙去脉，由浅入深，推导论证详而不繁，突出了应用的条件和前提。例题注重对解题思路的引导、公式的正确应用和对结果合理性的分析。

(3) 应用性强。每章有教学提示、学习要求、本章小结，同时附有难度和数量适度的习题，习题既有足够的基本题，又包含了一些思考性及综合性的题目。本书适用于高等工科院校四年制土建、交通、水利等相关专业，也适用于其他专业，总学时数在100学时左右。

本书由鲁东大学土木工程学院的教师编写。第1～6章静力学部分由庞永平编写，第8章和第11章由付聪老师编写，第7、9、10、12章由刘振宇老师编写，第13至第17章以及附录、参考文献等部分由王明斌老师编写。全书由王明斌、庞永平担任主编，付聪、刘振宇担任副主编，全书由王明斌统稿。

由于编者水平所限，书中疏漏与不足之处在所难免，敬请广大读者批评指正。

编者

2011年6月

目　录

第1篇

静　力　学

引　言

物体在空间的位置随时间的改变而改变，称为机械运动，这是人们在日常生活和生产实践中最常见的一种运动形式。

静力学研究的是物体在力系作用下的平衡规律。也就是说，研究物体受到力系以后符合什么条件才能平衡。所谓“平衡”是指物体相对于地球保持静止或做匀速直线运动。如桥梁、楼房、做匀速直线飞行的飞机等，都处于平衡状态。平衡是物体机械运动的一种特殊形式。

力系是指作用于物体上的一群力，在静力学中，将研究以下 3 个方面的问题

(1) 物体的受力分析。分析某个物体上共受几个力以及每个力的方向和作用位置。

(2) 力系的简化。把作用在物体上的一个力系用另一个与它等效的力系来代替，这两个力系互为等效力系。用一个简单力系等效地替换另一个复杂力系称为力系的简化。

(3) 建立各种力系的平衡条件。研究物体平衡时，作用在物体上的各种力系所需满足的条件即平衡条件。工程中常见的力系，按其作用线所在的位置，可分为平面力系和空间力系两大类。不同的力系，它的平衡条件也各不相同。满足平衡条件的力系称为平衡力系。

力系的平衡条件在工程中有着十分重要的意义，是设计结构、构件时进行静力计算的基础。因此，静力学在工程中有着最为广泛的应用。

第1章 静力学的基本概念与受力分析

【教学提示】

本章主要介绍静力学中的一些基本概念和5个公理。这些概念和公理是静力学的基础。还将介绍物体的受力分析和受力图的画法，它是解决静力学问题的关键。

【学习要求】

通过本章的学习，记住并理解刚体和力的概念以及静力学公理。重点是掌握物体的受力分析及受力图的画法。

1.1 刚体和力的概念

1. 刚体的概念

所谓刚体是指在力的作用下，其大小和形状始终保持不变的物体。显然这是一个理想化的力学模型。实际物体在力的作用下都会产生不同程度的变形，但是，这些微小的变形有时对研究物体的平衡不起主要作用，可以忽略不计，这样可使问题的研究大为简化。因此，刚体只是为了研究问题的方便而抽象出来的一种力学模型。

静力学研究的物体只限于刚体，故又称为刚体静力学，它是研究变形体力学的基础。

2. 力的概念

力的概念是人们在生活和生产实践中通过长期的观察和分析而提出来的。例如，抬物体的时候，物体压在肩上，由于肌肉紧张而感受到力的作用；用手推小车，小车就由静止开始运动；用手拉弹簧，弹簧发生了形变，同时也感受到弹簧也在拉手等。人们就是从这样大量的实践中，从感性到理性，逐步地建立起力的概念。所以，力是物体间的相互机械作用，这种作用使物体的机械运动状态发生改变，或者使物体发生变形。

因此，力不能脱离物体而存在。虽然看不见力，但它的作用效应完全可以直接观察，或用仪器测量出来。人们也正是从力的作用效应来认识力本身的。正如恩格斯所指出的："力以它的表现来量度"。

力使物体运动状态发生变化的效应，称为力对物体的外效应。而力使物体发生变形的效应称为力对物体的内效应。静力学只研究力的外效应，而材料力学将研究力的内效应。

由经验可知，力对物体的效应取决于3个要素：力的大小，力的方向，力的作用点，通常称为力的三要素。当这3个要素中的任何一个改变时，力的作用效应也就不同。

力是一个既有大小又有方向的量，因此力是矢量。在力学中，矢量可用一条带箭头的有向线段来表示，如图 1.1 所示。用线段的起点或终点表示力的作用点；用线段的箭头指向表示力的方向；用线段的长度(按一定的比例尺)表示力的大小。通过力的作用点沿力的方向的直线，称为力的作用线。在本书中，力的矢量用黑斜体字母 ***F*** 表示，而力的大小则用普通字母 F 表示。

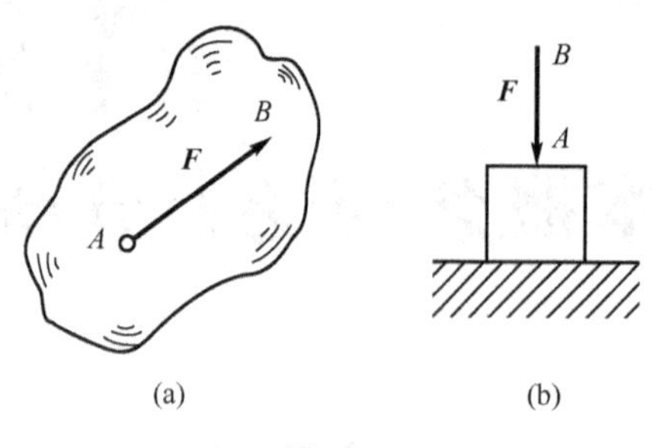

图 1.1

在国际单位制(SI)中，以“N”作为力的单位符号，称为牛［顿］。有时也以“kN”作为力的单位符号，称为千牛［顿］。1N＝1kg・m/s^2。

1.2 静力学公理

静力学公理是人们在长期的生活和生产实践中总结出来的。这些公理简单而明显，无须证明而被大家公认，它们是静力学的基础。

公理一　二力平衡公理　作用于刚体上的两个力平衡的必要和充分条件是：这两个力大小相等，方向相反，并作用于同一直线上，如图 1.2 所示。

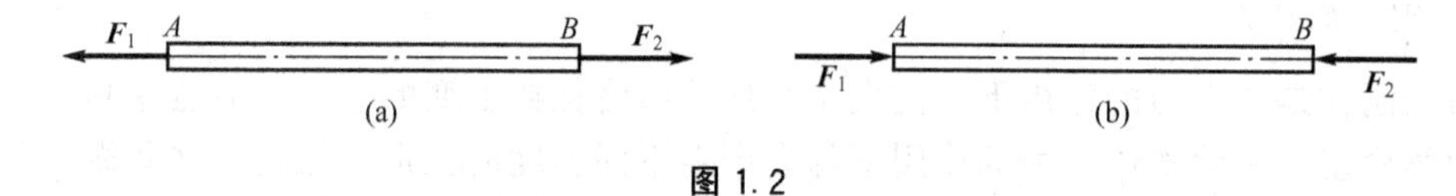

图 1.2

这个公理揭示了作用于物体上最简单的力系平衡时所必须满足的条件。对刚体来说，这个条件是必要且充分的；但对于变形体，这个条件是不充分的。如图 1.3 所示，软绳受两个等值反向的拉力时可以平衡，而受两个等值反向的压力时就不能平衡了。

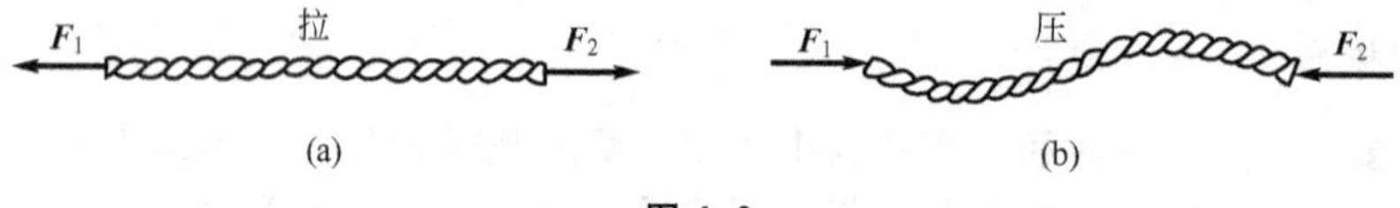

图 1.3

只在两个力作用下处于平衡的构件称为二力构件，如果构件是直的，称为二力杆。工程上存在着许多二力构件。二力构件的受力特点是，两个力必沿作用点的连线。如图 1.4 所示的三铰拱中的 BC 部分，在不计自重的情况下，就可以看成是二力构件。

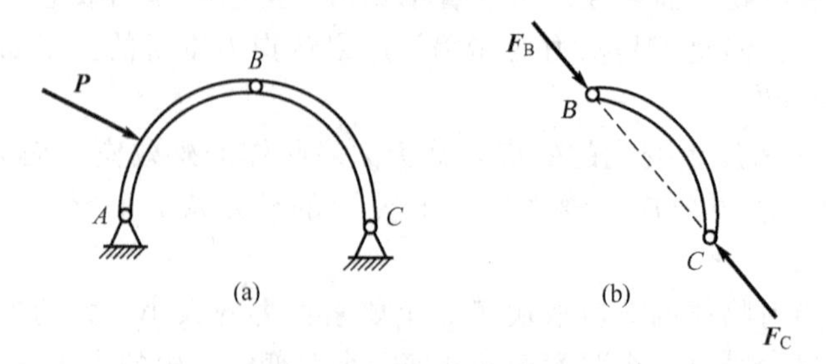

图 1.4

公理二　加减平衡力系公理　在作用在刚体上的任何一个力系上，加上或减去任一平衡力系，并不改变原力系对刚体的作用效应。

这是显而易见的，因为平衡力系对刚体的平衡或运动状态是没有影响的。这个公理常被用在力系的简化上。

推论 1　力的可传性原理　作用于刚体上的力，可以沿其作用线移至刚体内任意一点，而不改变它对刚体的作用效应。例如，人们在车后 A 点推车，与在车前 B 点拉车，效应是一样的，如图 1.5 所示。这个推论也可以由公理二来推证，留给读者自行推证。

由以上可知，作用于刚体上的力的三要素是力的大小、方向和作用线。

应该注意，力的可传性原理只适用于刚体，而不适用于变形体。如图 1.6 所示的变形杆 AB，图 1.6(a)中杆被拉长。如果把这两个力沿作用线分别移到杆的另一端，如图 1.6(b)所示，此时杆就被压短了。

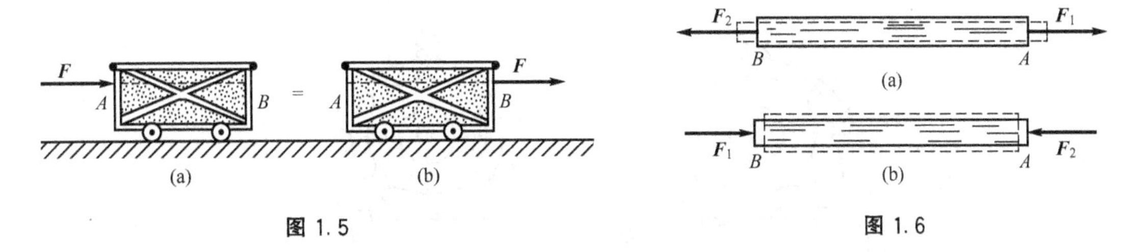

图 1.5　　　图 1.6

公理三　力的平行四边形法则　作用于物体上同一点的两个力，可以合成为一个合力。合力的作用点仍在该点，合力的大小和方向以这两个力为邻边所构成的平行四边形的对角线来表示，如图 1.7 所示。

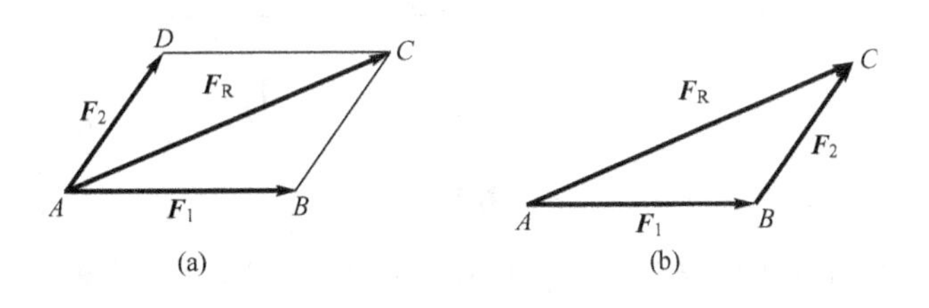

图 1.7

这种合成力的方法称为矢量加法，合力称为这两个力的矢量和。用式子表示为

$$\boldsymbol{F}_{R}=\boldsymbol{F}_{1}+\boldsymbol{F}_{2} \tag{1-1}$$

应该指出，式(1-1)是矢量等式，它与代数等式 $F_R=F_1+F_2$ 的意义完全不同。

为了方便，在用矢量加法求合力时，往往不必画出整个的平行四边形，如图 1.7(b)所示，可从 A 点作一个与力 $\boldsymbol{F}_1$ 大小相等、方向相同的矢量 $\overrightarrow{AB}$，过 B 点作一个与力 $\boldsymbol{F}_2$ 大小相等、方向相同的矢量 $\overrightarrow{BC}$，则矢量 $\overrightarrow{AC}$ 即表示力 $\boldsymbol{F}_1$、$\boldsymbol{F}_2$ 的合力 $\boldsymbol{F}_R$，这种求合力的方法称为力三角形法则。

平行四边形法则既是力的合成的法则，也是力的分解的法则。

推论 2　三力平衡汇交定理　作用于刚体上 3 个相互平衡的力，若其中两个力的作用线汇交于一点，则这 3 个力必在同一平面内，且第三个力的作用线通过汇交点。

证明：如图 1.8 所示，在刚体的 A、B、C 这 3 点上，分别作用 3 个相互平衡的力 $\boldsymbol{F}_1$、

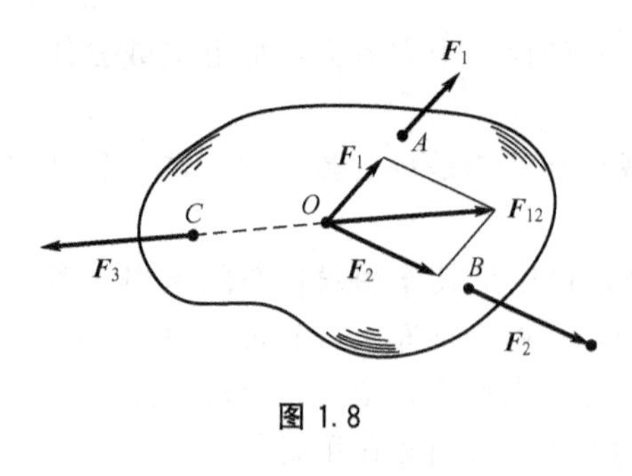

图 1.8

F_2、F_3。根据力的可传性，将力 F_1 和 F_2 移到汇交点 O，然后根据力的平行四边形法则，得合力 F_{12}，则力 F_3 应与力 F_{12} 平衡。由于两个力平衡必须共线，所以力 F_3 必定与力 F_1 和 F_2 共面，且通过力 F_1 与 F_2 的交点 O，于是定理得证。

公理四　作用与反作用定律　作用力和反作用力总是同时存在，两个力的大小相等、方向相反、沿着同一直线，分别作用在两个相互作用的物体上。

这个公理概括了物体间相互作用的关系，表明作用力和反作用力总是成对出现的。举一例子说明，如图 1.9(a)所示，放置在基座上的电动机，受重力 $\boldsymbol{P}$ 和基座的两个反力 $\boldsymbol{F}_{N1}$ 和 $\boldsymbol{F}_{N2}$ 的作用［图 1.9(b)］。

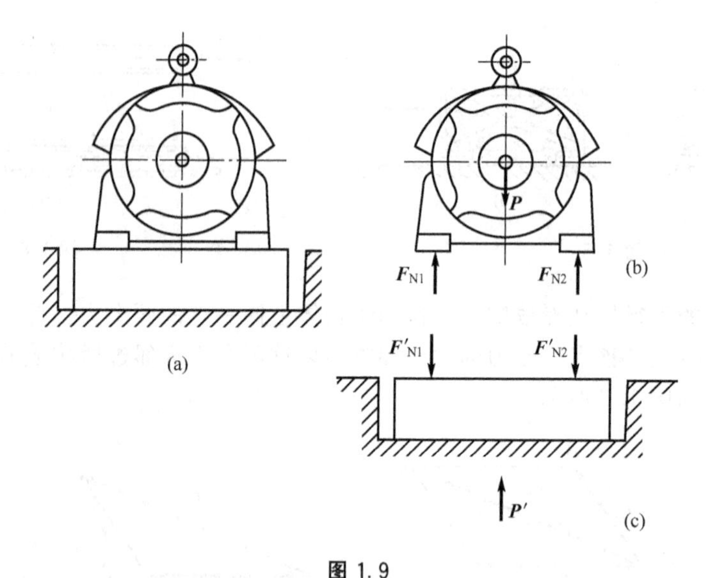

图 1.9

重力 $\boldsymbol{P}$ 是地球对电动机的吸引力，作用在电动机上；同时，电动机对地球也有一个吸引力 $\boldsymbol{P}'$ 作用在地球上［图 1.9(c)］，这两个力是作用力和反作用力，两者等值，反向共线，即 $\boldsymbol{P}=-\boldsymbol{P}'$。此外，电动机对基座也作用两个压力 $\boldsymbol{F}'_{N1}$ 和 $\boldsymbol{F}'_{N2}$，其中力 $\boldsymbol{F}_{N1}$ 与 $\boldsymbol{F}'_{N1}$ 是作用力与反作用力的关系，即 $\boldsymbol{F}_{N1}=-\boldsymbol{F}'_{N1}$、$\boldsymbol{F}_{N2}=-\boldsymbol{F}'_{N2}$。后面作用力与反作用力将用同一字母表示，但其中之一在字母的右上方加“′”。

必须强调指出，由于作用力与反作用力分别作用在两个物体上，因此，不能认为作用力与反作用力相互平衡。

公理五　刚化原理　变形体在某一力系作用下处于平衡，若将变形体刚化为刚体，其平衡状态不变。

这个公理提供了把变形体看做刚体模型的条件。如图 1.10 所示，绳索在等值、反向、共线的两个拉力作用下处于平衡，如将绳索刚化成刚体，其平衡状态保持不变。若绳索在两个等值、反向、共线的压力作用下并不能平衡，这时绳索就不能刚化为刚体。但刚体在上述两种力系的作用下都是平衡的。也就是说把物体刚化成刚体也是有条件的。

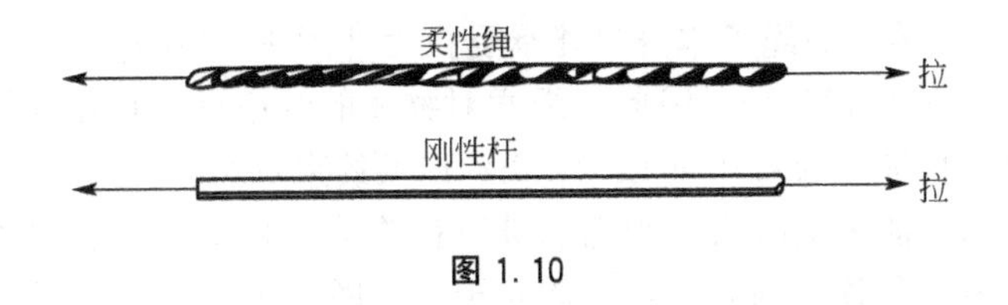

图 1.10

1.3 约束和约束反力

有些物体在空间的位置不受任何限制。位移不受限制的物体称为自由体。相反有些物体在空间的位移却要受到一定的限制。如机车受铁轨的限制，只能沿铁轨运动；重物由钢索吊住，不能下落等。位移受到限制的物体称为非自由体。对非自由体的某些位移起限制作用的物体称为约束。例如，铁轨对于机车，钢索对于重物等，都是约束。

既然约束能够阻碍物体发生位移，也就是约束能够起到改变物体运动状态的作用，所以约束与被约束之间必然存在着力，这种力是约束给被约束的，所以称为约束反力。因此，约束反力的方向必然与被约束物体运动方向或运动趋势的方向相反。应用这个准则，可以确定约束反力的方向或作用线的位置，至于约束反力的大小则是未知的。在静力学中，约束反力和物体受的其他已知力(称为主动力)组成平衡力系，因此可用平衡条件求出未知的约束反力。

由此看来，解静力学问题，主要是求解未知的约束反力，而约束反力又与约束类型有关，下面介绍几种在工程中常见到的简单的约束类型和确定约束反力方向的方法。

1. 具有光滑接触面的约束

例如，支撑物体的固定面［图 1.11(a)、(b)］，啮合齿轮的齿面(图 1.12)，铁路中的道轨与车轮等，当摩擦忽略不计时，都属于这类约束。

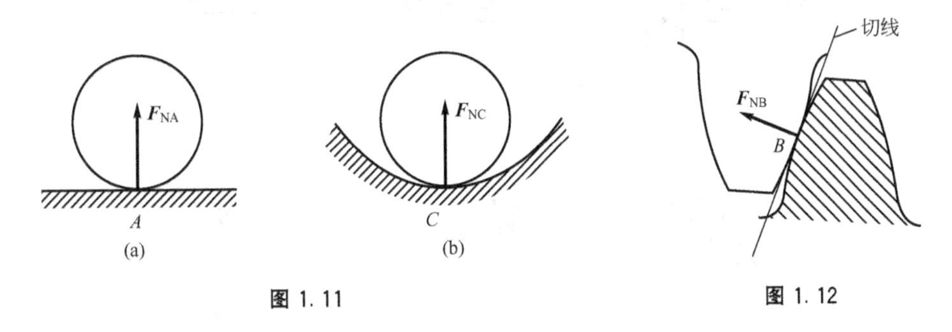

图 1.11　　　　图 1.12

这类约束不能限制物体沿约束表面切线的位移，只能阻碍物体沿接触面法线并向约束内部的位移。因此，光滑支撑面对物体的约束反力，作用在接触点处，方向沿着接触面的公法线，指向被约束物体，这种约束反力有时称为法向反力，通常用 $\boldsymbol{F}_N$ 表示，如图 1.11 中的 $\boldsymbol{F}_{NA}$、$\boldsymbol{F}_{NC}$和图 1.12 中的 $\boldsymbol{F}_{NB}$等。

2. 柔性约束

柔性约束是指由绳索、链条或胶带等一些柔软的物体形成的约束。绳子吊住重物，如

图 1.13(a)所示。由于柔软的绳子本身只能承受拉力［图 1.13(b)］，所以它给重物的约束反力也只能是拉力［图 1.13(c)］。因此，绳索对物体的约束反力作用在接触点上，方向沿着绳索，背离被约束物体。通常用 $\boldsymbol{F}$ 或 $\boldsymbol{F}_{\mathrm{T}}$ 表示这类约束反力。

链条或胶带也都只能承受拉力，当它们被绕在轮子上时，对轮子的约束反力沿着轮缘的切线方向，也是链条和胶带的方向，背离轮子，如图 1.14 所示。

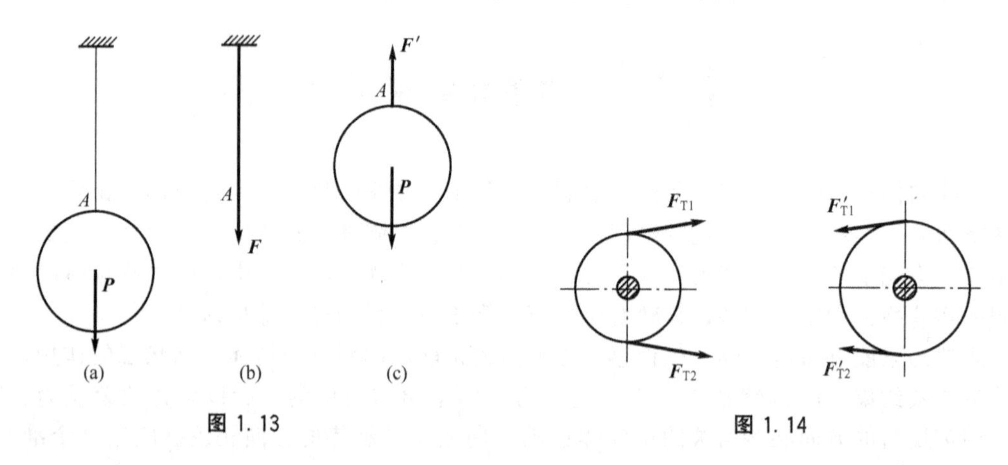

图 1.13　　图 1.14

3. 固定铰链约束

铰链是工程上常见的一种约束，铰链约束的典型构造是将构件和固定底座在连接处钻出圆孔，再用圆柱形销钉串联起来，使构件只能绕销钉的轴线转动，这种约束称为固定铰链约束，又称为固定铰支座，如图 1.15(a)、(b)所示。

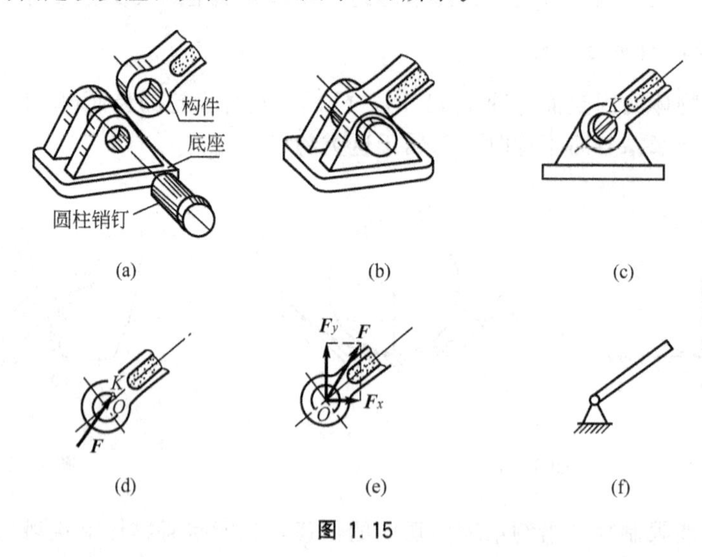

图 1.15

设接触面的摩擦忽略不计，则销钉与物体圆孔间的接触实际上是两个光滑圆柱面的接触［图 1.15(c)］。根据光滑面约束反力的性质可知，销钉给物体的约束反力 $\boldsymbol{F}$ 应该沿圆柱面在接触点 K 的公法线，并通过销钉中心 O，指向物体，如图 1.15(d)所示。但因接触点 K 的位置往往不能预先确定，所以约束反力 $\boldsymbol{F}$ 的方向也就不能预先确定，因此，通常用通过铰链中心的两个正交分力 $\boldsymbol{F}_x$ 和 $\boldsymbol{F}_y$ 来表示，如图 1.15(e)所示。而图 1.15(f)是固定铰支座的简化表示法。

如果用圆柱形光滑销钉连接两个物体，则称为中间铰或圆柱铰链，如图 1.16(a)、(b) 所示。中间铰的销钉对构件的约束与固定铰支座的销钉对构件的约束相同，其约束反力通常也用两个正交分力来表示，如图 1.16(c)所示。

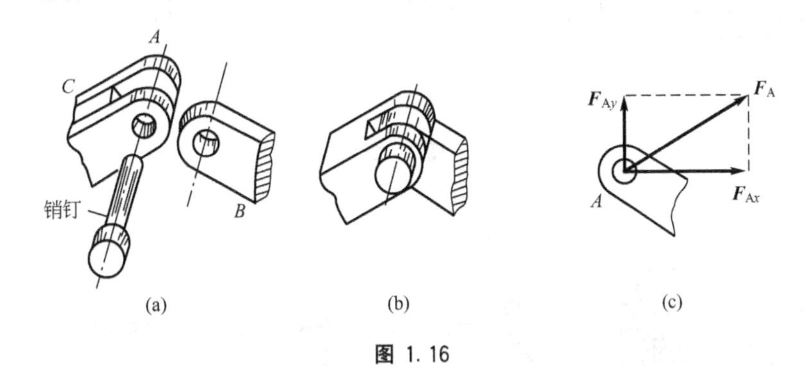

图 1.16

4. 可动铰链约束

将构件的铰链底座用几个辊轴支承在光滑平面上，就构成了可动铰链约束，也称为可动铰支座。如图 1.17(a)所示，其简图如图 1.17(b)所示。在桥梁、房屋等结构中常采用可动铰支座。它可以沿支承面移动，允许由于温度变化而引起结构跨度的自由伸长或收缩。显然，可动铰支座的约束性质与光滑面约束相同，其约束反力必垂直于支承面，且通过铰链中心。通常用 $\boldsymbol{F}_N$ 表示其法向约束反力，如图 1.17(c)所示。

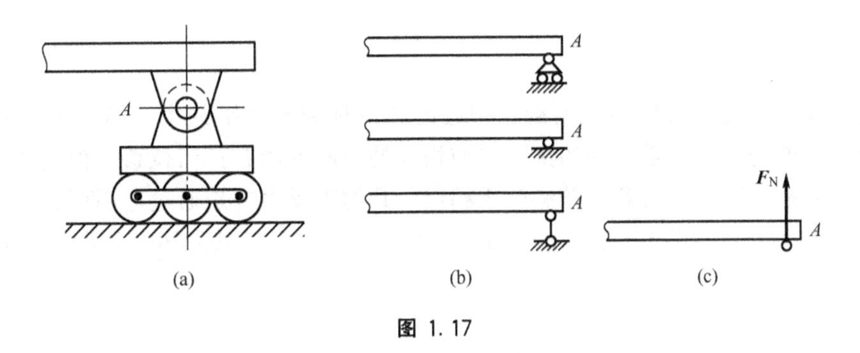

图 1.17

5. 轴承约束

轴承约束是工程中常用的支承形式。这类约束的约束反力的分析方法与铰链约束相同，常用的有滑动轴承和滚动轴承。图 1.18(a)是滑动轴承的示意图，图 1.18(b)给出了轴承的简图和约束反力。因为滑动轴承不能限制轴沿轴线方向的运动，所以滑动轴承约束反力的方向在垂直于轴线的纵向平面内，通常用两个正交分力 $\boldsymbol{F}_{Ax}$和 $\boldsymbol{F}_{Az}$表示。

图 1.19(a)所示为滚动轴承最常见的两种形式，其简图如图 1.19(b)所示。*A* 端为向心轴承(或径向轴承)，因向心轴承和滑动轴承一样，不起止推作用，所以向心轴承的约束反力只有 $\boldsymbol{F}_{Ax}$和 $\boldsymbol{F}_{Az}$两个分力。*B* 端为向心推力轴承(或径向止推轴承)，它能起到轴向止推作用，所以向心推力轴承的约束反力有 $\boldsymbol{F}_{Bx}$、$\boldsymbol{F}_{By}$和 $\boldsymbol{F}_{Bz}$3 个分力，如图 1.19(c)所示。

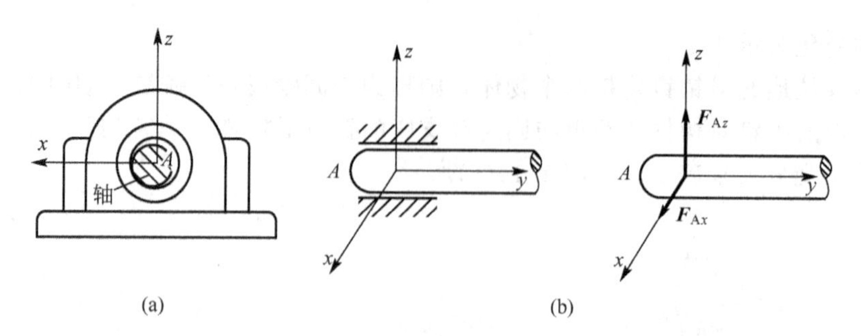

图 1.18

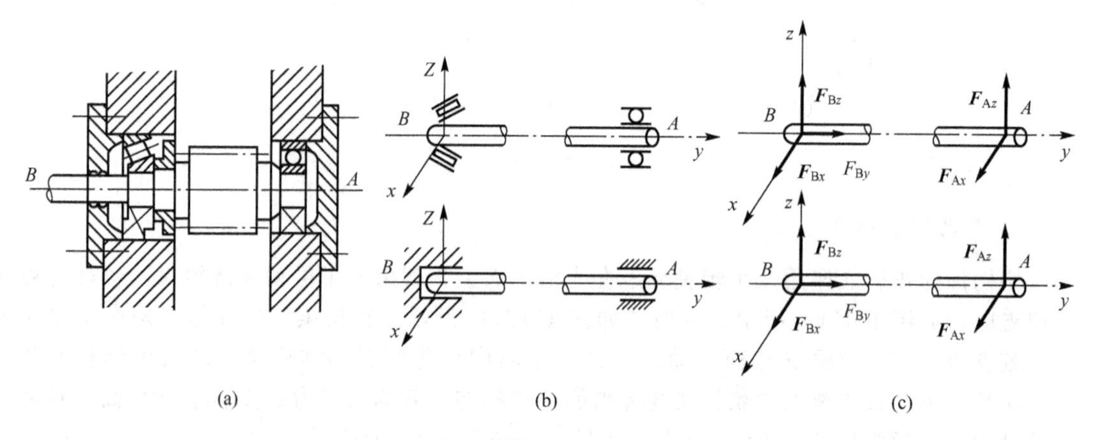

图 1.19

6. 球铰链约束

通过圆球和球壳将两个构件连接在一起的约束称为球铰链约束，如图 1.20(a)所示。汽车上换挡用的变速杆便是这种约束。它使构件的球心不能有任何位移，但构件可绕球心随意转动。若忽略摩擦，与圆柱铰链分析相似，其约束反力应是通过球心但方向不能预先确定的一个空间力，可用 3 个正交分力 $\boldsymbol{F}_{Ax}$、$\boldsymbol{F}_{Ay}$、$\boldsymbol{F}_{Az}$ 表示，其简图及约束反力如图 1.20(b)所示。

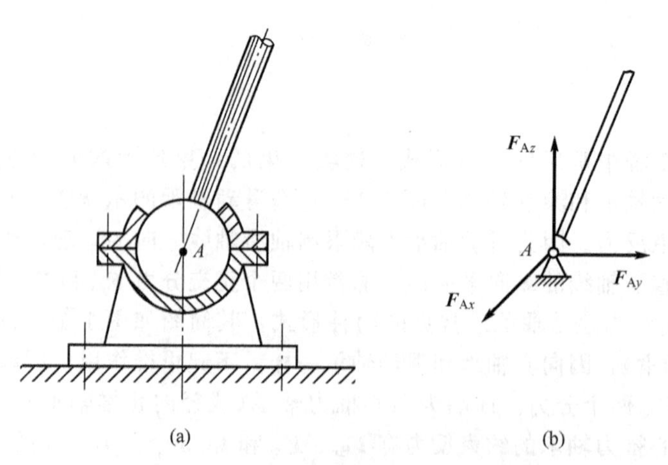

图 1.20

1.4 物体的受力分析和受力图

在静力学问题中，为了求出未知的约束反力，需要根据已知力，应用平衡条件求解。为此，要先确定构件受了几个力，每个力的作用位置和力的作用方向，这种分析过程称为对物体的受力分析。

作用在物体上的力可分为两类：一类是主动力，如物体的自重、风力、气体压力等，一般是已知的；另一类是约束给被约束物体的约束反力，为未知的被动力。

为了清晰地表示物体的受力情况，把需要研究的物体从周围的物体中分离出来，单独画出它的简图，这个步骤叫做取研究对象或取分离体。然后把施力物体对研究对象的作用力全部画出来，包括主动力和约束反力。这种表示物体受力的简图称为受力图。画物体的受力图是解决静力学问题的一个重要环节，下面举例说明。

例 1.1 用力 $\boldsymbol{F}$ 拉动碾子以压平路面，重为 $\boldsymbol{P}$ 的碾子受到一个石块的阻碍，如图 1.21(a)所示，试画出碾子的受力图。

解：(1) 取碾子为研究对象(即取分离体)并单独画出其简图。

(2) 画主动力。有地球的引力 $\boldsymbol{P}$ 和杆对碾子中心的拉力 $\boldsymbol{F}$。

(3) 约束反力。因碾子在 A 和 B 两处受到石块和地面的约束，如不计摩擦，均为光滑表面接触，故在 A 处受到石块的法向反力 $\boldsymbol{F}_{NA}$ 的作用，在 $\boldsymbol{B}$ 处受到地面的法向反力 $\boldsymbol{F}_{NB}$ 的作用，它们都沿着碾子上接触点的公法线指向圆心。碾子的受力图如图 1.21(b)所示。

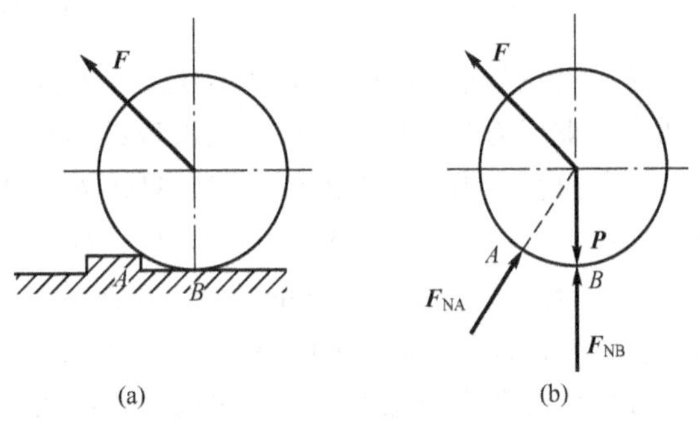

图 1.21

例 1.2 屋架如图 1.22(a)所示。A 处为固定铰链支座，B 处为可动铰链支座，搁在光滑的水平面上。已知屋架自重 $\boldsymbol{P}$，在屋架的 AC 边上承受了垂直于它的均匀分布的风力，单位长度上承受的力为 $\boldsymbol{q}$，试画出屋架的受力图。

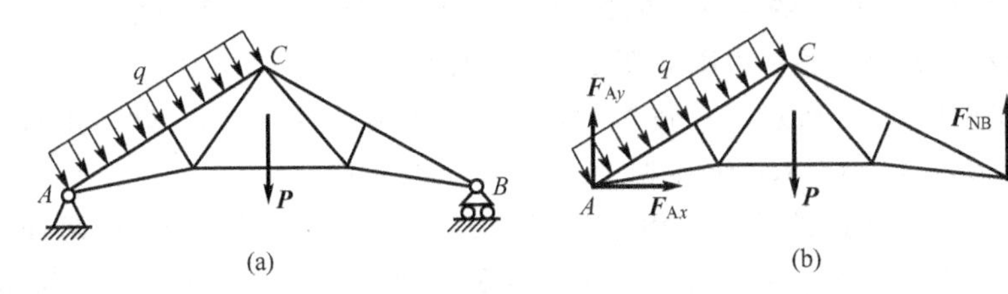

图 1.22

解：(1) 取屋架为研究对象，除去约束并画出其简图。

(2) 画主动力。有屋架的重力 $\boldsymbol{P}$ 和均匀分布的风力 $\boldsymbol{q}$。

(3) 画约束反力。因 A 处为固定铰支座，其约束反力通过铰链中心 A，但方向不能确定，用两个大小未知的正交分力 $\boldsymbol{F}_{Ax}$ 和 $\boldsymbol{F}_{Ay}$ 表示。B 处为可动铰支座，约束反力垂直向上，

用 F_{NB}表示，屋架的受力图如图 1.22(b)所示。

例 1.3 如图 1.23(a)所示，水平梁 *AB* 用斜杆 *CD* 支撑，*A*、*C*、*D* 所指示的 3 处均为光滑铰链连接。在均质梁重 P_1 上放置一重为 P_2 的电动机。如不计 *CD* 杆的自重，试分别画出杆 *CD* 和梁 *AB*(包括电动机)的受力图。

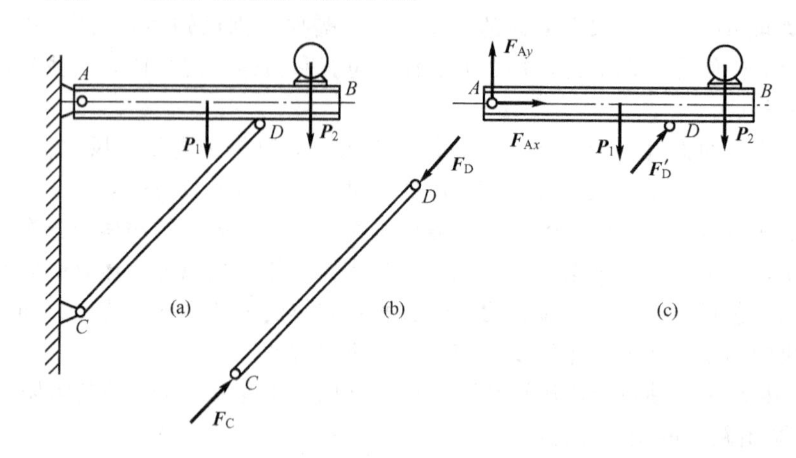

图 1.23

解：(1) 先分析斜杆 *CD* 的受力。由于斜杆的自重不计，因此杆只在铰链 *C*、*D* 处受到两个约束反力 F_C 和 F_D。根据光滑铰链的特性，这两个约束反力必定通过铰链 *C*、*D* 的中心，方向暂不确定，考虑到杆 *CD* 只在 F_C、F_D 两个力的作用下平衡，根据二力平衡公理，这两个力必定沿同一直线，且等值，反向。由此可确定 F_C 和 F_D 的作用线应沿铰链中心 *C* 与 *D* 的连线，即 *CD* 杆的轴线，由经验判断，杆 *CD* 受压，其受力图如图 1.23(b)所示。在一般情况下，F_C 与 F_D 的指向不能预先确定，可先任意假设受拉力或压力。若根据平衡方程求得的力为正值，说明原假设力的指向正确；若为负值，则说明实际杆受力与原来假设的指向相反。

上面的 *CD* 杆就是前面所述的二力构件，也称为二力杆。二力杆在工程中经常遇到，有时也把它作为一种约束。

(2) 取梁 AB(包括电动机)为研究对象。它受到 P_1、P_2 两个主动力的作用。梁在铰链 *D* 处受有二力杆 *CD* 给它的约束反力 F'_D的作用。根据作用和反作用定律，$F'_D=-F_D$。梁在 *A* 处受固定铰支座给它的约束反力的作用，由于方向未知，可用两个大小未定的正交分力 F_{Ax}和 F_{Ay}表示。梁 *AB* 的受力图如图 1.23(c)所示。

例 1.4 如图 1.24(a)所示，三铰拱桥由左、右两拱铰接形成，设各拱自重不计，左拱 *AC* 上作用有荷载 F，试分别画出拱 *AC* 和 *CB* 的受力图。

解：(1) 先分析拱 *CB* 的受力。由于拱 *CB* 自重不计，且只在 *B*、*C* 两处受到铰链约束，因此拱 *CB* 为二力构件。在铰链中心 *C*、*B* 处分别受 F_C、F_B 两个力的作用，且 $F_C=-F_B$，这两个力的方向如图 1.24(b)所示。

(2) 取拱 *AC* 为研究对象。由于自重不计，因此主动力只有荷载 F。拱在铰链 *C* 处受由拱 *CB* 给它的约束反力 F'_C的作用，根据作用和反作用定律，$F'_C=-F_C$。拱在 *A* 处受有固定铰支座给它的约束反力 F_A 的作用，由于方向未定，可用两个大小未知的正交分力 F_{Ax}和 F_{Ay}代替。拱 *AC* 的受力图如图 1.24(c)所示。

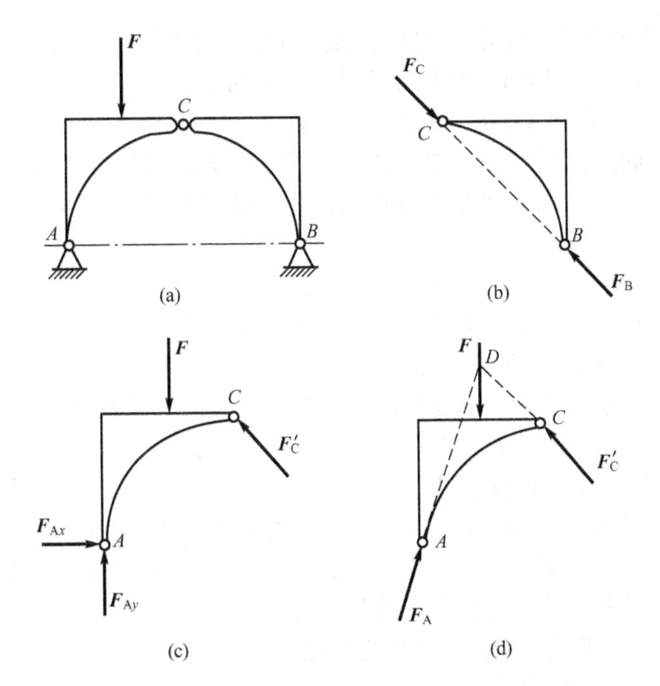

图 1.24

通过进一步分析可知，由于拱 AC 在 $\boldsymbol{F}$、$\boldsymbol{F}'_C$和 $\boldsymbol{F}_A$ 这 3 个力的作用下平衡，故可根据三力平衡汇交定理，确定铰链 A 处约束反力 $\boldsymbol{F}_A$ 的方向。点 D 为力 $\boldsymbol{F}$ 和 $\boldsymbol{F}'_C$作用线的交点，当拱 AC 平衡时，反力 $\boldsymbol{F}_A$ 的作用线必通过 D［图 1.24(d)］，至于 $\boldsymbol{F}_A$ 的指向，暂且假定为图 1.24 所示的方向，以后由平衡条件确定。

思考：若将左右两拱都计入自重，各部分受力图有何不同？

例 1.5 如图 1.25(a)所示，梯子的两部分 AB 和 AC 在 A 点铰接，又在 D、E 两点用水平绳连接起来。梯子放在光滑水平面上，若其自重不计，但在 AB 的中点 H 处作用一铅直荷载 $\boldsymbol{F}$。试分别画出绳子 DE 和梯子的 AB、AC 部分以及整体系统的受力图。

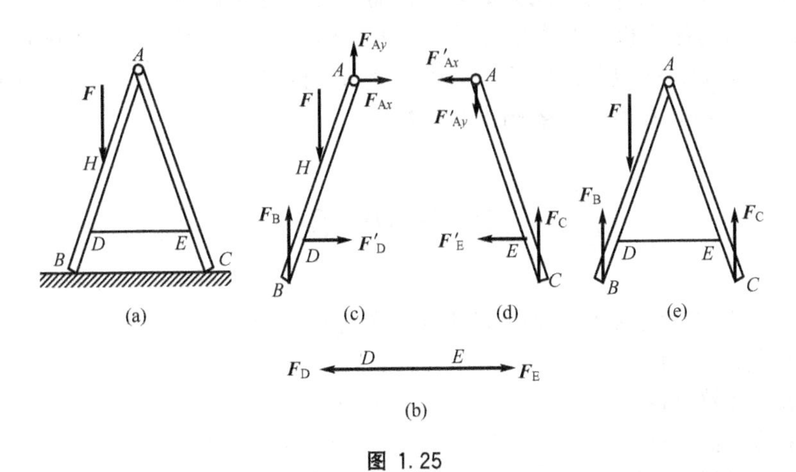

图 1.25

解：(1) 绳子 DE 的受力分析。绳子两端 D、E 分别受到梯子的拉力 $\boldsymbol{F}_D$、$\boldsymbol{F}_E$ 的作用［图 1.25(b)］。

(2) 梯子 AB 部分的受力分析。它在 H 处受荷载 $\boldsymbol{F}$ 的作用，在铰链 A 处受 AC 部分给它的约束反力 $\boldsymbol{F}_{Ax}$ 和 F_{Ay} 的作用。在 D 点受绳子对它的拉力 F'_{D}。在点 B 受光滑地面对它的法向反力 F_{B} 的作用。梯子 AB 部分的受力图如图 1.25(c)所示。

(3) 梯子 AC 部分的受力分析。在铰链 A 处受 AB 部分对它的作用力 $\boldsymbol{F}'_{Ax}$ 和 $\boldsymbol{F}'_{Ay}$。在点 $\boldsymbol{E}$ 受绳子对它的拉力 $\boldsymbol{F}'_{E}$。在 C 处受光滑地面对它的法向反力 $\boldsymbol{F}_{C}$。梯子 AC 部分的受力图如图 1.25(d)所示。

(4) 整个系统的受力分析。当选整个系统为研究对象时，可把平衡的整个结构刚化为刚体。由于铰链 A 处所受的力互为作用力与反作用力关系，即 $\boldsymbol{F}_{Ax}=-\boldsymbol{F}'_{Ax}$，$\boldsymbol{F}_{Ay}=-\boldsymbol{F}'_{Ay}$；绳子与梯子连接点 D 和 E 所受的力也互为作用力与反作用力关系，即 $\boldsymbol{F}_{D}=-\boldsymbol{F}'_{D}$，$F_{E}=-\boldsymbol{F}'_{E}$，这些力都成对地作用在整个系统内，称为内力。内力对系统的作用效应相互抵消，因此可以除去，并不影响整个系统的平衡，故内力在受力图上不必画出。在受力图上只需画出系统以外的物体给系统的作用力，这种力称为外力。这里，荷载 $\boldsymbol{F}$ 和约束反力 F_{B}、F_{C} 都是作用于整个系统的外力。整个系统的受力图如图 1.25(e)所示。

应该指出，内力与外力的区分不是绝对的。例如，当把梯子的 AC 部分作为研究对象时，$\boldsymbol{F}'_{Ax}$、$\boldsymbol{F}'_{Ay}$ 和 $\boldsymbol{F}'_{E}$ 均属外力，但取整体为研究对象时，$\boldsymbol{F}'_{Ax}$、$\boldsymbol{F}'_{Ay}$ 和 $\boldsymbol{F}'_{E}$ 又成为内力，可见内力和外力会随着所选研究对象的不同发生变化。

综上所述，正确地画出物体的受力图，是分析解决力学问题的基础。画受力图时必须注意以下几点。

(1) 必须明确研究对象。根据求解需要，可取单个物体为研究对象，也可取由几个物体组成的系统为研究对象，不同的研究对象的受力图是不同的。

(2) 正确确定研究对象受力的数目。由于力是物体间相互的机械作用，因此，对于每一个力都应明确它是哪一个施力物体施加给研究对象的，决不能凭空产生，同时，也不能漏掉一个力。一般可先画已知的主动力，再画约束反力，凡是研究对象与外界接触的地方，一般都存在约束反力。

(3) 正确画出约束反力。一个物体往往同时受到几个约束的作用，这时应分别根据每个约束本身的特性来确定其约束反力的方向，而不能凭主观臆测。

(4) 当分析两物体间相互的作用力时，应遵循作用、反作用关系。若确定了作用力的方向，则反作用力的方向应与之相反。当画整个系统的受力图时，由于内力成对出现，组成平衡力系，因此不必画出，只需画出全部外力。

本章小结

1. 静力学研究作用于物体上力系的平衡，具体研究以下 3 个问题。

(1) 物体的受力分析；

(2) 力系的等效替换；

(3) 力系的平衡条件。

2. 力是物体间相互的机械作用，这种作用可使物体的机械运动状态发生变化或发生变形。力的作用效应由力的大小、方向和作用点决定，称为力的三要素。力是矢量。

3. 静力学公理是力学最基本、最普通的客观规律。

公理 1　力的平行四边形法则。

公理 2　二力平衡条件。

以上两个公理阐明了作用在一个物体上最简单的力系的合成规则及其平衡条件。

公理 3　加减平衡力系原理。

这个公理是研究力系等效变换的依据。

公理 4　作用与反作用定律。

这个公理阐明了两个物体互相作用的关系。

公理 5　刚化原理。

这个公理阐明了变形体抽象成刚体模型的条件，并指出刚体平衡的必要和充分条件只是变形体平衡的必要条件。

4. 约束和约束反力。

限制非自由体某些位移的周围物体称为约束，如绳索、圆柱铰链、固定铰支座、可动铰支座等。约束给非自由体施加的力称为约束反力。约束反力的方向与该约束所能阻碍的位移方向相反。画约束反力时，应分别根据每个约束本身的特性来确定其约束反力的方向。

5. 物体的受力分析和受力图是研究物体平衡和运动的前提。画受力图时，首先要明确研究对象(即取分离体)。物体受的力分为主动力和约束反力。当分析多个物体组成的系统受力时，要注意分清内力与外力，内力不画，只画外力，还要注意作用力与反作用力之间的相互关系。

思　考　题

1. 说明下列式子的意义和区别。

(1) $\boldsymbol{P}_1=\boldsymbol{P}_2$　　(2) $P_1=P_2$　　(3) 力 $\boldsymbol{P}_1$ 等效于力 $\boldsymbol{P}_2$

2. 二力平衡条件与作用和反作用定律都提到二力等值、反向、共线，二者有什么区别?

3. 为什么说二力平衡条件、加减平衡力系原理和力的可传性等都只能适用于刚体?

4. 试区别 $\boldsymbol{F}_R=\boldsymbol{F}_1+\boldsymbol{F}_2$ 和 $F_R=F_1+F_2$ 两个等式代表的意义。

5. 什么是二力构件? 分析二力构件受力时与构件的形状有无关系。

6. 凡是两端用铰链连接的杆都是二力杆吗? 凡不记自重的刚杆都是二力杆吗?

7. 图 1.26～图 1.31 中各物体的受力图是否有错误? 如何改正?

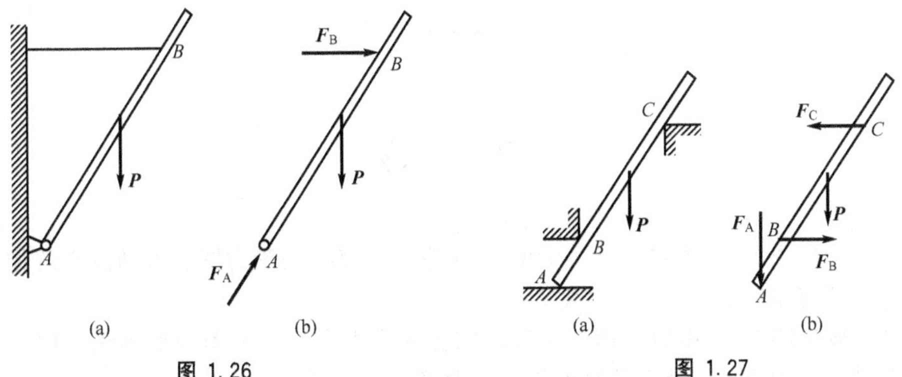

图 1.26　　图 1.27

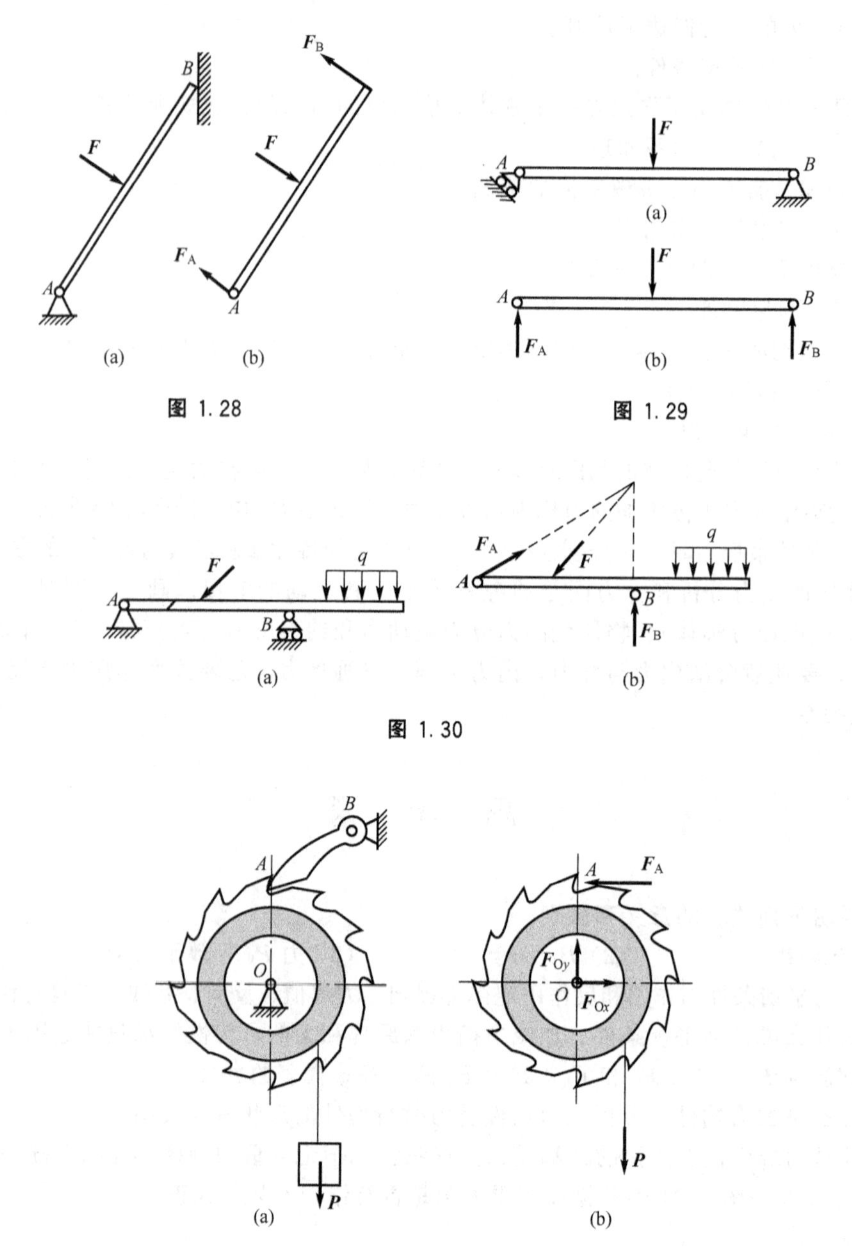

(a) (b)

图 1.28

(a) (b)

图 1.29

(a) (b)

图 1.30

(a) (b)

图 1.31

习　　题

1-1　画出图 1.32 中物体 A、ABC 或构件 AB、BC 的受力图。未画重力的物体的重量均不计，所有接触处均为光滑接触。

1-2　画出图 1.33 中每个标注字符的物体的受力图，各子图的整体受力图。未画重力的物体的重量均不计，所有接触处均为光滑接触。

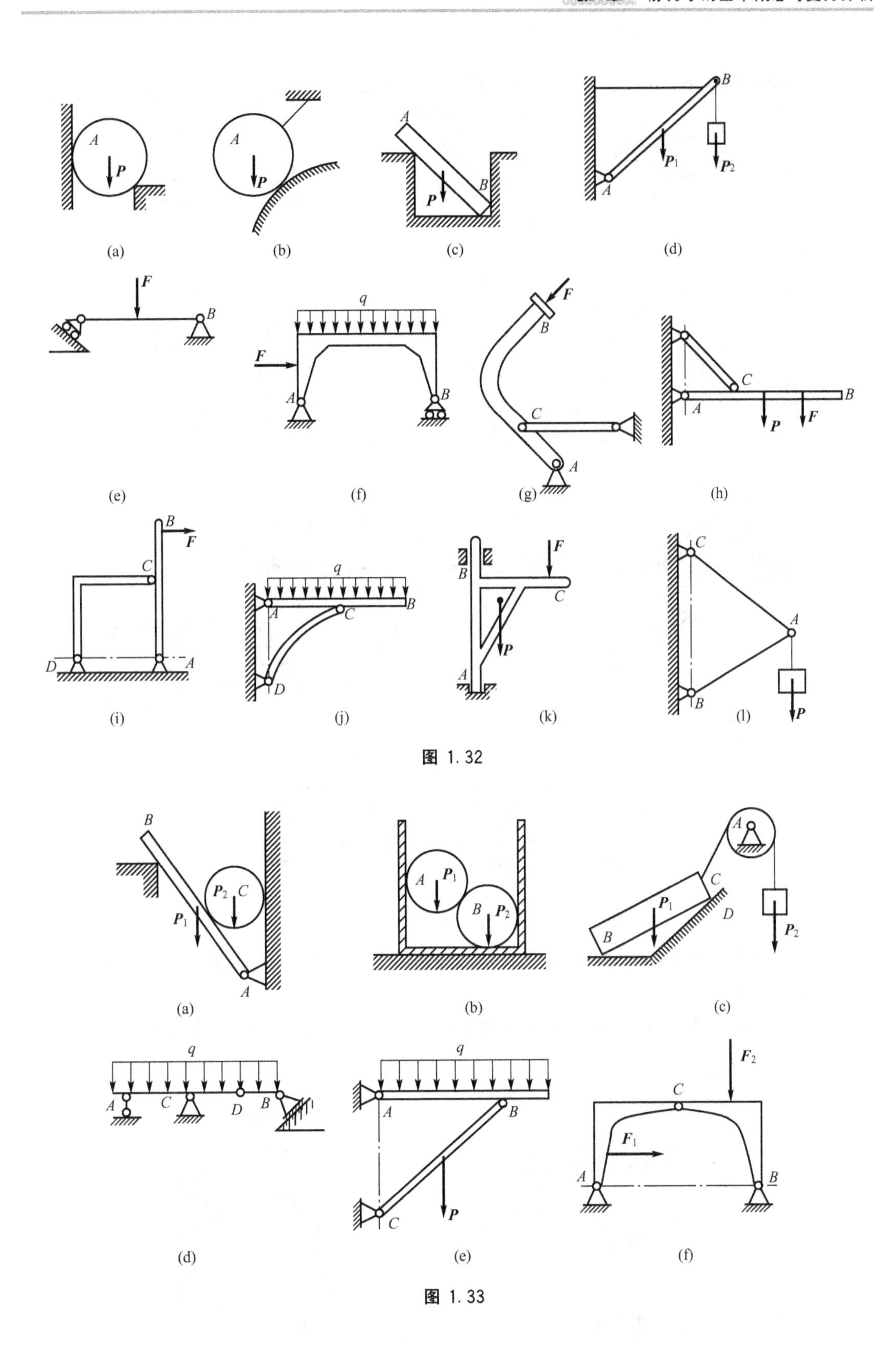
A
P
(a)
A
P
(b)
A
B
P
(c)
B
P1
P2
A
(d)
F
B
(e)
q
F
A
B
(f)
F
B
C
A
(g)
C
B
A
P
F
(h)
B
F
C
D
A
(i)
q
A
B
C
D
(j)
F
B
C
P
A
(k)
C
A
B
P
(l)
B
P2 C
P1
A
(a)
A P1
B P2
(b)
A
C
P1
D
B
P2
(c)
q
A
C
D
B
(d)
q
A
B
P
C
(e)
F2
C
F1
A
B
(f)

图 1.32

图 1.33

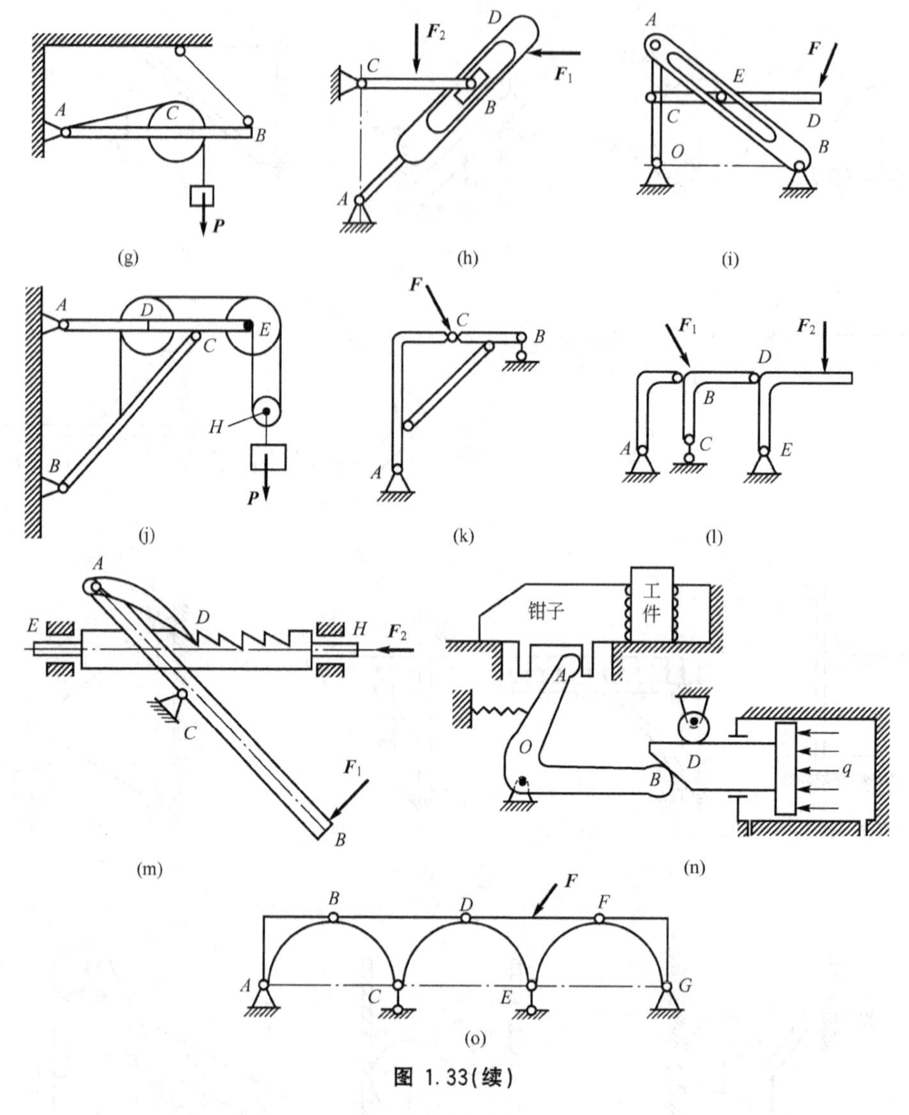

图 1.33(续)

1-3 试分别画出图 1.34 中整个系统以及杆 BD、AD、AB(带滑轮 C、重物 E 和一段绳索)的受力图。

1-4 构架如图 1.35 所示，试分别画出杆 HED、杆 BDC 及杆 AEC 的受力图。

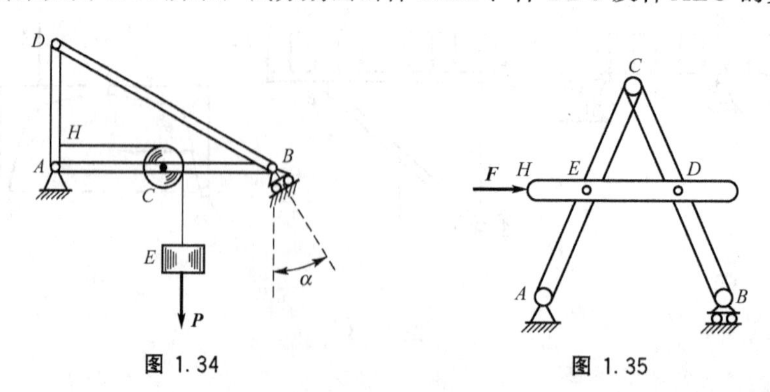

图 1.34　　图 1.35

第2章 平面汇交力系

【教学提示】

本章将研究平面力系中最简单的一种力系，平面汇交力系的合成与平衡问题。研究的方法有几何法和解析法。

【学习要求】

通过本章的学习，掌握用几何法和解析法，重点是解析法，尤其是利用平衡方程求解平面汇交力系的平衡问题要熟练掌握。

2.1 平面汇交力系在工程中的实例

工程中经常遇到平面汇交力系问题。例如，铁路大桥上钢结构中的节点就是在型钢 MN 上焊接3根角钢，受力情况如图2.1所示。$\boldsymbol{F}_1$、$\boldsymbol{F}_2$ 和 $\boldsymbol{F}_3$ 3个力的作用线均通过 O 点，且在同一个平面内。就构成了一个平面汇交力系。又如用吊车起吊重为 $\boldsymbol{P}$ 的钢梁时(图2.2)，钢梁受 $\boldsymbol{F}_{AT}$、$\boldsymbol{F}_{BT}$ 和 $\boldsymbol{P}$ 3个力的作用，这3个力在同一平面内，且交于一点，也是平面汇交力系。所以，平面汇交力系就是各力的作用线都在同一平面内且汇交于一点的力系。

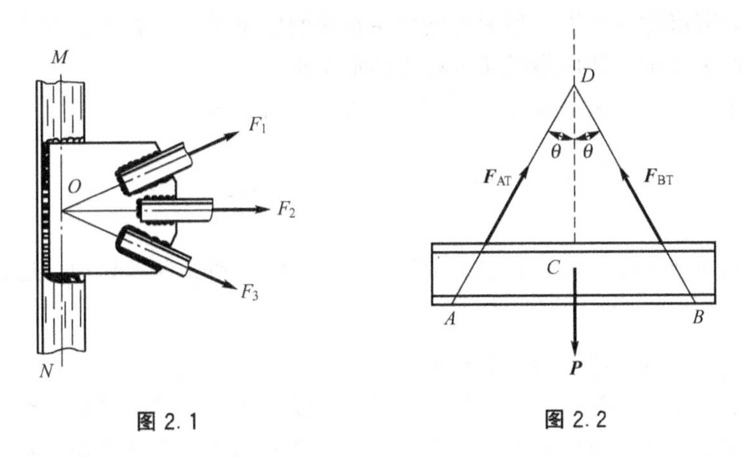

图2.1　　　　图2.2

2.2 平面汇交力系合成的几何法

设刚体上作用有平面汇交力系 $\boldsymbol{F}_1$、$\boldsymbol{F}_2$ 和 $\boldsymbol{F}_3$，各力的作用线汇交于 O 点，根据力的可

传性，可将各力沿其作用线移至汇交点 O，如图 2.3(a)所示，现求其合力。

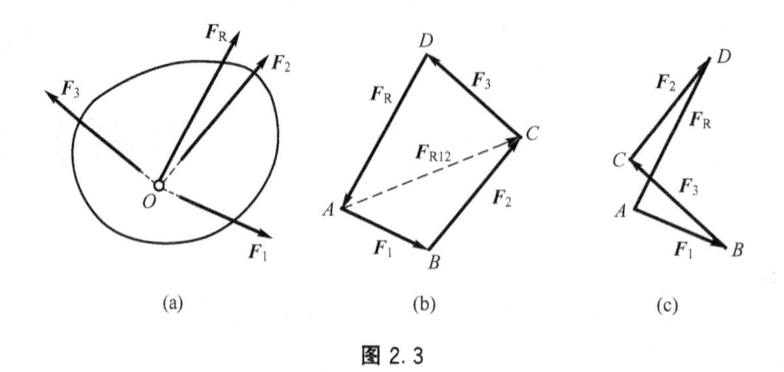

图 2.3

显然，我们只需连续用力的平行四边形法则或力的三角形法则就可以求出合力。

现在按力的三角形法则，将这些力依次相加。为此，先任选一点 A，按一定的比例尺，做矢量$\overrightarrow{AB}$平行且等于力 $\boldsymbol{F}_1$，再从 B 点做矢量$\overrightarrow{BC}$平行且等于力 $\boldsymbol{F}_2$，于是矢量$\overrightarrow{AC}$即表示力 $\boldsymbol{F}_1$ 和 $\boldsymbol{F}_2$ 的合力 $\boldsymbol{F}_{R12}$。仿此再从 C 点做矢量$\overrightarrow{CD}$平行且等于力 $\boldsymbol{F}_3$，于是矢量$\overrightarrow{AD}$，即表示力 $\boldsymbol{F}_{R12}$和 $\boldsymbol{F}_3$ 的合力，也就是力 $\boldsymbol{F}_1$、$\boldsymbol{F}_2$ 和 $\boldsymbol{F}_3$ 3 力的合力 $\boldsymbol{F}_R$，其大小和方向可由图中量出即可［图 2.3(b)］，而合力作用点仍在汇交点 O。

其实，作图时中间矢量$\overrightarrow{AC}$不必画出，只要把各力矢量首尾相接，画出一个开口多边形 $ABCD$，最后把第一个力 $\boldsymbol{F}_1$ 的起点 **A** 与最后一个力 $\boldsymbol{F}_3$ 的终点 D 相连，所得的矢量$\overrightarrow{AD}$就代表该力系合力 $\boldsymbol{F}_R$ 的大小和方向，如图 2.3(b)所示。这个多边形 $ABCD$ 叫做力多边形，代表合力的矢量 AD 边叫力多边形的封闭边。这种以力多边形求合力的作图规则，称为力多边形法则。这种方法称为几何法。显然，不论汇交力的数目有多少，都可以用这种方法求其合力。

综上所述，可得结论如下：平面汇交力系合成的结果是一个合力，其大小和方向由力多边形的封闭边来表示，其作用线通过各力的汇交点。

即合力等于各分力的矢量和(或几何和)。可用矢量式表示为

$$F_R = F + F_2 + \cdots + F_n = \sum_{i=1}^{n} F_i \tag{2-1}$$

符号 $\sum\limits_{i=1}^{n}$ 称为连加号，表示右端的量按其下标 i 由 1 到 n 逐项相加，通常符号的上下标可以省略。

用几何法求合力时，应注意以下几点。

(1) 要选择恰当的长度比例尺和力的比例尺。按长度比例尺画出轮廓图，按力的比例尺画出各力的大小，并准确地画出各力的方向。这样才能从图中准确地表示出合力的大小和方向。

(2) 作力多边形时，可任意变换力的次序，这样虽然得到的力多边形的形状不同，但合成的结果并不会改变，如图 2.3(c)所示。

(3) 力多边形中各力应首尾相接，每个力在力多边形中只允许出现一次，合力的方向是从第一个力的起点指向最后一个力的终点。

2.3 平面汇交力系平衡的几何条件

由前面知道，平面汇交力系合成的结果是一个合力。如果物体处于平衡，则合力 $\boldsymbol{F}_R$ 应等于零；反之，如果合力 $\boldsymbol{F}_R$ 等于零，则物体必然处于平衡。所以物体在平面汇交力系作用下平衡的必要和充分条件是合力 $\boldsymbol{F}_R$ 等于零。用矢量式表示为

$$F_R = \sum F = 0 \tag{2-2}$$

在几何法中，平面汇交力系的合力 F_R 是由力多边形的封闭边来表示的。当合力 F_R 等于零时，力多边形的封闭边成为一个点，即力多边形中第一个力的起点与最后一个力的终点重合，构成了一个自行封闭的力多边形，如图 2.4(b)所示。所以平面汇交力系平衡的几何条件是：力多边形自行封闭。

利用力多边形自行封闭这个几何条件，可以求解未知的约束反力，现举例说明。

例 2.1 图 2.5(a)中钢梁的自重 $P=6\text{kN}$，$\theta=30°$，试求平衡时钢丝绳的约束反力。

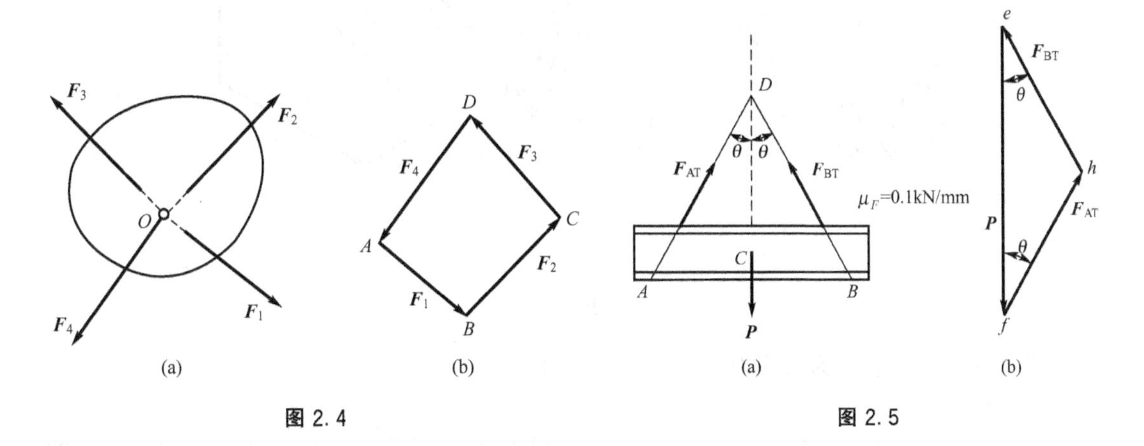

图 2.4　　图 2.5

解：(1) 根据题意，选钢梁为研究对象。

(2) 画受力图。

钢梁受重力 P 和钢丝绳的约束反力 F_{AT}和 F_{BT}作用，3 力汇交与 D 点，这是一个平面汇交力系，受力图如图 2.5(a)所示。

(3) 用几何法求约束反力。

因为钢梁在主动力 P 与约束反力 F_{AT}和 F_{BT}的共同作用下处于平衡，且 3 力组成了一个平面汇交力系。所以这 3 个力做出的力多边形必然封闭，于是，首先选择力比例尺 μ_F，本题选 1mm 长度代表 0.1kN，其次，任选一点 e，作矢量$\overrightarrow{ef}$，平行且等于重力 P，再从 e 和 f 两点分别作两条直线，与图 2.5(a)中的 F_{AT}和 F_{BT}相平行，两线交于 h 点，于是得到封闭的力三角形 efh。根据力多边形法则，按各力首尾相接的次序，标出 fh 和 he 的指向，则矢量$\overrightarrow{fh}$代表力 F_{AT}，矢量$\overrightarrow{he}$代表力 F_{BT} [图 2.5(b)]。

按比例尺量得$\overrightarrow{fh}$和$\overrightarrow{he}$的长度为：$fh=34.5\text{mm}$　$he=34.5\text{mm}$

即

$$F_{AT}=34.5\text{mm}\times0.1\text{kN/mm}=3.45\text{kN}$$
$$F_{BT}=34.5\text{mm}\times0.1\text{kN/mm}=3.45\text{kN}$$

(4) 分析。

从力三角形可以看到，在重力 P 不变的情况下，角 θ 越大，钢丝绳所受的拉力也随之增大。因此，起吊重物时应尽量将钢丝绳放长一些，使夹角 2θ 较小些，这样钢丝绳才不易被拉断。

例 2.2 简易绞车如图 2.6(a)所示，A、B 和 C 为铰链连接，钢丝绳绕过滑轮 A 将 $P=20$kN 的重物吊起，不记摩擦及杆件 AB、AC 的质量，试求两杆 AB、AC 所受的力。

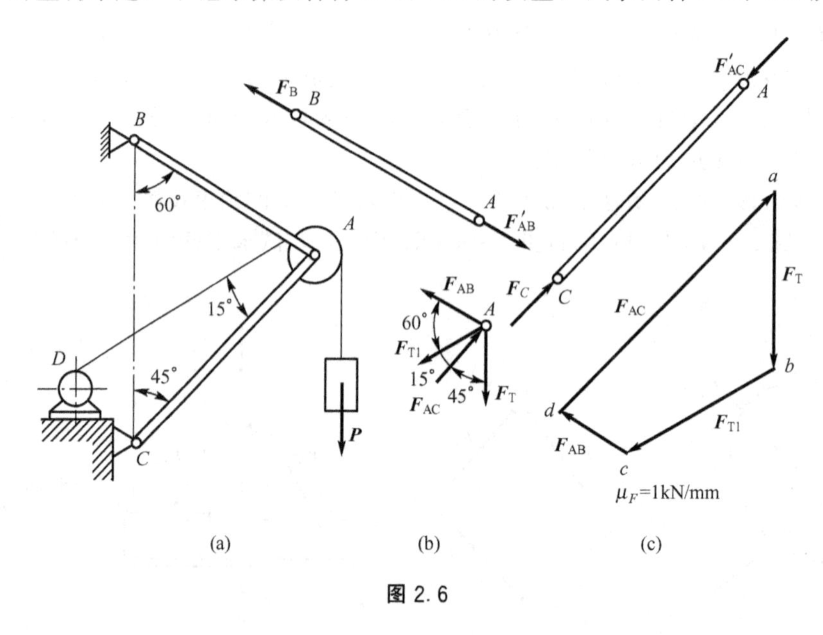

图 2.6

解：(1) 选滑轮 A 为研究对象［图 2.6(b)］。

(2) 画受力图。

重物通过钢丝绳给滑轮一个向下的力 F_T；绞车 D 通过钢丝绳给滑轮一个向左下方的力 F_{T1}。因为不计摩擦，所以，$F_T=F_{T1}=P=20$kN，又因为杆 AB 是二力杆，所以力 F_{AB} 的方向沿杆 AB 的轴线。同理，杆 AC 也是如此。它给滑轮的约束反力也是沿着 AC 杆的轴线方向，用 F_{AC}表示，至于指向假设如图 2.6(b)所示，这 4 个力组成了一个平面汇交力系。

(3) 用几何法作力多边形，求未知量。

选力比例尺 $\mu_F=1$kN/mm，其次，任选一点 a，作$\overrightarrow{ab}=F_T$，$\overrightarrow{bc}=F_{T1}$，再从 a 和 c 分别作直线平行于力 F_{AC}和 F_{AB}，相交于 d，于是得到封闭的力多边形 $abcd$。根据力多边形法则，按各力首尾相接的次序，标出 cd 和 da 的指向，则矢量$\overrightarrow{cd}$和$\overrightarrow{da}$分别代表力 F_{AB}和 F_{AC}。按比例尺量得：

$$F_{AB}=cd=9.3\text{kN}\quad F_{AC}=da=35.9\text{kN}$$

杆 AB 和 AC 所受的力分别与力 F_{AB}和 F_{AC}等值反向［因为(b)图所画之力是杆给轮的力，所以轮给杆的力应与之相反］。可见杆 AB 受拉力，杆 AC 受压力。

例 2.3 钢架如图 2.7(a)所示，在 B 点受一水平力作用，设 $F=20$kN，钢架的质量略去不计，求 A、D 处的约束反力。

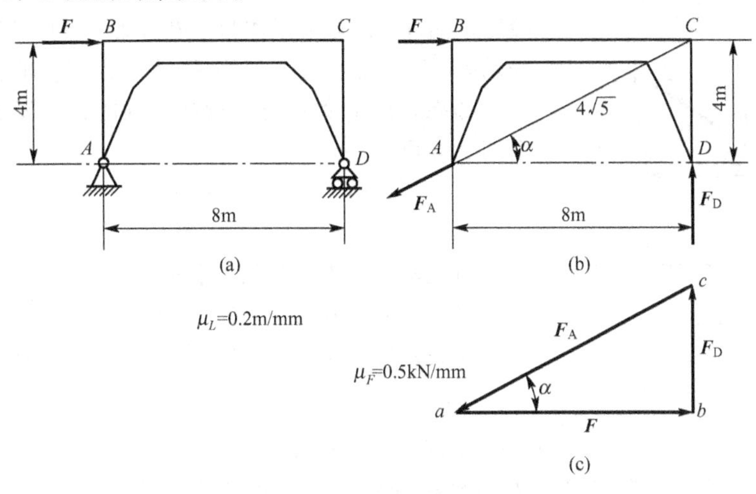

图 2.7

解：(1) 选钢架为研究对象［图 2.7(a)］，选择长度比例尺 $\mu_L=0.2\text{m/mm}$，画出钢架的轮廓图形。

(2) 画受力图。

钢架受水平主动力 F 作用，D 点为可动铰支座，故约束反力 F_D 通过销钉中心 D，垂直于支承面，方向假设朝上。A 点为固定铰支座，约束反力的方位本来待定。但由于钢架在 3 个力作用下处于平衡，而力 F 与 F_D 交于 C，所以力 F_A 沿 AC 连线的方向。指向可假设，受力图如图 2.7(b)所示。

(3) 用几何法作力多边形，求未知量。

选择力比例尺 $\mu_F=0.5\text{kN/mm}$，作封闭的力三角形。如图 2.7(c)所示。量得

$$F_A=22.4\text{kN},\quad F_D=10\text{kN}$$

两反力的指向由力三角形闭合的条件而确定。可见图中假设正确。或根据三角关系计算

$$F_A=\frac{F}{\cos\alpha}=22.4\text{kN},\quad F_D=F_A\sin\alpha=10\text{kN}$$

(4) 分析讨论。

本例与 1、2 例不同，它充分体现了选择长度比例尺 μ_L 与力的比例尺 μ_F 同等重要，如果长度比例尺选的不好，不能准确的画出钢架的轮廓图形，也就无法确定 F_A 的方位。

通过以上例题，可以看出，几何法解题具有直观、简便、一目了然的优点。

2.4 平面汇交力系合成的解析法

求解平面汇交力系问题，除了用前面所述的几何法以外，最常用的还是解析法，解析法是以力在坐标轴上的投影为基础的，为此，先介绍力在坐标轴上的投影。

1. 力在坐标轴上的投影

设力 $\boldsymbol{F}$ 在 Oxy 平面内(图 2.8)。从力 $\boldsymbol{F}$ 的起点 A 和终点 B 分别向 Ox 轴作垂线 Aa 和

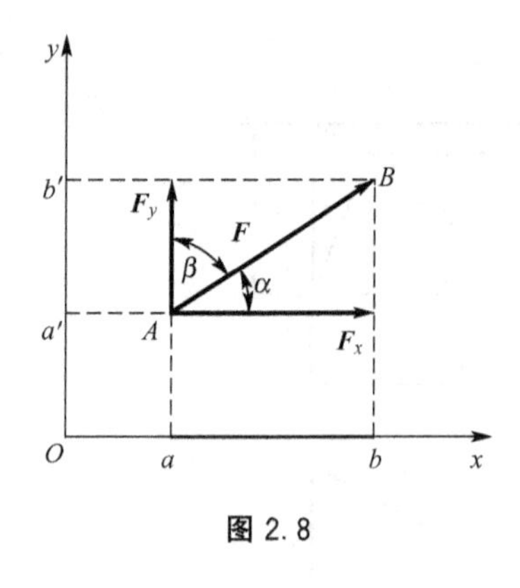

图 2.8

Bb，两垂线在 Ox 轴上截得的线段 ab 称为力 F 在 x 轴上的投影，同理，线段 $a'b'$ 称为力在 y 轴上的投影。通常用 F_x 表示力在 x 轴上的投影，用 F_y 表示力在 y 轴上的投影。

如果知道了力 $\boldsymbol{F}$ 与 x 轴和 y 轴的正向间的夹角 α 和 β，由图 2.8 可知

$$\left.\begin{aligned}F_x&=F\cos\alpha\\F_y&=\cos\beta\end{aligned}\right\}\tag{2-3}$$

力在坐标轴上的投影是代数量。

反之，如已知力 $\boldsymbol{F}$ 在 x 轴和 y 轴上的投影 F_x 和 F_y，由几何关系可求出力 $\boldsymbol{F}$ 的大小和方向余弦为

$$\left.\begin{aligned}F&=\sqrt{F_x^2+F_y^2}\\\cos\alpha&=F_x/F,\ \cos\beta=F_y/F\end{aligned}\right\}\tag{2-4}$$

为了便于计算，通常采用力 $\boldsymbol{F}$ 与坐标轴所夹的锐角计算余弦，并且规定：当力的投影，从始端 a 到末端 b 的指向与坐标轴的正向一致时，投影值为正，反之为负。（注意图 2.8 中的 $\boldsymbol{F}_x$ 与线段 ab 之间的关系）

2. 合力投影定理

图 2.9 为由平面汇交力系 $\boldsymbol{F}_1$、$\boldsymbol{F}_2$、$\boldsymbol{F}_3$ 所组成的力多边形 $ABCD$，$\overrightarrow{AD}$是封闭边，即合力 $\boldsymbol{F}_R$。任选坐标系 Oxy，将合力 $\boldsymbol{F}_R$ 和各分力 $\boldsymbol{F}_1$、$\boldsymbol{F}_2$、$\boldsymbol{F}_3$ 分别向 x 轴上投影，得

$$F_{Rx}=ad$$

$$F_{1x}=ab,\quad F_{2x}=bc,\quad F_{3x}=-cd$$

由图 2.9 可见　　$ad=ab+bc-cd$

故得，　　$F_{Rx}=F_{1x}+F_{2x}+F_{3x}$

同理可得　　$F_{Ry}=F_{1y}+F_{2y}+F_{3y}$

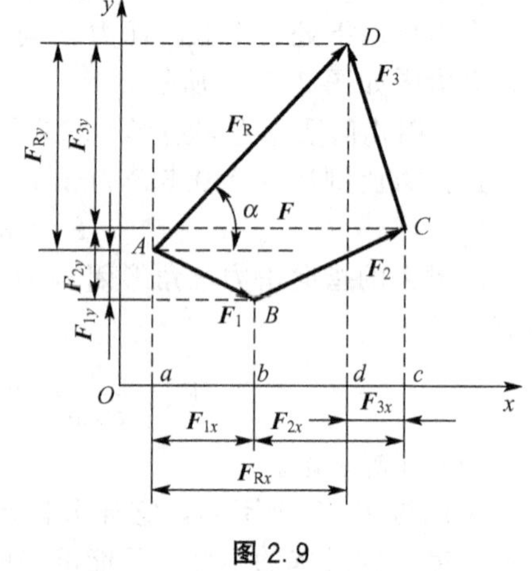

图 2.9

若将上述合力投影与各分力投影的关系式推广到 n 个力组成的平面汇交力系中，可得到

$$\left.\begin{aligned}F_{Rx}&=F_{1x}+F_{2x}+\cdots+F_{nx}=\sum F_x\\F_{Ry}&=F_{1y}+F_{2y}+\cdots+F_{ny}=\sum F_y\end{aligned}\right\}\tag{2-5}$$

合力在任意轴上的投影，等于各分力在同一轴上投影的代数和，这种关系称为合力投影定理。

3. 合成的解析法

算出合力的投影 $\boldsymbol{F}_{Rx}$和 $\boldsymbol{F}_{Ry}$后，就可按(2-4)求出合力 $\boldsymbol{F}_R$ 的大小和方向余弦为

$$\left.\begin{aligned}F_R&=\sqrt{F_{Rx}^2+F_{Ry}^2}=\sqrt{(\sum F_x)^2+(\sum F_y)^2}\\\cos\alpha&=\sum F_x/F_R,\ \cos\beta=\sum F_y/F_R\end{aligned}\right\}\tag{2-6}$$

式中：α 和 β 分别表示合力 $\boldsymbol{F}_R$ 与 $\boldsymbol{x}$ 轴和 y 轴正向间的夹角。

运用式(2-6)计算合力 $\boldsymbol{F}_R$ 的大小和方向，这种方法称为平面汇交力系合成的解析法。

例 2.4　如图 2.10 所示，作用在吊环上的 4 个力 $\boldsymbol{F}_1$、$\boldsymbol{F}_2$、$\boldsymbol{F}_3$ 和 $\boldsymbol{F}_4$ 构成了平面汇交力系，已知各力的大小和方向为 $F_1=360\text{N}$，$\alpha_1=60°$；$F_2=550\text{N}$，$\alpha_2=0°$；$F_3=380\text{N}$，

$\alpha_3=30°$；$F_4=300\text{N}$，$\alpha_4=70°$。试用解析法求合力的大小和方向。

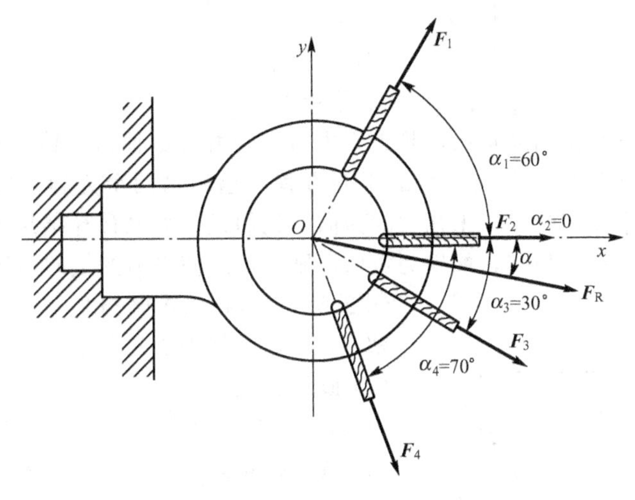

图 2.10

解：(1) 选取坐标系 Oxy，如图 2.10 所示。

(2) 将各个力分别向坐标轴投影如下

在 x 轴上：$F_{1x}=F_1\cos\alpha_1$　$F_{2x}=F_2\cos\alpha_2$　$F_{3x}=F_3\cos\alpha_3$　$F_{4x}=F_4\cos\alpha_4$

在 y 轴上：$F_{1y}=F_1\sin\alpha_1$　$F_{2y}=F_2\sin\alpha_2$　$F_{3y}=-F_3\sin\alpha_3$　$F_{4y}=-F_4\sin\alpha_4$

由式(2-5)得

$$\begin{aligned}F_{Rx}&=\sum F_x=F_{1x}+F_{2x}+F_{3x}+F_{4x}\\&=F_1\cos60°+F_2\cos0°+F_3\cos30°+F_4\cos70°\\&=306\text{N}\times0.5+550\text{N}\times1+380\text{N}\times0.866+300\text{N}\times0.342=1162\text{N}\end{aligned}$$

同理

$$\begin{aligned}F_{Ry}&=\sum F_y=F_{1y}+F_{2y}+F_{3y}+F_{4y}\\&=F_1\sin\alpha_1+F_2\sin\alpha_2-F_3\sin\alpha_3-F_4\sin\alpha_4=-160\text{N}\end{aligned}$$

(3) 根据式(2-6)可得

$$F_R=\sqrt{F_{Rx}^2+F_{Ry}^2}=1173\text{N}$$

$$\cos\alpha=\frac{1162}{1173}=0.9906$$

$$\cos\beta=\frac{-160}{1173}=-0.1364$$

$$\alpha=-7°48'$$

合力 $\boldsymbol{F}_R$ 指向，如图 2.10 所示。

2.5 平面汇交力系的平衡方程及其应用

从前面知道，平面汇交力系的平衡条件是合力 $\boldsymbol{F}_R$ 为零，由式(2-6)则有

$$F_R=\sqrt{(\sum F_x)^2+(\sum F_y)^2}=0$$

所以且只需

$$\left.\begin{aligned}\sum F_x=0\\ \sum F_y=0\end{aligned}\right\} \tag{2-7}$$

即平面汇交力系平衡的解析条件是力系中所有的力在 x 轴和 y 轴上投影的代数和分别等于零。式(2-7)称为平面汇交力系的平衡方程，运用这两个方程，可以求解两个未知量。用解析法求解平衡问题时，未知力的指向可先假设，如果计算结果为正值，就表示所假设力的指向与实际指向相同，如果为负值，则表示所假设力的指向与实际指向相反。

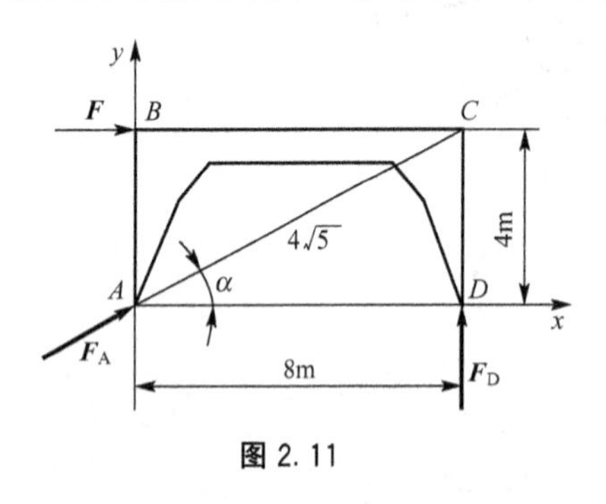

图 2.11

例 2.5 用解析法求解例 2.3。

解：(1) 选刚架为研究对象。

(2) 画受力图。

约束反力 $\boldsymbol{F}_A$ 的指向假设如图 2.11 所示。

(3) 选坐标系如图所示，列平衡方程如下

$$\sum F_x=0,\quad F+F_A\cdot\frac{8}{4\sqrt{5}}=0 \tag{a}$$

$$\sum F_y=0,\quad F_D+F_A\cdot\frac{4}{4\sqrt{5}}=0 \tag{b}$$

(4) 求未知量。

由式(a)得

$$F_A=-\frac{\sqrt{5}}{2}F=-22.4\text{kN}$$

$\boldsymbol{F}_A$ 得负值，表示图中假设的方向与实际指向相反。

由式(b)得

$$F_D=-F_A\cdot\frac{1}{\sqrt{5}}$$

将 $\boldsymbol{F}_A$ 连同“－”号一起代入得

$$F_D=\frac{F}{2}=10\text{kN}$$

例 2.6 简易榨油机如图 2.12(a)所示，气缸中的活塞给销钉 A 的水平推力为 F，A、B、C 3 点为铰链连接，托板与连杆的自重不计，机构平衡。试求当连杆 AB、AC 与铅垂线成 α 角时，托板给被压物体的力。

解：这是一个构件系统的平衡问题，如果直接取托板或被压物体为研究对象，因它们上面没有已知力，应该从有已知力的地方开始算起，所以，应选取销钉 A 为研究对象，算出连杆所受的力，再取托板为研究对象，求出托板给被压物体的力。

(1) 选销钉 A 为研究对象，其受力图如图 2.12(b)所示。活塞给销钉 A 的力 F 水平向左，连杆 AB、AC 均为二力杆，所以，F_{AB} 和 F_{AC} 分别沿它们的轴线，指向先假设如图所示。

取坐标系如图所示，列平衡方程

$$\sum F_x=0;\quad F_{AB}\sin\alpha+F_{AC}\sin\alpha-F=0 \tag{a}$$

$$\sum F_y=0;\quad -F_{AB}\cos\alpha+F_{AC}\cos\alpha=0 \tag{b}$$

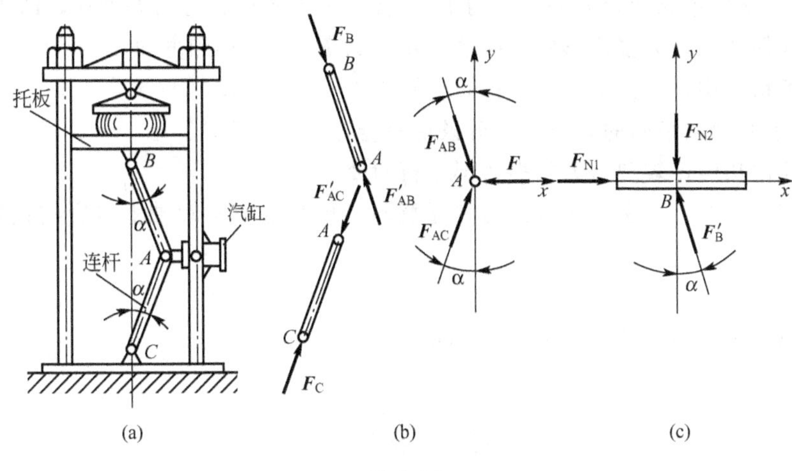

图 2.12

由式(b)得

$$\boldsymbol{F}_{AB}=\boldsymbol{F}_{AC}$$

代入式(a)得

$$F_{AB}=F_{AC}=\frac{F}{2\sin\alpha} \tag{c}$$

由于$\alpha<90°$，所以$\boldsymbol{F}_{AB}$、$\boldsymbol{F}_{AC}$为正值，表示图中的假设指向与实际指向相同。连杆AB、AC所受的力分别与力$\boldsymbol{F}_{AB}$和$\boldsymbol{F}_{AC}$等值反向，可见两个连杆都受压力，如图2.12(b)所示。

(2) 再选托板为研究对象，其受力图如图2.12(c)所示。被压物体给托板的力$\boldsymbol{F}_{N2}$铅直向下，连杆AB给托板的力F'_B是力$\boldsymbol{F}_B$的反作用力，立柱给托板的反力$\boldsymbol{F}_{N1}$水平向右。取坐标系如图所示，列平衡方程。这里只需列沿y轴方向的平衡方程即可

$$\sum F_y=0;\quad F'_B\cos\alpha-F_{N2}=0 \tag{d}$$

由式(d)得

$$F_{N2}=F'_B\cos\alpha \tag{e}$$

因$F'_B=F_{AB}$，把式(c)代入式(e)，则

$$F_{N2}=\frac{F}{2\sin\alpha}\cdot\cos\alpha=\frac{F}{2}=\cot\alpha$$

托板给被压物体的力应与F_{N2}等值反向。

设$\alpha=5°$，活塞的水平推力$F=1\text{kN}$，代入上式可得

$$F_{N2}=\frac{F}{2}\cot\alpha=5.72\text{kN}$$

本章小结

本章主要内容是运用几何法和解析法研究平面汇交力系的合成与平衡问题。重点是解析法，应熟练掌握。

1. 平面汇交力系只能合成一个合力 F_R，合力等于所有分力的矢量和，即 $F_R=\sum F_i$

(1) 在几何法中，力多边形的封闭边表示合力 F_R 的大小和方向。

(2) 在解析法中，合力 F_R 的大小和方向按式(2-6)计算。

2. 平面汇交力系平衡的必要与充分条件是合力 F_R 等于零。

(1) 在几何法中，表现为力的多边形自行封闭。

(2) 在解析法中，力系中所有的力在任意两个相互垂直坐标轴上投影的代数和分别等于零即

$$\sum F_x=0;\quad \sum F_y=0$$

用两个独立的平衡方程，可求出两个未知量。

思　考　题

1. 试指出图 2.13 所示各力多边形中，哪个是自行封闭的？哪个不是自行封闭的？如果不是自行封闭，哪个力是合力？哪些力是分力？

2. $\boldsymbol{F}_1$、$\boldsymbol{F}_2$、$\boldsymbol{F}_3$ 及 $\boldsymbol{F}_4$ 是作用在刚体上的平面汇交力系，其力矢之间有如图 2.14 所示的关系，合力为 $\boldsymbol{F}_R$。以下情况中哪几种是错误的？

A. $\boldsymbol{F}_R=\boldsymbol{F}_4$　　　　B. $\boldsymbol{F}_R=2\boldsymbol{F}_4$

C. $\boldsymbol{F}_R=-\boldsymbol{F}_4$　　　　D. $\boldsymbol{F}_R=-2\boldsymbol{F}_4$

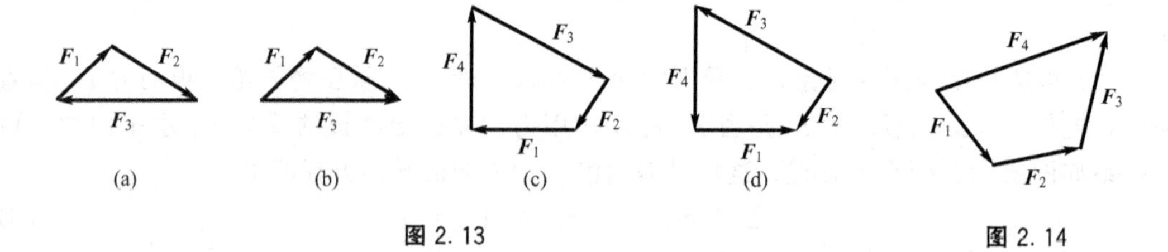

图 2.13　　　　图 2.14

3. 试写出图 2.15 所示各力在 x 轴和 y 轴上投影的计算式。

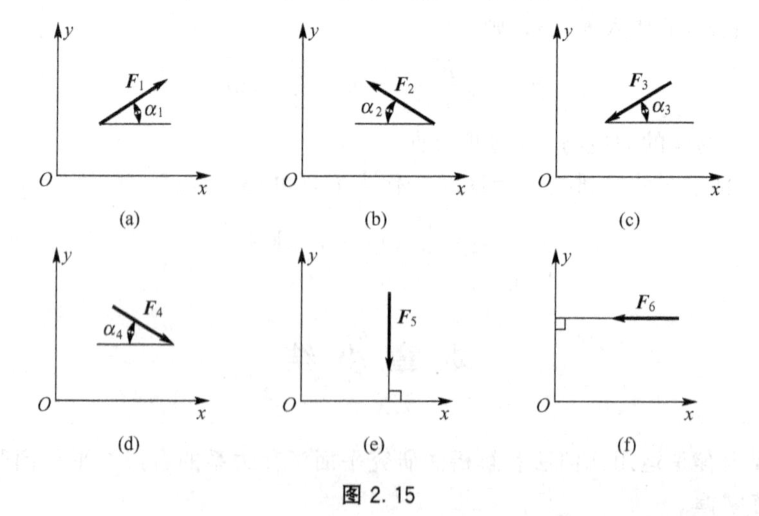

图 2.15

4. 试分别计算图 2.16 中力 $\boldsymbol{F}$ 在 x、y' 方向或 x、y 方向上的分力和投影，并对比其区别。

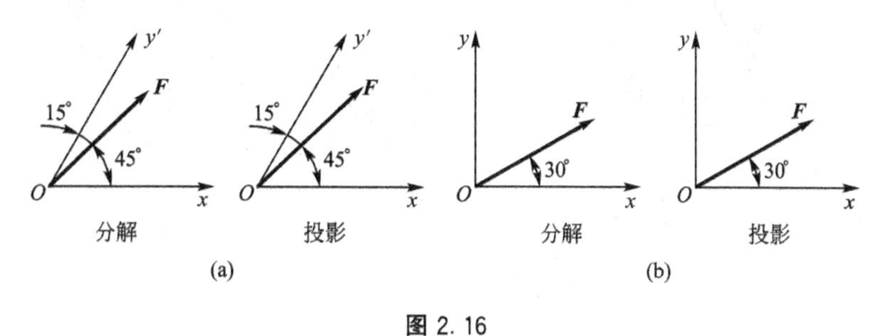

图 2.16

5. 如果力 $\boldsymbol{F}_1$ 与 $\boldsymbol{F}_2$ 在 x 轴上投影相等，那么，这两个力是否一定相同？为什么？

6. “作用在刚体上同一平面内某一点的 3 个力，必使刚体平衡”是否正确？

7. 平面汇交力系具有几个独立平衡方程？

习　　题

2-1　铆接钢板在孔 A、B 和 C 处受三个力作用，如图 2.17 所示。已知 $F_1=100\text{N}$，沿铅垂方向；$F_2=50\text{N}$，沿 AB 方向；$F_3=50\text{N}$，沿水平方向。求此力系的合力。

2-2　桁架的连接点如图 2.18 所示，如沿 OA、OB 和 OC 方向之力分别为 $F_1=F_3=1.414\text{kN}$，$F_2=1\text{kN}$。试求钢板 $mnpqrs$ 传给杆 MN 的力。

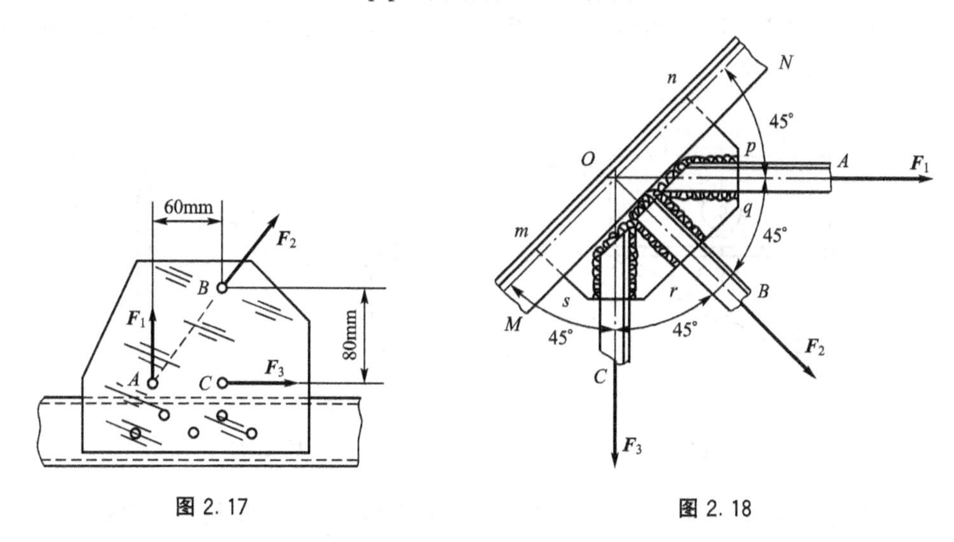

图 2.17　　图 2.18

2-3　支架如图 2.19 所示，由杆 AB 与 AC 组成，A、B 与 C 均为铰链，在销钉 A 上悬挂重量为 W 的重物。试求图示 4 种情况下，杆 AB 与杆 AC 所受的力。

2-4　图 2.20 所示梁在 A 端为固定铰支座，B 端为可动铰支座，$F=20\text{kN}$。试求图示两种情形下 A 和 B 处的约束反力。

2-5　图 2.21 所示电动机重 $P=5\text{kN}$，放在水平梁 AC 的中间，A 和 B 为固定铰链，

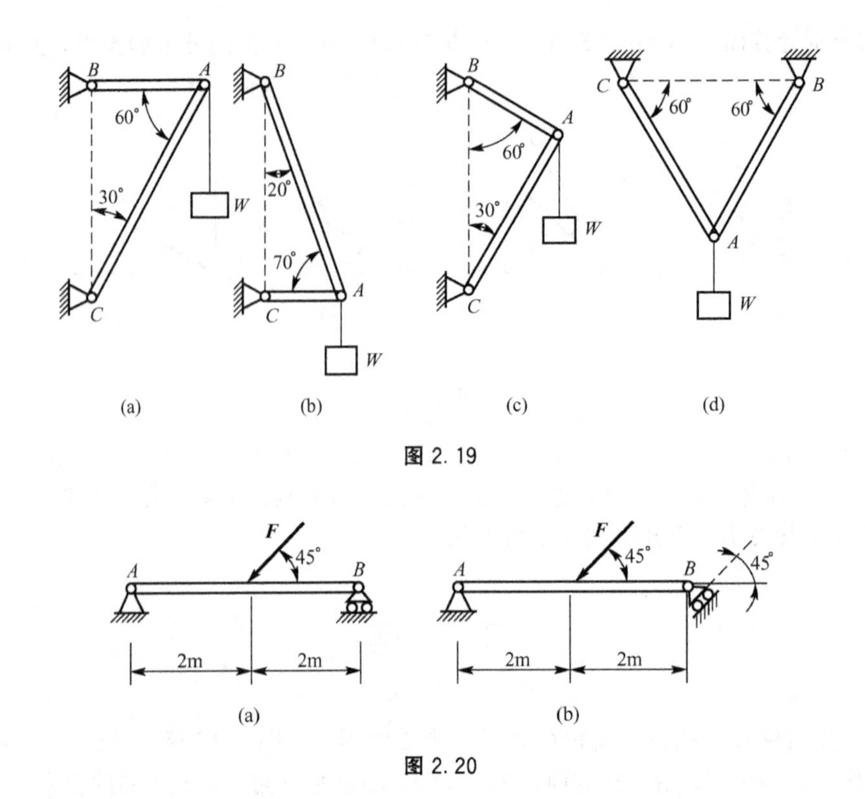

图 2.19

图 2.20

C 为中间铰链。试求 A 点反力及杆 BC 所受的力。

2－6　图示 2.22 圆柱体 A 重 P，在其中心系着两绳 AB 和 AC，并分别经过滑轮 B 和 C，两端分别挂重为 P_1 和 P_2 的物体，设 $P_2>P_1$。试求平衡时绳 AC 和水平线所构成的角 α 及 D 处约束反力。

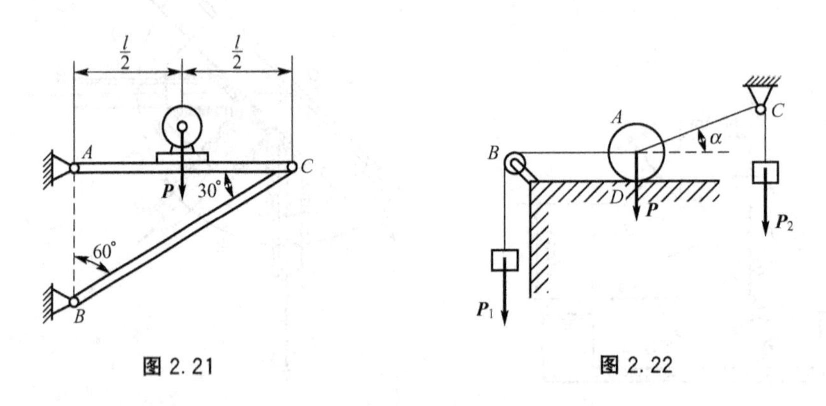

图 2.21　　图 2.22

2－7　图 2.23 所示三铰拱架由 AC 和 BC 两部分组成，A、B 均为固定铰链，C 为中间铰。试求铰链 A、B 的约束反力。

2－8　图 2.24 所示起重机 BAC，A 为滑轮，B 与 C 均为铰链，吊起重物 P＝20kN，几何尺寸如图 2.24 所示。试求杆 AB 和 AC 所受的力。

2－9　图 2.25 所示一拔桩装置。在木桩的 A 点上系一绳，将绳的另一端固定在 C 点，又在绳的 B 点系另一绳，此绳的另一端固定在 E 点。然后在绳的 D 点挂一重物重 P＝

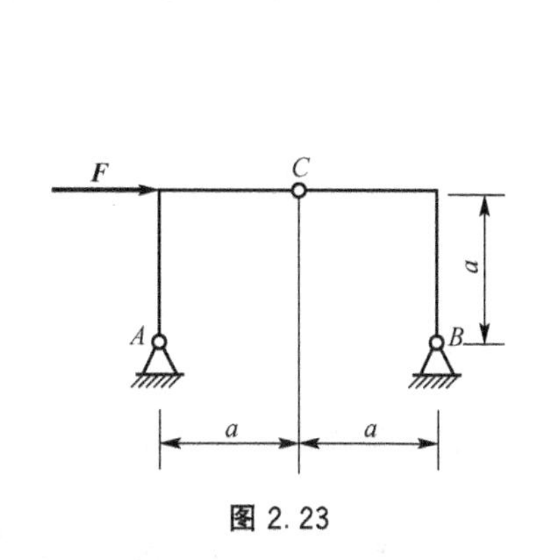

图 2.23

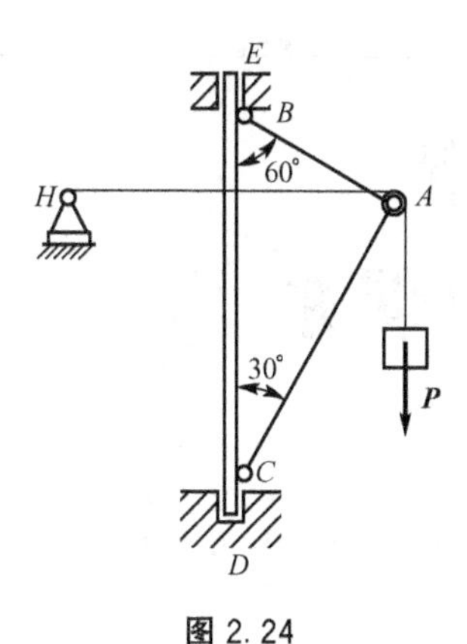

图 2.24

300N，此时 BD 段水平，AB 段铅直，已知 $\alpha=0.1\text{rad}$(当 α 很小时 $\tan\alpha\approx\alpha$)。试求 AB 绳作用于桩上的力 F_T。

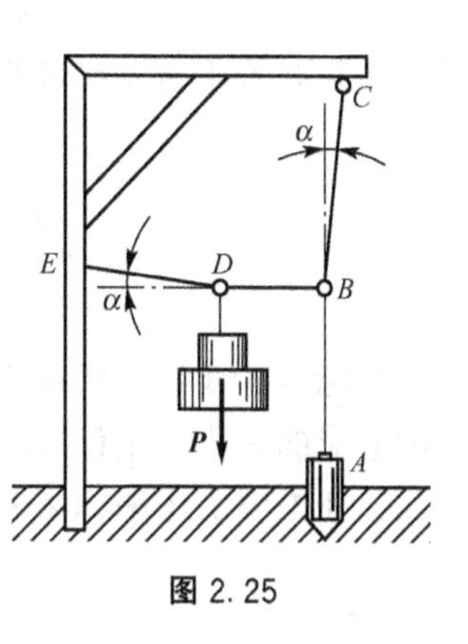

图 2.25

2-10　图 2.26 示液压式夹紧机构，D 为固定铰，B、C、E 为中间铰。已知力 F 及几何尺寸，试求平衡时工件 H 所受的压紧力。

2-11　气动夹具简图如图 2.27 所示，汽缸固定在机架上，已知活塞受到向下的总压力 $F=7.5\text{kN}$。四杆 AB、BC、AD、DE 均为铰链连接，B、D 为两个滚轮。不计杆和轮的质量及摩擦，$\alpha=150°$，$\beta=10°$，机构平衡。试求工件所承受的压力。

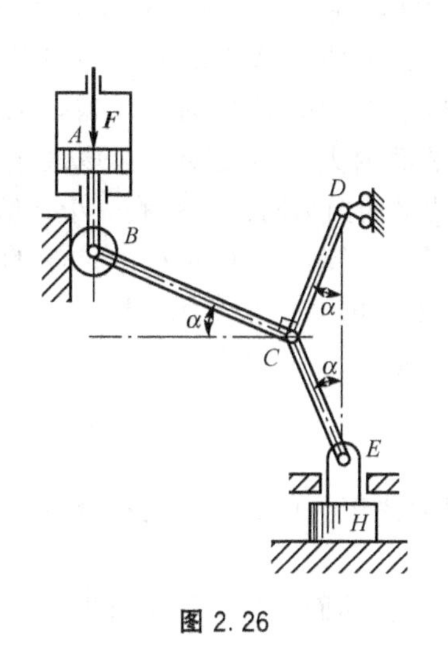

图 2.26

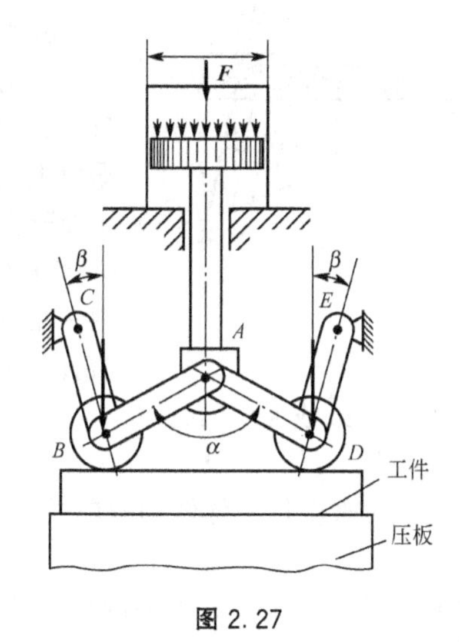

图 2.27

2-12　在习题 1-7 中，已知 $AD=BC=3\text{m}$，$AB=DC=2AE=4\text{m}$，$\theta=30°$，$F=4\text{kN}$，试求杆 AC、杆 BC、杆 DC 和铰链支座 A 的约束反力。

2-13　在习题 1-8 中，已知 F_1、F_2 和 a，试求 A、B、D 处反力和销钉 C 对 BE 部分的反力。

第3章 平面力偶系

【教学提示】

本章主要研究力矩和力偶的概念、力偶的性质、平面力偶系的合成与平衡。

【学习要求】

通过本章的学习，记住力矩和力偶的概念及性质。重点是平面力偶系的合成与平衡问题。掌握利用平衡方程求解平面力偶系的平衡问题。

3.1 力对点之矩——力矩

实际告诉我们：用扳手转动螺母时(图 3.1)，作用在扳手上的力 $\boldsymbol{F}$ 有使扳手绕 O 点转动的效应的大小，不仅取决于力 $\boldsymbol{F}$ 的大小，还取决于力 $\boldsymbol{F}$ 的作用线到 O 点的垂直距离 h。因此，在力学上用乘积 $\boldsymbol{F}\cdot h$ 作为度量力 $\boldsymbol{F}$ 使物体绕 O 点转动效应的物理量。这个量称为力 $\boldsymbol{F}$ 对 O 点之矩，简称力矩。以符号 $M_O(F)$表示，即

$$M_O(F)=\pm Fh \qquad (3-1)$$

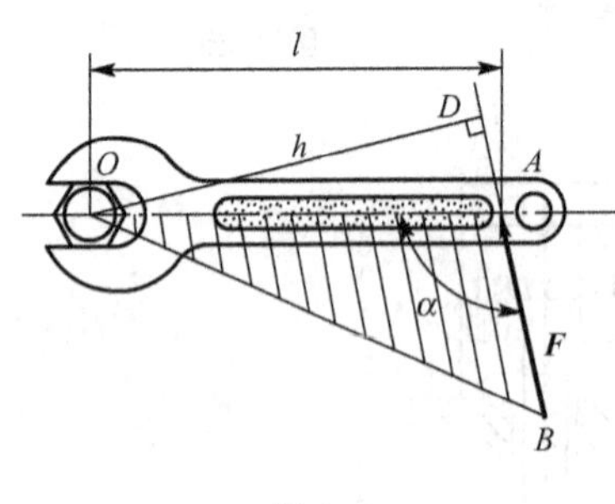

图 3.1

O 点称为矩心，O 点到力 $\boldsymbol{F}$ 作用线的垂直距离 h，称为力臂。通常规定：力使物体绕矩心作逆时针方向转动时，力矩取正号；作顺时针方向转动时，取负号。根据以上情况，平面内力对点之矩，只取决于力矩的大小及转向，因此平面内力对点之矩是一个代数量。

此外，由图 3.1 知，力 $\boldsymbol{F}$ 对 O 点之矩的大小还可用三角形 OAB 面积的 2 倍来表示，即

$$M_O(F)=\pm 2A_{\triangle OAB} \qquad (3-2)$$

力矩的单位是 N·m 或 kN·m。

综上所述可知

(1) 力矩是用来度量物体转动效应的，它不仅取决于力的大小，同时还与矩心的位置有关。

(2) 力 $\boldsymbol{F}$ 对任一点之矩，不会因该力沿其作用线移动而改变，因为此时力和力臂的大小均未改变。

(3) 力的作用线通过矩心时，力矩等于零。

(4) 互成平衡的两个力对同一点之矩的代数和等于零。

例 3.1 图 3.1 中扳手所受的力 $\boldsymbol{F}=200\text{kN}$，$l=0.4\text{m}$，$\alpha=120°$，试求力 $\boldsymbol{F}$ 对 O 点之矩。

解：根据式(3-1)，有

$$M_O(F)=F\cdot h=Fl\sin\alpha=200\times10^3\text{N}\times0.4\text{m}\times0.866=69.2\text{N}\cdot\text{m}$$

正号表示扳手绕 O 点作逆时针方向转动。

例 3.2 图 3.2(a)中两齿轮啮合传动，已知大齿轮的节圆半径为 r_2、直径为 D_2，小齿轮作用在大齿轮上的压力为 $\boldsymbol{F}$，如图 3.2(b)所示，压力角为 α_0。试求力 $\boldsymbol{F}$ 对大齿轮转动中心 O_2 点之矩。

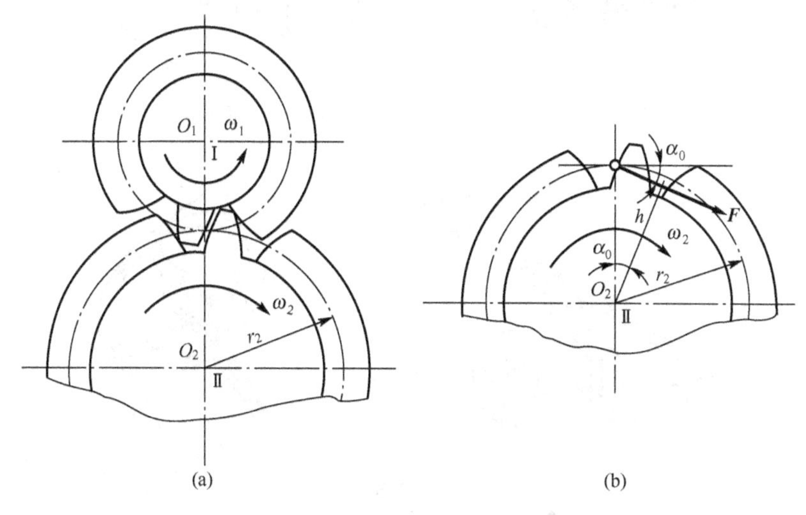

图 3.2

解：根据式(3-1)，有

$$M_{O_2}(F)=-F\cdot h$$

从图 3.2(b)的几何关系得

$$h=r_2\cos\alpha_0=\frac{D_2}{2}\cos\alpha_0$$

代入上式，故，

$$M_{O_2}(F)=-F\cdot\frac{D_2}{2}\cos\alpha_0$$

负号表示力 F 使大齿轮绕 O_2 点作顺时针方向转动。(上式还有其他层面含义，请同学们思考)

3.2 力偶与力偶矩

在日常生活中，经常看到物体同时受到大小相等、方向相反、作用线互相平行的两个力的作用。例如，拧水龙头时人手作用在开关上的两个力 $\boldsymbol{F}$ 和 $\boldsymbol{F}'$(图 3.3)，用钥匙开锁等等也是如此。在力学上我们把大小相等、方向相反、作用线互相平行的两个力叫做力偶，并记为($\boldsymbol{F}$，$\boldsymbol{F}'$)力偶中两力所在的平面叫力偶作用面，两力作用线间的垂直距离叫力偶臂，以 d 表示(图 3.4)。

物体受力偶作用的实例还很多，如用丝锥攻丝时、汽车司机、旋转方向盘时，他们加在丝锥上的力和方向盘上的力实际上都是力偶，如图 3.5 所示。

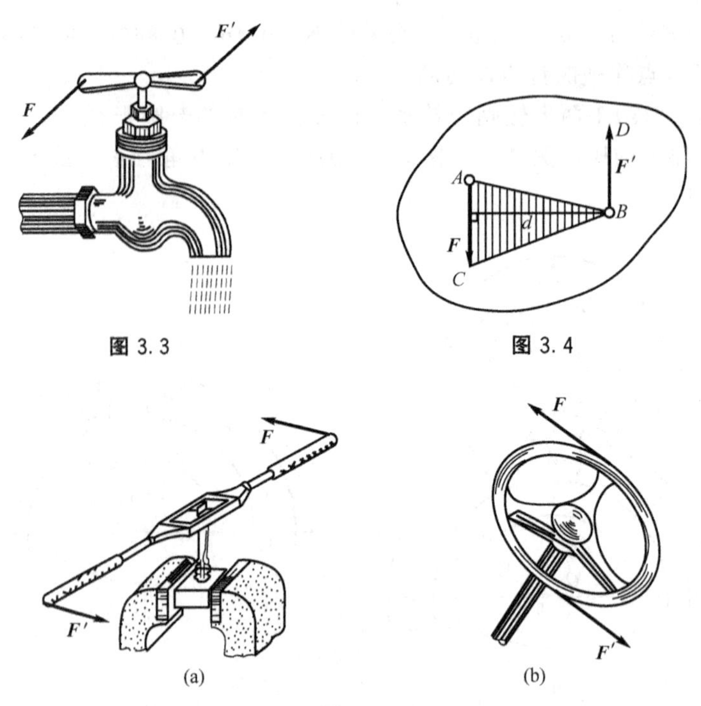

图 3.3

图 3.4

图 3.5

力偶对物体的作用效应是怎样的呢？由于力偶中的两个力大小相等、方向相反、作用线平行，所以它们在任何坐标轴上投影之和等于零(图 3.6)。

力偶没有合力，也不能用一个力来代替。既然没有合力，它就不会对物体产生移动效应。但力偶本身又不能平衡，因不符合二力平衡公理，所以力偶只能使物体产生转动效应。如何来度量力偶对物体的转动效应呢？显然可用力偶中两个力对矩心的力矩之和来度量，如图 3.7 所示。

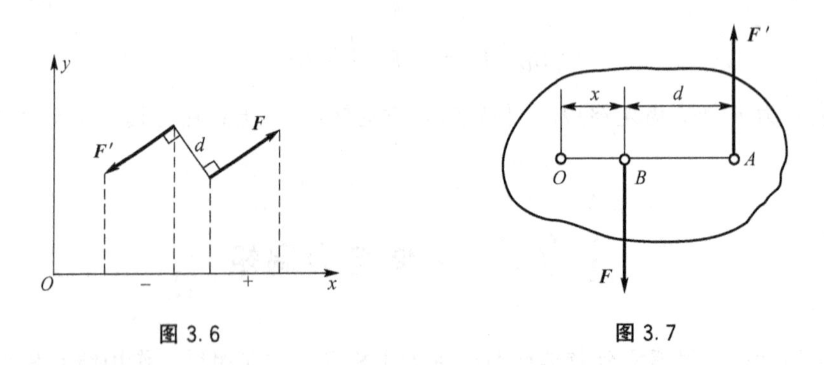

图 3.6

图 3.7

在力偶平面内任取一点 O 为矩心，设 O 点与力 F 作用线的距离为 x，则力偶的两个力对 O 点之矩的和为

$$M_O(F)+M_O(F')=-Fx+F'(x+d)=-Fx+F'x+F'd=F'd=Fd$$

由此可见，力偶对任一点 O 的力矩只与力 $\boldsymbol{F}$ 和力偶臂 d 的大小有关，而与矩心的位置无关。即力偶对物体的转动效应只取决于力偶中力的大小和二力之间的垂直距离。因此，在力学上以乘积 $F \cdot d$ 作为量度力偶对物体的转动效应的物理量，这个量称为力偶

矩，以符号 M 表示，即

$$M=\pm Fd \tag{3-3}$$

上式中的正负号表示力偶的转动方向，即逆时针方向转动时为正；顺时针方向转动时为负(图 3.8)。由此可见，在平面问题中，力偶矩可用代数量表示。

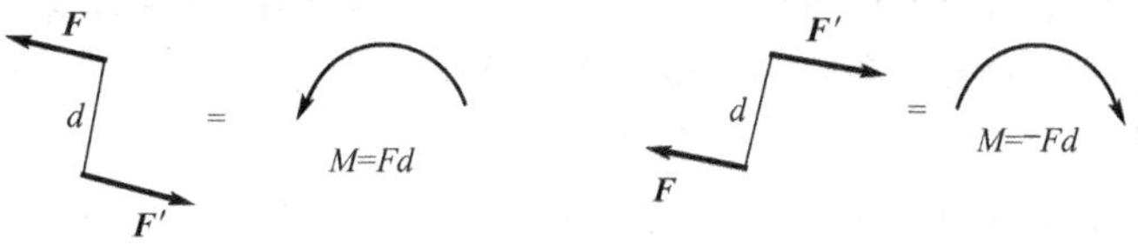

(a) (b)

图 3.8

从图 3.4 看出：力偶矩也可用三角形面积的 2 倍来表示，即

$$M=\pm 2A_{\triangle ABC} \tag{3-4}$$

与力矩一样，力偶矩的单位是 N·m 或 kN·m。

综上所述可知，力偶对物体的作用效应，取决于下列 3 个因素：①力偶矩的大小；②力偶的转向；③力偶的作用面。以上称为力偶的三要素。

3.3 力偶的等效性

力偶和力一样，是两个最基本的力学元素。力偶没有合力，本身又不能平衡。即力偶不能与一个力等效，只能与另一个力偶等效。而力偶对物体的转动效应又完全取决于力偶矩，且与矩心的位置无关。所以，在同一平面内的两个力偶，只要它们的力偶矩大小相等、转向相同，则两力偶必等效，这就是平面力偶的等效性。

上述结论，可直接由经验证实。如图 3.9(a)中作用在方向盘上的力偶($\boldsymbol{F}_1$，$\boldsymbol{F}_1'$)或($\boldsymbol{F}_2$，$\boldsymbol{F}_2'$)，虽然它们的作用位置不同，但如果它们的力偶矩大小相等、转向相同，则对方向盘的转动效应就相同。

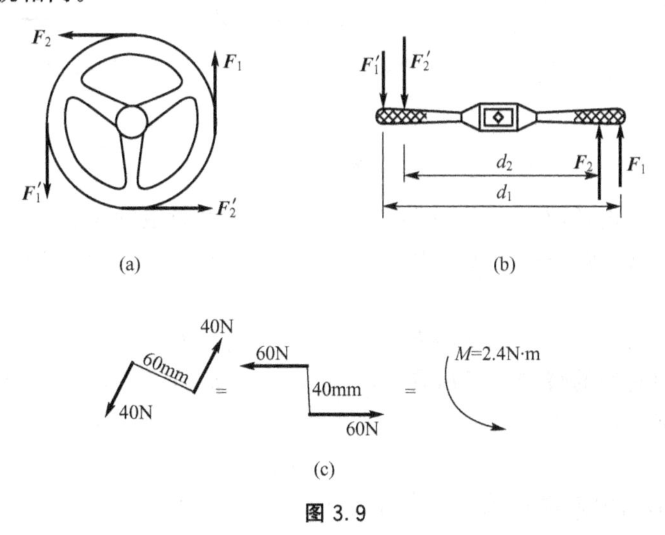

(a) (b) (c)

图 3.9

又如作用在丝锥扳手上的力偶($\boldsymbol{F}_1$，$\boldsymbol{F}_1'$)或($\boldsymbol{F}_2$，$\boldsymbol{F}_2'$)［图 3.9(b)］，虽然 $\boldsymbol{F}_1 \neq \boldsymbol{F}_2$，$d_1 \neq d_2$，但如果两个力偶矩相等，即 $\boldsymbol{F}_1 \cdot d_1 = \boldsymbol{F}_2 \cdot d_2$，则它们对丝锥的转动效应就相同。

力偶的等效性可形象地表示为图 3.9(c)所示。

综上所述，可以得出下列两个重要推论。

(1) 力偶可以在作用面内任意转移，而不影响它对物体的作用效应。

(2) 在保持力偶矩的大小和转向不变的条件下，可任意改变力和力偶臂的大小，而不影响它对物体的作用效应。

应当指出，以上的结论，不适用于变形效应的研究。例如，图 3.10(a)中的力偶($\boldsymbol{F}_1$，$\boldsymbol{F}_1'$)，如变换成为力偶矩相等的力偶($\boldsymbol{F}_2$，$\boldsymbol{F}_2'$)［图 3.10(b)］，尽管对梁的平衡没有影响，但对梁的变形效应却不一样。

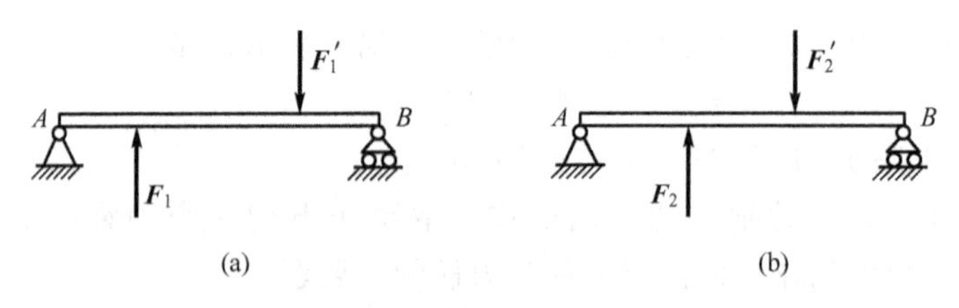

图 3.10

3.4 平面力偶系的合成与平衡

设在同一平面内有两个力偶($\boldsymbol{F}_1$，$\boldsymbol{F}_1'$)和($\boldsymbol{F}_2$，$\boldsymbol{F}_2'$)，它们的力偶臂各为 d_1 和 d_2 (图 3.11(a))，其力偶矩分别为 $\boldsymbol{M}_1$ 和 $\boldsymbol{M}_2$。求其合成结果。

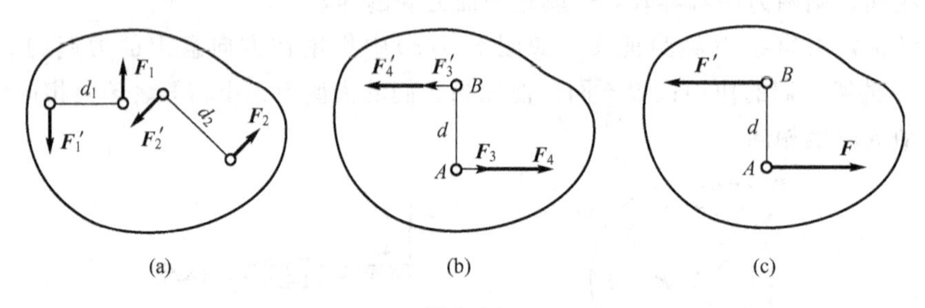

图 3.11

在力偶的作用面内任取一线段 $AB=d$，在不改变力偶矩的条件下将各力偶的臂都化为 d，于是得到与原力偶等效的两个力偶($\boldsymbol{F}_3$，$\boldsymbol{F}_3'$)和($\boldsymbol{F}_4$，$\boldsymbol{F}_4'$)，$\boldsymbol{F}_3$ 和 $\boldsymbol{F}_4$ 的大小可由下列等式算出

$$M_1 = F_3 \cdot d, \quad M_2 = F_4 \cdot d$$

然后转移各力偶使它们的臂都与 AB 重合，如图 3.11(b)所示。再将作用于 A 点的两个力合成为一个合力 $\boldsymbol{F}$，其大小为

$$F = F_3 + F_4$$

同样，再将 B 点的两个力也合成为一个合力 F'，其大小为

$$F'=F_3'+F_4'$$

显然 F 与 F' 大小相等、方向相反，且不在同一直线上。它们组成了一个力偶($\boldsymbol{F}$，$\boldsymbol{F}'$)[图 3.11(c)]，这就是两个已知力偶的合力偶，其力偶矩为

$$M=Fd=(F_3+F_4)d=F_3d+F_4d=M_1+M_2$$

推广：若作用在同一平面内有 n 个力偶，则其合力偶矩应为

$$M=M_1+M_2+M_3+\cdots+M_n$$

或

$$M=\sum_{i=1}^{n}M_i \tag{3-5}$$

由上可知，平面力偶系合成的结果是一个合力偶，合力偶矩等于各已知力偶矩的代数和。

平面力偶系合成的结果是一个合力偶，如果这个平面力偶系平衡，则合力偶矩必须等于零，即

$$\sum_{i=1}^{n}M_i=0 \tag{3-6}$$

反之，如果合力偶矩为零，则平面力偶系必然平衡。

由此可知，平面力偶系平衡的必要和充分条件是：力偶系中各力偶矩的代数和等于零。式(3-6)是解平面力偶系平衡问题的基本方程，运用这个平衡方程，可以求出一个未知量。

例 3.3 要在汽缸盖上钻 4 个相同的孔(图 3.12)，现估计钻每个孔的切削力偶矩$M_1=M_2=M_3=M_4=M_O=15\text{N}\cdot\text{m}$，转向如图所示，当用多轴钻床同时钻这 4 个孔时，问工件受到的总切削力偶矩是多大?

解：作用在汽缸盖上的力偶有 4 个，各力偶矩的大小相等，转向相同，又在同一平面内，因此这 4 个力偶的合力偶矩为

$$M=\sum M_i=-M_1-M_2-M_3-M_4=-4M_O=-4\times15\text{N}\cdot\text{m}=-60\text{N}\cdot\text{m}$$

负号表示合力偶矩顺时针方向转动。知道总切削力偶矩之后，就可考虑夹紧措施，设计夹具。

例 3.4 如图 3.13 所示，电动机轴通过联轴器与工作轴相连接，联轴器上 4 个螺栓 A、B、C、D 的孔心均匀地分布在同一圆周上，此圆的直径 $AC=BD=150\text{mm}$，电动机轴传给联轴器的力偶矩 $M_O=2.5\text{kN}\cdot\text{m}$，试求每个螺栓所受的力为多少?

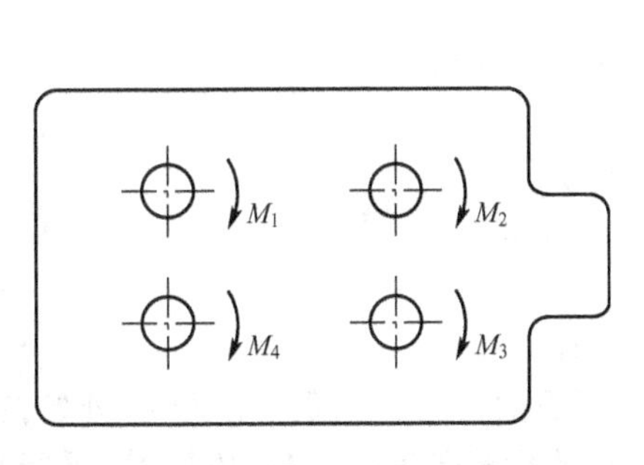

图 3.12

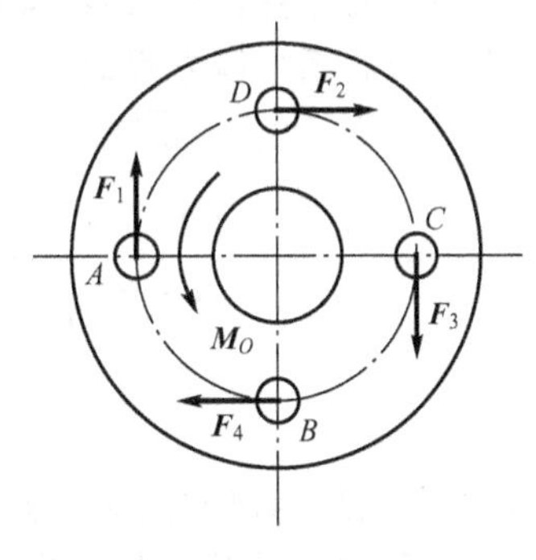

图 3.13

解：(1) 取联轴器为研究对象。

作用于联轴器上的力有电动机传给联轴器的力偶、每个螺栓的反力，受力图如图所示。假设 4 个螺栓的受力均匀，即 $F_1=F_2=F_3=F_4=F$，则组成两个力偶并与电动机传给

联轴器的力偶平衡。

(2) 列平面力偶系平衡方程　由$\sum M=0$，有

$$M_O-F\times AC-F\times BD=0$$

而

$$AC=BD$$

故

$$F=\frac{M_O}{2AC}=\frac{2.5\text{kN}\cdot\text{m}}{2\times 0.15\text{m}}=8.33\text{kN}$$

例 3.5　在框架杆 CD 上作用有一力偶，其力偶矩 M_O 大小为 40N·m，转向如图 3.14(a) 所示。A 为固定铰链，C、D 和 E 均为中间铰链，B 为光滑面。不计各杆质量。图中长度单位为 mm。试求平衡时，A、B、C、D 和 E 处的约束反力。

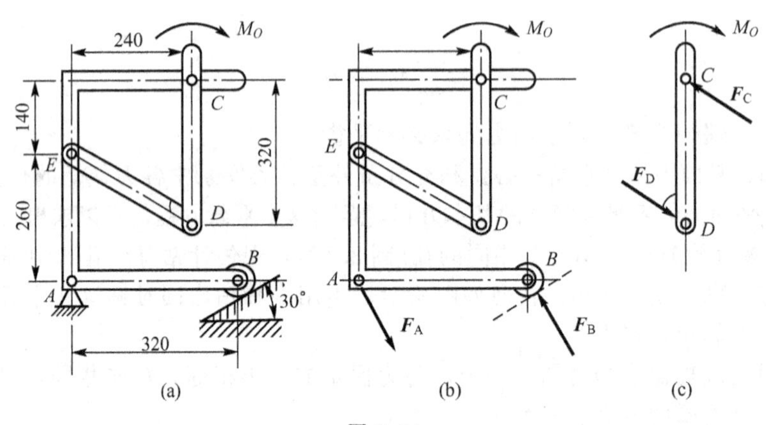

图 3.14

解：这是物体系统的平衡问题，应先选取整个系统为研究对象，求出 A 和 B 处的反力，再选杆 CD 为研究对象，求出 C 和 D 处的反力。

(1) 先选取整个系统为研究对象，画受力图。

它受有力偶、光滑面 B 处约束反力 $\boldsymbol{F}_B$ 和铰链 A 的反力 $\boldsymbol{F}_A$ 的作用(图 3.14(b))，按照平面力偶系平衡条件，$\boldsymbol{F}_A$ 必定与 $\boldsymbol{F}_B$ 构成一力偶，故 $\boldsymbol{F}_A$ 与 $\boldsymbol{F}_B$ 平行且反向。

列出平面力偶系平衡方程式

$$\sum M=0\quad -M_O+F_A\cdot AB\cos 30^\circ=0 \tag{a}$$

得

$$F_A=\frac{M_O}{AB\cos 30^\circ}=\frac{40\text{N}\cdot\text{m}}{0.32\text{m}\times 0.866}=144\text{N}$$

故

$$F_B=F_A=144\text{N}$$

(2) 再选杆 CD 为研究对象，画受力图。它所受的力有：力偶、C 和 D 处铰链反力。DE 为二力直杆，故 $\boldsymbol{F}_D$ 沿 ED 方向。按照平面力偶系平衡条件，$\boldsymbol{F}_C$ 必与 $\boldsymbol{F}_D$ 平行且反向[图 3.14(c)]。

列出平面力偶系平衡方程式

$$\sum M=0,\quad -M_O+F_C\times\frac{0.24}{\sqrt{(0.18)^2+(0.24)^2}}\times CD=0 \tag{b}$$

得

$$F_C=\frac{5M_O}{4\times0.32\text{m}}=\frac{5\times40\text{N}\cdot\text{m}}{4\times0.32\text{m}}=156\text{N}$$

注意：本例是由平衡力偶系平衡条件确定铰链反力方位。

本章小结

1. 力矩是力学中的一个基本概念。它是度量力对物体转动效应的物理量，在平面问题中它是代数量，可按下式计算：

$$M_O(F)=\pm Fh=\pm2A_{\triangle OAB}$$

一般以逆时针转向为正，反之为负。

2. 力偶和力一样是力学中的两个基本元素。

(1) 力偶是由等值、反向、不共线的两个平行力所组成的特殊力系，它对物体只产生转动效应，可用力偶矩来度量，即

$$M=\pm Fd$$

(2) 力偶没有合力，不能与一个力等效，力偶只能用力偶来平衡。

(3) 力偶在任意坐标轴上的投影等于零。力偶对任一点之矩恒等于力偶矩，与矩心的位置无关。

(4) 力偶的主要性质是等效性。在保持力偶矩不变的条件下，可任意改变力和力偶臂的大小，并可在作用面内任意转移。

3. 平面力偶系合成的结果是一个合力偶，合力偶矩等于各力偶矩的代数和。即

$$M=\sum_{i=1}^{n}M_i$$

4. 平面力偶系的平衡方程是：

$$\sum_{i=1}^{n}M_i=0$$

它是解平面力偶系平衡问题的基本方程，运用这个平衡方程，可求解一个未知量。

思 考 题

1. 图 3.15 中设 $AB=l$，在 A 点受 4 个大小均等于 $\boldsymbol{F}$ 的力 $\boldsymbol{F}_1$、$\boldsymbol{F}_2$、$\boldsymbol{F}_3$ 和 $\boldsymbol{F}_4$ 作用。试分别计算每个力对 B 点之矩。

2. 图 3.16 中的胶带传动，若仅包角 α 变化而其他条件均保持不变时，试问使胶带轮转动的力矩是否改变？为什么？

3. 图 3.17 中力的单位为 N，长度单位为 mm。试分析图示 4 个力偶，哪些是等效的？哪些是不等效的？

4. 一力偶($\boldsymbol{F}_1$，$\boldsymbol{F}_1'$)作用在 Oxy 平面内，另一力偶($\boldsymbol{F}_2$，$\boldsymbol{F}_2'$)作用在 Oyz 平面内，力偶矩之绝对值相等(图 3.18)，试问 2 力偶是否等效？为什么？

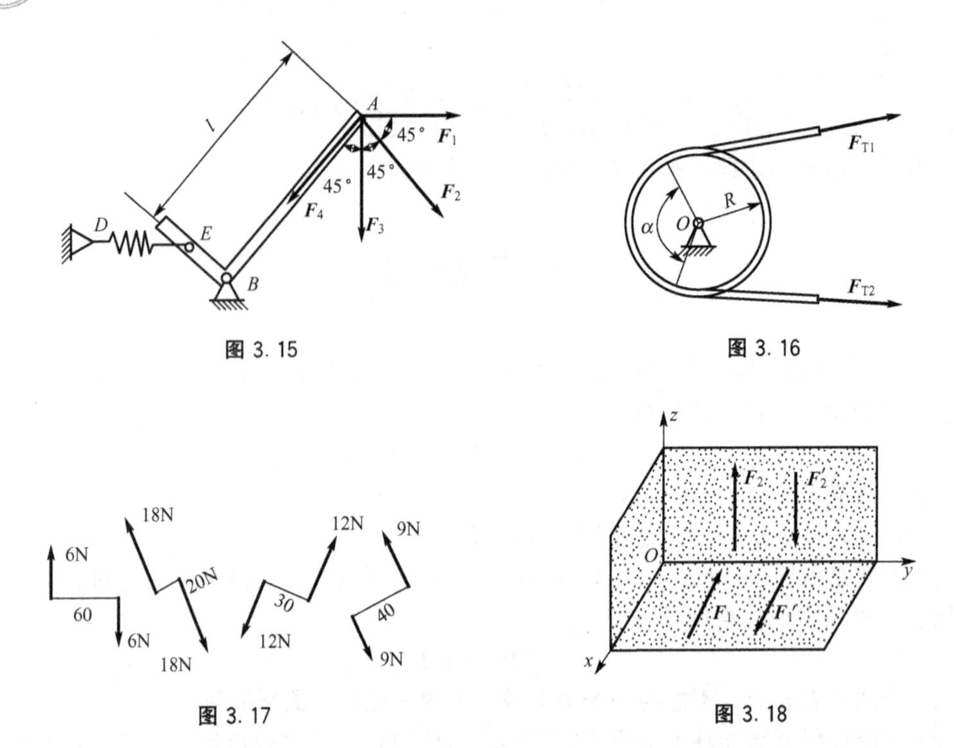

图 3.15　　图 3.16

图 3.17　　图 3.18

5. 图 3.19(a)中刚体受同平面内 2 力偶($\boldsymbol{F}_1$，$\boldsymbol{F}_3$)和($\boldsymbol{F}_2$，$\boldsymbol{F}_4$)的作用，其力多边形封闭，如图 3.19(b)所示，问该物体是否处于平衡？为什么？

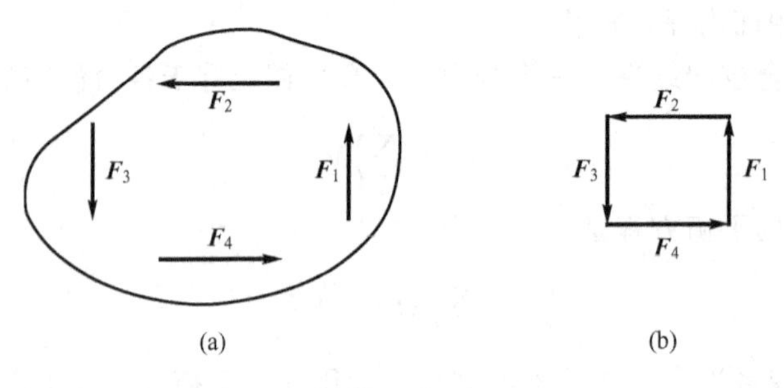

图 3.19

6. 图 3.20 中力的单位为 N，长度单位为 mm，物体处于平衡，试确定铰链 A 处约束反力的方向。

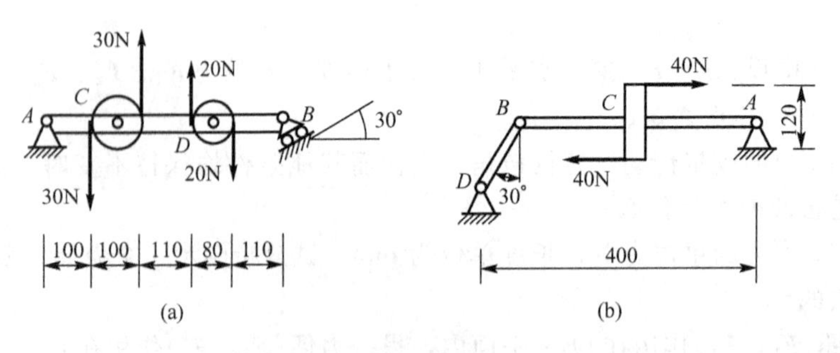

图 3.20

习 题

3-1 试分别计算图 3.21 所示各种情况下力 F 对 O 点之矩。

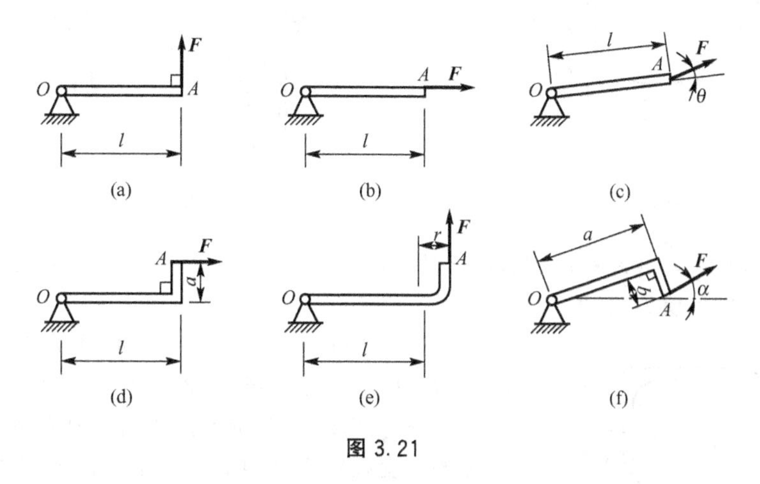

图 3.21

3-2 已知 $F_1=F_2=F_3=F_5=60\text{N}$，$F_4=F_6=40\text{N}$，图中长度单位为 mm。求图 3.22 示平面力偶系合成结果。

3-3 图 3.23 为卷扬机简图，重物 M 放在小台车 C 上，小台车上装有 A 轮和 B 轮，可沿导轨 ED 上下运动。已知重物重量 $\boldsymbol{P}=2\text{kN}$，图中长度单位为 mm，试求导轨对 A 轮和 B 轮的约束反力。

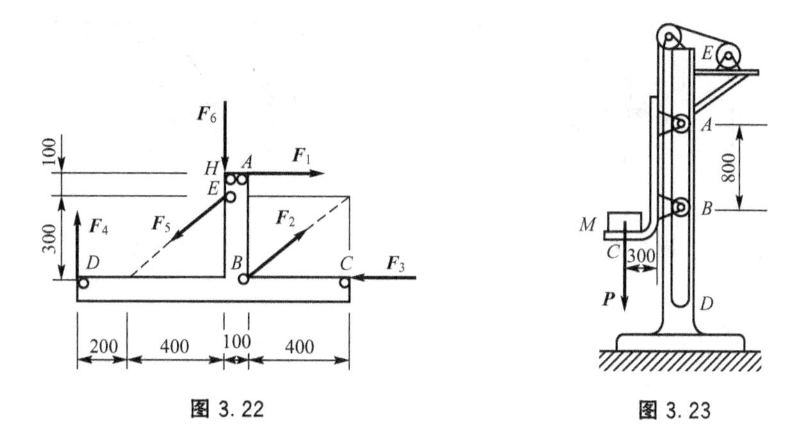

图 3.22 图 3.23

3-4 如图 3.24 所示，锻锤工作时，如工件给它的反作用力有偏心，则会使锻锤 C 发生偏斜，这将在导轨 AB 上产生很大的压力，从而加速导轨的磨损并影响锻件的精度。已知打击力 $\boldsymbol{F}=1000\text{kN}$，偏心距 $e=20\text{mm}$，锻锤高度 $h=200\text{mm}$。试求锻锤给导轨两侧的压力。

3-5 炼钢用的电炉上，有一电极提升装置，如图 3.25 所示，设电极 HI 和支架共重 W，重心在 C 点。支架上 A、B 和 E 3 个导轮可沿固定立柱 JK 滚动，钢丝绳系在 D 点。求电极等速直线上升时钢丝绳的拉力及 A、B、E 3 处的约束反力。

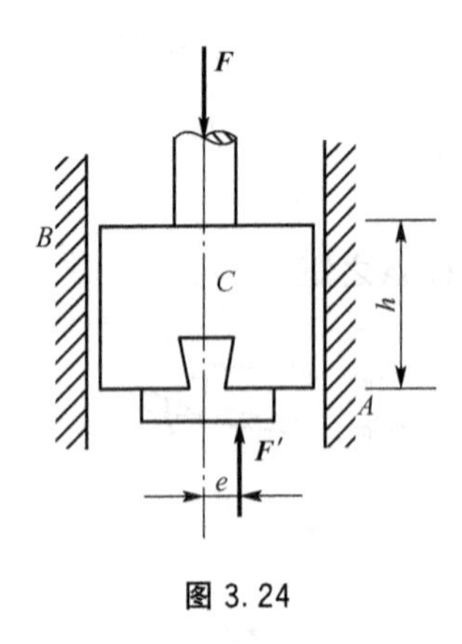

图 3.24

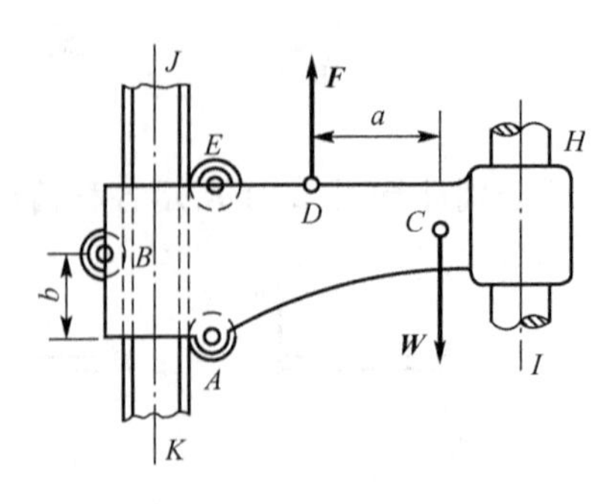

图 3.25

3-6 已知 $\boldsymbol{M}_1=3\text{kN}\cdot\text{m}$，$\boldsymbol{M}_2=1\text{kN}\cdot\text{m}$，转向如图 3.26 所示。$a=1\text{m}$，试求图示刚架的 A 及 B 处约束反力。

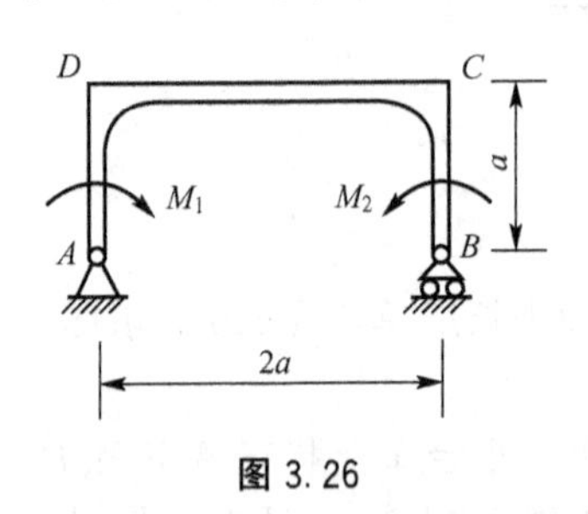

图 3.26

3-7 四连杆机构在图 3.27 所示位置平衡，$\alpha=30°$，$\beta=90°$。试求平衡时 $\boldsymbol{M}_1/\boldsymbol{M}_2$ 的值。

3-8 如图 3.28 所示，曲柄滑道机构，杆 AE 上有一导槽，套在杆 BD 的销子 C 上，销子 C 可在光滑导槽内滑动。已知 $M_1=4\text{kN}\cdot\text{m}$，转向如图所示，$AB=2\text{m}$，在图示位置处于平衡，$\theta=30°$。试求 M_2 及铰链 A 和 B 的约束反力。

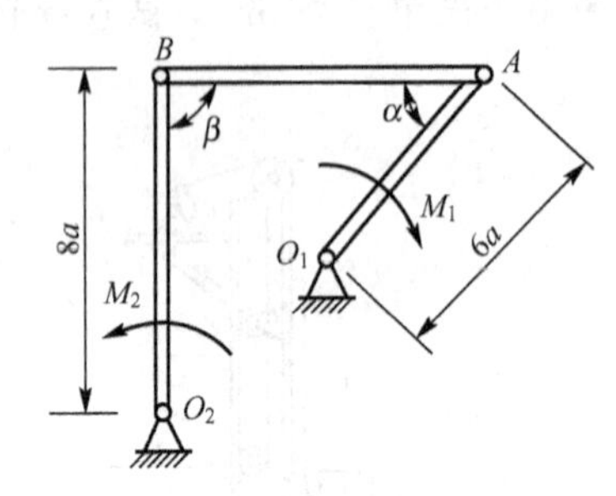

图 3.27

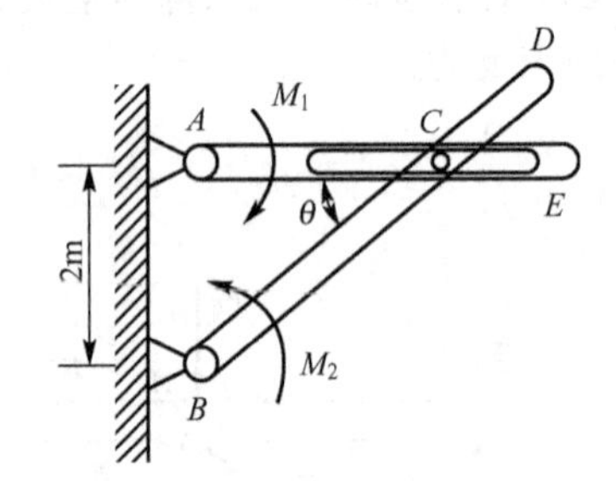

图 3.28

第4章 平面一般力系

【教学提示】

本章主要研究平面力系最复杂的情况——平面一般力系的合成与平衡问题。

【学习要求】

通过本章的学习，记住力的平移定理和合力矩定理。会利用力的平移定理把平面一般力系向一点简化，并求其结果。重点是利用平衡方程求解平面一般力系的平衡问题，难点是利用平衡方程求解物体系统的平衡问题。要加强练习，务必掌握。要了解什么是静定和超静定问题以及简单桁架内力的计算。

4.1 平面一般力系在工程中的实例

在工程中会经常遇到平面一般力系的问题，即作用在物体上的各力的作用线都分布在同一平面内，既不全汇交于一点，也不完全平行，这种力系称为平面一般力系。例如，图 4.1 所示的房架，受风力 F_1、荷载 F_2 和支座反力 F_{Ax}、F_{Ay}、F_B 的作用，显然这是一个平面一般力系。又如图 4.2 所示的悬臂吊车的横梁，受载荷 F_1，重力 F_2，支座反力 F_{Ax}、F_{Ay}和拉杆拉力 F_T 的作用，显然，这也是一个平面一般力系。

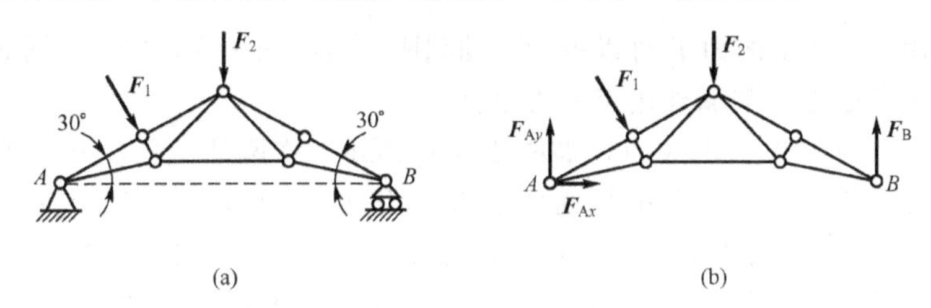

图 4.1

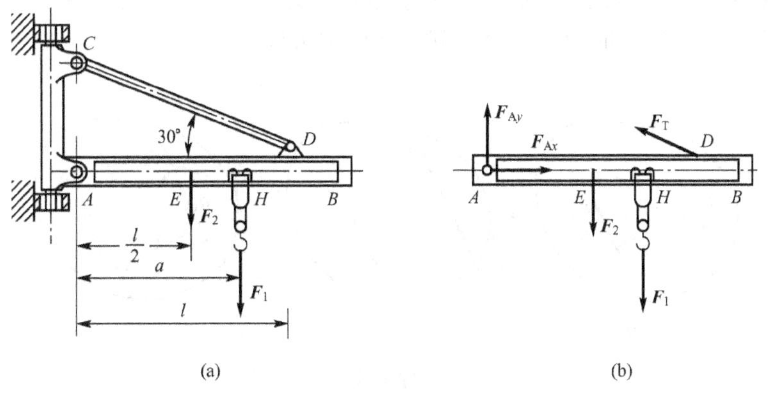

图 4.2

此外，如物体结构所承受的荷载和支承都具有同一个对称面，则也可以将作用在物体上的力系简化为对称平面内的平面力系来处理。例如上料车，就可以将它所受的重力 P、拉力 F 及前后轮的 4 个反力 F_A 和 F_B 简化成其对称面的平面力系来处理，如图 4.3 所示。

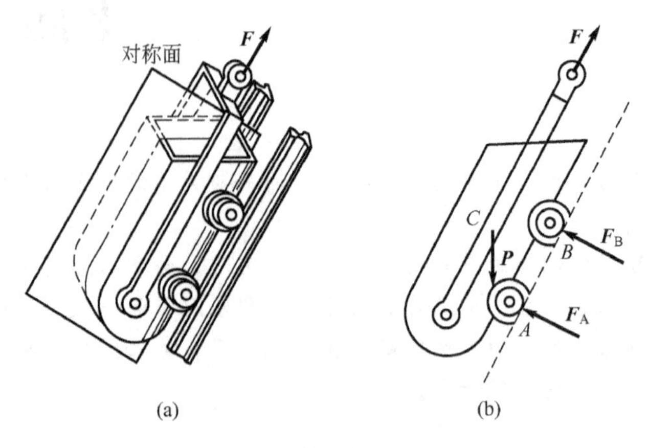

图 4.3

平面一般力系是工程上最常见的力系。因此，对它的研究尤为重要。

4.2 力的平移定理

力系向一点简化是一种较为简便并具有普遍性的力系简化方法。此方法的理论基础是力的平移定理。

定理 作用在刚体上的力 F 可以平行移动到刚体内的任一点，但必须同时附加一个力偶，其力偶矩等于原力 F 对新作用点的力矩。

证明 设一个力 F 作用于 A 点，如图 4.4(a)所示。在刚体上任取一点 B，在 B 点加上大小相等、方向相反且与力 F 平行的两个力 F' 和 F''，并使 $F'=F''=F$ [图 4.4(b)]。显然，力系(F，F'，F'')与力 F 是等效的。但力系(F，F'，F'')可看做是一个作用在 B 点的力 F' 和一个力偶(F，F'')。于是，原来作用在 A 点的力 F，现在被一个作用在 B 点的力 F' 和一个力偶(F，F'')所代替 [图 4.4(c)]。也就是说，可以把作用于 A 点的力 F 的作用线平移到 B 点，但必须同时附加一个力偶，此附加力偶矩为

$$M=F\cdot d$$

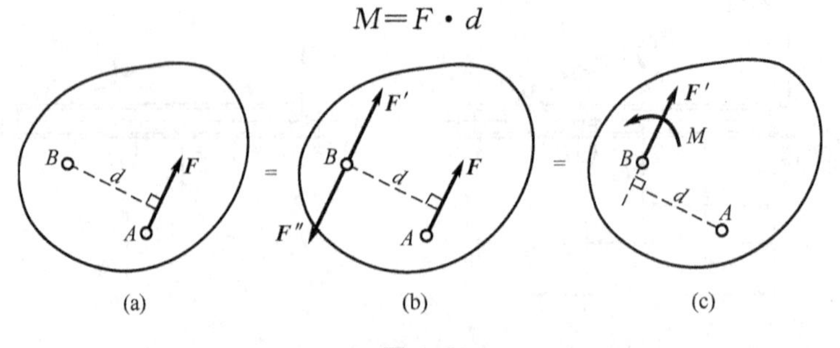

图 4.4

而乘积 Fd 又是原力 $\boldsymbol{F}$ 对 B 点的力矩，即

$$M_{B}(\boldsymbol{F})=F\cdot d$$

因此得

$$M=M_{B}(\boldsymbol{F})$$

定理得证。

力的平移定理不仅是力系简化的依据，而且也是分析力对物体作用效应的一个重要方法。例如，图 4.5(a)中转轴上大齿轮受到圆周力 F 的作用。

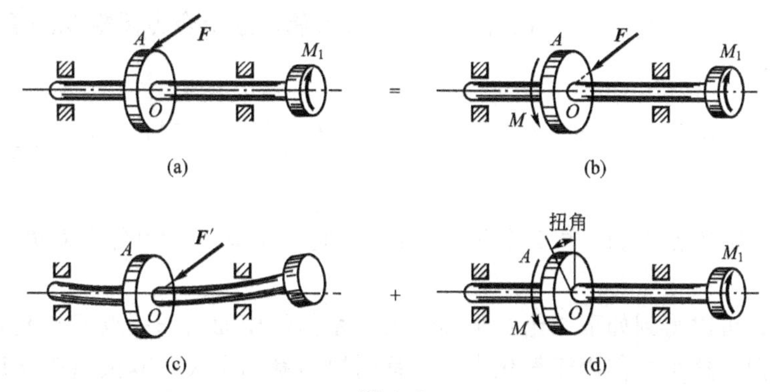

图 4.5

为了观察力 $\boldsymbol{F}$ 对转轴的效应，将力 $\boldsymbol{F}$ 向轴心 O 点平移。根据力的平移定理，力 $\boldsymbol{F}$ 平移到轴心 O 点时，要附加一个力偶［图 4.5(b)］。设齿轮的节圆半径为 r，则附加力偶矩为

$$M=Fr$$

由此可见，力 $\boldsymbol{F}$ 对转轴的作用相当于在轴上作用一个水平力 $\boldsymbol{F}'$ 和一个力偶。力偶作用在垂直于轴线的平面内，它与轴端输入的力偶使轴产生扭转，而力 $\boldsymbol{F}'$ 则使轴产生弯曲［图 4.5(c)、(d)］。

4.3 平面一般力系向平面内任一点简化·主矢与主矩

设刚体上作用有 3 个力 $\boldsymbol{F}_1$、$\boldsymbol{F}_2$、$\boldsymbol{F}_n$ 组成的平面一般力系，如图 4.6(a)所示。在力系所在的平面内任选一点 O，称为简化中心。应用力的平移定理，把各力都平移到 O 点。这样，得到作用于 O 点的力 $\boldsymbol{F}_1'$、$\boldsymbol{F}_2'$、$\boldsymbol{F}_n'$，以及相应的附加力偶($\boldsymbol{F}_1$，$\boldsymbol{F}_1''$)，($\boldsymbol{F}_2$，$\boldsymbol{F}_2''$)，($\boldsymbol{F}_n$，$\boldsymbol{F}_n''$)，它们的力偶矩分别是 $M_1=F_1d_1=M_O(\boldsymbol{F}_1)$，$M_2=-F_2d_2=M_O(\boldsymbol{F}_2)$，$M_n=F_nd_n=M_O(\boldsymbol{F}_n)$。

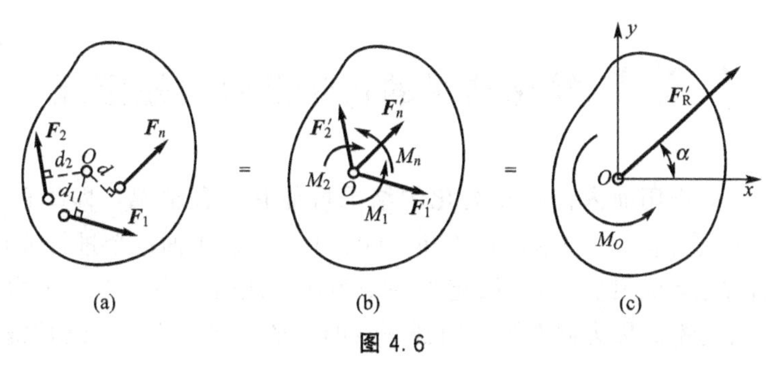

图 4.6

这样，原来的平面一般力系就被分解为一个平面汇交力系和一个平面力偶系，如图 4.6(b)所示。显然，原力系与此二力系的作用是等效的。然后再分别合成这两个力系。

平面汇交力系 F_1'、F_2'、F_n'可按力多边形法则合成为一个合力 F_R'，作用于 O 点，其矢量 F_R'等于各力 F_1'、F_2'、F_n'的矢量和。因为 F_1'、F_2'、F_n'分别与 F_1、F_2、F_n 大小相等、方向相同，所以

$$F_R' = F_1 + F_2 + \cdots + F_n = \sum F \tag{4-1}$$

矢量 F_R'称为原力系的主矢［图 4.6(c)］。

平面力偶系 M_1、M_2、M_n 可以合成为一个合力偶，这个合力偶矩 M_O 等于各附加力偶矩的代数和，即

$$M_O = M_1 + M_2 + \cdots + M_n = M_O(F_1) + M_O(F_2) + \cdots + M_O(F_n) = \sum_{i=1}^{n} M_O(F_i) \tag{4-2}$$

M_O 称为原力系对简化中心的主矩［图 4.6(c)］，它等于原力系中各力对简化中心 O 点力矩的代数和。

综上所述，可以得到如下结论：平面一般力系向作用面内任一点 O 简化，可以得到一个力和一个力偶。这个力作用于简化中心，称为原力系的主矢，其矢量等于原力系中各力的矢量和。

$$F_R' = \sum F$$

这个力偶矩称为原力系对简化中心的主矩。

$$M_O = \sum M_O(F_i)$$

注意，力系的主矢 F_R'只是原力系中各力的矢量和，所以它与简化中心的选择无关。而力系对简化中心的主矩 M_O 一般与简化中心的选择有关，选择不同的点作为简化中心时，各力的力臂一般会改变，因而各力对简化中心的力矩也将随之改变。

现在讨论主矢 F_R'的解析求法。建立直角坐标系 Oxy［图 4.6(c)］，由合力投影定理得

$$F_{Rx}' = F_{1x} + F_{2x} + \cdots + F_{nx} = \sum F_x$$
$$F_{Ry}' = F_{1y} + F_{2y} + \cdots + F_{ny} = \sum F_y$$

于是主矢 F_R'的大小和方向可由下式确定

$$\left.\begin{aligned} F_R' &= \sqrt{F_{Rx}'^2 + F_{Ry}'^2} = \sqrt{(\sum F_x)^2 + (\sum F_y)^2} \\ \cos\alpha &= \frac{\sum F_x}{\sqrt{(\sum F_x)^2 + (\sum F_y)^2}},\quad \cos\beta = \frac{\sum F_y}{\sqrt{(\sum F_x)^2 + (\sum F_y)^2}} \end{aligned}\right\} \tag{4-3}$$

式中：α 和 β 分别表示主矢 F_R'与 x 轴和 y 轴正向间的夹角。

4.4 简化结果的讨论及合力矩定理

平面一般力系向作用面内任一点简化的结果可能有 4 种情况，即①$F_R'=0$，$M_O\neq 0$；②$F_R'\neq 0$，$M_O=0$；③$F_R'\neq 0$，$M_O\neq 0$；④$F_R'=0$，$M_O=0$。下面逐个进行分析讨论。

(1) $F_R'=0$，$M_O\neq 0$，则原力系简化为一个力偶，此时原力系与一个力偶等效，说明原力系就是一个力偶系。因力偶对平面内任一点的矩都相同，所以在这种情况下，主矩与

简化中心的选择无关。也就是说，不论向哪一点简化都是这个力偶，而且力偶矩保持不变。

(2) $F'_R \neq 0$，$M_O = 0$，则 F'_R 即为原力系的合力 F_R。通过简化中心，这种情况说明简化中心选得太巧了，正好使得原力系中的力对简化中心的力矩正负相互抵消等于零。

(3) $F'_R \neq 0$，$M_O \neq 0$ [图 4.7(a)]，这并不是简化的最后结果，可以根据力的平移定理的逆过程，把主矩 M_O 和主矢 F'_R 简化为一个合力 F_R。现将 M_O 用两个力 F_R 和 F''_R 表示，并令 $F'_R = F_R = -F''_R$[图 4.7(b)]。再去掉平衡力系(F'_R、F''_R)，而只剩下作用在 O_1 点的力 F_R，这便是原力系的合力 [图 4.7(c)]。合力 F_R 的大小和方向与主矢 F'_R 相同，而合力的作用线与简化中心 O 的距离为

$$d = M_O / F'_R = M_O / F_R \tag{4-4}$$

至于合力 F_R 的作用线在 O 点的哪一侧，可以由主矩 M_O 的转向决定。

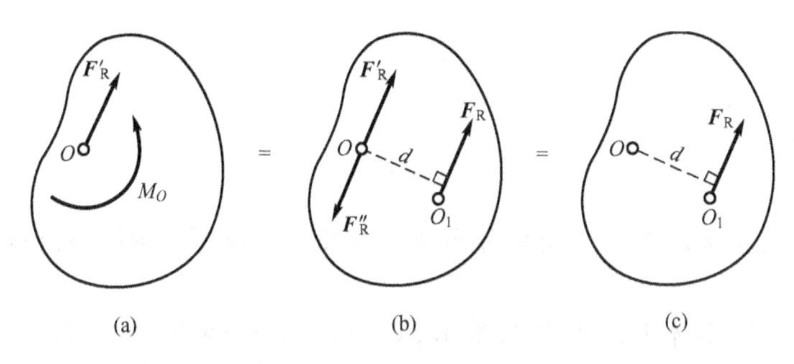

图 4.7

(4) $F'_R = 0$，$M_O = 0$，则原力系平衡，这种情况将在下节讨论。

合力矩定理：当平面一般力系可以合成为一个合力时，则其合力对作用面内任一点的力矩等于力系中各分力对同一点力矩的代数和。

证明：由图 4.7(c)可知，合力 F_R 对 O 点的矩为

$$M_O(F_R) = F_R d$$

又由图 4.7(b)可知，$M_O = F_R d$

所以 $$M_O(F_R) = M_O$$

又因为 $$M_O = \sum M_O(F)$$

故

$$M_O(F_R) = \sum M_O(F) \tag{4-5}$$

由于简化中心 O 是任选的，因此上述定理适用于任一力矩中心。利用这个定理可以求出合力作用线的位置，并用分力矩来计算合力矩。

例 4.1 水平梁 AB 受三角形分布荷载的作用，如图 4.8 所示，分布荷载的最大值为 q，梁长 l，试求合力的大小及作用线的位置。

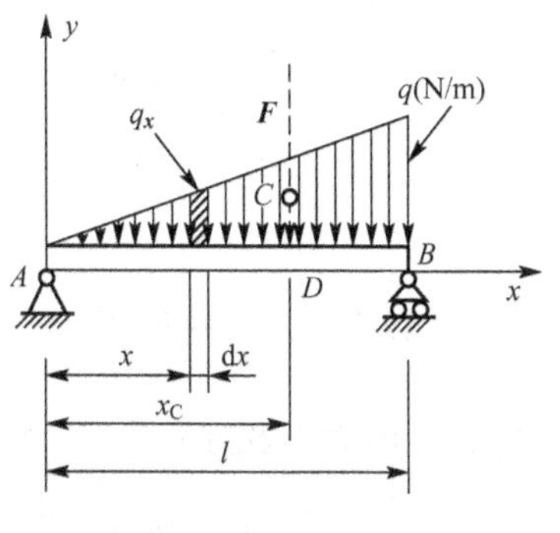

图 4.8

解：在梁上距 A 端为 x 的微段 dx 上，作用力的大小为 $q_x dx$。其中 $q_x = \frac{x}{l}q$，故分布力的合力 F 可用积分求得

$$F=\int_0^l q_x \mathrm{d}x=\int_0^l \frac{q}{l}x\,\mathrm{d}x=\frac{ql}{2}$$

设合力 F 的作用线距 A 端的距离为 x_C，则合力 F 对 A 点的力矩为

$$M_A(F)=Fx_C$$

作用在微段 $\mathrm{d}x$ 上的合力对 A 点的力矩为 $xq_x\mathrm{d}x$。全部分布力对 A 点的力矩的代数和可用积分求出

$$\int_0^l q_x x\,\mathrm{d}x=\int_0^l \frac{q}{l}x^2\,\mathrm{d}x=\frac{ql^2}{3}$$

由合力矩定理得

$$F\cdot x_C=\frac{ql^2}{3}$$

故

$$x_C=\frac{ql^2}{3F}$$

将 $F=ql/2$ 代入上式，则

$$x_C=\frac{2}{3}l$$

计算结果说明：合力大小等于三角形分布荷载的面积，合力作用线通过该三角形的几何中心。

例 4.2 作用在物体上的力系如图 4.9(a)所示。已知 $F_1=1\text{kN}$，$F_2=1\text{kN}$，$F_3=2\text{kN}$，$M=4\text{kN}\cdot\text{m}$，$\theta=30°$，长度单位为 m。试求力系向 O 点简化的初步结果以及力系最终简化结果。

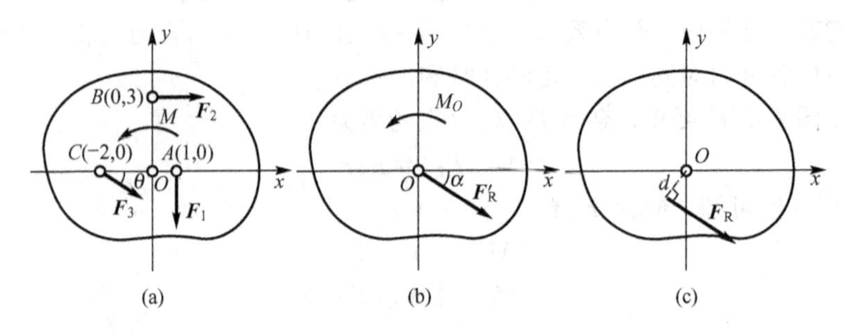

图 4.9

解：本例属于平面一般力系简化问题，其理论公式为式(4-2)、式(4-3)及式(4-4)。

(1) 先求力系向 O 点简化的初步结果

$$\sum F_x=F_3\cos\theta+F_2=2\text{kN}\times\frac{\sqrt{3}}{2}+1\text{kN}=2.73\text{kN}$$

$$\sum F_y=-F_1-F_3\sin\theta=-1\text{kN}-2\text{kN}\times\frac{1}{2}=-2\text{kN}$$

故主矢 F'_R 的大小及方向为 $F'_R=\sqrt{(\sum F_x)^2+(\sum F_y)^2}=\sqrt{(2.73\text{kN})^2+(-2\text{kN})^2}=3.39\text{kN}$

$$\cos\alpha=\frac{2.73}{3.39}=0.805,\quad \cos\beta=\frac{-2}{3.39}=-0.590$$

$$\alpha = -36.2°$$

又主矩 M_O 为

$$M_O = \sum M_O(F) = -1\text{m}F_1 - 3\text{m} \cdot F_2 + 2\text{m} \cdot \sin 30° \cdot F_3 + M$$

$$= -1\text{m} \times 1\text{kN} - 3\text{m} \times 1\text{kN} + 2\text{m} \times \frac{1}{2} \times 2\text{kN} + 4\text{kN} \cdot \text{m}$$

$$= 2\text{kNm}$$

结果如图 4.9(b)所示。

(2) 再求力系最终简化结果。

由于主矢 $F'_R \neq 0$，$M_O \neq 0$，故力系最终简化结果为一合力 F_R，F_R 的大小和方向与主矢 F'_R相同。合力 F_R 的作用线距 O 点的距离为 d：

$$d = M_O / F_R = 2\text{kNm}/3.39\text{kN} = 0.59\text{m}$$

M_O 为正值，表示主矩逆时针转动，合力 F_R 的作用线如图 4.9(c)所示。

4.5 平面一般力系的平衡条件与平衡方程及应用

上节提到，如果平面一般力系简化到最后结果是主矢和主矩都等于零的情况，即$F'_R = 0$，$M_O = 0$。显然，主矢等于零，表明作用于简化中心 O 的汇交力系为平衡力系；主矩等于零，表明附加力偶系也是平衡力系。因此，平面一般力系必为平衡力系。

于是，平面一般力系平衡的必要和充分条件是：力系的主矢和对任一点的主矩都等于零。由式(4-2)、式(4-3)可得

$$\left.\begin{array}{l} \sum F_x = 0 \\ \sum F_y = 0 \\ \sum M_O(F) = 0 \end{array}\right\} \tag{4-6}$$

由此可得结论，平面一般力系平衡的解析条件是：力系中各力在两个正交的坐标轴中每一轴上的投影的代数和分别等于零，并且各力对平面内任意一点力矩的代数和也等于零。式(4-6)称为平面一般力系的平衡方程，它是平衡方程的基本形式。

平衡方程共有 3 个，所以只能求解 3 个未知量。解题时，为了简化计算，尽量把矩心选在两个未知力的交点上。而坐标轴应尽可能与该力系中多数未知力的作用线垂直。

例 4.3 水平外伸梁如图 4.10(a)所示。若均布荷载 $q = 20\text{kN/m}$，$F_1 = 20\text{kN}$，力偶矩 $M = 16\text{kN} \cdot \text{m}$，$a = 0.8\text{m}$，求 A、B 点的约束反力。

解：(1) 选梁为研究对象，画出受力图 [图 4.10(b)]。作用于梁上的力有 F_1、均布荷载 q 的合力 F_2($F_2 = qa$，作用在分布荷载区段的中点)、矩为 M 的力偶和支座反力 F_{Ax}、F_{Ay}及 F_B。显然它们是一个平面一般力系，取坐标轴，如图 4.10(b)所示。

(2) 列平面一般力系平衡方程。

$$\sum F_x = 0, \quad F_{Ax} = 0 \tag{a}$$

$$\sum F_y = 0, \quad -qa - F_1 + F_{Ay} + F_B = 0 \tag{b}$$

$$\sum M_A(F) = 0, \quad M + qa \cdot \frac{a}{2} - F_1 \cdot 2a + F_B \cdot a = 0 \tag{c}$$

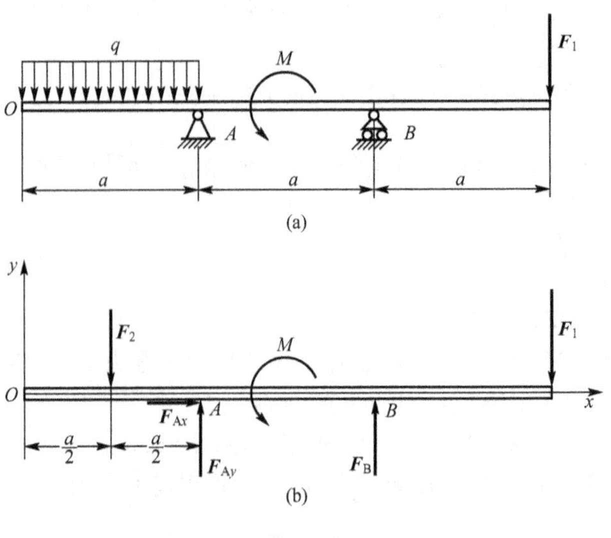

(a)

(b)

图 4.10

由式(c)得

$$F_B = -\frac{M}{a} - \frac{qa}{2} + 2F_1 = 12\text{kN}$$

将 F_B 值代入式(b)得

$$F_{Ay} = qa + F_1 - F_B = 24\text{kN}$$

例 4.4 悬臂吊车如图 4.11(a)所示。横梁 AB 长 $l=2.5\text{m}$，重量 $P=1.2\text{kN}$。拉杆 CB 倾斜角 $\alpha=30°$，质量不计。载荷 $F=7.5\text{kN}$。求图示位置 $a=2\text{m}$ 时，拉杆的拉力和铰链 A 的约束反力。

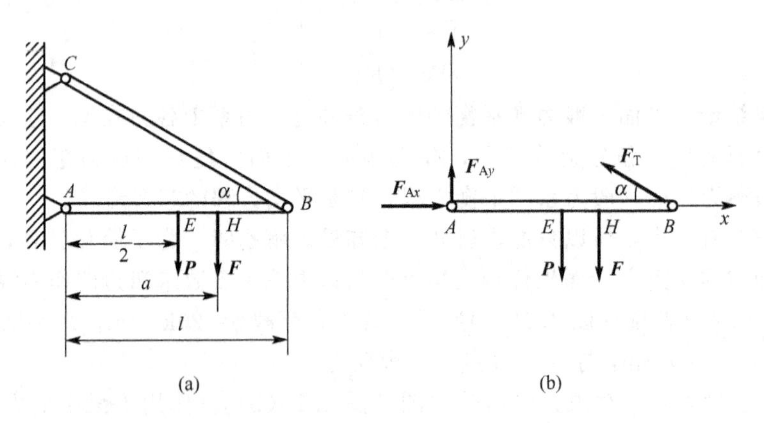

(a)

(b)

图 4.11

解：(1) 选横梁 AB 为研究对象。

(2) 画受力图。

作用于横梁上的力有重力 P(在横梁中点)、载荷 F、拉杆的拉力 F_T 和铰链 A 的约束反力 F_A。因 CB 是二力杆，故拉力 F_T 沿 CB 连线；F_A 方向未知，故分解为两个分力 F_{Ax} 和 F_{Ay}。显然各力的作用线分布在同一个平面内，而且组成平衡力系［图 4.11(b)］。

(3) 列平衡方程，求未知量。

选坐标系如图 4.11(b)所示，运用平面一般力系的平衡方程得

$$\sum F_x=0,\quad F_{Ax}-F_T\cos\alpha=0 \tag{a}$$

$$\sum F_y=0,\quad F_{Ay}-P-F+F_T\sin\alpha=0 \tag{b}$$

$$\sum M_A(F)=0,\quad F_T\sin\alpha\cdot l-P\cdot\frac{l}{2}-F\cdot a=0 \tag{c}$$

由式(c)解得

$$F_T=\frac{1}{l\sin\alpha}\left(P\cdot\frac{l}{2}+F\cdot a\right)=13.2\text{kN}$$

将 F_T 值代入式(a)得

$$F_{Ax}=F_T\cos\alpha=11.43\text{kN}$$

将 F_T 值代入式(b)得

$$F_{Ay}=P+F-F_T\sin\alpha=2.1\text{kN}$$

算得 F_{Ax}、F_{Ay} 皆为正值，表示假设的指向与实际的指向相同。

(4) 分析讨论。从上面的计算可以看出，杆 CB 所承受的拉力和铰链 A 的约束反力，是随载荷的位置不同而改变的，因此应当根据这些力的最大值来进行设计。

在本例中如写出对 A、B 两点的力矩方程和对 x 轴的投影方程，同样可以求解，即

$$\sum F_x=0,\quad F_{Ax}-F_T\cos\alpha=0 \tag{d}$$

$$\sum M_A(F)=0,\quad F_T\sin\alpha\cdot l-P\cdot\frac{l}{2}-F\cdot a=0 \tag{e}$$

$$\sum M_B(F)=0,\quad P\cdot\frac{l}{2}-F_{Ay}\cdot l+F\cdot(l-a)=0 \tag{f}$$

由式(e)解得

$$F_T=13.2\text{kN}$$

由式(f)解得

$$F_{Ay}=2.1\text{kN}$$

由式(d)解得

$$F_{Ax}=11.43\text{kN}$$

如写出对 A、B、C 这 3 点的力矩方程，同样也可求解，即

$$\sum M_A(F)=0,\quad F_T\sin\alpha\cdot l-P\cdot\frac{l}{2}-F\cdot a=0 \tag{g}$$

$$\sum M_B(F)=0,\quad P\cdot\frac{l}{2}-F_{Ay}l+F\cdot(l-a)=0 \tag{h}$$

$$\sum M_C(F)=0,\quad F_{Ax}\tan\alpha\cdot l-P\frac{l}{2}-Fa=0 \tag{i}$$

由式(g)解得

$$F_T=13.2\text{kN}$$

由式(h)解得

$$F_{Ay}=2.1\text{kN}$$

由式(i)解得

$$F_{Ax}=11.43\text{kN}$$

从上面的分析可以看出，平面一般力系平衡方程除了前面所表示的基本形式外，还有其他形式，即二力矩式和三力矩式，其形式如下

$$\left.\begin{aligned}\sum F_x=0(或\sum F_y=0)\\ \sum M_A(F)=0\\ \sum M_B(F)=0\end{aligned}\right\}\qquad(4-7)$$

其中 A、B 两点的连线不能与 x 轴(或 y 轴)垂直。

$$\left.\begin{aligned}\sum M_A(F)=0\\ \sum M_B(F)=0\\ \sum M_C(F)=0\end{aligned}\right\}\qquad(4-8)$$

其中 A、B、C 这 3 点不能选在同一条直线上。

如不满足上述条件，则所列的 3 个平衡方程将不都是独立的。应该注意，不论选用哪一组形式的平衡方程，对于同一个平面一般力系来说，最多只能列出 3 个独立的方程，因而只能求出 3 个未知量。

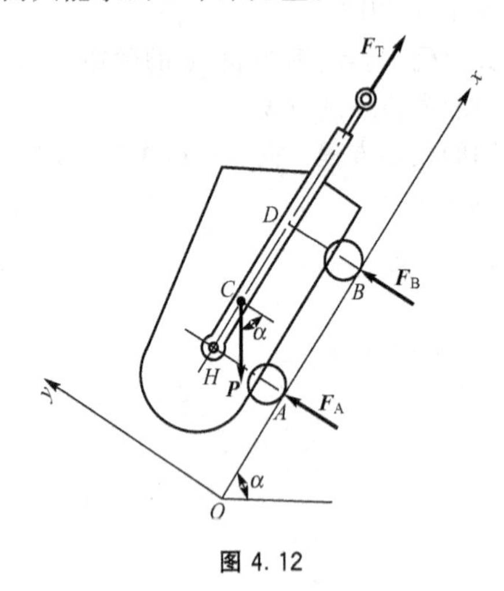

图 4.12

例 4.5 高炉上料小车如图 4.12 所示。设 $\alpha=60°$，$AB=2400\text{mm}$，$HC=800\text{mm}$，$AH=1300\text{mm}$，$P=325\text{kN}$，钢丝绳与轨道平行，不计车轮与轨道之间的摩擦，试求上料小车等速运行时钢丝绳的拉力 F_T 及轨道对车轮的约束反力 F_A 和 F_B。

解：(1) 选上料小车为研究对象，画上料小车的受力图。作用于车上的力有重力 P、钢丝绳的拉力 F_T 和约束反力 F_A、F_B。F_T 的方向沿着钢丝绳，F_A、F_B 垂直于斜面。

(2) 选择坐标轴，如图 4.12 所示，列平衡方程

$$\sum F_x=0,\quad F_T-P\sin\alpha=0\qquad(a)$$

$$\sum F_y=0,\quad F_A+F_B-P\cos\alpha=0\qquad(b)$$

$$\sum M_H(F)=0,\quad AB\cdot F_B-HC\cdot P\cos\alpha=0\qquad(c)$$

在式(c)中计算力 P 对 H 点的力矩时，可以将力 P 分解成两个分力，然后应用合力矩定理，计算分力对 H 点力矩的代数和。

由式(a)得

$$F_T=P\sin\alpha=325\text{kN}\times0.886=282\text{kN}$$

由式(c)得

$$F_B=\frac{HC}{AB}\cdot P\cos\alpha=54.2\text{kN}$$

将 F_B 值代入式(b)得

$$F_A=P\cos\alpha-F_B=108.3\text{kN}$$

例 4.6 图 4.13(a)中的车刀固定在刀架上，已知 $l=60\text{mm}$，切削力 $F_y=18\text{kN}$，$F_x=7.2\text{kN}$，求固定端 A 的约束反力。

解：(1) 首先分析固定端 A 点的约束情况。所谓固定端约束，就是物体受约束的一端既不能向任何方向移动，也不能转动。例如，将电线杆插入地面，工件用卡盘夹紧固定，以及车刀固定在刀架上等，这些物体所受的约束都是固定端约束(或插入端约束)。图 4.13

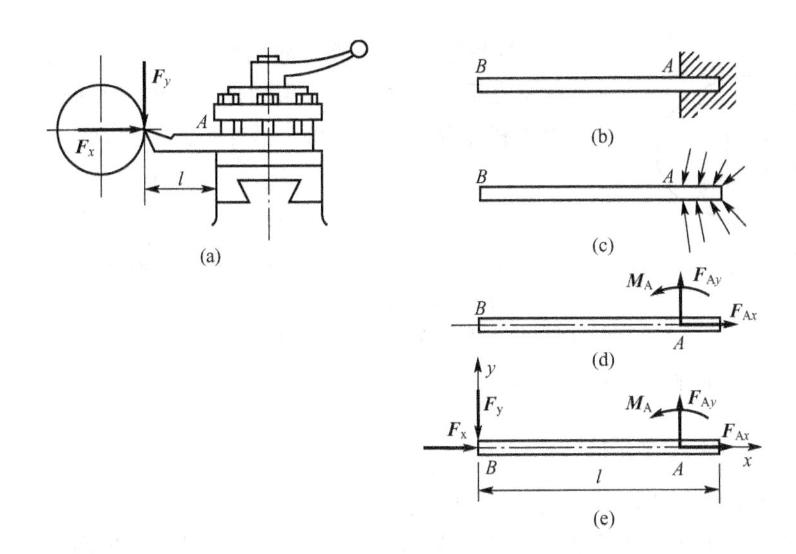

图 4.13

(b)是固定端的简化表示法。这类约束的约束反力是分布在接触面上的平面一般力系，如图 4.13(c)所示。若将此力系向 A 点简化，则得到一个约束反力 F_A(通常用两个互相垂直的分力 F_{Ax}、F_{Ay}表示)和一个反力偶矩 M_A [图 4.13(d)]。

(2) 画受力图。车刀在切削力 F_y、F_x 和固定端约束反力 F_{Ax}、F_{Ay}及约束反力偶矩 M_A 的作用下平衡 [图 4.13(e)]。

(3) 选择坐标轴，如图 4.13(e)所示，列平衡方程

$$\sum F_x=0,\quad F_{Ax}+F_x=0 \tag{a}$$

$$\sum F_y=0,\quad F_{Ay}-F_y=0 \tag{b}$$

$$\sum M_A(F)=0,\quad M_A+F_y\cdot l=0 \tag{c}$$

由式(a)解得

$$F_{Ax}=-F_x=-7.2\text{kN}$$

由式(b)解得

$$F_{Ay}=F_y=18\text{kN}$$

由式(c)解得

$$M_A=-F_y\cdot l=-1.08\text{kN}\cdot\text{m}$$

F_{Ax}为负值，表示假设的指向与实际的指向相反。M_A 为负值，表示假设的转向与实际的转向相反，M_A 为顺时针转向。

4.6 平面平行力系的平衡方程

在工程中经常会遇到平面平行力系问题。所谓平面平行力系，就是各力的作用线都在同一平面内且互相平行的力系。平面平行力系是平面一般力系的一种特殊情况，所以，它的平衡方程可直接根据平面一般力系的平衡方程导出。设物体受平面平行力系 F_1，F_2，…，F_n 的作用(图 4.14)。若取 Ox 轴与力系垂直，显然，不论力系能否平衡，各力在

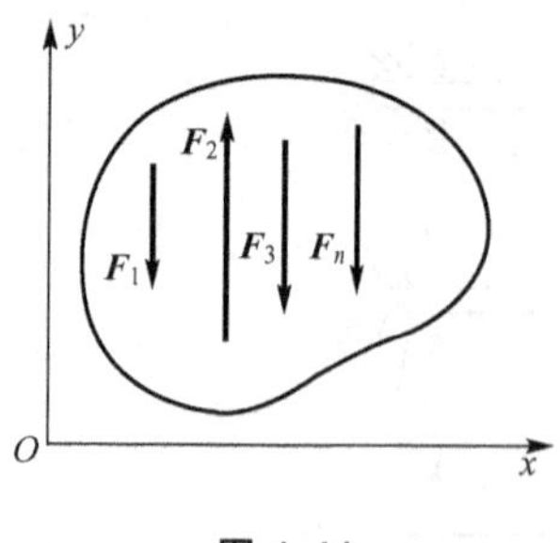

图 4.14

x 轴上的投影恒等于零，即$\sum F_x \equiv 0$。判断力系能否平衡，只需确定力系在 y 轴上的投影的代数和和对平面内任一点的力矩的代数和是否等于零即可，因此平面平行力系的平衡方程为

$$\left.\begin{aligned}\sum F_y=0\\ \sum M_O(F)=0\end{aligned}\right\} \tag{4-9}$$

即平面平行力系平衡的必要和充分条件是：力系中各力在不与力作用线垂直的坐标轴上投影的代数和等于零及各力对任一点力矩的代数和等于零。

平面平行力系的平衡方程也可用二矩式形式表示

$$\left.\begin{aligned}\sum M_A(F)=0\\ \sum M_B(F)=0\end{aligned}\right\} \tag{4-10}$$

其中 A、B 两点的连线不能与各力的作用线平行。

由此可见，平面平行力系的平衡方程只有两个，因此最多只能求出两个未知量。

例 4.7 塔式起重机机架重为 P，其作用线离右轨 B 的距离为 e，轨距为 b，最大载重 P_1 离右轨的最大距离为 l，平衡配重 P_2 的作用线离左轨 A 的距离为 a [图 4.15(a)]。欲使起重机满载及空载时均不翻倒，求平衡配重的重量 P_2。

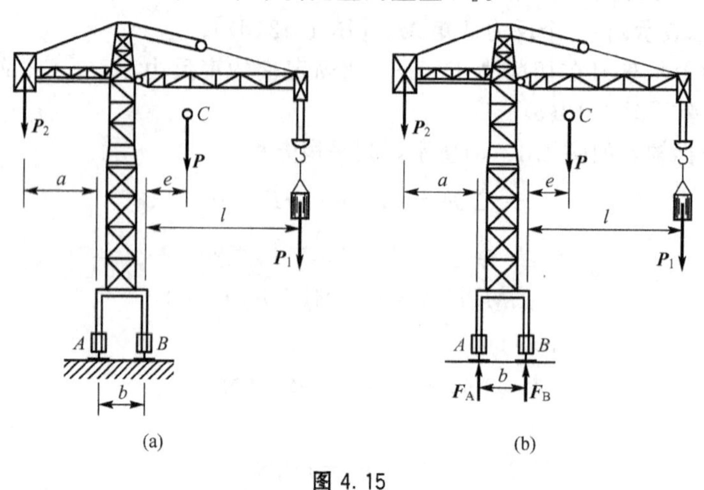

图 4.15

解：(1) 先研究满载时的情况。此时，作用在起重机上的力有 P、P_1、P_2、F_A 和 F_B [图 4.15(b)]。若起重机在满载时翻倒，将绕 B 点顺时针转动，若保证不翻倒，那么起重机所受的力必须满足平衡方程$\sum M_B(F)=0$，在临界条件下，$F_A=0$，这时求出的 P_2 值是所允许的最小值。

$$\sum M_B(F)=0,\quad P_{2\min}(a+b)-P\cdot e-P_1 l=0 \tag{a}$$

得

$$P_{2\min}=\frac{Pe+P_1 l}{a+b}$$

(2) 再研究空载时的情况。此时，作用于起重机上的力有 P、P_2、F_A 和 F_B。若起重机在空载时翻倒，将绕 A 点逆时针转动，为了保证不翻倒，在临界条件下，$F_B=0$，这时求出的 P_2 值是所允许的最大值。

$$\sum M_A(F)=0;\quad P_{2\max}\cdot a-P(b+e)=0 \tag{b}$$

得

$$P_{2\max}=\frac{P(b+e)}{a}$$

起重机不翻倒时，平衡配重 P_2 应满足的条件为

$$\frac{Pe+P_1 l}{a+b}\leqslant P_2\leqslant\frac{P(b+e)}{a}$$

4.7 静定与超静定问题简介

对于不同的力系所能够列的独立平衡方程的数目都是一定的。比如，对于平面汇交力系可以列出两个独立平衡方程，对于平面力偶系可以列出一个独立平衡方程，对于平面一般力系可以列出 3 个独立平衡方程。因此，对于不同的力系所能够解出来的未知数目也是一定的。如果所研究的问题属于某种力系，未知量的个数正好等于这种力系所能列的独立平衡方程的数目，则由平衡方程就能把所有的未知量求出，这样的问题属于静定问题。如果某种力系的未知量超过了这种力系所能列的独立平衡方程数目，显然仅用平衡方程是无法求出全部未知量的，这类问题属于超静定问题。此外，超静定还有关于次数的问题，未知量的个数比所能列的独立平衡方程的个数多“几个”，就称为“几次”超静定。到目前为止，前面所举的所有例子都是静定问题。在工程实际中，有时为了提高结构的刚度和坚固性，不得不采用超静定结构。

必须指出，超静定问题并不是不能解决的问题，而只是不能仅用平衡方程来解决的问题。这是因为在静力学中将物体抽象为刚体，不考虑物体的变形，如果考虑到物体受力后的变形，找出变形和力之间的关系，列出补充方程，超静定问题是可以解决的。显然，属于几次超静定就得建立几个补充方程。也就是说平衡方程的个数加上补充方程的个数应该等于未知量的个数。具体如何建立补充方程，将在材料力学部分去研究。

下面分别举一个静定和一个超静定的例子，在图 4.16 所示的简支梁中，约束反力有 3 个。因此，根据平面一般力系的 3 个平衡方程就能全部解出，这是静定问题。而在图 4.17 所示的梁中，有 4 个未知量，却只有 3 个独立的平衡方程，属于一次超静定问题。

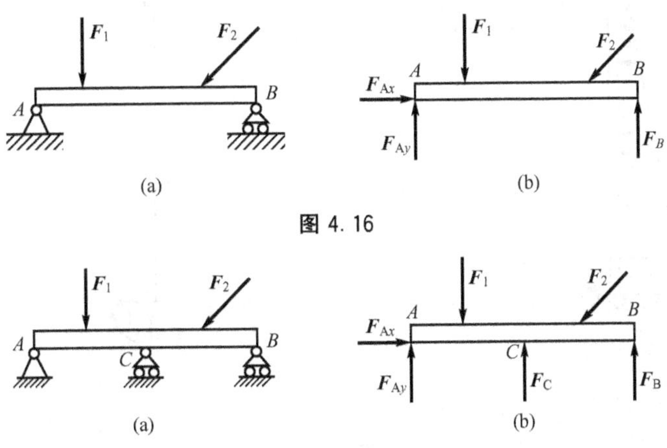

图 4.16

图 4.17

4.8 物体系统的平衡问题

工程结构往往都是由许多构件通过一定的连接方式而形成的一个整体，这个整体称为物体系统。研究物体系统的平衡问题时，不仅要研究系统以外的物体对系统的作用，同时还要研究物体系统内部各物体之间的相互作用。

当物体系统平衡时，组成该系统的每一个物体都处于平衡状态。判断物体系统是否静定的问题较为复杂。对于每一个受平面一般力系作用的物体，均可写出 3 个平衡方程。如物体系统由 n 个物体组成，则共有 $3n$ 个独立方程。当系统中的未知量数目等于独立平衡方程的数目时，则所有未知量都能由平衡方程求出，这时系统属于静定的；反之属于超静定系统。

由于物体系统是由许多物体组成的，因此，解物体系统的平衡问题时，就有一个选择研究对象的问题。有时可以先取整体，后取部分，有时可以先取部分，后取整体。总之，选择的思路是：先选取运用平衡方程能确定某些未知量的部分为研究对象。

下面举例说明物体系统平衡问题的解法。

例 4.8 图 4.18 所示的构架由直角弯杆 AEC 和直杆 CB 组成，不计各杆自重，荷载分布及尺寸如图 4.18(a)所示。已知 q、a、$F=\sqrt{2}qa$、$M=2qa^2$ 及 $\theta=45°$，试求固定端 A 的约束反力 F_{Ax}、F_{Ay}及反力偶 M_A。

解：(1) 先判断物体系统是否是静定系统。

物体系统由两部分组成，具有 6 个独立平衡方程及 6 个未知量，它是静定系统。

(2) 恰当地选取研究对象。

若选取整体为研究对象，它有 3 个独立平衡方程，但有 4 个未知量，不能求出固定端 A 的全部未知力。为此，先选杆 CB 为对象，求出 F_B。再选整个系统为研究对象，求出 A 处的约束反力。

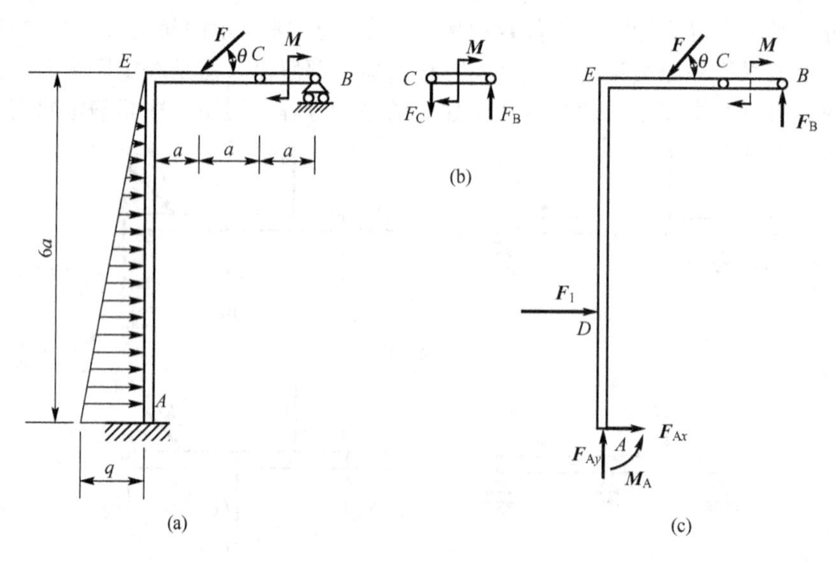

图 4.18

(3) 先对 CB 杆进行研究。

杆 CB 受平面力偶系作用处于平衡，B 为可动铰支座，从而确定 F_B 和 F_C 的方向(图 4.18(b))。

列平衡方程：

$$\sum M=0,\quad F_B\cdot a-M=0 \tag{a}$$

由式(a)得

$$F_B=\frac{M}{a}=2qa$$

(4) 再对整个系统进行研究。

作用在物体系统上的主动力为 F、分布荷载合力 F_1 及力偶 M，约束反力有 B 处的 F_B，A 处的 F_{Ax}、F_{Ay}及 M_A [图 4.18(c)]。

按照例 4.1 中的分析，分布荷载合力 F_1 的方向与分布荷载相同，作用在 D 点，大小为三角形的面积。

$$F_1=\frac{1}{2}q(6a)=3qa$$

$$AD=\frac{1}{3}AE=\frac{1}{3}(6a)=2a$$

列平面一般力系平衡方程

$$\sum F_x=0,\quad F_{Ax}+F_1-F\cos45^\circ=0 \tag{b}$$

由式(b)得

$$F_{Ax}=-F_1+F\cos45^\circ=-2qa$$

负号表示 F_{Ax}的指向与假设方向相反。

$$\sum F_y=0,\quad F_{Ay}+F_B-F\sin45^\circ=0 \tag{c}$$

由式(c)得

$$F_{Ay}=-F_B+F\cos45^\circ=-qa$$

负号表示 F_{Ay}的指向与假设方向相反。

$$\sum M_A(F)=0$$

$$M_A-M-F_1(2a)+F_B(3a)-F\sin\theta\cdot a+F\cos\theta(6a)=0 \tag{d}$$

由式(d)得

$$M_A=-3qa^2$$

负号表示 M_A 的转向与图 4.18 所示的假设方向相反。

例 4.9 组合梁 AB 和 BC 在 B 点铰接，C 为固定端 [图 4.19(a)]。若 $M=20\text{kN}\cdot\text{m}$，$q=15\text{kN/m}$，试求 A、B、C 这 3 点处的约束反力。

解： (1) 判断物体系统是否是静定系统。

梁 ABC 有 6 个未知量和 6 个独立平衡方程，系统静定。

(2) 恰当地选取研究对象。

先选 AB 部分进行研究，画出 AB 的受力图 [图 4.19(b)]，由平面平行力系平衡条件

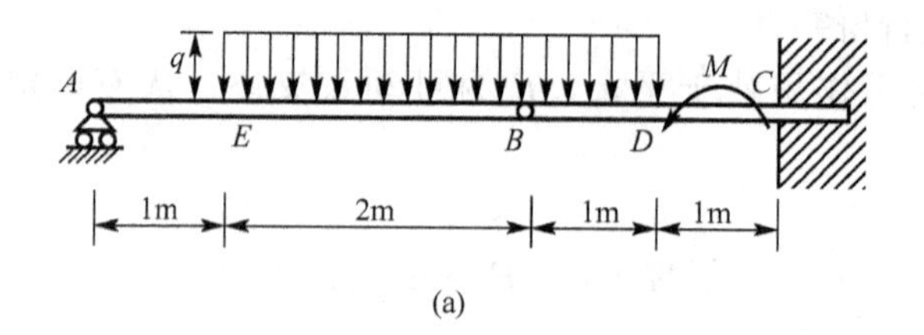

(a)

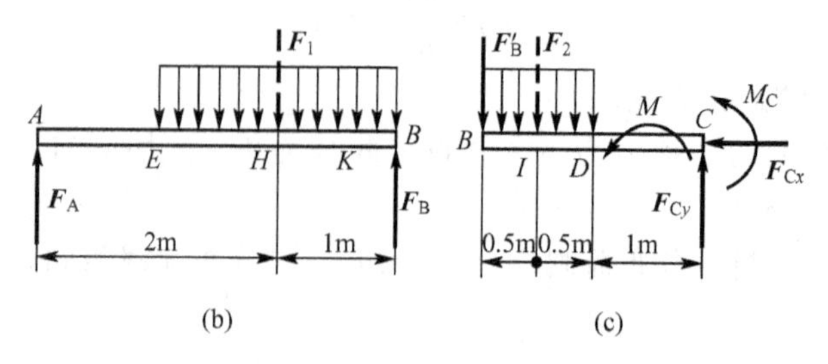

(b) (c)

图 4.19

可以确定 F_B 的方位。列平衡方程

$$\sum M_A(F)=0,\quad 3F_B-2F_1=0 \tag{a}$$

$$\sum M_B(F)=0,\quad -3F_A+F_1=0 \tag{b}$$

其中，

$$F_1=BE\cdot q=30\text{kN}$$

由式(a)得

$$F_B=\frac{2}{3}F_1=20\text{kN}$$

由式(b)得

$$F_A=\frac{1}{3}F_1=10\text{kN}$$

(3) 再选 BC 部分进行研究。

画出 BC 部分的受力图，如图 4.19(c)所示，列平衡方程

$$\sum M_C(F)=0,\quad 2F_B'+1.5F_2+M+M_C=0 \tag{c}$$

$$\sum M_B(F)=0,\quad 2F_{Cy}-0.5F_2+M+M_C=0 \tag{d}$$

$$\sum F_x=0,\quad F_{Cx}=0 \tag{e}$$

其中，$F_2=BD\cdot q=1\text{m}\times15\text{kN/m}=15\text{kN}$

由式(c)得

$$M_C=-2F_B'-M-1.5\times F_2=-2\text{m}\times20\text{kN}-20\text{kN}\cdot\text{m}-1.5\text{m}\times15\text{kN}\cdot\text{m}$$
$$=-82.5\text{kN}$$

由(d)式得

$$F_{Cy}=\frac{1}{2}(0.5F_2-M_C-M)=\frac{1}{2\text{m}}[0.5\text{m}\times15\text{kN}-(-82.5\text{kN}\cdot\text{m})-20\text{kN}\cdot\text{m}]=35\text{kN}$$

例 4.10 图 4.20(a)所示为一井架，它由两个桁架组成，在 C 处用圆柱铰链连接。两桁架的重心各在 C_1 和 C_2 点，它们的重量各为 $P_1=P_2=P_0$，在左边桁架上作用着水平风

力 F。尺寸 l、H、h 和 a 均已知，求 A、B、C 这 3 点处的约束反力。

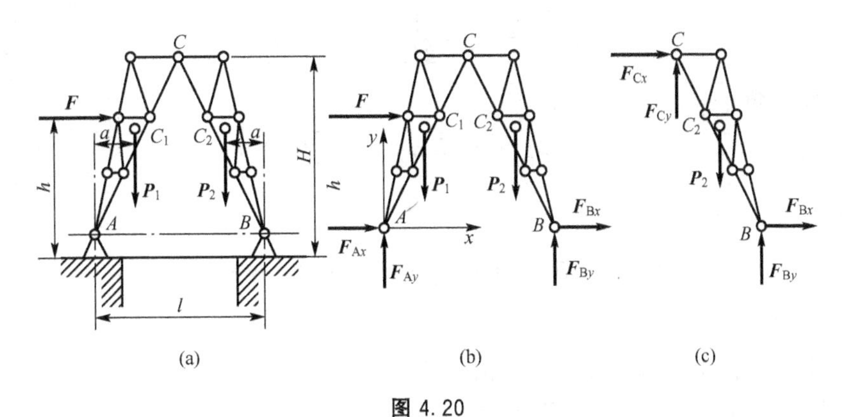

图 4.20

解：(1) 判断物体系统是否是静定系统。

物体系统由两部分组成，共有 6 个约束反力，可列出 6 个独立平衡方程。因此，系统是静定的。

(2) 恰当地选取研究对象。

本题从表面看不论选左边、选右边还是选整体，都是 4 个未知数，而平衡方程只有 3 个，看似无法下手。其实本题有一个特点，就是 A、B 两支座在一条水平线上，这样对 A 点取矩，没有 F_{Bx}，对 B 点取矩，没有 F_{Ax}。基于此种原因，本题应先取整体为研究对象，画出受力图，如图 4.20(b)所示。列平衡方程

$$\sum M_A(F)=0,\quad F_{By}\cdot l-P_1a-P_2\cdot(l-a)-F\cdot h=0 \tag{a}$$

$$\sum M_B(F)=0,\quad -F_{Ay}\cdot l-F\cdot h+P_1(l-a)+P_2\cdot a=0 \tag{b}$$

$$\sum F_x=0,\quad F_{Ax}+F_{Bx}+F=0 \tag{c}$$

由式(a)得

$$F_{By}=\frac{P_o l+FH}{l}$$

由式(b)得

$$F_{Ay}=\frac{P_o l-FH}{l}$$

由式(c)暂时还解不出 F_{Ax}、F_{Bx}但找出了它们之间的关系。

(3) 再取 BC 为研究对象，此时 C 点的约束反力成为外力，必须画出，受力图如图 4.20(c)所示。列平衡方程

$$\sum M_C(F)=0,\quad F_{By}\cdot\frac{l}{2}+F_{Bx}\cdot H-P_2\left(\frac{l}{2}-a\right)=0 \tag{d}$$

$$\sum F_x=0,\quad F_{Bx}+F_{Cx}=0 \tag{e}$$

$$\sum F_y=0,\quad F_{By}+F_{Cy}-P_2=0 \tag{f}$$

将 F_{By}代入式(d)得

$$F_{Bx}=\frac{1}{H}\left[P_2\left(\frac{1}{2}-a\right)-F_{By}\cdot\frac{l}{2}\right]=-\frac{1}{2H}(2P_0a+Fh)$$

由式(e)得

$$F_{Cx}=-F_{Bx}=\frac{1}{2H}(2P_0a+Fh)$$

将 F_{By} 代入式(f)得

$$F_{Cy}=P_2-F_{By}=-\frac{Fh}{l}$$

再将 F_{Bx} 代入式(c)得

$$F_{Ax}=-F_{Bx}-F=\frac{1}{2H}(2P_0a+Fh-2FH)$$

F_{Bx}、F_{Cy} 为负值表示假设的方向与实际方向相反。

归纳以上例题得出求解物体系统平衡问题的要点如下。

(1) 判断物体系统是否属于静定系统。

当物体系统的未知量的总数等于物体系统独立平衡方程的总数时，物体系统为静定系统。关键是要正确计算这两种总数。

① 将物体系统拆成一个个单个的物体，计算每个物体的未知量及独立平衡方程的数目，再求和。

② 对于圆柱铰链约束反力一律视为两个未知量，固定端约束反力一律视为 3 个未知量。

(2) 恰当地选择研究对象。

以解题简便为原则，先选择受力情况简单而且独立平衡方程的个数与未知量的个数相等的部分或整体为研究对象。

(3) 受力分析。

① 首先从二力构件入手，可使受力图比较简单。

② 解除约束时，要严格按照约束的性质画出约束反力，切忌凭主观想象画力。

③ 画受力图时，内力不画，遇到圆柱铰链约束，除二力构件外，通常都用两个分力表示约束反力。

④ 两个物体间的相互作用力必须符合作用与反作用定律。

(4) 列平衡方程，求解未知量。

① 列出恰当的平衡方程，避免在方程中出现不需要求的未知量。要灵活运用力矩方程，恰当选择两个未知力的交点为矩心，所选的坐标轴应与较多的未知力垂直。

② 解题时先从未知量最少的方程入手，尽量避免解联立方程。

③ 如果求得的约束反力或反力偶矩为负值，表示力的指向或力偶的转向与受力图中的假设方向相反。用它求解其他未知量时，应连同其负号一起代入其他平衡方程。

4.9 平面桁架的内力计算

在工程中，房屋建筑、桥梁、起重机、油田井架、电视塔等结构物常用桁架结构。桁架是一种由杆件在两端用铰链连接而成的结构，它在受力后几何形状不变。如桁架所有的杆件都在同一平面内，这种桁架称为平面桁架。桁架中杆件的接头称为节点。图 4.21 为桁架结构的简图。

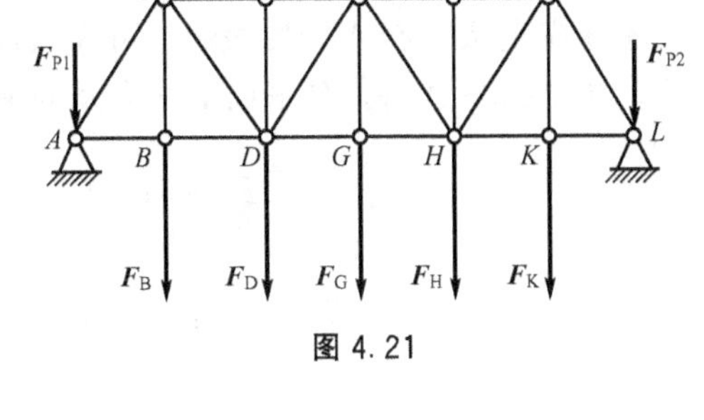

图 4.21

桁架的优点是：杆件主要承受拉力或压力，可以充分发挥材料的作用，节约材料，减轻结构的重量。

为了简化桁架内力的计算，在工程实际中采用以下几个假设。

(1) 桁架的杆件都是直的。

(2) 杆件用光滑的铰链连接。

(3) 桁架所受的力都作用在节点上，而且在桁架的平面内。

(4) 桁架的自重忽略不计，或平均分配在节点上。

这样的桁架称为理想桁架。

实际的桁架显然与上述假设有差别，如桁架的节点不是铰接的，杆件的中心线也不可能是绝对直的。但在工程实际中，上述假设能够简化计算，而且所得的结果能满足工程实际的需要。有了这些假设，桁架中的杆件都可以看成是二力杆，所以它们所受的力必然沿杆轴线方向，不是受拉就是受压。

本节将介绍两种计算桁架内力的方法：节点法和截面法。

4.9.1 节点法

例 4.11 某桁架结构如图 4.22 所示，已知 $F_{P1}=F_{P2}=F_P$，$F_B=F_D=F_G=F_H=F_K=2F_P$，几何尺寸如图 4.22 所示，用节点法求 1 至 6 各杆的内力。

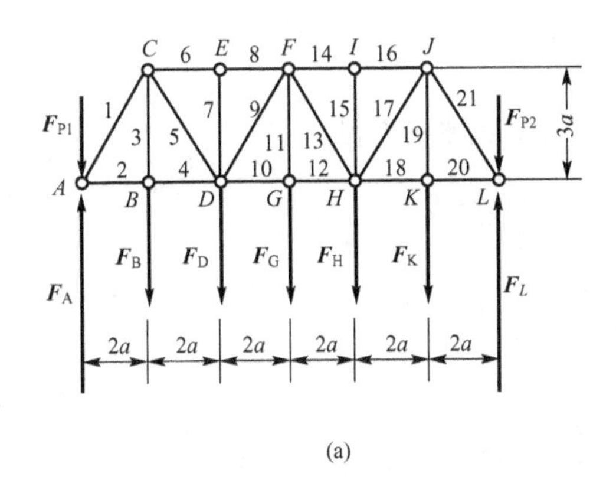

(a)

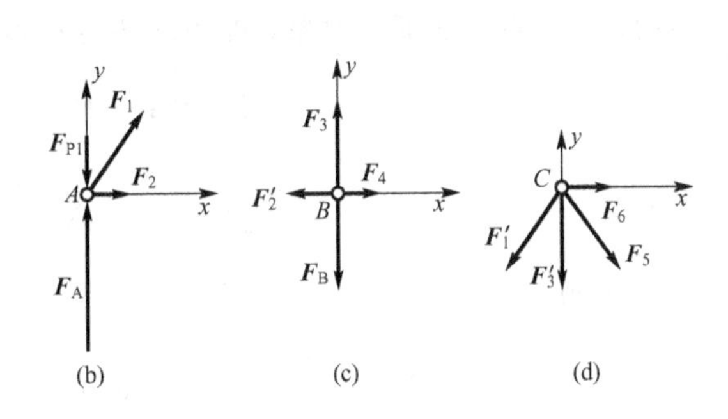

(b) (c) (d)

图 4.22

解：(1) 先求约束反力。取整个桁架为研究对象，受力图如图 4.22(a)所示。列平衡方程，求出 F_A 和 F_L。也可根据对称性直接求得

$$F_A=F_L=\frac{1}{2}(F_{P1}+F_B+F_D+F_G+F_H+F_K+F_{P2})=\frac{1}{2}(2\times F_P+5\times 2F_P)=6F_P$$

(2) 求桁架各杆的内力。节点法就是假想的用一截面把节点从整体中截出来，画出节点的受力图。作用在节点上的力有被截断杆的内力，外荷载和支座反力，它们组成一个平面汇交力系。因此，用节点法求内力实际上就是求解平面汇交力系的平衡问题。

解题时，应先从只含两个未知内力的节点开始截起，列平衡方程，依次求解。

本题应先从节点 A 开始截起。可先假设各杆均受拉力，节点 A 的受力图如图 4.22(b) 所示。选坐标系 Axy，列平面汇交力系的平衡方程

$$\sum F_x=0;\quad F_2+\frac{2a}{\sqrt{(2a)^2+(3a)^2}}F_1=0 \tag{a}$$

$$\sum F_y=0;\quad F_A-F_{p1}+\frac{3a}{\sqrt{(2a)^2+(3a)^2}}F_1=0 \tag{b}$$

由式(b)得

$$F_1=\frac{\sqrt{(2a)^2+(3a)^2}}{3a}(F_{P1}-F_A)=-6.01F_P(\text{压力})$$

由式(a)得

$$F_2=-\frac{2a}{\sqrt{(2a)^2+(3a)^2}}F_1=3.33F_P(\text{拉力})$$

其次，选节点 B 为研究对象，受力图如图 4.22(c)所示，列平衡方程

$$\sum F_x=0,\quad F_4-F_2'=0 \tag{c}$$

$$\sum F_y=0,\quad F_3-F_B=0 \tag{d}$$

由式(c)得

$$F_4=F_2'=F_2=3.33F_P(\text{拉力})$$

由式(d)得

$$F_3=F_B=2F_P$$

最后，选节点 C 为研究对象，受力图如图 4.22(d)所示，列平衡方程

$$\sum F_x=0;\quad F_6+\frac{2}{\sqrt{13}}F_5-\frac{2}{\sqrt{13}}=0 \tag{e}$$

$$\sum F_y=0;\quad -F_3'-\frac{3}{\sqrt{13}}F_5-\frac{3}{\sqrt{13}}F_1'=0 \tag{f}$$

由式(f)得

$$F_5=-F_1'-\frac{\sqrt{13}}{3}F_3'=-(-6.01F_P)-\frac{\sqrt{13}}{3}\times 2F_P=3.61F_P\quad(\text{拉力})$$

由式(e)得

$$F_6=\frac{2}{\sqrt{13}}(F_1'-F_5)=\frac{2}{\sqrt{13}}(-6.01-3.61)F_P=-5.33F_P\quad(\text{压力})$$

在计算结果中，内力为正值表示杆受拉力，反之表示杆受压力。

4.9.2 截面法

例 4.12 用截面法求例 4.11 中第 14 杆的内力。

解：(1) 求支座反力，见例 4.11。

(2) 假想的用一截面 $m-n$ 将杆 12、13、14 截断，取右侧桁架为研究对象，并假设各杆均受拉力，其受力图如图 4.23 所示。它是一个平面一般力系，可列 3 个平衡方程，求出 F_{12}、F_{13}、F_{14} 这 3 个未知量，但本题只要求 F_{14} 一个未知数，所以只列一个方程即可。

$$\sum M_H(F)=0;\quad F_{14}\cdot 3a-F_K\cdot 2a-F_{P2}4a+F_L4a=0 \tag{a}$$

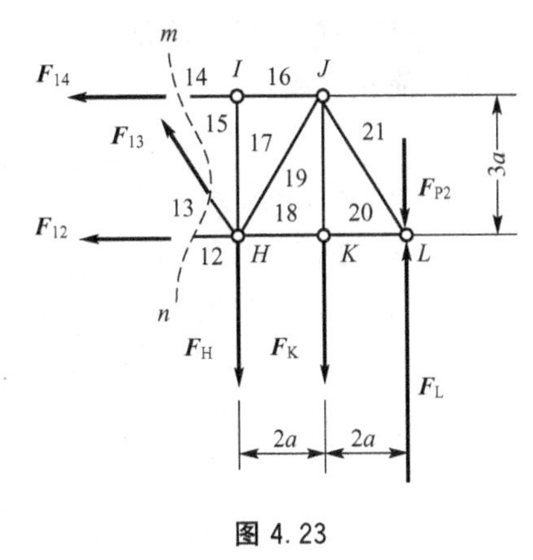

图 4.23

解得

$$F_{14}=\frac{a}{3a}(2F_K+4F_{P2}-4F_L)=\frac{1}{3}(2\times 2F_P+4\times F_P-4\times 6F_P)=-5.33F_P \quad (压力)$$

用截面法解题时，每次截断未知内力的杆件不能超过 3 根，因为平面一般力系只能列 3 个独立平衡方程，求解 3 个未知量。

求平面桁架杆件内力的要点如下。

(1) 节点法。

① 先选只含两根杆的节点为研究对象，然后逐个取仅含两个未知内力的杆件的节点为研究对象。

② 画受力图时，假设各杆都受拉力，指向背离节点，每个节点的受力图都属于平面汇交力系。

③ 对于每个节点，可列两个平衡方程，求得两个未知量，结果为正值，表示此杆受拉力，反之，表示此杆受压力。

④ 当内力为负值时，不必在受力图上更改此内力的指向，只需在之后的计算中将求得的内力值连同负号一起代入，这相当于自动更正了相应内力的指向。

(2) 截面法

① 假想的用一截面把桁架截断，使桁架分成两部分，通常截断的未知内力的杆件不超过 3 根，选择其中的一部分桁架为研究对象。

② 画受力图时，假设各杆内力均为拉力，画出的受力图属于平面一般力系，可列 3 个平衡方程，求解 3 个未知量。

③ 关于内力的正负号，意义与节点法一样。

本章小结

本章用解析法研究了平面一般力系的简化与平衡。以力的平移定理为基础，将平面一般力系向平面内任一点简化，得到一个主矢 F'_R 和一个主矩 M_O，从而建立了平面一般力系的平衡条件和平衡方程。

1. 力的平移定理

力平移时必须附加一个力偶，附加力偶矩等于原力对新作用点的力矩。

2. 平面一般力系的简化

(1) 简化过程：

平面一般力系 $(F_1, F_2, \cdots, F_n)$ 向一点 O 简化

- 平面汇交力系 $(F_1', F_2', \cdots, F_n') \xrightarrow{\text{合成}}$ 主矢 F_R'，$F_R' = \sum F$
- 平面力偶系 (F_1', F_1'')，(F_2', F_2'')，…，$(F_n', F_n'') \xrightarrow{\text{合成}}$ 主矩 M_O，$M_O = \sum M_O(F_i)$

(2) 简化结果，见表 4-1。

表 4-1　简化结果

主矢	主矩	合成结果	说明
$F_R' \neq 0$	$M_O = 0$	合力	合力作用线通过简化中心
	$M_O \neq 0$	合力	简化中心至合力作用线的距离 $d = \frac{\lvert M_O \rvert}{F_R'}$
$F_R' = 0$	$M_O \neq 0$	力偶	力偶矩等于主矩 M_O，与简化中心的位置无关
	$M_O = 0$	平衡	

3. 平面一般力系平衡方程的三种形式

(1) 基本形式：

$$\left.\begin{aligned} \sum F_x &= 0 \\ \sum F_y &= 0 \\ \sum M_O(F) &= 0 \end{aligned}\right\}$$

(2) 二矩式：

$$\left.\begin{aligned} \sum F_x = 0 (\text{或} \sum F_y &= 0) \\ \sum M_A(F) &= 0 \\ \sum M_B(F) &= 0 \end{aligned}\right\}$$

其中 A、B 两点的连线不能与 x 轴(或 y 轴)垂直。

(3) 三矩式：

$$\left.\begin{aligned} \sum M_A(F) &= 0 \\ \sum M_B(F) &= 0 \\ \sum M_C(F) &= 0 \end{aligned}\right\}$$

其中 A、B、C 不能选在同一直线上。

4. 平面平行力系平衡方程的两种形式

(1) 基本形式：

$$\left.\begin{aligned} \sum F_y &= 0 \\ \sum M_O(F) &= 0 \end{aligned}\right\}$$

y 轴不垂直于力作用线

(2) 二矩式

$$\left.\begin{aligned} \sum M_A(F) &= 0 \\ \sum M_B(F) &= 0 \end{aligned}\right\}$$

其中 A、B 两点的连线不能与各力的作用线平行。

5. 平面桁架内力计算的两种方法(表 4-2)

表 4-2 平面桁架内力计算方法

方法名称	研究对象	受力图	平衡方程
节点法	节点	平面汇交力系	$\sum F_x=0$ $\sum F_y=0$
截面法	一部分 桁架	平面一般力系	$\sum F_x=0$ $\sum F_y=0$ $\sum M_O(F)=0$

思 考 题

1. 司机操纵方向盘驾驶汽车时，可用双手对方向盘施加一个力偶，也可用单手对方向盘施加一个力，采用这两种方式能否达到同样的效果？这是否说明一个力与一个力偶等效？为什么？

2. 将图 4.24(a)中的力 F_A 向 B 点平移，其附加力偶如图 4.24(b)所示，对不对？为什么？

3. 先将图 4.25 中作用于 D 点的力 F 平移至 E 点成为 F'，附加相应的力偶，然后求铰链 C 的约束反力，对不对？为什么？

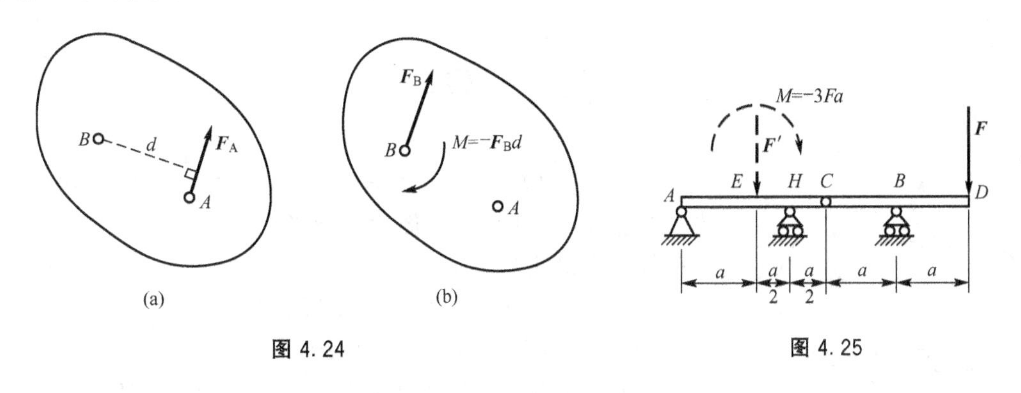

图 4.24

图 4.25

4. 组合梁如图 4.26 所示，解题时需选取梁 CD 为研究对象画受力图，试问应如何处理作用在销钉 C 上的力 F_2？

5. 边长为 a 的等边刚体三角形 ABC 的 3 个顶点上，分别沿边作用着 3 个大小相等的力 $F_1=F_2=F_3=F_0$，如图 4.27 所示。将此力系向三角形中心 O 简化，得主矢 $F'_R=$________，主矩 $M_O=$________。

6. 力 F_1、F_2、F_3，分别作用在物体上 A、B、C 3 点，它们的大小正好和 3 点间的距离 AB、BC、CA 成正比(图 4.28)，$\triangle ABC$ 表示由 F_1、F_2、F_3 组成的封闭的力三角形。试问此物体是否平衡？

7. 作用在正方形薄板上 A、B、C、D 和 E 点的 4 个力组成的力系如图 4.29 所示，且

$F_1=F_4=\sqrt{2}F$，$F_2=F_3=F$。试问力系分别向 C 点和 H 点简化，结果是什么？两者是否等效？为什么？

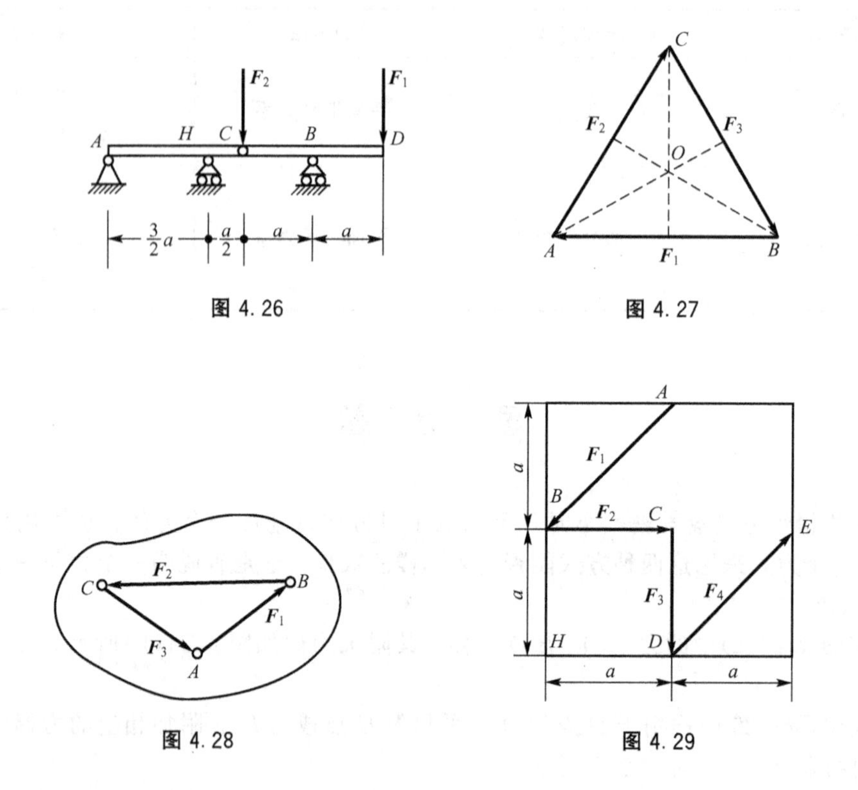

图 4.26　图 4.27

图 4.28　图 4.29

习　　题

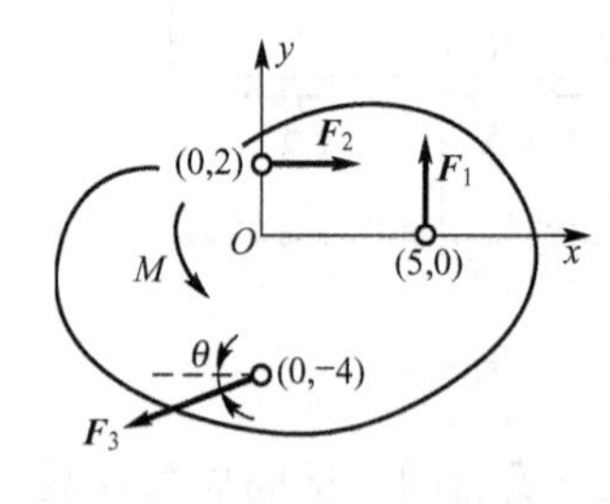

图 4.30

4-1　已知 $F_1=60\text{N}$，$F_2=80\text{N}$，$F_3=150\text{N}$，$M=100\text{N}\cdot\text{m}$，转向为逆时针，$\theta=30°$，图中距离单位为 m。试求图 4.30 中力系向 O 点简化的结果及最终结果。

4-2　试求图 4.31 各梁或刚架的支座反力。

4-3　试求图 4.32 各梁的支座反力。

4-4　各刚架的载荷和尺寸如图 4.33 所示，图(c)中 $M_2>M_1$，试求刚架的各支座反力。

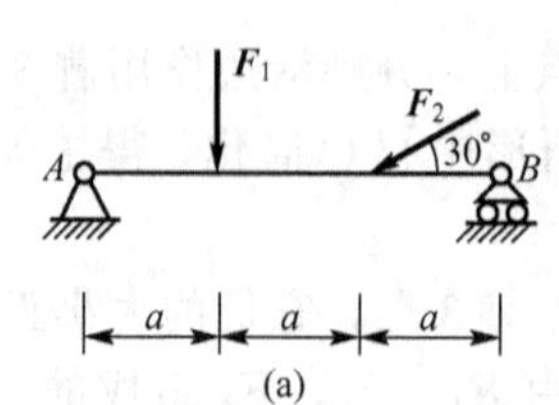

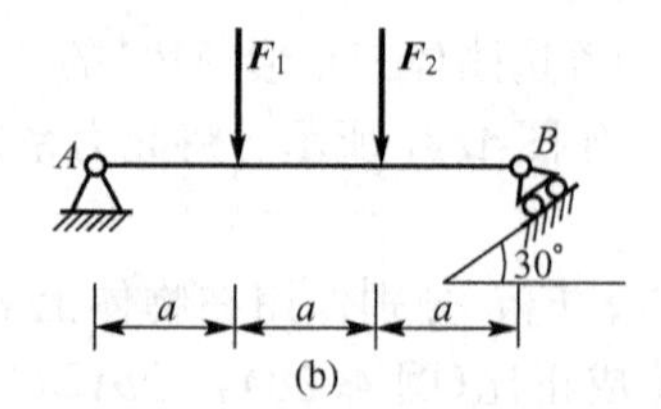

图 4.31

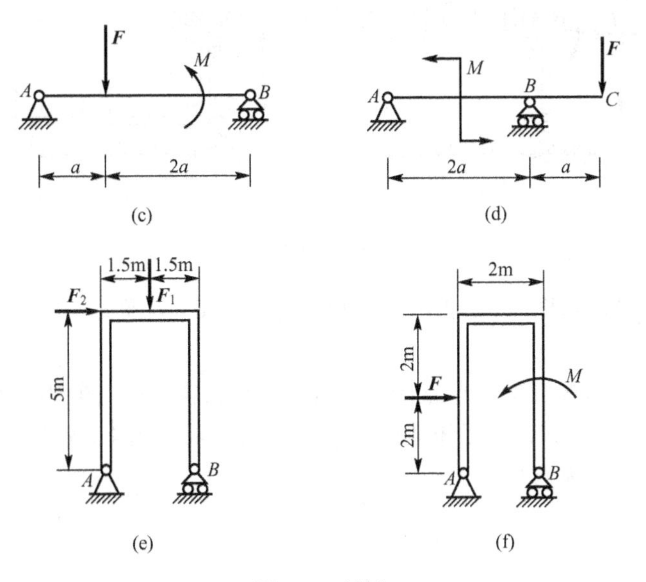

图 4.31（续）

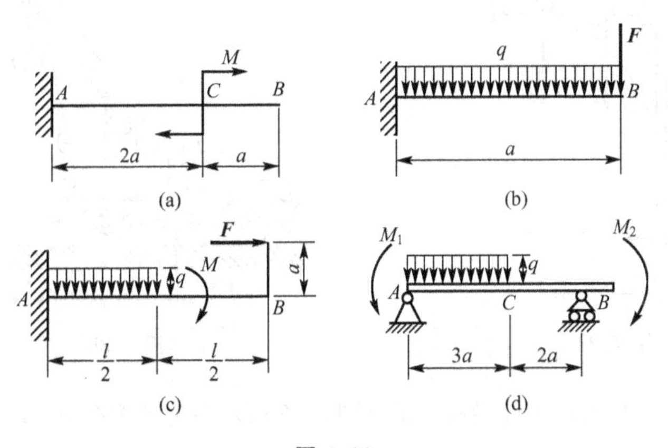

图 4.32

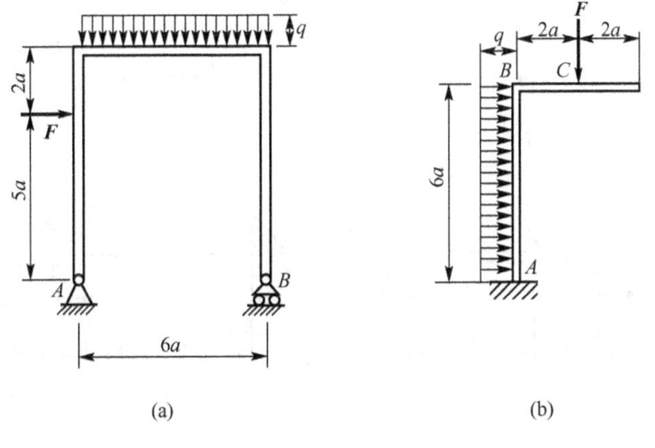

图 4.33

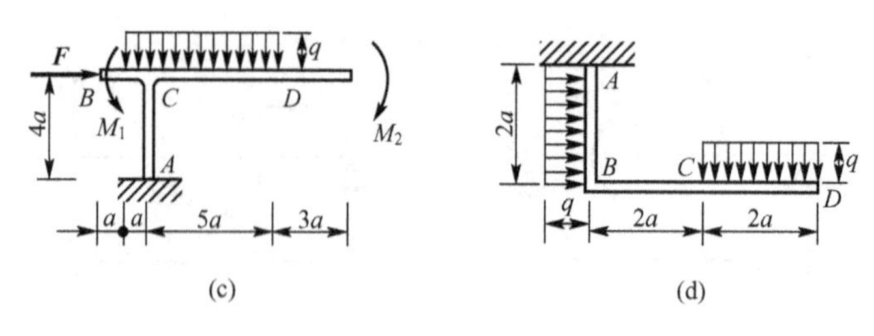

图 4.33(续)

4-5　起重机简图如图 4.34 所示，已知 F_1、F_2、a、b 及 c，求向心轴承 A 及向心推力轴承 B 的反力。

4-6　在汽车式起重机中，车重 $P_1=26\text{kN}$，起重臂 CDE 重 $P_3=4.5\text{kN}$，起重机旋转及固定部分重 $P_2=31\text{kN}$，作用线通过 B 点，几何尺寸如图 4.35 所示，这时起重臂在该起重机对称面内，求最大起重量 $P_{\max}$。

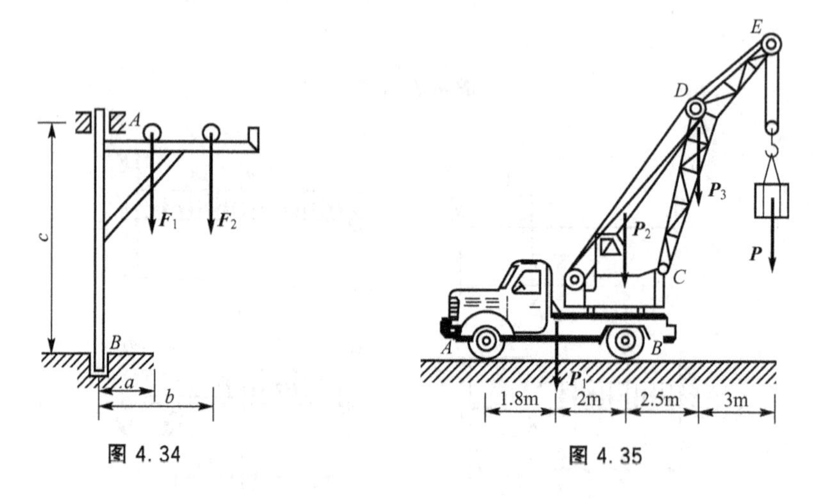

图 4.34　　　　图 4.35

4-7　已知 a、q 和 M，不计梁重。试求图 4.36 所示各连续梁在 A、B 和 C 处的约束反力。

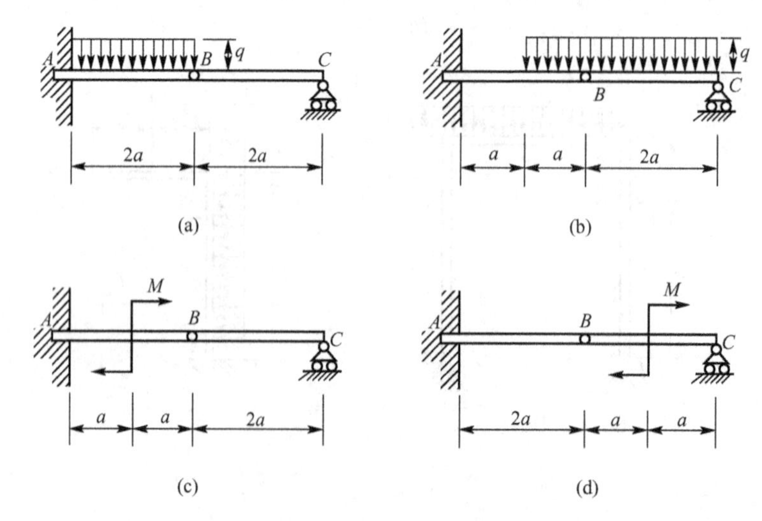

图 4.36

4-8 各刚架的载荷和尺寸如图 4.37 所示，不计刚架质量，试求刚架上各支座反力。

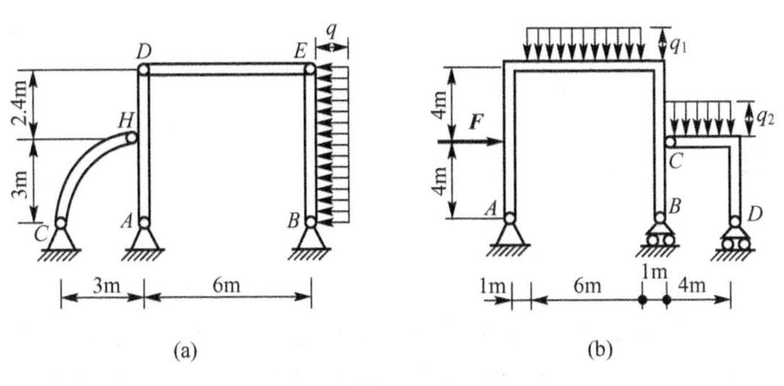

图 4.37

4-9 如图 4.38 所示，起重机在连续梁上，已知 $P_1=10\text{kN}$，$P_2=50\text{kN}$，不计梁质量，求支座 A、B 和 D 的反力。

4-10 如图 4.39 所示，厂房房架是由两个刚架 AC 和 BC 用铰链连接组成的，A 与 B 两铰链固结于地基上，吊车梁在房架突出部分 D 和 E 上。已知刚架重 $G_1=G_2=60\text{kN}$，吊车桥重 $P=20\text{kN}$，载荷 $W=10\text{kN}$，风力 $F=10\text{kN}$，几何尺寸如图 4.39 所示。D 和 E 两点分别在力 G_1 和 G_2 的作用线上。求铰链 A、B 和 C 的反力。

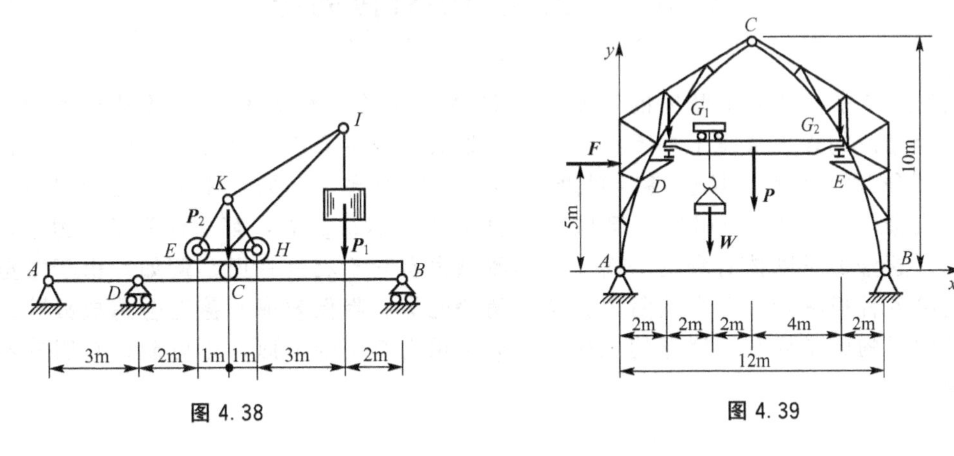

图 4.38　　图 4.39

4-11 桥式起重机机架的尺寸如图 4.40 所示。$F_F=100\text{kN}$，$F_H=50\text{kN}$，试求各杆内力。

4-12 如图 4.41 所示，屋架桁架的载荷 $F_C=F_E=F_G=F_J=F_L=F$，几何尺寸也在图 4.41 上给出。试求杆 1、2、3、4、5 和 6 的内力。

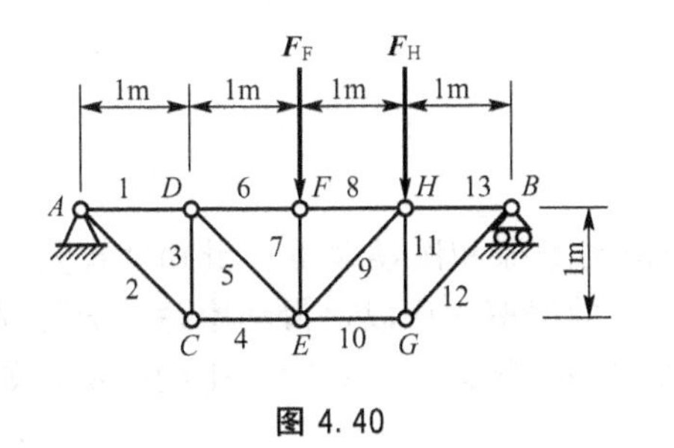

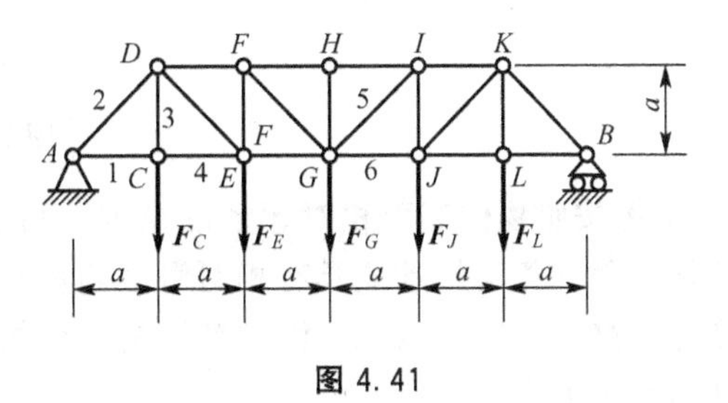

图 4.40　　图 4.41

第5章
摩　　擦

【教学提示】

本章主要研究摩擦问题，其分滑动摩擦和滚动摩擦。滑动摩擦又分静滑动摩擦和动滑动摩擦，重点是静滑动摩擦。然后介绍静滑动摩擦定律，摩擦角与自锁现象，最后简介滚动摩擦。

【学习要求】

通过本章的学习，了解静滑动摩擦的规律，记住最大静摩擦力的计算公式。重点是掌握考虑摩擦时平衡问题的计算，理解摩擦角的概念与自锁现象，了解滚动摩擦的有关概念。

5.1 工程中的摩擦问题

在前几章中，忽略了摩擦的影响，把物体之间的接触表面都看做是光滑的。但是，完全光滑的表面事实上并不存在，接触处或多或少会产生摩擦，有时甚至摩擦还起着主要作用，因此，某些场合对摩擦必须予以考虑。例如，摩擦制动器［图 5.1(a)］，皮带传动［图 5.1(b)］，摩擦轮传动［图 5.1(c)］等，都是依靠摩擦力来进行工作的，这些都是摩擦有利的一面。但是摩擦也有它不利的一面。例如，由于摩擦的存在会给各种机械带来多余的阻力，从而消耗能量、降低效率，甚至会造成故障。研究摩擦的目的就是要掌握摩擦的规律，充分利用它有利的一面，尽可能地克服它不利的一面。

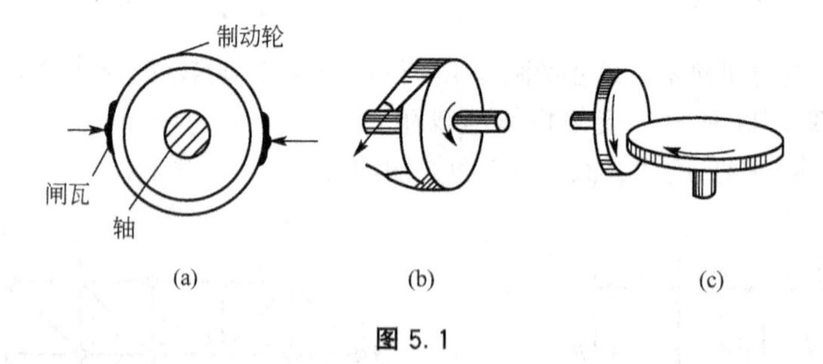

图 5.1

摩擦按照物体表面相对运动的情况，可分为滑动摩擦和滚动摩擦。滑动摩擦是指两物体接触面作相对滑动或具有相对滑动趋势时所产生的摩擦。所以，滑动摩擦又分为动滑动摩擦和静滑动摩擦两种，滚动摩擦是一个物体在另一个物体上滚动时产生的摩擦，如轮子在道路上的滚动。

本章主要讨论滑动摩擦中的静滑动摩擦，其他摩擦只介绍基本概念。

5.2 滑动摩擦

5.2.1 静滑动摩擦定律

静滑动摩擦是两物体之间具有相对滑动趋势时的摩擦。为了观察物体之间产生静滑动摩擦的规律，可进行如下实验：物体重为 W，放在水平面上，并由绳子系着，绳子绕过滑轮，下挂砝码 [图 5.2(a)]。如绳子和滑轮之间的摩擦不计。显然绳子对物体的拉力 F 的大小就等于砝码的重量。从实验中可以看到，当砝码的重量较小时，即作用在物体上的拉力 F 较小时，这个物体并没有滑动。这就说明接触面已经存在着一个阻止物体滑动的力 F_s。此力称静滑动摩擦力(简称静摩擦力)。它的方向与两物体间相对滑动趋势的方向相反，大小可由平衡方程求得 [图 5.2(b)]。

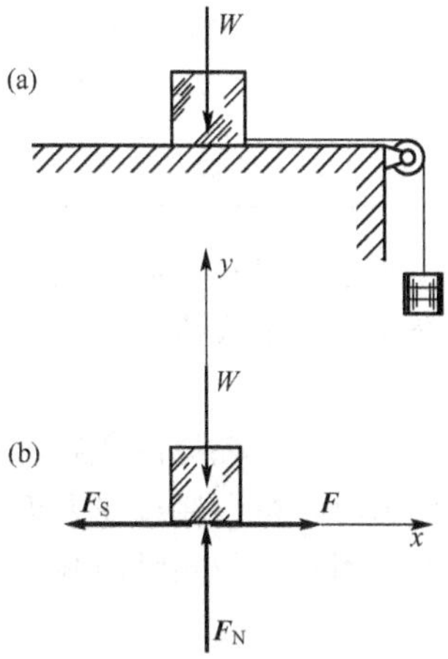

$$\sum F_x=0;\quad F-F_s=0$$

可得

$$F_s=F$$

图 5.2

如果逐渐增大砝码重量，即增大力 F，在一定范围内物体仍保持平衡，这表明在此范围内静摩擦力 F_s 随着力 F 的增大而增大，但是，进一步的实验说明，静摩擦力 F_s 不可能随着力 F 无限增大。当力 F 增大到某个值时，物体处于将动而未动的临界平衡状态，这时静摩擦力 F_s 达到最大值，称为最大静摩擦力，以 F_{max} 表示。

静滑动摩擦定律：大量试验证明，最大静摩擦力的大小与法向反力成正比。即

$$F_{max}=f_sF_N \tag{5-1}$$

式中比例常数 f_s 称为静滑动摩擦因数(简称静摩擦因数)，f_s 的大小与接触物体的材料、接触面的粗糙程度、温度、湿度等情况有关，而与接触面积的大小无关。一般材料的 f_s 值可在机械工程手册中查到。常见材料的 f_s 见表 5-1。

表 5-1 常用材料的摩擦因数

材料名称	摩擦因数			
	静摩擦因数(f_s)		动摩擦因数(f)	
	无润滑剂	有润滑剂	无润滑剂	有润滑剂
钢——钢	0.15	0.10～0.12	0.15	0.05～0.10
钢——铸铁	0.30		0.18	0.05～0.15
钢——青铜	0.15	0.10～0.15	0.15	0.10～0.15
铸铁——铸铁		0.18	0.15	0.07～0.12

（续）

材料名称	摩擦因数			
	静摩擦因数(f_s)		动摩擦因数(f)	
	无润滑剂	有润滑剂	无润滑剂	有润滑剂
铸铁——青铜			0.15～0.20	0.07～0.15
青铜——青铜		0.10	0.20	0.07～0.10
皮革——铸铁	0.30～0.50	0.15	0.60	0.15
橡皮——铸铁			0.80	0.50
木——木	0.40～0.60	0.10	0.20～0.50	0.07～0.15

由上述可见：静摩擦力 F_s 随着主动力 F 的不同而变化，它的大小由平衡方程确定，但介于零和最大值之间，即

$$0 \leqslant F_s \leqslant F_{max}$$

掌握了摩擦规律之后，我们就可以更好地利用摩擦来为我们服务，如生产中需要增大摩擦力时，可以通过加大正压力和增大摩擦因数来实现；又如要减小摩擦时，可以设法减小摩擦因数，使接触面制造的尽量光滑些，或者加入润滑剂等。

5.2.2 动滑动摩擦定律

由前面的试验可知，当拉力 F 增大到略大于 F_{max} 时，这时最大静滑动摩擦力已不足以阻碍物体向前滑动，物体相对滑动时出现的摩擦力，称为动滑动摩擦力(简称动摩擦力)，它的方向与两物体间相对滑动速度的方向相反。通过实验也可得出与静滑动摩擦定律相似的动滑动摩擦定律。即

$$F_d = fF_N \tag{5-2}$$

式中 f 称为动滑动摩擦因数(简称动摩擦因数)，一般情况下，$f<f_s$。它除了与接触面的材料、表面粗糙度、温度、湿度等有关外，还与物体的滑动速度有关，速度越大，f 越小。f 值见表 5-1。在一般工程中，精确度要求不高时，可近似认为动摩擦因数与静摩擦因数相等。

5.3 考虑摩擦时的平衡问题举例

考虑摩擦时物体的平衡问题，与不考虑摩擦时物体的平衡问题有着共同点，如物体平衡时都必须满足平衡条件，解题的方法步骤也基本相同，但有以下几个特点。

(1) 物体受力分析时，必须考虑接触面间的静摩擦力 F_s，通常增加了未知量的数目。

(2) 为了确定这些新增加的未知量，还需列出补充方程，即 $F_s \leqslant f_s F_N$，补充方程的数目与摩擦力的数目相同。

(3) 由于物体平衡时摩擦力有一定的范围(即 $0 \leqslant F_s \leqslant f_s F_N$)，所以有摩擦时平衡问题的解也有一定范围，而不是一个确定的值。

工程中有不少问题只需要分析平衡的临界状态，这时静摩擦力等于其最大值，补充方程只取等号。有时为了计算方便，也先在临界状态下计算，求得结果后再分析，讨论其解的平衡范围。

例 5.1 用绳子拉一重 $W=500\text{N}$ 的物体，拉力 $F=100\text{N}$，物体与地面间的摩擦因数 $f_s=0.2$，绳子与水平面的夹角 $\alpha=30°$［图 5.3(a)］。

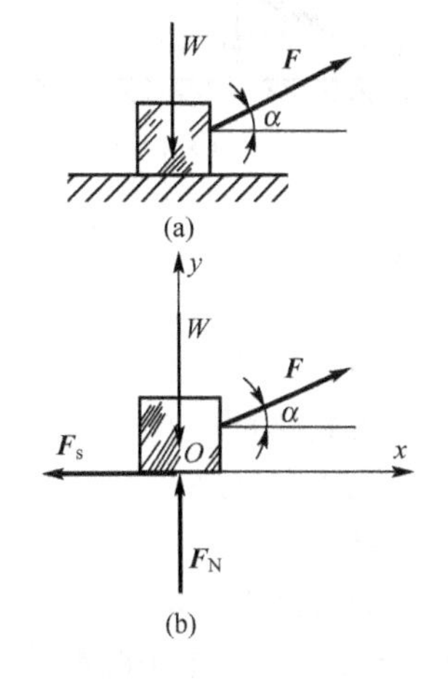

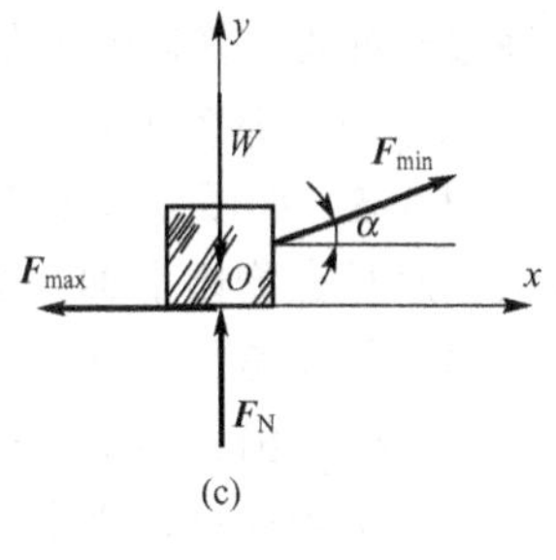

图 5.3

试求：

(1) 设物体在图示位置处于平衡状态，此时静摩擦力 F_s 的大小。

(2) 如使物体产生滑动，求拉动此物体所需的最小力 $F_{\min}$。

解：(1) 取物体为研究对象，受力图如图 5.3(b)所示，F_s 为静摩擦力，因为物体有向右的相对滑动趋势，所以 F_s 的方向向左，F_N 为法向反力。

(2) 列平衡方程，求未知量。

先求静摩擦力 F_s。选坐标系 Oxy，列出平衡方程

$$\sum F_x=0,\quad F\cos\alpha-F_s=0$$

得

$$F_s=F\cos\alpha=100\text{N}\times0.867=86.7\text{N}$$

所以，此时静摩擦力的大小为

$$F_s=86.7\text{N}$$

为了求拉动物体所需的最小力 $F_{\min}$，需要考虑物体将要滑动但还没有滑动的临界平衡状态，此时静摩擦力达到最大值。即

$$F_s=F_{\max}=f_sF_N$$

按图 5.3(c)列出平衡方程及补充方程

$$\sum F_x=0,\quad F_{\min}\cos\alpha-F_{\max}=0 \tag{a}$$

$$\sum F_y=0,\quad F_{\min}\sin\alpha-W+F_N=0 \tag{b}$$

$$F_{\max}=f_sF_N \tag{c}$$

由式(b)得

$$F_N=W-F_{\min}\sin\alpha$$

代入式(c)得

$$F_{\max}=f_sF_N=f_s(W-F_{\min}\sin\alpha)$$

代入式(a)得

$$F_{\min}\cos\alpha-f_sW+f_sF_{\min}\sin\alpha=0$$

所以

$$F_{\min}=\frac{f_sW}{\cos\alpha+f_s\sin\alpha}=\frac{0.2\times500\text{N}}{\cos30°+0.2\sin30°}=103\text{N}$$

这就是拉动物体的最小拉力 $F_{\min}=130\text{N}$。

例 5.2 在一个可调整倾角的斜面上放一物体重为 W，接触面间的摩擦因数为 f_s，试

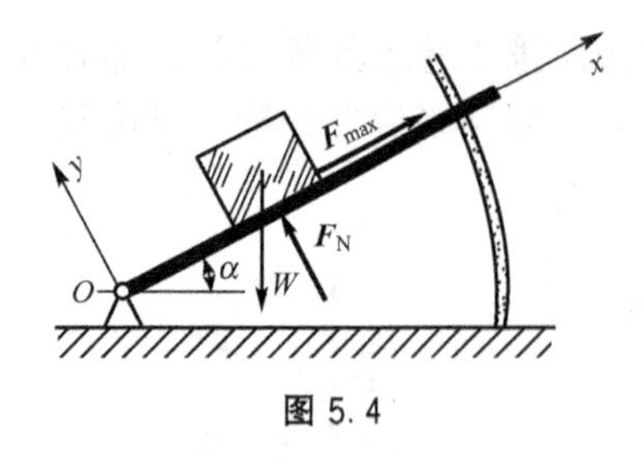

图 5.4

求物体刚开始下滑时斜面的倾角 α。

解：(1) 选物体为研究对象，画受力图如图 5.4 所示。

(2) 根据题意此时摩擦力应为 F_{max}。选坐标轴如图所示，列出平衡方程

$$\sum F_x=0;\ -W\sin\alpha+F_{max}=0 \tag{a}$$

$$\sum F_y=0;\ -W\cos\alpha+F_N=0 \tag{b}$$

补充方程

$$F_{max}=f_s F_N \tag{c}$$

由式(a)得 $F_{max}=W\sin\alpha$

由式(b)得 $F_N=W\cos\alpha$

代入式(c)得 $W\sin\alpha=f_s W\cos\alpha$

所以 $\tan\alpha=f_s$ 或 $\alpha=\arctan f_s$

分析讨论：由计算知，倾角 α 仅与摩擦因数 f_s 有关，而与物体的重量无关。如 $\alpha=15°$ $f_s=0.268$。这个例题提供了一种测定摩擦因数 f_s 的试验方法，将两种材料，一种做成物体，一种做成斜坡，将物体放在斜坡上，改变斜坡倾角，记录下物体刚刚下滑时(即临界平衡状态)的角度 α，那么这个倾角 α 的正切就是斜坡和物体这两种材料之间的摩擦因数 f_s。

例 5.3 如图 5.5(a)所示，由上例可知，当斜坡的倾角 α 大于某一值时，物体将向下滑动。此时在物体上加一水平力 F，则能使物体在斜坡上维持平衡，试求力 F 值的范围。

解：前提是图 5.5(a)中的物体如果不加力 F，肯定下滑。在这种前提下，如果加的力 F 太小，物体仍将向下滑动；但如果加的力太大，又将使物体向上滑动。

先求使物体不致下滑时所需的力 F 的最小值 F_{min}。由于物体有向下滑的趋势，所以摩擦力应沿斜坡向上，受力图如图 5.5(b)所示。

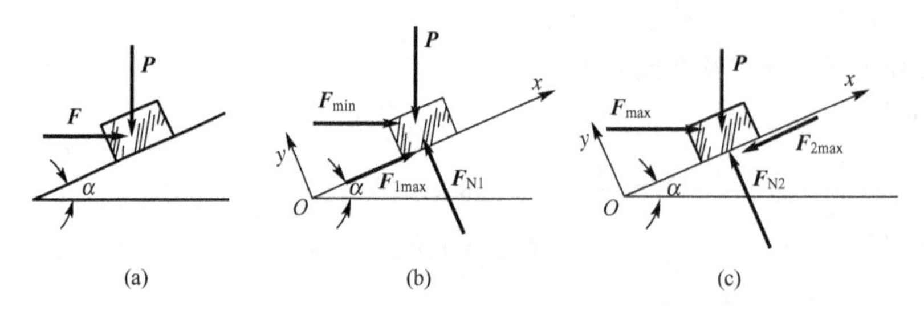

图 5.5

此时物体处于向下滑的临界平衡状态，列出平衡方程和补充方程

$$\sum F_x=0,\quad F_{min}\cos\alpha+F_{1max}-P\sin\alpha=0 \tag{a}$$

$$\sum F_y=0,\quad -F_{min}\sin\alpha+F_{N1}-P\cos\alpha=0 \tag{b}$$

$$F_{1max}=f_s F_{N1} \tag{c}$$

将式(c)代入式(a)，再由式(a)与式(b)解出

$$F_{min}=\frac{\sin\alpha-f_s\cos\alpha}{\cos\alpha+f_s\sin\alpha}P$$

再求使物体不致上滑时所需的力 F 的最大值 F_{max}。此时物体处于向上滑的临界平衡状态，摩擦力应沿斜坡向下，受力图如图 5.5(c)所示。列平衡方程和补充方程

$$\sum F_x=0,\quad F_{max}\cos\alpha-F_{2max}-P\sin\alpha=0 \tag{d}$$

$$\sum F_y=0,\quad -F_{max}\sin\alpha+F_{N2}-P\cos\alpha=0 \tag{e}$$

$$F_{2max}=f_sF_{N2} \tag{f}$$

同理可解出

$$F_{max}=\frac{\sin\alpha+f_s\cos\alpha}{\cos\alpha-f_s\sin\alpha}P$$

所以，要维持物体在斜坡上平衡，力 F 的值应满足

$$\frac{\sin\alpha-f_s\cos\alpha}{\cos\alpha+f_s\sin\alpha}P\leqslant F\leqslant\frac{\sin\alpha+f_s\cos\alpha}{\cos\alpha-f_s\sin\alpha}P$$

这就是所求的平衡范围。

例 5.4 图 5.6(a)为某制动器简图，已知制动器摩擦块与滑轮表面间的摩擦因数为 f_s，作用在滑轮上的力偶矩为 M，A 和 O 都是圆柱铰链，几何尺寸如图所示。求制动滑轮所需的最小力 F_{min}。

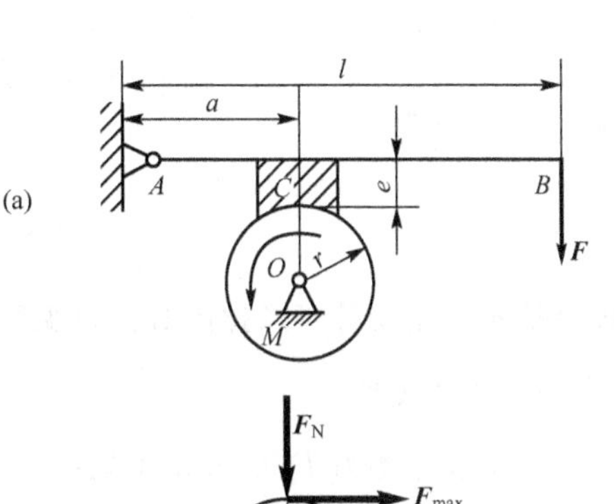

(b)

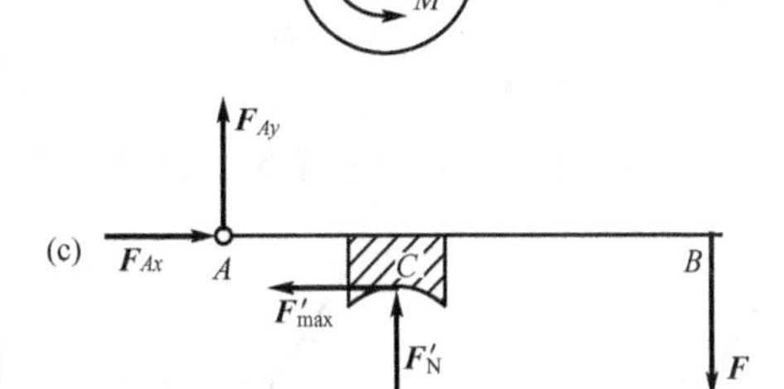

图 5.6

解：当滑轮刚能停止转动时，力 F 的值最小，摩擦块与滑轮间的摩擦力达到最大值。取滑轮为研究对象，受力图如图 5.6(b)所示。因滑轮平衡，列平衡方程和补充方程如下：

$$\sum M_O(F)=0,\quad M-F_{max}\cdot r=0 \tag{a}$$

$$F_{max}=f_sF_N \tag{b}$$

由此可知

$$F_N=\frac{F_{max}}{f_s}=\frac{M}{f_sr}$$

再取制动杆 AB 为研究对象，受力图如图 5.6(c)所示。因为制动杆平衡，同样可列出平衡方程及补充方程

$$\sum M_A(F)=0,\quad F'_Na-F'_{max}e-F_{min}l=0 \tag{c}$$

$$F'_{max}=f_sF'_N \tag{d}$$

由此可得

$$F_{min}=\frac{F'_N(\alpha-f_se)}{l}$$

将 $F'_N=F_N=\frac{F_{max}}{f_s}=\frac{M}{f_sr}$代入上式，得

$$F_{min}=\frac{M(\alpha-f_se)}{f_srl}$$

平衡时应为

$$F\geqslant\frac{M(\alpha-f_se)}{f_srl}$$

这就是平衡时力 $\boldsymbol{F}$ 的平衡范围。

5.4 摩擦角与自锁现象

1. 摩擦角

图 5.7(a)表示水平面上有一物体，作用于物体上的主动力的合力为 F，当考虑摩擦时，支承面对物体的约束反力不仅有法向反力 F_N，同时还有静摩擦力 F_s。法向反力 F_N 与静摩擦力 F_s 的合力 F_R 称为支承面对物体的全反力。全反力 F_R 与法向反力 F_N 之间的夹角 α 将随着静摩擦力 F_s 的增大而增大，当物体处于将动未动的临界平衡状态时，即静摩擦力 F_s 达到最大值 F_{max}，这时夹角 α 也达到最大值 φ_f，我们把 φ_f 称为摩擦角，由图 5.7(b)可得

$$\tan\varphi_f=\frac{F_{max}}{F_N}=\frac{f_s F_N}{F_N}=f_s \qquad (5-3)$$

即摩擦角的正切等于摩擦因数。可见摩擦角与摩擦因数都是表示材料的表面性质的量。

2. 自锁现象

由于静摩擦力 F_s 的大小不能超过最大静摩擦力 F_{max}，因此全反力 F_R 与法向反力 F_N 之间的夹角 α 也不可能大于摩擦角 φ_f，即全反力 F_R 的作用线必在摩擦角之内。当物体处于临界平衡状态时，全反力 F_R 的作用线正好在摩擦角的边缘。

根据摩擦角的性质可知。

(1) 如果作用在物体上全部主动力的合力 F 的作用线在摩擦角之内［图 5.8(a)］，即 $\varphi\leqslant\varphi_f$，则无论这个力怎样大，总有一个全反力 F_R 与之平衡，物体保持静止。

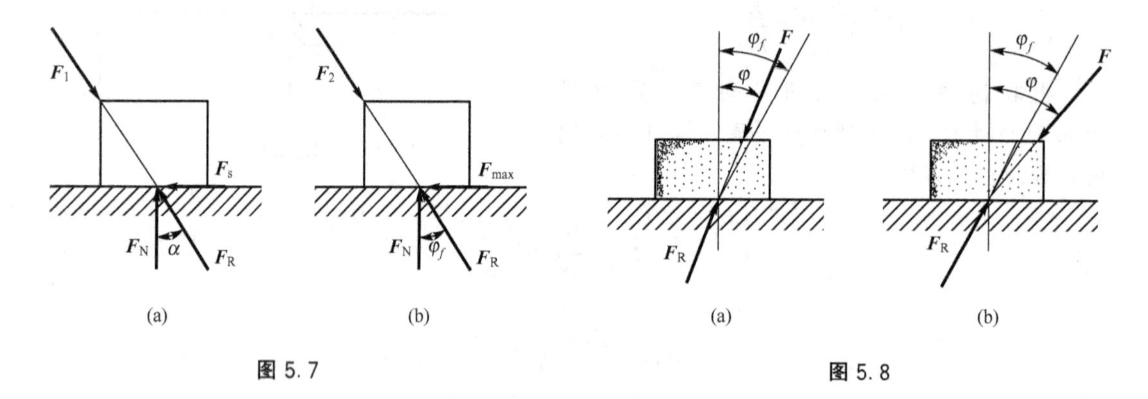

图 5.7　　图 5.8

(2) 如果全部主动力的合力 F 的作用线在摩擦角之外［图 5.8(b)］，即 $\varphi>\varphi_f$，则无论这个力怎样小，全反力都无法与之平衡，物体也不可能保持静止。这种与力的大小无关而与摩擦角有关的平衡条件称为自锁条件，物体在这种条件下的平衡现象称为自锁现象。

物体在斜面上的情况，也可作同样的分析，如图 5.4 所示。只要主动力 W 与斜面法线的夹角 α(α 也是斜面的倾角)不大于摩擦角，即 $\alpha\leqslant\varphi_f$，则无论物体多重，都不会自动从斜面上滑下，物体处于平衡状态。如果斜面倾角 α 增大，即 W 与斜面法线之间的夹角增

大，当 $\alpha > \varphi_f$ 时，由于主动力 W 作用线已在摩擦角之外，故物体不能平衡，W 再小也一定下滑。所以斜面倾角 $\alpha \leqslant \varphi_f$ 这一条件，就是物体在斜面上的自锁条件。

在工程中自锁被广泛地应用，如螺旋千斤顶在被举起的重物重量作用下，不会自动下降，拧紧的螺母不会自动松动等。它们的原理都与物体放在斜面上是一样的，即螺纹的升角必须小于摩擦角。

5.5 滚动摩擦的概念

摩擦不仅在物体滑动时存在，当物体滚动时也存在。由实践经验知道，滚动比滑动省力。所以在工程中，为了提高效率，减轻劳动强度，常利用滚动代替滑动。早在殷商时代，我国人民就利用车子作为运输工具。平时常见当搬运重物时，在重物下面垫上管子，就容易推动了，又如机器中多用滚动轴承代替滑动轴承等。其目的都是为了减小摩擦力。

当物体滚动时，存在什么阻力？它有什么特性？下面通过简单的实例来分析这些问题。设水平面上有一轮子，重量为 W，半径为 r，在轮子中心 O 上作用一水平力 F，如图 5.9 所示。

当力 F 不大时，轮子仍保持静止。分析轮子的受力情况可知，在轮子与平面接触的 A 点有法向反力 F_N，它与重力 W 等值反向；另外，还有静滑动摩擦力 F_s，它阻止轮子滑动，与力 F 等值反向。但如果平面的约束反力仅有 F_N 和 F_s，则轮子不能保持平衡，因为静摩擦力 F_S 不能阻止轮子滚动，它反而与力 F 组成一力偶，促使轮子滚动。但实际上当力 F 不大时，轮子是平衡的，并没有滚动。这说明支承面除了产生约束反力 F_N 和 F_s 之外，还应产生与力偶(F，F_s)的力偶矩大小相等而转向相反的反力偶，这个反力偶称为滚动摩擦力偶，用 M_f 表示。

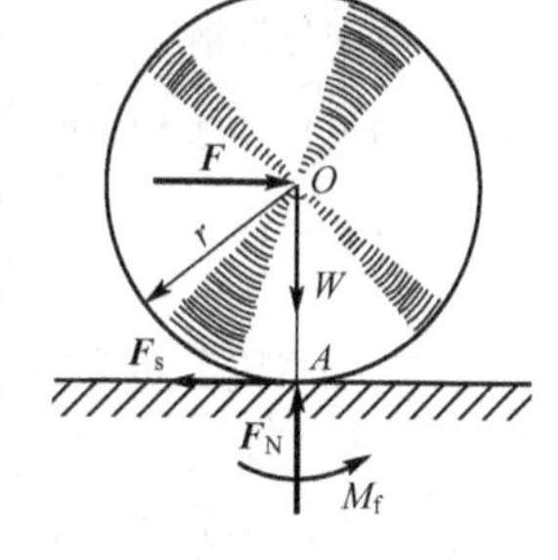

图 5.9

滚动摩擦力偶是怎样产生的呢？由于轮子和支承面都并不是刚体，在压力作用下，轮子与支承面在接触处会发生变形，由于变形，轮子与支承面的接触处不再是一个点而是一段弧线。因此，支承面的约束反力不是作用于一点，而是分布于一段弧线上的平面一般力系［图 5.10(a)］。如果以 A 点为简化中心，这些力可以简化为作用于 A 点的一个力 F_R 及一个力偶，即滚动摩擦力偶，其力偶矩为 M_f。将 F_R 分解得 F_N 和 F_s，如图 5.10(b)所示。滚动摩擦力偶矩 M_f 随着主动力偶矩的增大而增大，当力 F 增大到某个值时，轮子处于将滚未滚的临界平衡状态，这时，滚动摩擦力偶矩达到最大值，称为最大滚动摩擦力偶矩，用 M_{max} 表示。若力 F 再增大一点，轮子就会滚动，在滚动过程中，滚动摩擦力偶矩近似等于 M_{max}。

由此可知，滚动摩擦力偶矩 M_f 的大小介于零与最大值之间，即

$$0 \leqslant M_f \leqslant M_{max} \tag{5-4}$$

实验证明：最大滚动摩擦力偶矩 M_{max} 与滚子半径无关，而与支承面的正压力(法向反力)F_N 的大小成正比。即

$$M_{max} = \delta F_N \tag{5-5}$$

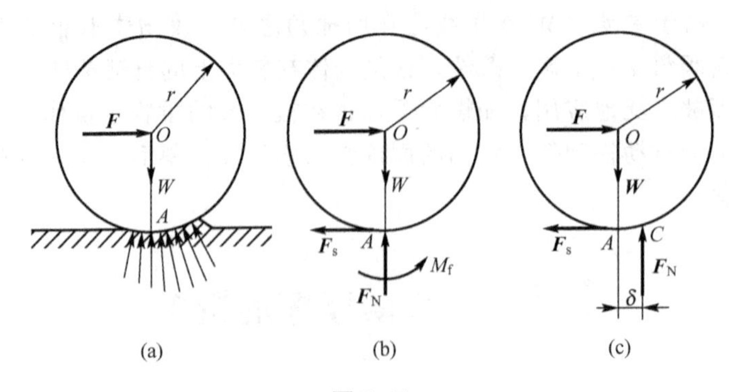

图 5.10

这就是滚动摩擦定律，其中 δ 是比例常数，称为滚动摩擦因数。由上式知，滚动摩擦因数具有长度的量纲，单位一般用 cm。它的值由实验测定，它与滚子和支承面的材料的硬度和湿度等有关，与滚子的半径无关。表 5－2 给出了部分常用材料的滚动摩擦因数。

表 5－2　常用材料的滚动摩擦因数

材料名称	滚动摩擦因数 δ/cm	材料名称	滚动摩擦因数 δ/cm
软钢与软钢	0.005	木材与钢	0.03～0.04
淬过火的钢与淬过火的钢	0.001	木材与木材	0.05～0.08
铸铁与铸铁	0.005		

滚动摩擦因数的物理意义如下。滚子在即将滚动的临界平衡状态时，$M_f = M_{max}$，将作用于 A 点的法向反力 F_N 与最大滚动摩擦力偶矩 M_{max} 合成，如图 5.10(c)所示。使得 F_N 向右平行移过一距离 d，显然，

$$d = \frac{M_{max}}{F_N} = \frac{\delta F_N}{F_N} = \delta$$

故得出：将轮子即将开始滚动时，F_N 从 A 点向滚动方向平行移过的距离即为滚动摩擦因数 δ。

例 5.5　轮子半径为 $r=40$cm，重 $W=2000$N，水平推力为 F，设滑动摩擦因数 $f_s=0.6$，滚动摩擦因数 $\delta=0.24$cm，试求推动此轮前进所需的力 F(图 5.11)。

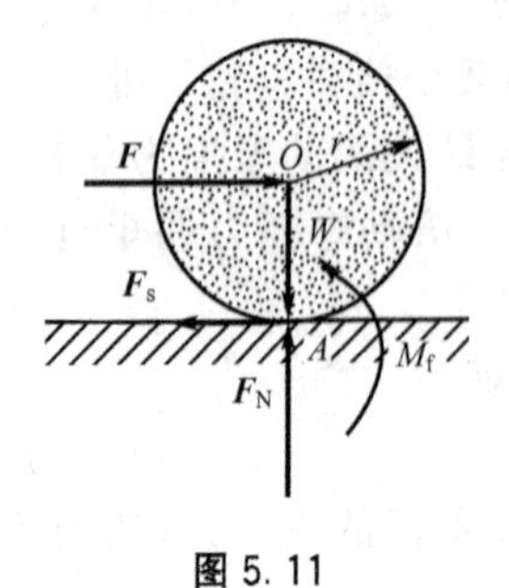

图 5.11

解：(1) 选轮子为研究对象，受力图如图所示，这是一个平面一般力系。

(2) 列平衡方程，求解未知量。

轮子前进有两种可能：第一种是向前滚动，第二种是向前滑动，下面分别进行讨论。先分析向前滚动的情况，轮子刚开始向前滚动时，滚动摩擦力偶矩达到最大值。即

$$M_f = M_{max} = \delta F_N \tag{a}$$

列平衡方程　$\sum F_x = 0$，　$F - F_s = 0$，　$F = F_s$　　(b)

$$\sum F_y = 0,\quad F_N - W = 0,\quad F_N = W \tag{c}$$

$$\sum F_A(F)=0,\quad M_f-Fr=0,\quad M_f=Fr \tag{d}$$

由式(d)和式(a)得

$$Fr=\delta F_N$$

将式(c)代入上式得

$$F=\frac{\delta}{r}W=\frac{0.24\text{cm}}{40\text{cm}}\times 2000\text{N}=12\text{N}$$

可见只要用12N的力就可以使轮子向前滚动。

再分析滑动的情况，如果轮子刚开始滑动，则静摩擦力 F_s 也达到最大值 F_{max}。即

$$F_s=F_{max}=f_sF_N \tag{e}$$

将式(b)式中的 F_S 和式(c)中的 F_N 代入式(e)得

$$F=f_s\cdot W=0.6\times 2000\text{N}=1200\text{N}$$

这就是说，要使轮子向前滑动，需用1200N的力，显然这是不可能的，因为当推力 F 达到12N时，轮子就已经向前滚动了。

此例说明滚动要比滑动省力得多，通常以滚动代替滑动，就是这个道理。

本章小结

本章讨论了有关摩擦的一些基本理论以及考虑摩擦时平衡问题的分析方法。其中着重分析了静滑动摩擦的情况。同时，还介绍了摩擦角和自锁现象以及滚动摩擦的概念。

1. 静滑动摩擦力的方向与物体相对滑动趋势的方向相反，其大小随着主动力的变化而变化，其变化范围：$0\leqslant F_s\leqslant F_{max}$，具体数值要由平衡条件确定。只有当物体处于临界平衡状态时，静摩擦力 F_s 才达到最大值 F_{max}。

2. 静滑动摩擦定律

$$F_{max}=f_sF_N$$

3. 考虑摩擦时物体平衡问题的解题特点

(1) 画受力图时，受力分析的方法跟以前一样，区别就是多添加一个静摩擦力，其方向与物体相对滑动趋势的方向相反。

(2) 当物体处于临界平衡状态和求未知量的平衡范围时，除了要列平衡方程外，还要列出补充方程。即

$$F_{max}=f_sF_N$$

(3) 因为静摩擦力 F_s 的大小是变化的，所以在问题的答案中也应有一定的范围，而不是一个确定的值。

4. 当静摩擦力 F_s 达到最大值 F_{max} 时，全反力 F_R 与法线间的夹角 φ_f 称为摩擦角，通过摩擦角可以说明自锁现象。在图5.8中，由于全反力 F_R 与法线的夹角不能大于摩擦角，所以作用在物体上除全反力 F_R 以外，全部力的合力的作用线与法线的夹角如小于或等于摩擦角，则不论合力有多大，物体一定平衡，这种现象称为自锁。如果大于摩擦角，则物体必然滑动。

摩擦角 φ_f 为全反力与法线间夹角的最大值。且有摩擦角的正切等于摩擦因数。即 $\tan\varphi_f = f_s$

全反力与法线间夹角 φ 的变化范围为

$$0 \leqslant \varphi \leqslant \varphi_f$$

5. 当物体有滚动趋势时，摩擦力是一个力偶，称为滚动摩擦力偶，其力偶矩 M_f 的转向与相对滚动方向相反，大小在零与最大值之间，

$$0 \leqslant M_f \leqslant M_{max}$$

当物体处于滚动的临界平衡状态时，滚动摩擦力偶矩 M_f 达到最大值 M_{max}，其值为

$$M_{max} = \delta \cdot F_N$$

δ 为滚动摩擦因数，一般常以 cm 为单位。

思 考 题

1. 用平胶带和三角胶带传动(图 5.12)，如两种胶带都以相同的压力 F 压向胶带轮，试分析哪一种胶带轮所能产生的摩擦力大，为什么？两胶带和胶带轮的摩擦因数近似地视为相等。

2. 能否说只要受力物体是处于平衡状态，摩擦力的大小一定是 $F_s = f_s \cdot F_N$？为什么？

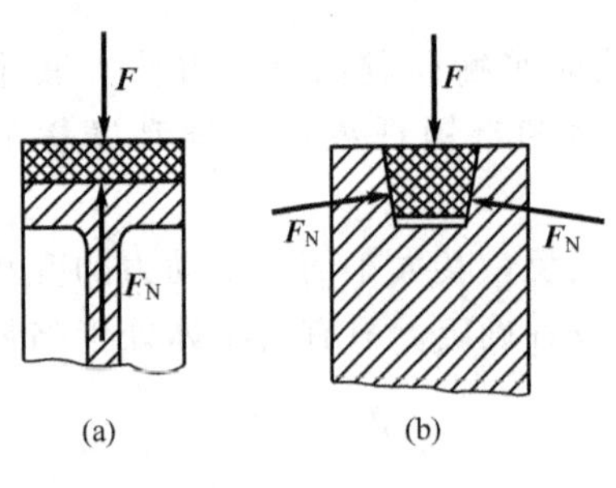

图 5.12

3. 正压力 F_N 是否一定等于物体的重力？为什么？

4. 重为 W_1 的物体置于斜面上(图 5.13)，已知当斜面倾角 α 小于摩擦角 φ_f 时，物体静止于斜面上。如欲使物体下滑，于其上另加一重为 W_2 的物体，并使两重物固结在一起，问能否达到下滑的目的？为什么？

5. 在摩擦定律 $F_{max} = f_s F_N$ 中，F_N 代表什么？在图 5.14 中，重量均为 W 的两物体放在水平面上，摩擦因数也相同，问是拉动省力？还是推动省力？为什么？

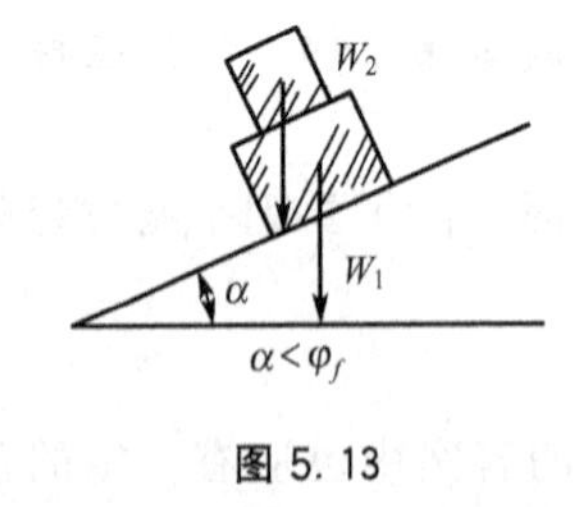

图 5.13

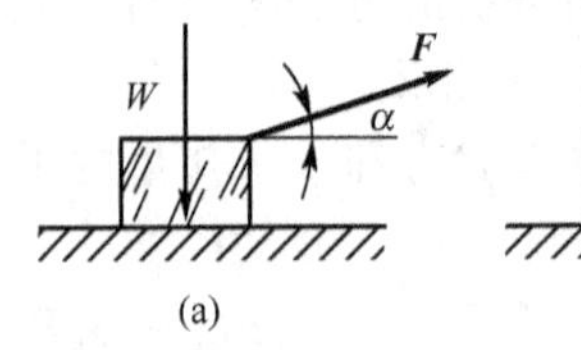

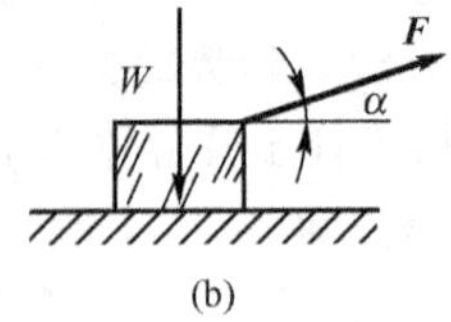

图 5.14

6. 滑动摩擦因数与滚动摩擦因数有何不同？

7. 如果两个粗糙接触面间有正压力作用，能否说该接触面间一定出现摩擦力？

8. 一物体放在倾角为 α 的斜面上，斜面与物体间的摩擦角为 φ_f，若 $\varphi_f > \alpha$，则物体将沿斜面滑动还是静止？

9. 静摩擦因数 f_s，动摩擦因数 f，滚动摩擦因数 δ，这三者有什么意义？又有什么异同？

习 题

5-1 如图5.15所示，物体重为$W=100N$，与水平面间的摩擦因数$f=0.3$，(1)问当水平力$F=10N$时，物体受多大的摩擦力，(2)当$F=30N$时，物体受多大的摩擦力？(3)当$F=50N$时，物体受多大的摩擦力？

5-2 判断图5.16中两物体能否平衡？并问这两个物体所受的摩擦力的大小和方向。已知：(1)物体重$W=1000N$，拉力$F=200N$，$f_s=0.3$；(2)物体重$W=200N$，压力$F=500N$，$f_s=0.3$。

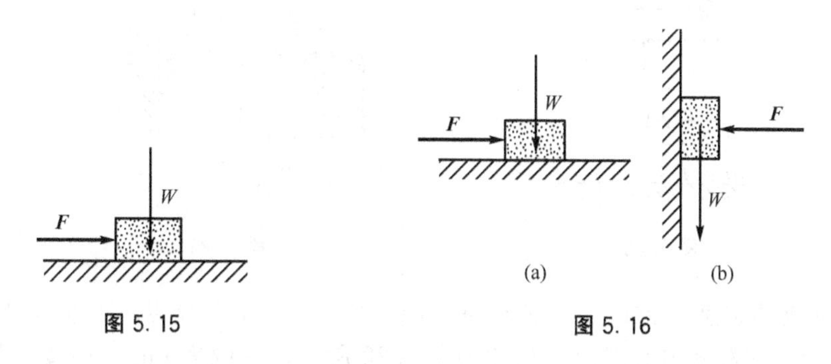

图5.15

图5.16

5-3 如图5.17所示，重为W的物体放在倾角为α的斜面上，物体与斜面间的摩擦角为φ_f，且$\alpha>\varphi_f$。如在物体上作用一力F，此力与斜面平行。试求能使物体保持平衡的力F的最大值和最小值。

5-4 如图5.18所示，在轴上作用一力偶，其力偶矩为$M=-1000N\cdot m$，有一半径为$r=25cm$的制动轮装在轴上，制动轮与制动块间的摩擦因数$f_s=0.25$。试问制动时，制动块对制动轮的压力F_N至少应为多大？

5-5 如图5.19所示，两物块A和B重叠放在粗糙的水平面上，在上面的物块A的顶上作用一斜向的力F。已知：A重1000N，B重2000N，A与B之间的摩擦因数$f_1=0.5$，B与地面C之间的摩擦因数$f_2=0.2$。问当$F=600N$时，是物块A相对物块B运动呢？还是A、B物块一起相对地面C运动？

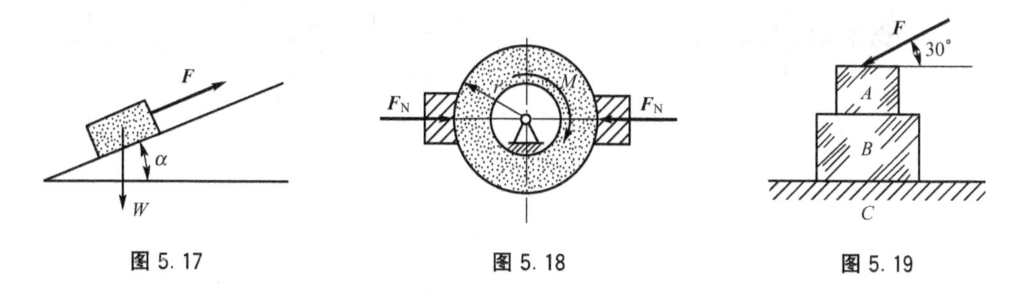

图5.17

图5.18

图5.19

5-6 如图5.20所示，一夹板锤重500N，靠两滚轮与锤杆间的摩擦力提起。已知摩擦因数$f_s=0.4$，试问当锤匀速上升时，每边应加正压力(或法向反力)为多少？

5-7 如图5.21所示，一起重用的夹具由ABC和DEF两相同弯杆组成，并由杆BE

连接，B 和 E 都是铰链，尺寸如图所示，单位为 mm。此夹具依靠摩擦力提起重物。试问要能提起重物，摩擦因数 f_s 应为多大？

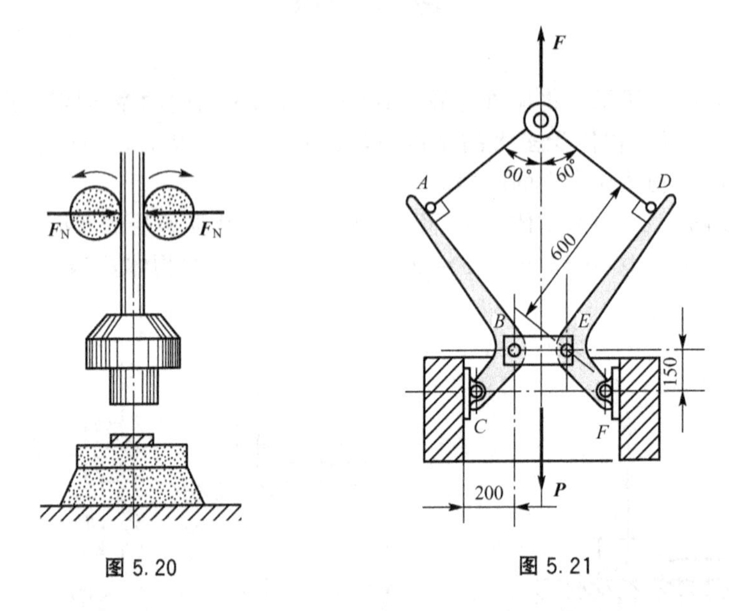

图 5.20　　　　图 5.21

5-8　砖夹的宽度为 250mm，曲杆 AGB 和 $GCED$ 在 G 点铰接，砖重为 P，提砖的合力 F 作用在砖夹的对称中心线上，尺寸如图 5.22 所示，单位为 mm。如砖夹与砖之间的摩擦因数 $f_s=0.5$，试问 b 应为多大才能把砖夹起（b 为 G 点到砖块上所受压力合力的距离）？

5-9　如图 5.23 所示有一绞车，它的鼓动轮半径 $r=15\text{cm}$，制动轮半径 $R=25\text{cm}$，重物 $P=1000\text{N}$，$a=100\text{cm}$，$b=40\text{cm}$，$c=50\text{cm}$，制动轮与制动块间的摩擦因数 $f_s=0.6$。试问当绞车吊着重物时，要刹住车使重物不致落下，加在杆上的力 F 至少应为多大。

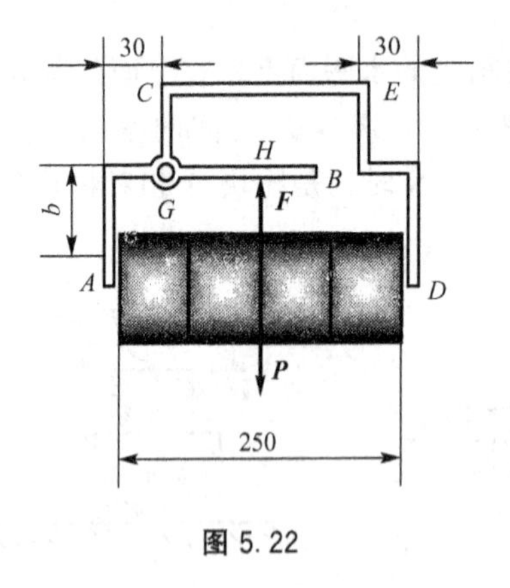

图 5.22

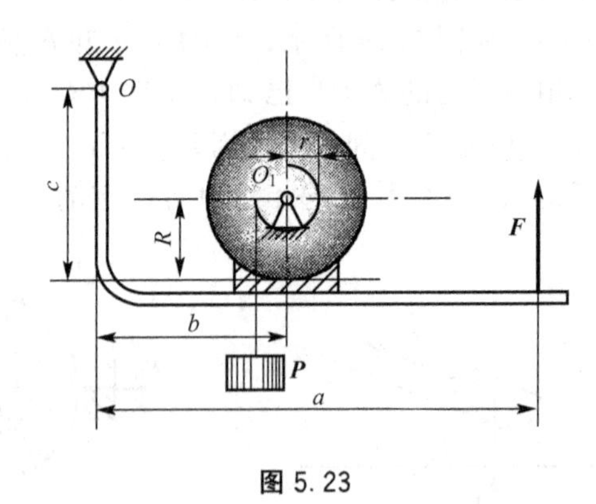

图 5.23

第6章 空间力系

【教学提示】

本章应用解析法研究空间力系的合成与平衡问题，这种研究方法离不开力在空间坐标轴上的投影和力对轴之矩。然后，利用力的平移定理将空间力系向空间内任一点简化，建立起空间汇交力系。空间平行力系和空间一段力系的平衡方程，最后介绍重心的概念。

【学习要求】

掌握力在空间坐标轴上的投影与力对轴之矩的计算，了解空间力系平衡方程的推导过程并记住方程，了解重心的概念及重心坐标公式的推导过程，记住求重心的分割法。重点是利用平衡方程求解空间一般力系的平衡问题，要加强练习，务必掌握。

6.1 空间力系在工程中的实例

作用在物体上力系的作用线是在空间分布的，这种力系称为空间力系。在工程实际中，会经常遇到物体在空间力系作用下的情况，如图 6.1(a)所示的传动轴，A 为径向止推轴承，其约束反力有 3 个，F_{Ax}、F_{Ay}、F_{AZ}；B 为径向轴承，约束反力有两个 F_{Bx}、F_{Bz}；C 为皮带轮，其上有皮带给轮的两个拉力 F_1 和 F_2；D 为斜齿轮，受轴向力 F_a、径向力 F_r 和圆周力 F_t 的作用，以上作用在传动上的这些力，就组成了空间力系，受力图如图 6.1(b)所示。

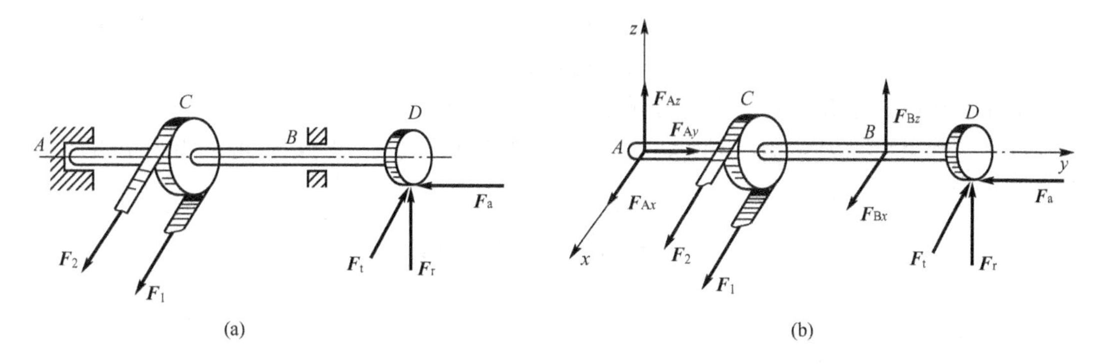

图 6.1

空间力系跟平面力系一样，也分空间汇交力系、空间力偶系、空间平行力系和空间一般力系。本章着重研究空间一般力系的平衡问题。

6.2 力在空间坐标轴上的投影

用解析法研究平面力系时，要用到力在平面直角坐标轴上的投影。在研究空间力系时，同样也要用到力在空间直角坐标轴上的投影。如图 6.2(a)所示，已知力 F 与三轴 x、y、z 正向间的夹角分别为 α、β、γ，根据力的投影定义，可直接将力 F 向 3 个坐标轴上投影，这种投影法称为一次投影法。得到

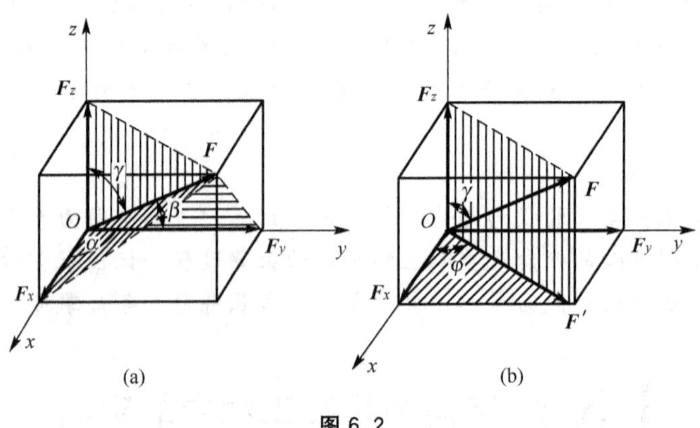

图 6.2

$$\left.\begin{aligned} F_x &= F\cos\alpha \\ F_y &= F\cos\beta \\ F_z &= F\cos\gamma \end{aligned}\right\} \tag{6-1a}$$

当力 F 与坐标轴 Ox、Oy 间的夹角不易确定时，可把力 F 先投影到坐标平面 Oxy 上，得到力 F'，然后再将力 F'投影到 x、y 轴上。这种投影方法称为二次投影法，如图 6-2(b)所示，得到

$$\left.\begin{aligned} F_x &= F\sin\gamma\cos\varphi \\ F_y &= F\sin\gamma\sin\varphi \\ F_z &= F\cos\gamma \end{aligned}\right\} \tag{6-1b}$$

具体投影时，用哪种方法要看问题给出的条件来定

反之，如果已知力 F 在三轴 x、y、z 上的投影 F_x、F_y、F_z，也可求出力 F 的大小和方向。即

$$\left.\begin{aligned} F &= \sqrt{F_x^2+F_y^2+F_z^2} \\ \cos\alpha &= \frac{F_x}{F} \\ \cos\beta &= \frac{F_y}{F} \\ \cos\gamma &= \frac{F_z}{F} \end{aligned}\right\} \tag{6-2}$$

6.3 力对轴之矩

6.3.1 力对轴之矩的概念

在前面，我们建立了平面内力对点之矩的概念，如图 6.3(a)所示；力 F 在圆轮平面内，为了度量圆轮在力 F 的作用下绕 O 点转动的效应，建立了在平面内力对点之矩的概念，即

$$M_O(F)=\pm F\cdot d$$

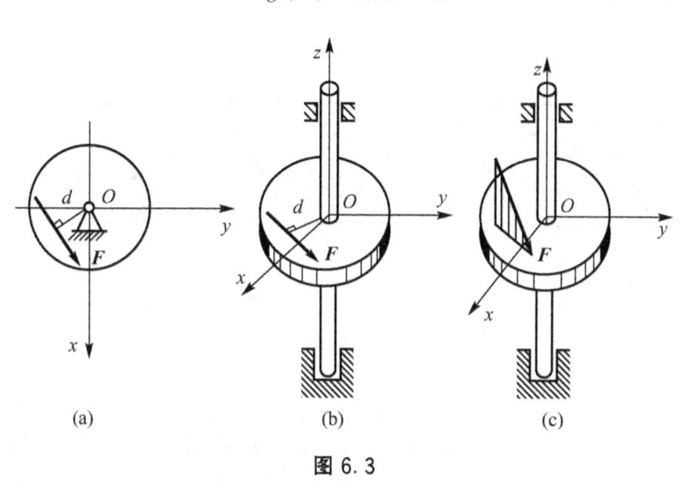

图 6.3

从图 6.3(a)可以看到，平面内力使圆轮绕 O 点的转动，实际上就是空间里力使圆轮绕通过 O 点且与圆轮垂直的轴的转动，即使圆轮绕 z 轴转动［图 6.3(b)］，只不过从不同的角度看而已。所以，平面内力对点之矩，实际上就是空间里力对轴之矩。力 F 对 z 轴之矩用符号 $M_z(F)$表示。

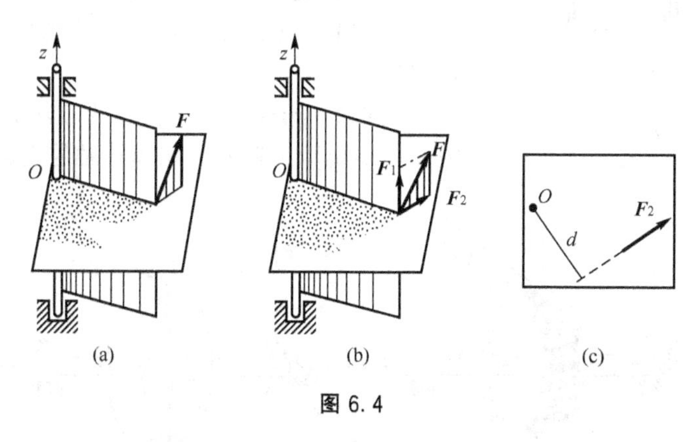

图 6.4

在研究空间力系时，如果力 F 不在垂直于轴的平面内，如图 6.3(c)所示，此种情况下如何求力对轴之矩？下面我们建立空间力对轴之矩的概念。

以开门或关门为例来说明空间的力对轴之矩的求法。设门上作用的力 F 不在垂直于 z 轴的平面内［图 6.4(a)］，现将力 F 分解为两个分力，如图 6.4(b)所示。分力 F_1 平行于 z 轴，使门绕 z 轴没有转动效应，也就是 F_1 对 z 轴的矩等于零。分力 F_2 在垂直于 z 轴的平面内，它对 z 轴的矩实际上就是它对平面与 z 轴的交点 O 之矩。如图 6.4(c)所示，所以

$$M_z(F)=M_O(F_2)=\pm F_2 d \tag{6-3}$$

式中正负号表示力对轴之矩的转向。规定：从 z 轴的正向看，逆时针方向转动的力矩为正，顺时针方向转动的力矩为负，如图 6.5(a)所示。或者用右手法则来判定：用右手握住 z 轴，使四个指头顺着力矩转动的方向，如果大拇指指向 z 轴的正向则力矩为正；反之，如果大拇指指向 z 轴的负向则力矩为负，如图 6.5(b)所示。力对轴之矩是一个代数量，其单位与力对点之矩相同。

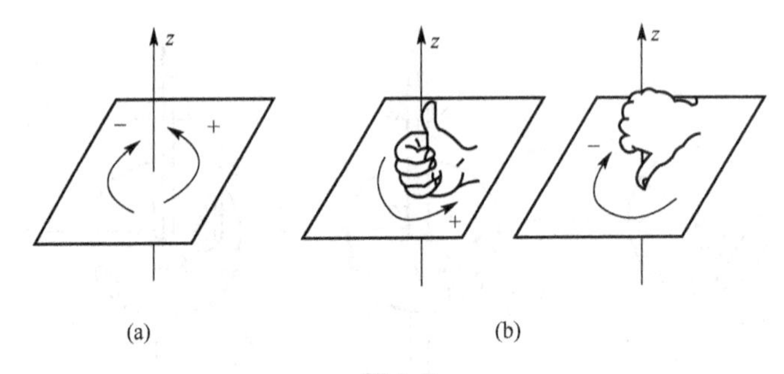

图 6.5

综上所示，可得如下结论：力 $\boldsymbol{F}$ 对 z 轴之矩 $\boldsymbol{M}_z(\boldsymbol{F})$的大小等于 $\boldsymbol{F}$ 在垂直于 z 轴的平面内的投影 F_2 与力臂 d(即轴与平面的交点 O 到力 $\boldsymbol{F}_2$ 的垂直距离)的乘积，其正负按右手法则确定，或从 z 轴正向看逆时针方向转动时为正，顺时针方向转动时为负。显然，当力 $\boldsymbol{F}$ 平行于 z 轴时，或力 $\boldsymbol{F}$ 的作用线与 z 轴相交，力 $\boldsymbol{F}$ 对该轴之矩均等于零(图 6.6)。

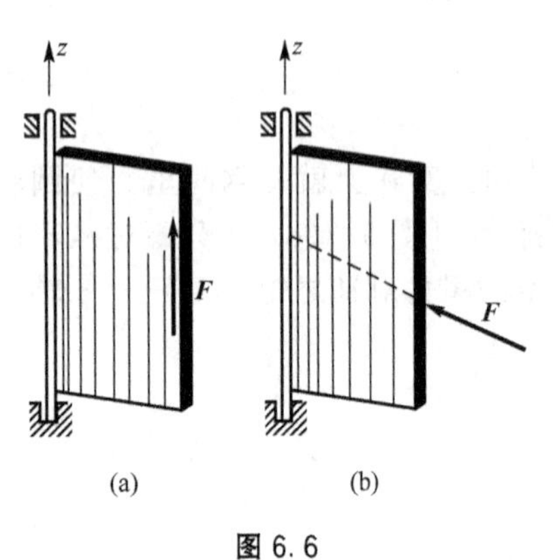

图 6.6

力对轴之矩是用来度量力使物体绕轴转动效应的物理量。

例 6.1 半径为 r 的斜齿轮，其上作用有力 $\boldsymbol{F}$，如图 6.7(a)所示。求力 $\boldsymbol{F}$ 沿坐标轴的投影及对 y 轴之矩。

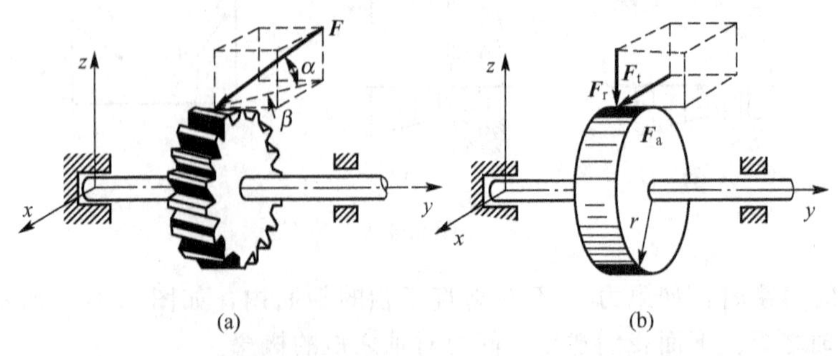

图 6.7

解：先求力 $\boldsymbol{F}$ 在3轴上的投影，如图6.7(b)所示。采用二次投影法

$$F_x=F_t=F\cos\alpha\sin\beta(\text{圆周力})$$

$$F_y=F_a=-F\cos\alpha\cos\beta(\text{轴向力})$$

$$F_z=F_r=-F\sin\alpha(\text{径向力})$$

因为 $\boldsymbol{F}_r$ 通过 y 轴、$\boldsymbol{F}_a$ 与 y 轴平行，所以它们对 y 轴之矩均等于零。只有分力 $\boldsymbol{F}_t$ 对 y 轴有矩，故力 $\boldsymbol{F}$ 对 y 轴之矩为

$$M_y(F)=M_y(F_t)=F\cdot r\cos\alpha\sin\beta$$

6.3.2 合力矩定理

在平面力系中我们讲过合力矩定理，在空间力系中力对轴的矩也有类似关系。下面只叙述结论不作证明，即空间力系的合力对某一轴之矩等于力系中各分力对同一轴力矩的代数和，称为空间力系的合力矩定理。用公式表示为

$$M_x(F_R)=M_x(F_1)+M_x(F_2)+\cdots+M_x(F_n)$$

所以

$$M_x(F_R)=\sum M_x(F) \tag{6-4}$$

空间合力矩定理常被用来确定物体的重心位置，并且也提供了用分力矩来计算合力矩的方法。

6.4 空间力系的平衡方程及应用

空间力系平衡方程的建立与平面力系平衡方程的建立相同，都是通过力系的简化得到的。

设刚体上作用有空间一般力系($\boldsymbol{F}_1$，$\boldsymbol{F}_2$，…，$\boldsymbol{F}_n$)，如图6.8(a)所示。在刚体上任选一点 O 为简化中心，利用力的平移定理，将力系中每个力平移到 O 点，可得一空间汇交力系(F'_1，F'_2，…，F'_n)和由所有附加力偶用矢量表示而组成的空间力偶系($\boldsymbol{M}_1$，$\boldsymbol{M}_2$，…，$\boldsymbol{M}_n$)，如图6.8(b)所示。空间汇交力系可合成为一个通过简化中心 O 点的合力 $\boldsymbol{F}'_R$，空间力偶系可合成为一合力偶 $\boldsymbol{M}_O$，如图6.8(c)所示。

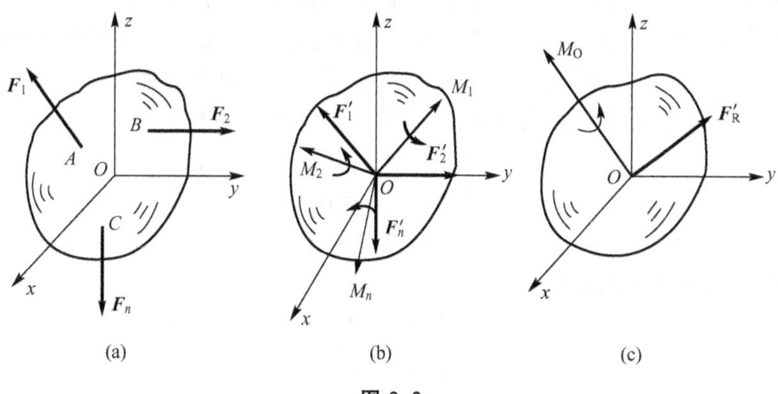

图6.8

空间汇交力系的合力 F'_R称为原力系的主矢，即

$$F'_R=\sum F'=\sum F$$

设主矢 F'_R在 3 个坐标轴上的投影分别为 F'_{Rx}，F'_{Ry}，F'_{Rz}，根据合力投影定理得

$$F'_{Rx}=\sum F_x$$
$$F'_{Ry}=\sum F_y$$
$$F'_{Rz}=\sum F_z$$

由此可得主矢 F'_R的大小和方向。

$$F'_R=\sqrt{(\sum F_x)^2+(\sum F_y)^2+(\sum F_z)^2}$$

$$\cos\alpha=\frac{\sum F_x}{F'_R},\quad \cos\beta=\frac{\sum F_y}{F'_R},\quad \cos\gamma=\frac{\sum F_z}{F'_R},$$

式中：α、β、γ 分别表示 F'_R与 x、y、z 轴正向之间的夹角，合力偶 $\boldsymbol{M}_O$ 称为原力系对简化中心的主矩。同样，设主矩在 3 个坐标轴上的投影分别为 $\boldsymbol{M}_{Ox}$、$\boldsymbol{M}_{Oy}$、$\boldsymbol{M}_{Oz}$，根据性质：力对点的矩矢在通过该点的某轴上的投影，等于力对该轴的矩。可得

$$M_{Ox}=\sum M_x(F)$$
$$M_{Oy}=\sum M_y(F)$$
$$M_{Oz}=\sum M_z(F)$$

主矩 M_O 的大小和方向为

$$M_O=\sqrt{[\sum M_x(F)]^2+[\sum M_y(F)]^2+[\sum M_z(F)]^2}$$

$$\cos\alpha'=\frac{M_{Ox}}{M_O},\quad \cos\beta'=\frac{M_{Oy}}{M_O},\quad \cos\gamma'=\frac{M_{Oz}}{M_O}$$

式中：α'、β'、γ'分别表示 $\boldsymbol{M}_O$ 与 x、y、z 轴正向间的夹角。与平面一般力系一样，空间一般力系若要平衡，力系的主矢与主矩也必须同时为零。即

$$F'_R=0,\quad M_O=0$$

故

$$\left.\begin{aligned}&\sum F_x=0,\quad \sum F_y=0,\quad \sum F_z=0,\\&\sum M_x(F)=0,\quad \sum M_y(F)=0,\quad \sum M_z(F)=0\end{aligned}\right\}\tag{6-5}$$

式(6-5)表示了空间一般力系平衡的必要和充分条件，即各力在 3 个坐标轴上投影的代数和以及各力对此 3 轴力矩的代数和都必须分别等于零。共有 6 个独立的平衡方程，可以求解 6 个未知量，它是解决空间一般力系平衡问题的基本方程。

因为空间汇交力系和空间平行力系都是空间一般力系的特殊情况。所以，我们从空间一般力系的平衡方程中，很容易导出空间汇交力系和空间平行力系的平衡方程。

如图 6.9(a)所示，设物体受一空间汇交力系作用，如把坐标系 $Oxyz$ 的原点建立在力系的汇交点上，则不论该力系是否平衡，各力对 3 轴之矩恒等于零。即

$$\left.\begin{aligned}\sum M_x(F)\equiv 0\\\sum M_y(F)\equiv 0\\\sum M_z(F)\equiv 0\end{aligned}\right\}$$

因此，空间汇交力系的平衡方程为

$$\left.\begin{aligned}\sum F_x=0\\\sum F_y=0\\\sum F_z=0\end{aligned}\right\}\tag{6-6}$$

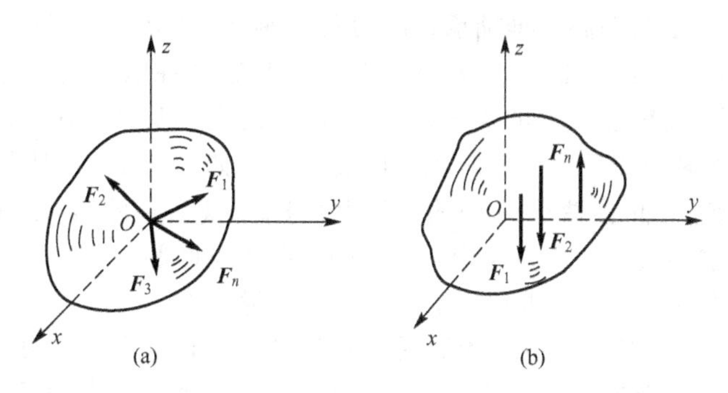

图 6.9

空间汇交力系就是力系中各力的作用线在空间分布，且全汇交于一点。

如图 6.9(b)所示，设物体受一空间平行力系作用。令 z 轴与力系平行，则不论该力系是否平衡，各力对 z 轴的矩与在 x 轴和 y 轴上的投影恒等于零。即

$$\left.\begin{aligned}&\Sigma M_z(F)\equiv 0\\&\Sigma F_x\equiv 0\\&\Sigma F_y\equiv 0\end{aligned}\right\}$$

因此，空间平行力系的平衡方程为

$$\left.\begin{aligned}&\Sigma F_z=0\\&\Sigma M_x(F)=0\\&\Sigma M_y(F)=0\end{aligned}\right\}\tag{6-7}$$

空间平行力系就是力系中各力的作用线在空间分布，且全相互平行。

下面举例说明空间一般力系平衡方程的应用。

例 6.2 一车床的主轴，如图 6.10(a)所示，齿轮 C 半径为 100mm，卡盘 D 夹住一半

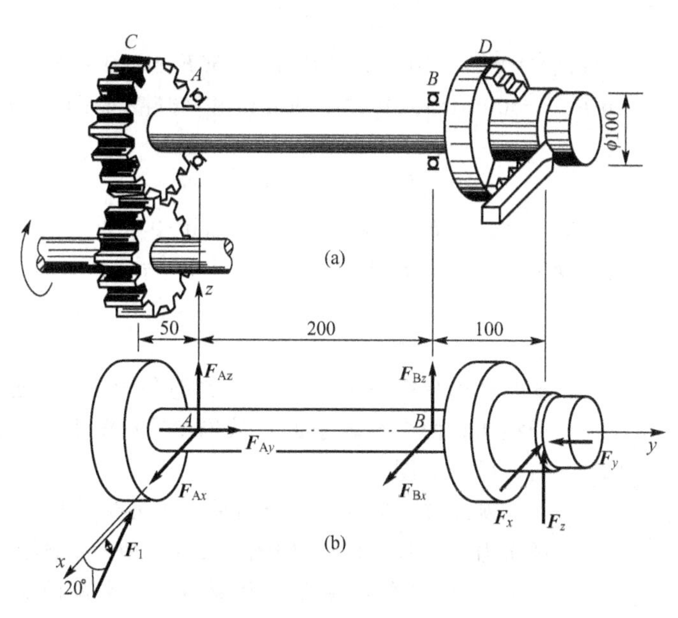

图 6.10

径为50mm的工件，A为向心止推轴承，B为向心轴承。切削时工件匀速转动，车刀给工件的切削力$F_x=466\text{N}$、$F_y=352\text{N}$、$F_z=1400\text{N}$，齿轮C在啮合处受力为$\boldsymbol{F}_1$，作用在齿轮C的最低点。不计主轴及工件的重量，试求力$\boldsymbol{F}_1$的大小及A、B处的约束反力。

解：(1) 选取主轴及工件为研究对象，画受力图，如图6.10(b)所示。向心轴承B的约束反力为$\boldsymbol{F}_{Bx}$和$\boldsymbol{F}_{Bz}$，止推轴承A的约束反力有$\boldsymbol{F}_{Ax}$、$\boldsymbol{F}_{Ay}$、$\boldsymbol{F}_{Az}$，还有未知力F_1，主动力F_x、F_y、F_z，主轴共受9个力作用，是空间一般力系问题。

(2) 列出空间力系6个平衡方程，求出6个未知量

坐标系如图6.10(b)所示，列方程时最好先列出只含有一个未知量的方程，使得每列一个方程就能解出一个未知量。尽量避免解联立方程，每个方程在题目中只能用一次，先后用的次序没有规定。

$$\sum F_y=0,\quad F_{Ay}-F_y=0$$

得

$$F_{Ay}=F_y=352\text{N}$$

$$\sum M_y(\boldsymbol{F})=0,\quad -50F_z+100F_1\cos20^\circ=0$$

$$F_1=\frac{50\text{mm}\times1400\text{N}}{100\text{mm}\cos20^\circ}=746\text{N}$$

$$\sum M_z(F)=0,\quad -200F_{Bx}+300F_x-50F_y-50F_1\cos20^\circ=0$$

得

$$F_{Bx}=\frac{300\text{mm}\times466\text{N}-50\text{mm}\times352\text{N}-50\text{mm}\times746\text{N}\times\cos20^\circ}{200\text{mm}}$$

$$=437\text{N}$$

$$\sum F_x=0,\quad F_{Ax}+F_{Bx}-F_x-F_1\cos20^\circ=0$$

得

$$F_{Ax}=729\text{N}$$

$$\sum M_x(F)=0,\quad 200F_{Bz}+300F_z-50F_1\sin20^\circ=0$$

$$200\text{mm}F_{Bz}+300\text{mm}\times1400\text{N}-50\text{mm}\times746\text{N}\times\sin20^\circ=0$$

得

$$F_{Bz}=-2040\text{N}$$

$$\sum F_z=0,\quad F_{Az}+F_{Bz}+F_z+F_1\sin20^\circ=0$$

$$F_{Az}-2040\text{N}+1400\text{N}+746\text{N}\sin20^\circ=0$$

得

$$F_{Az}=385\text{N}$$

本题在列平衡方程过程中，关键是力F_1的处理。它并不与轮子相切，而是与轮子的切线有20°的夹角。在轮子所在的平面内，可参阅图6.11。

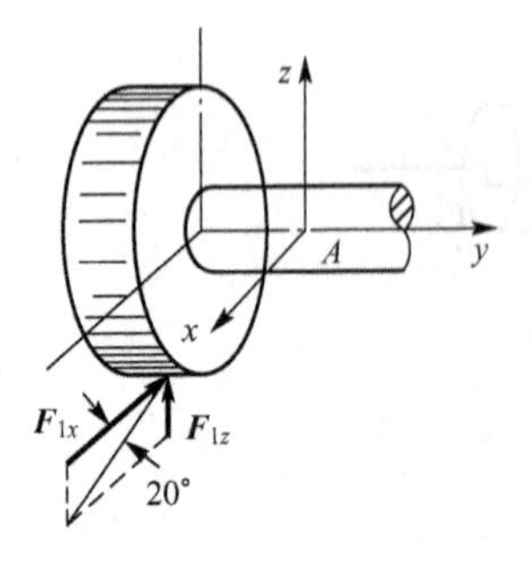

图6.11

例6.3 在曲轴上受到垂直于轴颈并与铅垂线成75°角的连杆压力$F=12000\text{N}$，如图6.12(a)所示。不计曲轴重量，试求轴承A和B的约束反力及保持曲轴平衡而需加于飞轮C上的力偶矩M，飞轮重$P=4200\text{N}$。

解：(1) 取曲轴与飞轮为研究对象，画出受力图，如图6.12

(b)所示。这是一个空间一般力系作用下刚体的平衡问题。

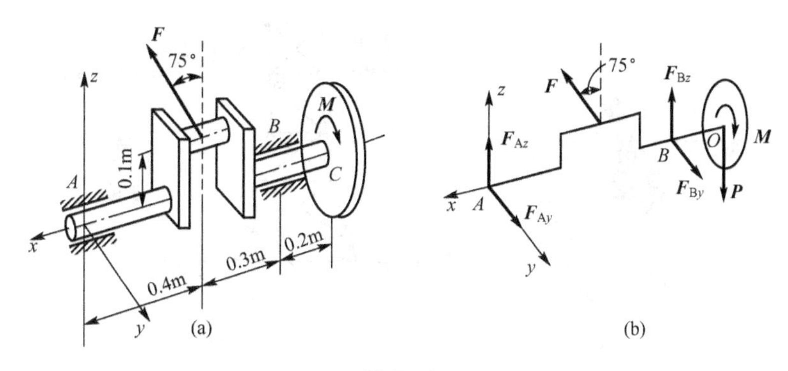

图 6.12

(2) 选坐标系 $Axyz$，列平衡方程求解未知量

$$\sum M_x(F)=0;\quad F\sin75^\circ\times0.1\text{m}-M=0$$

得

$$M=F\sin75^\circ\times0.1\text{m}=1160\text{N}\cdot\text{m}$$

$$\sum M_y(F)=0;\quad F\cos75^\circ\times0.4\text{m}+F_{Bz}\times0.7\text{m}-P\times0.9\text{m}=0$$

得

$$F_{Bz}=3630\text{N}$$

$$\sum M_z(F)=0;\quad F\sin75^\circ\times0.4\text{m}-F_{By}\times0.7\text{m}=0$$

得

$$F_{By}=F\sin75^\circ\times\frac{0.4\text{m}}{0.7\text{m}}=6620\text{N}$$

$$\sum F_y=0;\quad F_{Ay}-F\sin75^\circ+F_{By}=0$$

得

$$F_{Ay}=F\sin75^\circ-F_{By}=4970\text{N}$$

$$\sum F_z=0;\quad F_{Az}+F\cos75^\circ+F_{Bz}-P=0$$

得

$$F_{Az}=P-F\cos75^\circ-F_{Bz}=-2540\text{N}$$

此例中平衡方程$\sum F_x=0$为恒等式 $0\equiv0$，无效。余下 5 个平衡方程解出 5 个未知量。

6.5 重心的概念

有关物体重心问题，不论在日常生活还是在工程实际中都会经常遇到。例如，用独轮小车推重物时，必须把重物放在合适的位置上才感到省力。图 6.13 所示的铁水包。用钩子吊起，以倾倒铁水，为了使它不自由翻转，就要求它无论是空的还是装满铁水时，其重心都要低于转轴，且离得很近。再如图 6.14 所示的塔式吊车，为了保证不倾倒，必须使它无论空载还是满载时，其整体重心位置始终在 A、B 两轮之间。再者土建中的挡土墙、重力坝，等等，都要知道其重心的位置，不然可能会出现坍塌，甚至造成事故。因此我们要了解什么是重心和怎样确定重心的位置。

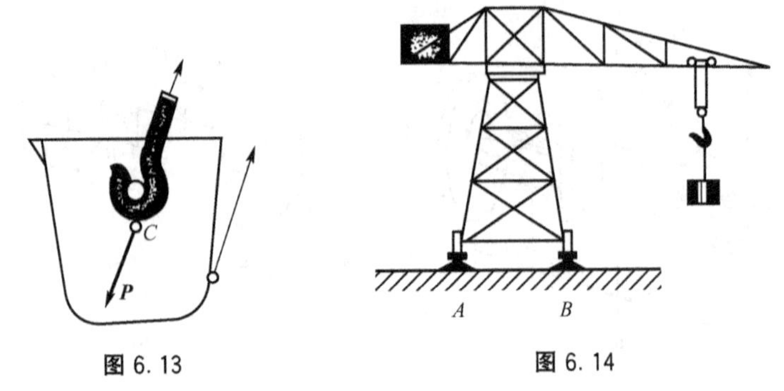

图 6.13　　图 6.14

在地球附近的物体都会受到地球对它的引力，把物体可以看成是由无数个微小部分所组成，则每个微小部分都受到地球引力的作用。严格地讲，这些引力组成了一个汇交于地心的空间汇交力系。由于物体的尺寸与地球的半径相比小得多，因此可以近似地认为它是一个同向空间平行力系，此平行力系的合力 **W**，称为物体的重力。通过实验知道，无论物体怎样放置，这些平行力的合力 **W**，总是通过物体内的一个确定点，这个点就是平行力系的中心，又叫做物体的重心。

下面通过平行力系的合力，推导物体重心的坐标公式。

6.6 重心坐标公式

6.6.1 重心坐标的一般公式

在物体上建立空间直角坐标系 $Oxyz$，设物体的重力为 **W**，重心坐标为(x_c, y_c, z_c)，如图 6.15 所示。将物体分成许多微小部分，每个微小部分受到的重力分别为 $\boldsymbol{W}_1$，$\boldsymbol{W}_2$，…，$\boldsymbol{W}_n$，各力作用点的坐标分别为(x_1, y_1, z_1)，(x_2, y_2, z_2)，…，(x_n, y_n, z_n)。**W** 是各重力 $\boldsymbol{W}_1$，$\boldsymbol{W}_2$，…，$\boldsymbol{W}_n$ 的合力。根据合力矩定理，合力 **W** 对某轴的矩等于各分力对同一轴力矩的代数和。则对 x 轴之矩有

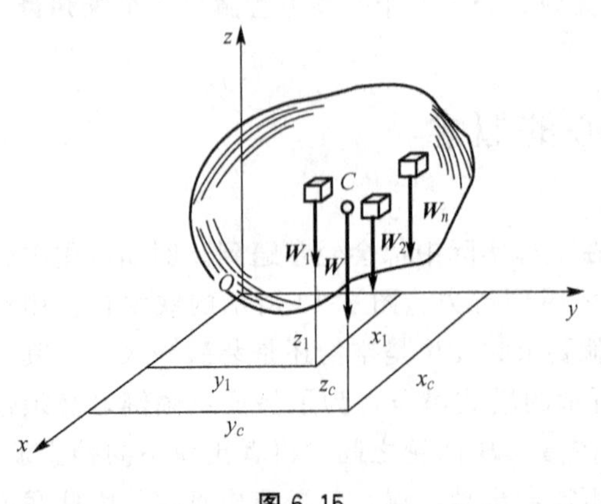

图 6.15

$$-W \cdot y_c = -(W_1 \cdot y_1 + W_2 \cdot y_2 + \cdots + W_n \cdot y_n)$$

可得

$$y_c = \frac{\sum W_i \cdot y_i}{W}$$

同理对 y 轴之矩有

$$W \cdot x_c = W_1 \cdot x_1 + W_2 \cdot x_2 + \cdots + W_n \cdot x_n$$

可得

$$x_c = \frac{\sum W_i \cdot x_i}{W}$$

将物体连同坐标系绕 x 轴转 90°，使 y 轴向上，再应用合力矩定理对 x 轴取矩得

$$W \cdot z_c = W_1 \cdot z_1 + W_2 \cdot z_2 + \cdots + W_n \cdot z_n$$

所以

$$z_c = \frac{\sum W_i \cdot z_i}{W}$$

于是得到重心坐标的一般公式为

$$\left.\begin{aligned} x_c &= \frac{\sum W_i \cdot x_i}{W} \\ y_c &= \frac{\sum W_i \cdot y_i}{W} \\ z_c &= \frac{\sum W_i \cdot z_i}{W} \end{aligned}\right\} \tag{6-8}$$

在式(6－8)中，如以 $\boldsymbol{W}=\boldsymbol{M}g$、$\boldsymbol{W}_i=m_i g$ 代入，消去分子和分母中的 g，即得到公式

$$\left.\begin{aligned} x_c &= \frac{\sum m_i \cdot x_i}{M} \\ y_c &= \frac{\sum m_i \cdot y_i}{M} \\ z_c &= \frac{\sum m_i \cdot z_i}{M} \end{aligned}\right\} \tag{6-9}$$

上式称为物体的质心坐标公式，在重力场内，物体的质心与重心的位置重合，跑出重力场以外，重心不存在，但质心存在。

6.6.2 均质物体的重心坐标公式

均质物体的重量是均匀分布的，如单位体积的重量为 γ，物体体积为 V，每个微小部分的体积为 V_1，V_2，…，V_n，则

$$\boldsymbol{W}=\gamma V$$

物体每个微小部分的重量分别为

$$\boldsymbol{W}_1=\gamma V_1, \quad \boldsymbol{W}_2=\gamma V_2, \quad \cdots, \quad \boldsymbol{W}_n=\gamma V_n$$

代入重心坐标式(6－8)中，得到

$$\left.\begin{aligned} x_c &= \frac{\sum V_i \cdot x_i}{V} \\ y_c &= \frac{\sum V_i \cdot y_i}{V} \\ z_c &= \frac{\sum V_i \cdot z_i}{V} \end{aligned}\right\} \tag{6-10}$$

式(6－10)表明，对均质物体来说，物体的重心只与物体的形状有关，而与物体的重量无关，因此均质物体的重心也称为物体的形心。

6.6.3 均质薄板的重心

对于平面薄板，其重心只求两个坐标就够了，如图 6.16 中的 x_c 和 y_c。设板的厚度为

h，面积为 A，将薄板分成许多微小部分，每个微小部分的面积为 A_1，A_2，…，A_n，则

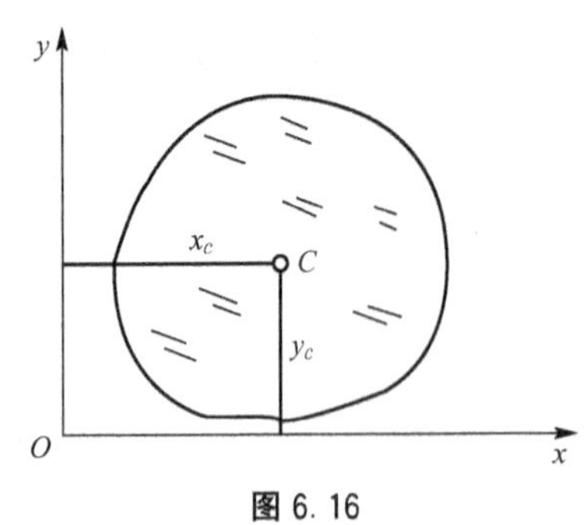

图 6.16

$$V=hA$$

每个微小部分 $V_1=hA_1$，$V_2=hA_2$，…，$V_n=hA_n$ 代入式(6-10)中，得到

$$\left.\begin{aligned} x_c&=\frac{\sum A_i \cdot x_i}{A} \\ y_c&=\frac{\sum A_i \cdot y_i}{A} \end{aligned}\right\} \qquad (6-11)$$

在材料力学中，求平面图形的形心公式，就是用的求均质平面薄板的重心坐标式(6-11)。

6.7 物体重心的求法

在工程实际中，许多物体的几何形状就是一个简单的几何图形，或者是由几个简单几何图形的物体组合而成的组合体。对于简单几何图形物体的重心，可从有关工程手册中查到。表 6-1 列出了常见的几种简单几何图形物体的重心位置，以供求组合物体重心时使用。

表 6-1 简单几何图形物体的面积及其重心

	图形	面(或体)积	重心
长方形		$A=ab$	$x_c=\frac{1}{2}a$ $y_c=\frac{1}{2}b$
三角形		$A=\frac{1}{2}bh$	$x_c=\frac{1}{3}(a+b)$ $y_c=\frac{1}{3}h$
梯形		$A=\frac{h}{2}(a+b)$	$y_c=\frac{1}{3}\cdot\frac{h(2a+b)}{a+b}$ (在上下底中点的连线上)

（续）

	图形	面(或体)积	重心
半圆	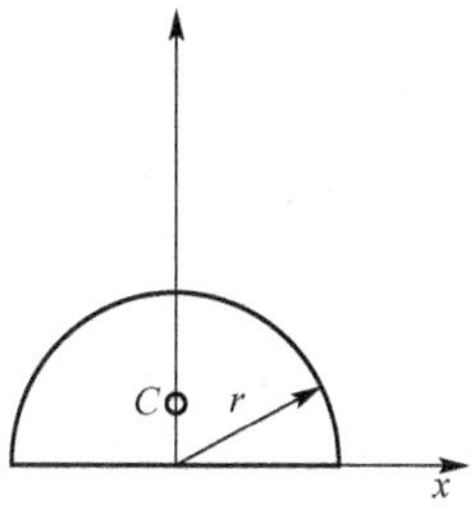	$A=\frac{1}{2}\pi r^2$	$x_c=0$ $y_c=\frac{4r}{3\pi}$
扇形	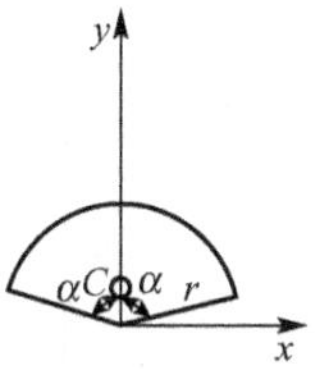	$A=\alpha r^2$	$x_c=0$ $y_c=\frac{2}{3}r\frac{\sin\alpha}{\alpha}$
圆弧	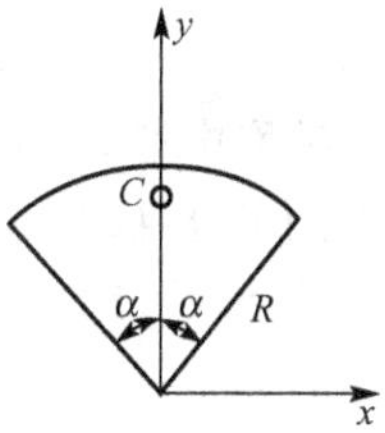	弧长 $S=2\alpha R$	$x_c=0$ $y_c=R\frac{\sin\alpha}{\alpha}$
长方体	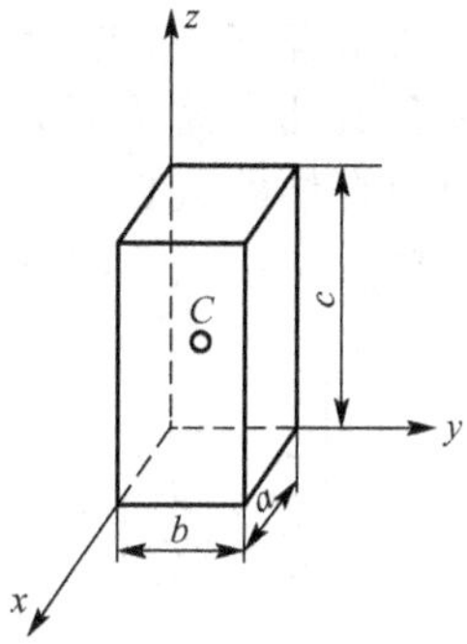	$V=abc$	$x_c=\frac{1}{2}a$ $y_c=\frac{1}{2}b$ $z_c=\frac{1}{2}c$
正圆锥体	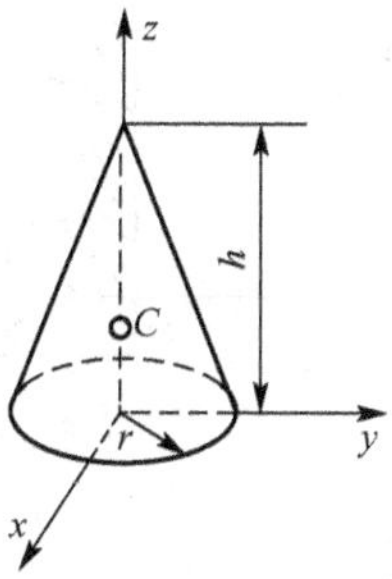	$V=\frac{1}{3}\pi r^2 h$	$x_c=0$ $y_c=0$ $z_c=\frac{1}{4}h$

（续）

	图形	面(或体)积	重心
球面扇形体	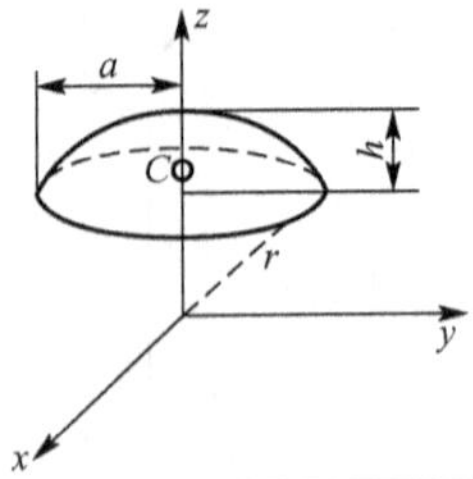	$V=\frac{2}{3}\pi r^2 h$	$x_c=0$ $y_c=0$ $z_c=\frac{3}{8}(2r-h)$
正圆柱体	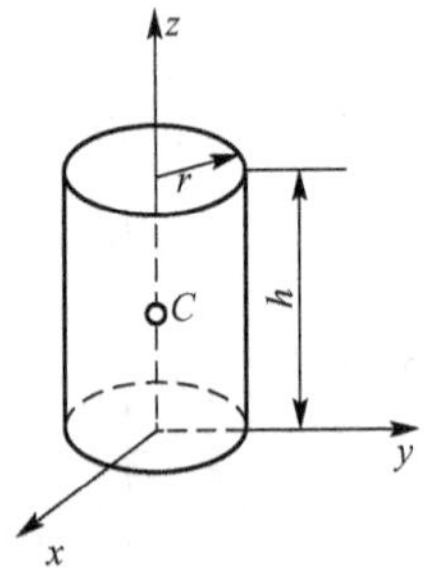	$V=\pi r^2 h$	$x_c=0$ $y_c=0$ $z_c=\frac{1}{2}h$

1. 对称法

在工程实际中，如果均质物体有对称面或对称轴或对称中心，不难看出，该物体的重心必相应的在这个对称面或对称轴或对称中心上。例如图 6.17(a)的工字钢截面，具有对称轴 $O-O'$轴，则它的重心一定在 $O-O'$轴上；又如图 6.17(b)所示，立方体具有对称中心 C，则 C 点就是立方体的重心。

2. 分割法

组合体的形状比较复杂，但它们大多数可以看成是由表 6－1 中给出的简单几何图形的物体组合而成。分割法就是将形状比较复杂的物体分成几个简单部分，这些简单部分的重心位置容易确定，然后，再根据重心坐标公式求出组合体的重心。

例 6.4 Z 形钢的截面，如图 6.18 所示，图中尺寸单位为 mm，求 Z 形截面的重心位置。

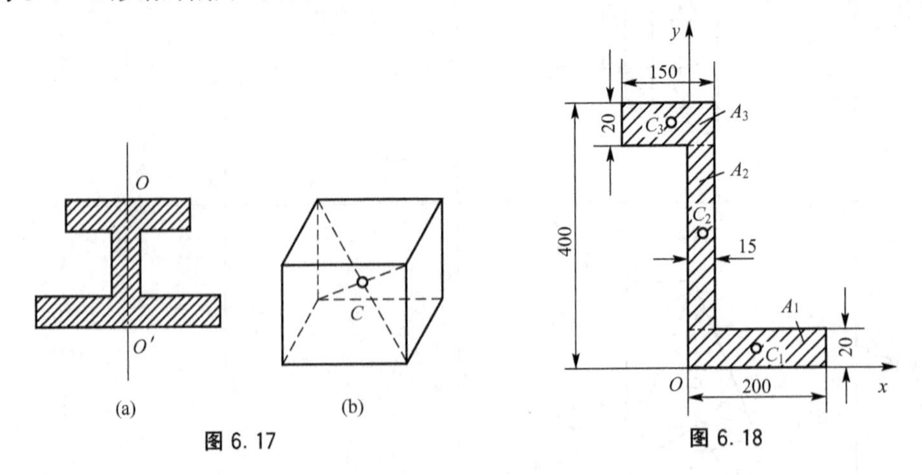

图 6.17

图 6.18

解：把 Z 形截面分成 3 部分，每部分都是矩形。重心分别在对角线的交点上，设坐标系如图 6.18 所示，每部分的面积及坐标如下

$$A_1=20\text{cm}\times 2\text{cm}=40\text{cm}^2$$

$$x_1=10\text{cm},\quad y_1=1\text{cm}$$

$$A_2=36\text{cm}\times 1.5\text{cm}=54\text{cm}^2$$

$$x_2=0.75\text{cm},\quad y_2=20\text{cm}$$

$$A_3=15\text{cm}\times 2\text{cm}=30\text{cm}^2$$

$$x_3=-6\text{cm},\quad y_3=39\text{cm}$$

将这些数据代入式(6-11)中，得到 Z 形截面重心坐标为

$$x_c=\frac{\sum x_iA_i}{A}=\frac{10\text{cm}\times 40\text{cm}^2+0.75\text{cm}\times 54\text{cm}^2+(-6\text{cm})\times 30\text{cm}^2}{40\text{cm}^2+54\text{cm}^2+30\text{cm}^2}$$

$$=2.1\text{cm}$$

$$y_c=\frac{\sum y_iA_i}{A}=\frac{1\text{cm}\times 40\text{cm}^2+20\text{cm}\times 54\text{cm}^2+39\text{cm}\times 30\text{cm}^2}{40\text{cm}^2+54\text{cm}^2+30\text{cm}^2}=18.47\text{cm}$$

分割法在材料力学中经常用到。

3. 负面积法

若在物体内挖去一部分，求剩余部分物体的重心时，仍可用分割法，只是挖去部分的面积按负值计算。

例 6.5 图 6.19 为振动器中的偏心块，已知 $R=10\text{cm}$，$r=1.3\text{cm}$，$b=1.7\text{cm}$，求偏心块的重心位置。

解：本题属于求平面图形的重心问题，因为有挖去的部分，所以用负面积法计算。

设坐标系 Oxy 如图，其中 Oy 轴为对称轴，由对称法知，重心 C 必在 y 轴上，所以

$$X_C=0$$

将偏心块分成 3 部分：半径为 R 的半圆，半径为 $(r+b)$ 的半圆以及半径为 r 的小圆，最后一部分是挖掉的部分，其面积为负值。这 3 部分的面积及坐标为

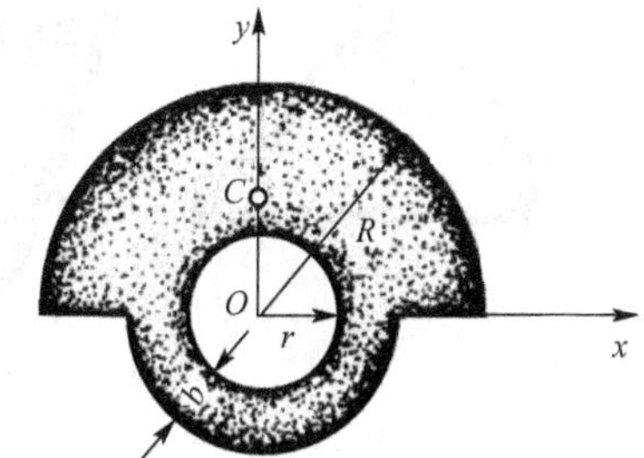

图 6.19

$$A_1=\frac{\pi R^2}{2},\quad y_1=\frac{4R}{3\pi}$$

$$A_2=\frac{\pi(r+b)^2}{2},\quad y_2=-\frac{4(r+b)}{3\pi}$$

$$A_3=-\pi r^2,\quad y_3=0$$

代入式(6-11)，得

$$y_c=\frac{\sum y_iA_i}{A}=\frac{y_1A_1+y_2A_2+y_3A_3}{A_1+A_2+A_3}=\frac{\frac{4R}{3\pi}\times\frac{\pi R^2}{2}-\frac{4(r+b)}{3\pi}\times\frac{\pi(r+b)^2}{2}+0\times(-\pi r^2)}{\frac{\pi R^2}{2}+\frac{\pi(r+b)^2}{2}-\pi r^2}$$

$$=\frac{4(R^3-(r+b)^3)}{3\pi(R^2+(r+b)^2-r^2)}=\frac{4(10\text{cm}^3-3\text{cm}^3)}{3\pi(10\text{cm}^2+3\text{cm}^2-1.3\text{cm}^2)}=3.9\text{cm}$$

偏心块的重心坐标为

$$x_c=0, \quad y_c=3.9\text{cm}$$

这一例题综合运用了对称法、分割法和负面积法确定其重心位置。

4. 实验法

当物体的形状复杂难以分割时，工程中常用实验的方法来测定物体的重心，这种方法比较简便，且具有足够的精确度。

1. 悬挂法

图 6.20 表示用一等厚钢板做成的构件，要确定其形心位置。因构件具有对称面，其重心必在此对称面内，只需确定构件表面的重心，然后构件的重心从表面的重心往里进钢板厚度的一半即可。为此，先任选一点 A 将构件挂起，等构件平衡时顺绳的方向划一条直线 AB，然后再另选一点 D 把构件挂起同理，标出一直线 DE，则两条直线的交点 C 即为构件表面的重心。按上述所说的，再往里进钢板厚度的一半即为构件的重心。

2. 称重法

图 6.21 为发动机中的连杆，因为具有对称轴，所以只要确定重心在此轴上的位置 h 即可。为此，先将连杆放在磅秤上，称出总重量 W，然后将 A 端悬挂不动，连杆放平，B 端放在磅秤上，读出数据 $\boldsymbol{F}_B$。因连杆处于平衡状态，所以由平衡方程

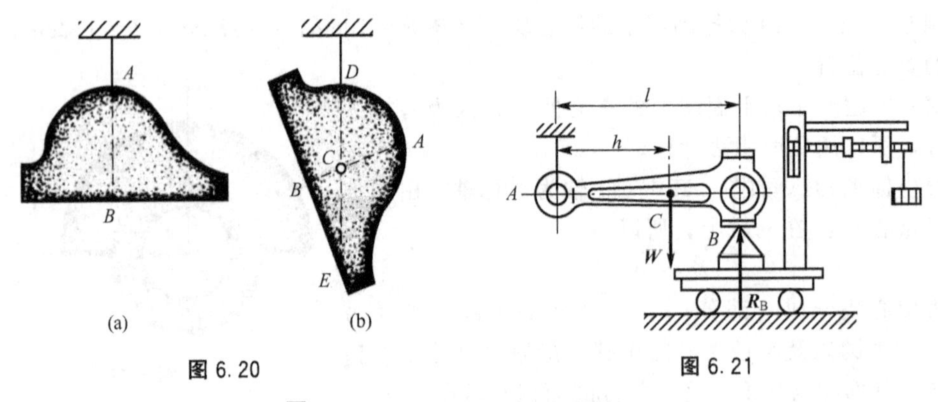

图 6.20

图 6.21

$$\sum M_A(\boldsymbol{F})=0, \quad F_B \cdot l - Wh = 0$$

可得

$$h=\frac{F_B \cdot l}{W}$$

求出 h 便知连杆的重心位置。

本章小结

本章研究了空间一般力系的平衡问题，并介绍了确定物体重心位置的方法。

重点是力在空间直角坐标轴上的投影及力对轴之矩的计算。掌握用空间一般力系的平衡方程去解题。

物体重心位置的确定，介绍了几种方法，这些方法可以组合起来运用。但重点是分割法，后续课程中用到。

1. 力在空间直角坐标轴上的投影

有一次投影法和二次投影法，重点要掌握二次投影法，在具体计算中，究竟选用哪种方法，要根据已知条件来定。

2. 力对轴之矩

力对轴之矩是用来度量力使物体绕轴转动效应的物理量。

力对任一轴之矩，等于力在垂直于该轴平面上的投影对该平面与此轴的交点之矩，其正负按右手法则确定，力对轴之矩是个代数量，当力与轴共面时，力对轴之矩为零。

3. 空间一般力系的平衡方程

$$\sum F_x=0,\quad \sum F_y=0,\quad \sum F_z=0,$$
$$\sum M_x(F)=0,\quad \sum M_y(F)=0,\quad \sum M_z(F)=0$$

4. 空间汇交力系的平衡方程

$$\sum F_x=0,\quad \sum F_y=0,\quad \sum F_z=0$$

5. 空间平行力系的平衡方程，设 z 轴与力系平行，则

$$\sum F_z=0$$
$$\sum M_x(F)=0$$
$$\sum M_y(F)=0$$

在求解空间力系的平衡问题时，取研究对象后，先画受力图，后取坐标轴。关键是看清每个力在空间的位置，不要急于下手，要看明白了问题后再做题。列方程时，先列只含一个未知数的方程求解，这样越解未知数越少，剩下的方程也越少，问题也越明朗。

6. 重心是物体的重力所通过的物体内部那个确定的点，根据合力矩定理，建立了重心坐标的一般公式，它是求物体重心的理论基础。

现将静力学部分几种典型约束及约束反力列表如下(表 6-2)。

表 6-2　几种典型约束及其约束反力

约束类型	简图	约束反力
柔性体约束		S 约束反力沿绳索方向，背离物体。
光滑面约束		N1 N N2 约束反力沿接触面的公法线方向，指向物体。

（续）

约束类型	简图	约束反力
辊轴约束	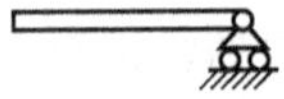	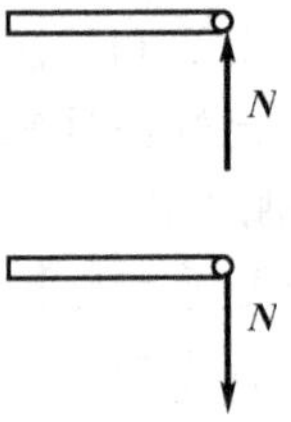 约束反力沿接触面的公法线方向，方位已知，指向待定。
铰链约束	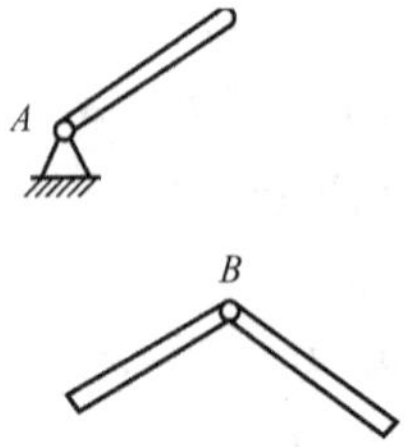	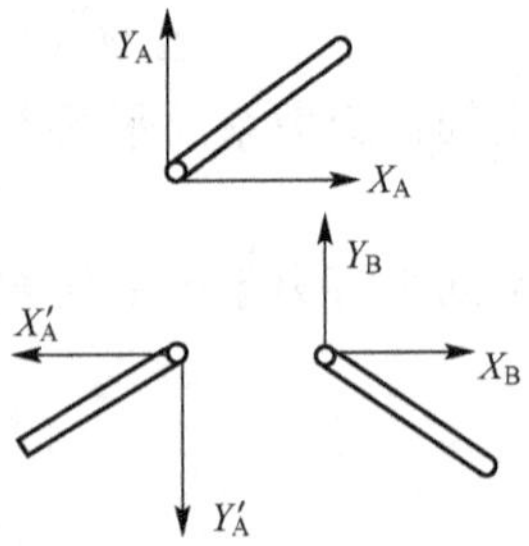 约束反力，用两个分力来表示。
固定端约束	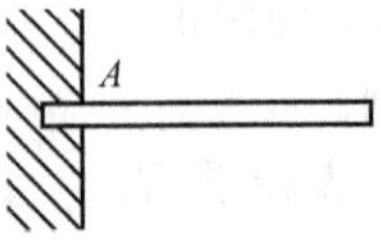	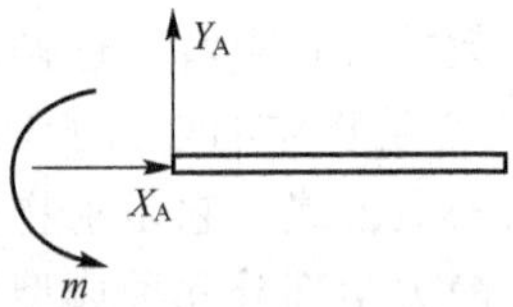 约束反力可以分解为两个分力和一个约束反力偶。
轴承 向心轴承 平面	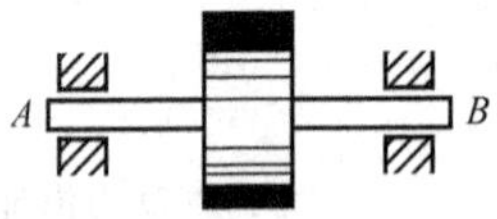	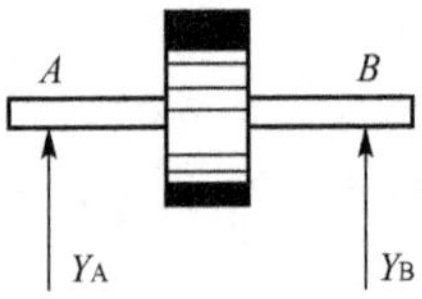 约束反力沿接触面的公法线方向，指向待定。
轴承 向心轴承 空间	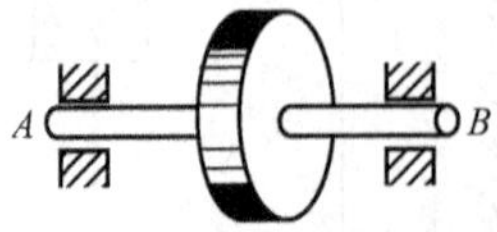	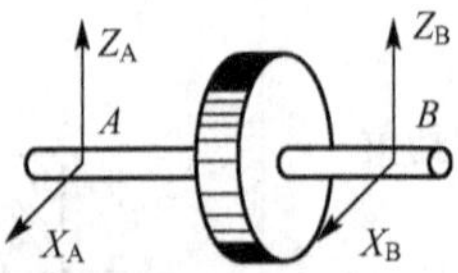 约束反力沿接触面的公法线方向，用两个分力来表示。

思考题

1. 设有一力 $\boldsymbol{F}$，试问在何种情况下有 $F_x=0$，$M_x(\boldsymbol{F})=0$？在什么情况下有 $F_x=0$，$M_x(\boldsymbol{F})\neq0$？又在何种情况下有 $F_x\neq0$，$M_x(\boldsymbol{F})=0$？

2. 对空间汇交力系，其平衡方程为 3 个投影式：$\sum F_x=0$，$\sum F_y=0$，$\sum F_z=0$，对于空间平行力系(当力系平行于 z 轴时)，其平衡方程也只有 3 个，即$\sum F_z=0$，$\sum M_x(\boldsymbol{F})=0$，$\sum M_y(\boldsymbol{F})=0$，试回答为什么。

3. 如图 6.22 所示，两球各重 W_1 和 W_2，证明：两球总重的重心 C 位于连心线 O_1O_2 上，并且 C 与球心的距离和球的重量成反比，即$\dfrac{CO_1}{CO_2}=\dfrac{W_2}{W_1}$。

4. 力 F 作用在长方体的右侧面内，各边尺寸为 a、b、c 和坐标轴 x、y、z 分别如图 6.23所示，求该力 F 在 3 个坐标轴上的投影及对 3 个坐标轴之矩。

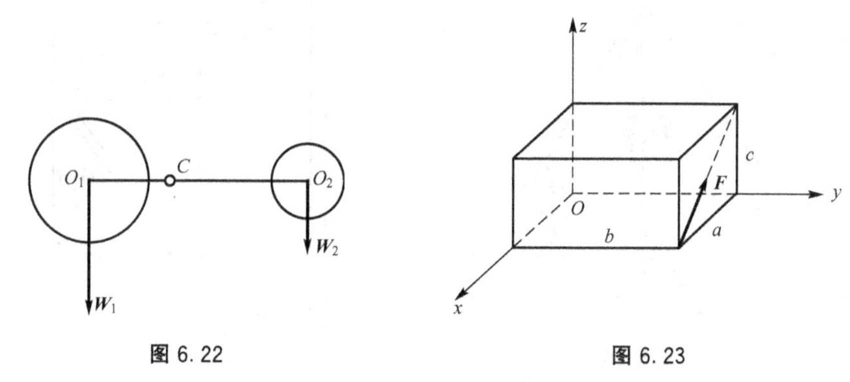

图 6.22　　图 6.23

5. 用负面积法求物体的重心时，应该注意什么问题？

习　题

6-1　水平圆盘的半径为 r，外缘 c 处作用有已知力 $\boldsymbol{F}$，力 $\boldsymbol{F}$ 位于铅垂平面内，且与 c 处圆盘切线夹角为 60°，其他尺寸如图 6.24 所示。求力 F 对 x、y、z 轴之矩。

6-2　图 6.25 所示作用于手柄端的力 $F=600\text{N}$，试计算力 $\boldsymbol{F}$ 在 x、y、z 轴上的投影及对 x、y、z 轴之矩。

6-3　图 6.26 所示三脚架的 3 只脚 AD、BD、CD 各与水平面成 60°角，且 $AB=BC=AC$，绳索绕过 D 处的滑轮由卷扬机 E 牵引将重物 $\boldsymbol{P}$ 吊起。卷扬机位于$\angle ACB$ 的等分线上，且 DE 线与水平面成 60°角。当 $\boldsymbol{P}=30\text{kN}$ 被匀速地提升时，求各脚所受的力。

6-4　重物 $\boldsymbol{P}=10\text{kN}$，由撑杆 AD 及绳索 BD 和 CD 所支持，杆的 A 端以铰链固定，又 A、B 和 C3 点在同一铅垂墙上。尺寸如图 6.27 所示，图中尺寸单位为 mm，求撑杆 AD 及绳索 BD、CD 所受的力(注：OD 垂直于墙面，$OD=20\text{cm}$)。

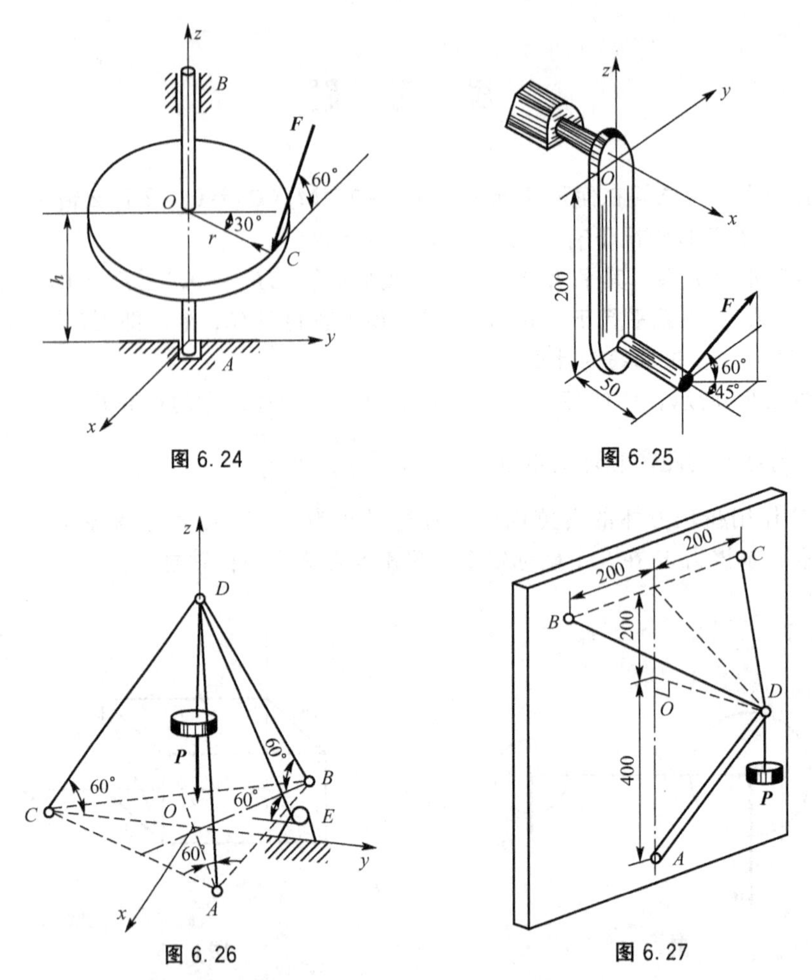

图 6.24　　图 6.25

图 6.26　　图 6.27

6－5　如图 6.28 所示，固结在 AB 轴上的 3 个圆轮，半径各为 r_1、r_2、r_3；水平和铅垂作用力的大小 $F_1=F_1'$、$F_2=F_2'$为已知，求平衡时 F_3 和 F_3'两力的大小。

6－6　图 6.29 所示的三轮小车，自重 $P=8\text{kN}$，作用于点 E，载荷 $P_1=10\text{kN}$，作用于点 C。求小车静止时地面对车轮的反力。

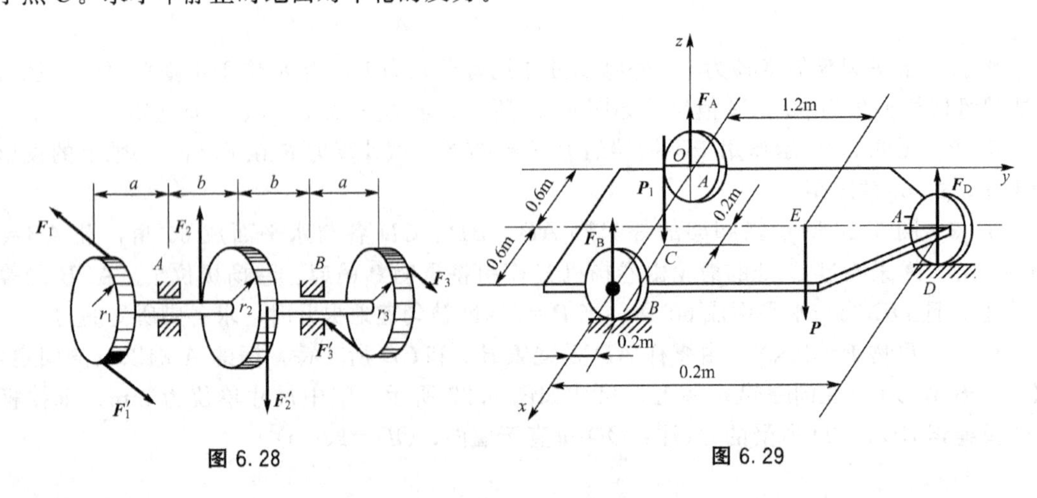

图 6.28　　图 6.29

6－7 有一齿轮传动轴如图 6.30 所示。大齿轮的节圆直径 $D=100\text{mm}$，小齿轮的节圆直径 $d=50\text{mm}$，如两齿轮都是直齿，压力角均为 $\alpha=20°$，已知作用在大齿轮上的圆周力 $F_2=1950\text{N}$，试求传动轴作匀速传动时，小齿轮所受的圆周力 F_3 的大小及两轴承的反力。

6－8 一减速机构如图 6.31 所示。动力由Ⅰ轴输入，通过联轴器在Ⅰ轴上作用一力偶，其矩为 $M=697\text{N}\cdot\text{m}$，如齿轮节圆直径为 $D_1=160\text{mm}$，$D_2=632\text{mm}$，$D_3=204\text{mm}$，齿轮压力角为 20°，试求Ⅱ轴两端轴承 A、B 的约束反力。图中单位为 mm。

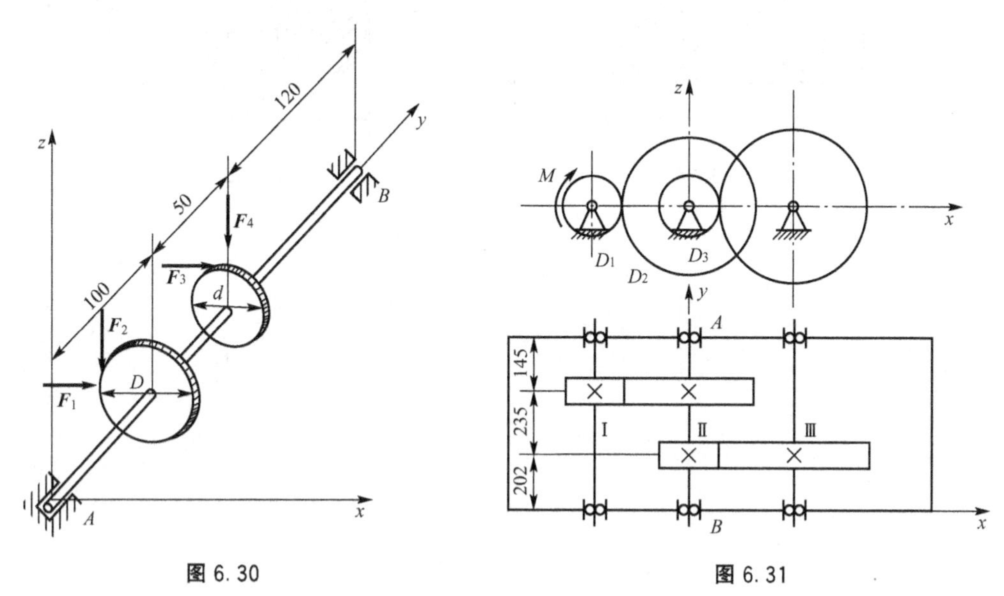

图 6.30 图 6.31

6－9 传动轴如图 6.32 所示。胶带轮直径 $D=400\text{mm}$，胶带拉力 $F_1=2000\text{N}$，$F_2=1000\text{N}$，胶带拉力与水平线夹角为 15°，圆柱直齿轮的节圆直径 $d=200\text{mm}$，齿轮压力 $\boldsymbol{F}$ 与铅垂线成 20°角。试求轴承反力和齿轮压力 $\boldsymbol{F}$。

6－10 求图 6.33 示截面重心的位置。

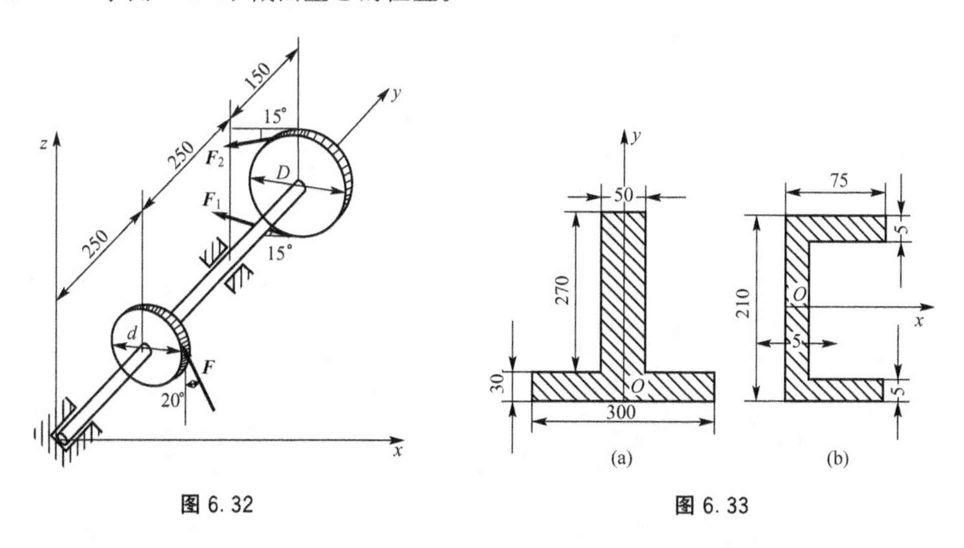

图 6.32 图 6.33

6－11　斜井提升中，使用的箕斗侧板的几何尺寸，如图 6.34 所示，试求其重心。

6－12　图 6.35 示为一半径 $R=10\text{cm}$ 的均质薄圆板。在距圆心为 $a=4\text{cm}$ 处有一半径为 $r=3\text{cm}$ 的小孔。试计算此薄圆板的重心位置。

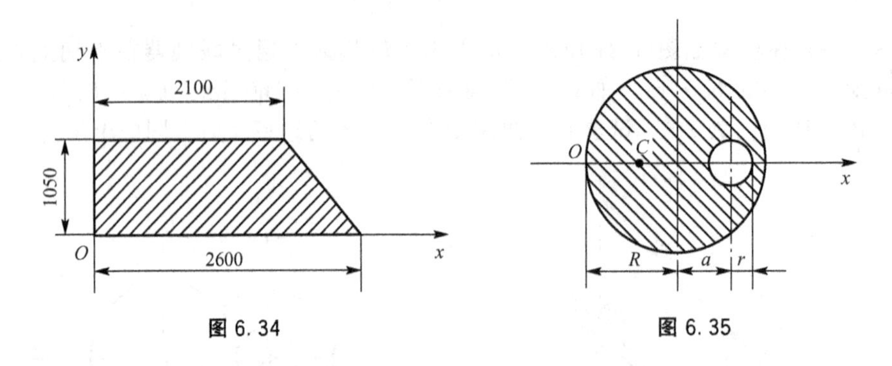

图 6.34　　　　图 6.35

第2篇

材 料 力 学

引　言

物体受到外力作用后，其内部会引起内力和变形，物体会发生破坏。材料力学主要研究物体受力后发生的变形、由于变形而产生的内力以及物体由此而产生的失效和控制失效的准则，为将来合理地选用构件的材料，确定其截面尺小和形状，提供必要的理论基础与计算方法以及试验技术。即材料力学是研究构件的强度、刚度及稳定性计算原理和方法的科学。材料力学研究的构件主要是杆件，构成杆件的材料是均质、连续、各向同性的可变形固体。材料力学主要研究小变形，变形的基本形式是拉压、剪切、扭转、弯曲。

本篇首先讨论杆件的四种基本变形，然后介绍组合变形、应力状态和压杆稳定。

第7章 绪论和基本概念

【教学提示】

本章首先介绍强度、刚度、稳定性和变形固体的概念，限定材料力学的任务和研究范围。接着介绍内力与应力、位移与应变之间的关系，重点内容是用截面法求解内力。最后简要介绍构件变形的几种基本形式。

【学习要求】

通过本章学习，学生应掌握材料力学的任务、研究范围、研究对象，以及构件的几种基本变形形式，掌握应力、应变的概念，并能够运用截面法求解截面内力。

7.1 材料力学的任务

任何工程结构都是由很多构件组成的，如建筑物的梁和柱等。工程结构在正常工作时，将受到荷载的作用，比如桥梁工程中的主梁，要承受自重、车辆荷载、行人、风、地震等力的作用，这些自重和力统称为作用在构件上的荷载。要想使工程结构正常工作，必须保证组成这个结构的每一个构件在荷载作用下能够安全、正常地工作。因此，每一个构件都要满足以下要求。

1. 强度要求

强度是指材料或者构件抵抗破坏的能力。强度有高低之分，在一定的荷载作用下，有些材料很坚固，不容易被破坏，说明这种材料强度高；而有些材料很容易被破坏，说明这种材料强度低。钢材与木材相比，钢材的强度要高于木材。工程结构在正常工作过程中，任何构件都不允许被损坏，也就是说要有足够的强度，如果强度不足，它在荷载作用下就会被损坏，影响正常使用。

2. 刚度要求

刚度是指构件抵抗变形的能力。任何物体在外力作用下都会产生或大或小的变形，构件产生过大的变形将使其损坏甚至完全丧失所应承担的使用功能。比如厂房结构产生过大的变形，会影响精密仪器的操作精度；桥梁过大的挠度则会影响桥面行车舒适度；吊车梁过大的变形会影响吊车的正常运行和使用期限。因此在荷载作用下，构件产生的变形应不超过工程上允许的范围，这就要求构件具有一定的抵抗变形的能力，这就是刚度。刚度越大的构件，抵抗变形的能力越强，在同样荷载作用下，产生的变形就越小。如材料和长度均相同但粗细不同的两根杆，在相同荷载作用下，细杆比粗杆容易变形，原因就是细杆的刚度比粗杆的刚度小。

3. 稳定性要求

稳定性是指构件维持原有平衡状态的能力，在荷载作用下的平衡应保持为一种稳定的平衡。有些受压力作用的细长杆，如细长的柱或桁架结构中的受压杆，应始终维持原有的直线平衡状态，避免被压弯。如果受压杆突然从原来的直线状态变成弯曲状态，这种现象称为丧失稳定性，简称失稳。

在工程结构中，构件都要具有足够的强度、刚度和稳定性，保证工程结构能够安全工作。同时还要尽可能合理选用材料，降低材料的消耗量，以节约资金和减轻自重。构件的强度、刚度和稳定性问题均与所用材料的力学性能有关，而力学性能需要通过试验来测定。比如材料的抗压强度、抗拉强度、材料的变形与所受外力的关系等。此外，某些经过简化的理论是否可信，也需要由试验来验证。因此试验研究和理论分析同等重要，都是解决材料问题的有效方法。

综上所述，材料力学的研究对象是构件，研究的主要内容是构件的强度、刚度、稳定性和材料的力学性能，研究方法包括理论分析和试验研究。

7.2 关于变形固体的概念

在静力学中，将物体视为不发生变形的刚体，进而讨论其平衡问题。但事实上，自然界中的任何物体在力的作用下都要产生或大或小的变形，这种变形包括物体尺寸的改变和形状的改变，有些还会发生破坏。因此，在材料力学中，不仅要研究物体的受力，还要研究物体受力后的变形和破坏，以保证设计的工程结构能够实现预期的功能和正常工作。要研究固体的变形和破坏，就不能再接受刚体假设，而必须将物体视为变形固体。同时，这种理论假设的改变，也使静力学中的某些公理不能被简单地运用到材料力学中去，在运用的时候既要考虑力的等效，也要考虑变形的等效。

变形固体在外力作用下产生的变形，根据变形性质可分为弹性变形和塑性变形。工程上所用的材料在荷载作用下均会发生变形。当荷载在一定范围以内时，绝大多数材料会在卸除荷载后恢复原状，但当荷载超过一定限度时，在卸除荷载后就不能完全恢复原状了，而是残留一部分变形。把在卸除荷载后能完全恢复的变形称为弹性变形，不能恢复而残留下来的那一部分变形称为塑性变形。任何一种材料，当荷载不超过一定限度的时候，可近似认为其变形是弹性变形，当卸除荷载后，变形全部恢复，如果荷载超过了限度，卸除荷载后就会有残余变形，即塑性变形。多数构件在正常工作条件下，均要求材料只发生弹性变形，因此在材料力学中研究的问题多局限于弹性变形范围内。

工程中的构件在荷载作用下，其变形与构件的原始尺寸相比通常很小，可忽略不计，称这类变形为“小变形”。在这种情况下来研究构件的平衡以及内部受力和变形等问题时，就可以按构件的原始尺寸和形状进行计算。与此相反，有些构件在受力后会产生很大的变形，如果按原始尺寸计算将会产生很大的误差，此时必须按变形后的形状来进行计算，称之为“大变形”问题。材料力学主要研究的是小变形问题，大变形问题仅在压杆稳定一章有所涉及。

7.3 材料力学采用的基本假设

对于可变形固体制成的构件，在进行强度、刚度和稳定性计算时，常把它简化成抽象的力学模型，再进行理论分析。在简化的过程中，通常略去一些次要因素，掌握与问题有关的主要力学性质。因此，在材料力学的研究中，对变形固体做下列基本假设。

1. 连续性假设

固体在整个体积内充满了物质，没有空隙，结构密实。实际上，组成固体的粒子之间是有空隙的，并不连续，但这种空隙相对于构件的尺寸来说极其微小，可以忽略不计，进而假设整个固体密实无空隙。根据这一假设，可以在受力构件内的任意一点截取一个微小体积单元来进行研究，从而可以进行无限小量的极限分析。而且，变形后的固体也是保持连续的，没有物质之间的重叠与消失，满足几何相容条件。

2. 均匀性假设

从固体内任意一点处取出的单元体，其力学性能都能代表整个固体的力学性能。但是不同的材料对所取的单元体的尺寸有一定的要求，最小尺寸必须保证所取的体积单元所体现的力学性能具有代表性，体积中包含足够多的基本组成部分，使其力学性能的统计平均值能保持一个恒定的量。对于混凝土来说，它的基本组成部分是砂、石、水泥，取15cm×15cm×15cm的混凝土立方体作为标准试块，才可以代表同一批混凝土的力学性能，而对于金属来说，取0.1mm×0.1mm×0.1mm的立方体就具有足够的代表性了，因为组成金属的晶粒非常微小，在这个小立方体内部已经有足够数量的晶粒，这些晶粒的力学性能的统计平均值，与金属的力学性能足够接近，具有代表性。如果研究的对象不是构件而是组成材料的晶体，那么均匀性假设将不再成立。

3. 各向同性假设

认为材料沿着各个方向的力学性能是相同的。对于金属来说，单独一个晶粒的力学性能是有方向性的，但因为体积单元内部包含极多的晶粒，并且是杂乱无章的排列，最终体现出来的力学性能就接近于各向同性了。但是对于像木材这样的材料，它的力学性能具有明显的方向性，就不能认为是各向同性的了，而应按各向异性材料来考虑。

以上为材料力学的3个基本假设，通过这样的假设，能够方便地进行理论研究和工程计算，而且它的精度可以满足工程结构的一般要求。

概括起来，材料力学中的“材料”是连续、均匀、各向同性的变形固体，主要解决弹性范围内的小变形问题。研究的对象是构件，大多数抽象为杆件，即纵向尺寸比横向尺寸大得多的构件，如梁、柱等均为杆件。杆件的两个基本几何因素是横截面和轴线，横截面是垂直于长度方向的截面，而轴线是各个横截面形心的连线。

7.4 内力的概念·截面法

构件在受到外力作用而产生变形时，其内部各部分之间因相对位置改变而引起的相互作用就是内力。由于构件是均匀连续的可变形固体，因此在构件内部相邻部分之间相互作用的内力，实际上是一个在截面上连续分布的内力系，而将其分布内力系的合成(力或力偶)简称为内力，也就是说，内力是由外力引起的，并随着外力的变化而变化。对于单独的一根构件来说，其他构件或物体作用于该构件上的力均为外力。同时，外力也包括温度、超静定结构的支座沉降等外界因素的作用。

各种外力使构件内部产生内力，而内力总是和变形联系在一起。因此，在研究构件的强度、刚度等问题时，均与内力这个因素有关。在结构工程中常常要确定一个构件在具体的外力作用下某一个截面上的内力，然后根据这个内力选择材料，或者配置钢筋，让这个构件满足强度、刚度和稳定性的要求。通常采用下述的截面法来确定某一截面上的内力值。

为了显示内力，首先用一个假想截面法截开物体，显示出作用在该截面上的内力。如图 7.1(a)所示，圆杆受外力 F_1、F_2、F_3 和力偶 M 作用而处于平衡状态，因此，圆杆的任何一个部分也必然处于平衡状态。如果要研究圆杆内某一截面 C 上的内力，则可沿该截面将圆杆截开，任取一部分研究其平衡。

沿 C 截面将圆杆截为 A、B 两部分，任取一部分 A 作为研究对象，该部分上作用的外力是 F_1，F_2，处于平衡状态。在外力 F_1、F_2 作用下，A 部分能保持平衡是因为受到 B 部分的约束，因此在截面 C 上有 B 部分对 A 部分的连续分布内力系的作用，如图 7.1(b)所示。对于 C 截面处的空间任意力系，进行简化合成之后可得到 C 截面的内力，即作用于截面形心处的沿 3 个坐标轴的力(F_x、F_y、F_z)和绕 3 个轴的力偶(M_x、M_y、M_z)，如图 7.1(c)所示。如果外力已知，则 C 截面上内力的 6 个分量，可由空间力系的 6 个独立平衡方程求得。

若取 B 部分作为研究对象，也会得到同样的结果，并且 A 部分 C 截面处的作用力，与 B 部分 C 截面处的作用力是一对相互作用力。

在实际工程结构中，截面上的内力并不一定都是上述的 6 个分量，如果构件有对称面且外力均作用在该平面内，则成为平面问题，如图 7.2(a)所示。用截面法沿 C 截面切开后，任取 A 部分为研究对象，则截面 C 上的内力只有作用在该平面形心处的 3 个分量，即 F_N、F_S、M，其值可由平面力系的 3 个独立平衡方程确定。

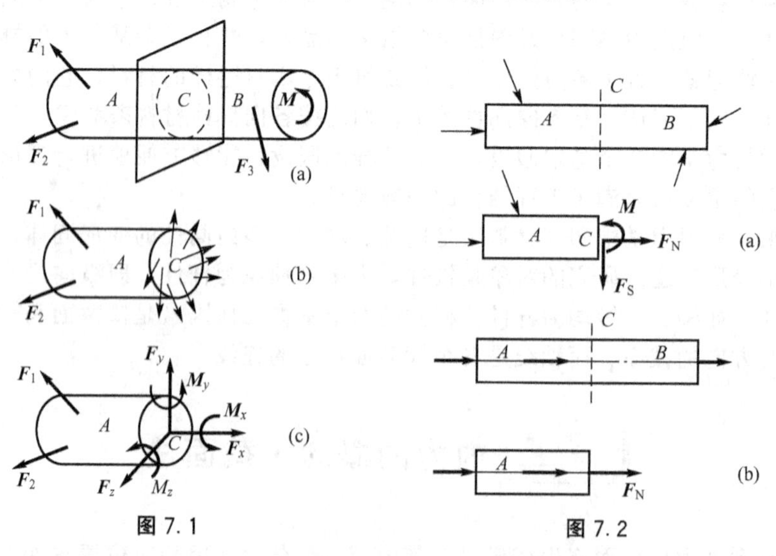

图 7.1　　图 7.2

如果作用在构件上的外力都在同一直线上，并且这条直线就是构件的轴线，如图 7.2(b)所示，则 C 截面上只有一个内力 F_N。一般随着外力与变形形式的不同，截面上存在的内力分量也不同。

上述用一个假想截面把构件分成两部分，以确定假想截面处的内力的方法称为截面法。可将其归纳为以下 3 个步骤。

(1) 在需要求内力的截面处，用假想截面将构件分成两个部分。

(2) 任取一部分作为研究对象，将舍弃的部分对研究对象的作用以内力的形式来代替。

(3) 根据研究对象的平衡条件，列平衡方程确定内力值。

在求内力的时候，有一点必须要注意，因为材料力学所研究的是变形体，在截取研究对象之前，力和力偶都不可以像研究刚体时那样随意移动。在变形体中，如果一个力系用别的等效力系来代替，虽然对整体平衡没有影响，但对构件的内力和变形来说，却有很大差别。例如图 7.3(a)的所示拉杆，在刚体中力 F 可以沿着作用线移动。但是在变形体中，当 F 作用在杆端时，整个杆件都受拉力作用，杆的各个部分都产生内力和变形。而当 F 作用在杆的中间的时候，如图 7.3(b)所示，则只有力作用点以上部分受拉并产生变形。两者的内力和变形显然不同。再如图 7.4 所示的梁，虽然是等效力系，但是变形大不相同。因此在应用力的等效时，要特别慎重，既要考虑力的等效，也要考虑变形的等效。

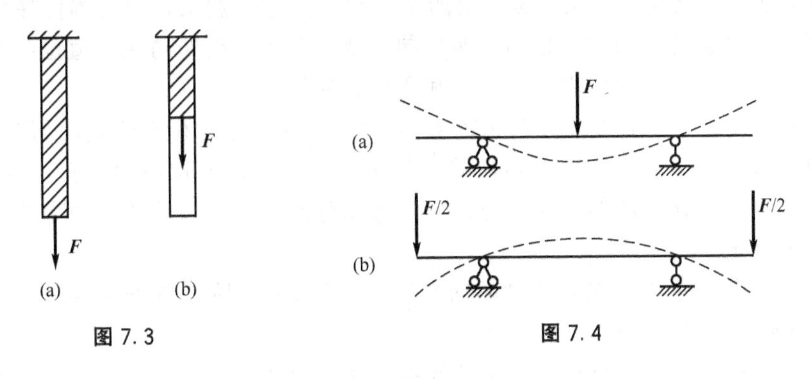

图 7.3

图 7.4

7.5 应力的概念

在确定了构件的内力之后，还不能判断构件是否会因强度不足而破坏，即不能判断它的危险程度。比如材料和长度均相同但截面不同的两个等圆截面直杆，在受到同样的轴向拉力作用时的危险程度是不一样的，截面小的会更危险，容易被拉断。因此，要判断杆是否会因强度不足而破坏，还必须知道内力在截面上各点的分布情况。对于某一确定截面，上面处处都有内力的存在，截面内力实际上是连续分布在整个截面上的分布力系，用截面法确定的内力是截面内力的合力。为了考察某一确定截面上的内力分布情况或截面上某一点 O 的内力，可在截面上围绕 O 点取一微小面积 ΔA，若作用在微小面积上的内力为 ΔF，则定义

$$p_m = \frac{\Delta F}{\Delta A} \tag{7-1}$$

式中 p_m 称为面积 ΔA 上的平均应力，一般说来，截面上的内力分布并不均匀，因而，平均应力 p_m 的大小和方向将随着 ΔA 的大小而变化，为了表明分布力在 O 点的集度，令微小面积 ΔA 无限缩小而趋于零，可得到 O 点的极限值

$$p=\lim_{\Delta A\to 0}\frac{\Delta F}{\Delta A} \tag{7-2}$$

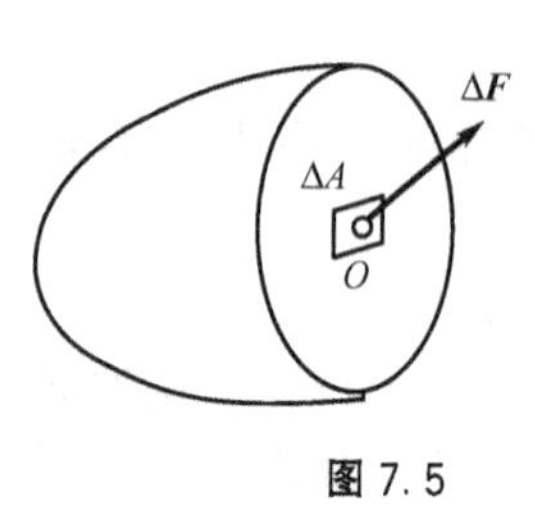

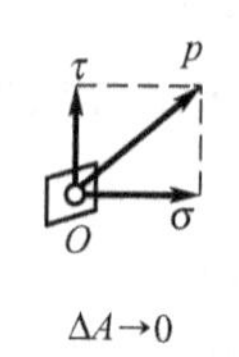

图 7.5

式中 p 是 O 点的内力集度，称为该截面上 O 点的总应力。总应力 p 是矢量，p 的方向与 ΔF 的方向一致，其在截面法向上的分量为 σ，称为正应力或法向应力；沿截面切向上的分量为 τ，称为切应力或剪应力，如图 7.5 所示。

也可以首先把 ΔF 沿着截面的法向和切向分解为 ΔF_{N} 和 ΔF_{S}，同理有

$$\sigma=\lim_{\Delta A\to 0}\frac{\Delta F_{\mathrm{N}}}{\Delta A} \tag{7-3}$$

$$\tau=\lim_{\Delta A\to 0}\frac{\Delta F_{\mathrm{S}}}{\Delta A} \tag{7-4}$$

从应力的定义可以看出，应力具有如下特征。

(1) 应力必须限定在某一确定截面上的某一确定点才有意义，因为构件在外力的作用下，可能每一个截面的内力都不相同，而且同一截面上不同点处的应力值也各不相同。所以在讨论应力时，必须明确应力所在截面和所在点的位置。

(2) 应力是矢量，一般将其分解为沿着截面法向的正应力和沿着截面切向的切应力。通常规定离开截面的正应力为正，指向截面的正应力为负，即拉应力为正，压应力为负，使研究对象产生顺时针转动的切应力为正，使研究对象产生逆时针转动的为负，这是对应力正负符号的规定。

(3) 应力的单位是 Pa，名称为“帕斯卡”，或者简称“帕”，$1\mathrm{Pa}=1\mathrm{N/m^2}$。工程结构中通常用 MPa 作为应力单位，$1\mathrm{MPa}=10^6\mathrm{Pa}$。

掌握应力的概念之后，就可以对构件的强度进行验算了，应力越大的点就越危险。内力最大的截面称为危险截面，某截面上应力最大的点称为该截面的危险点，危险截面上的危险点为整个构件的最危险点，如果该点的应力没有超过强度的限值，那么这个构件就不会破坏。通过应力也能够很好地解释为什么材料、长度都相同的两个等圆截面直杆，截面小的更危险。

7.6 位移和应变的概念

刚体在外力作用下，从原位置移动到一个新的位置，刚体内部的各部分均因位置的改变而产生不同的位移，这种位移可以用线位移和角位移来表示。刚体内的某一点从原位置到新位置的连线表示该点的线位移，刚体内的某一线段或某一平面在构件位置改变时转动的角度称为角位移。不同点的线位移以及不同截面的角位移一般都是各不相同的，但它们都是空间坐标的函数。

变形体在外力作用下，不但会产生位移，也会引起受力体形状和大小的变化，这种变化称为变形。这种变化有的非常明显，有的不易察觉，需用仪器进行精确的测量。一个构件(变形体)的形状总可以用它各部分的长度和角度来表示，因此构件的变形也可以归结为长度的改变和角度的改变，即线变形和角变形两种形式。

在变形体内的某一点 O 处，任取一个微小六面体，它的变形如图 7.6 所示，变形可分为两类。

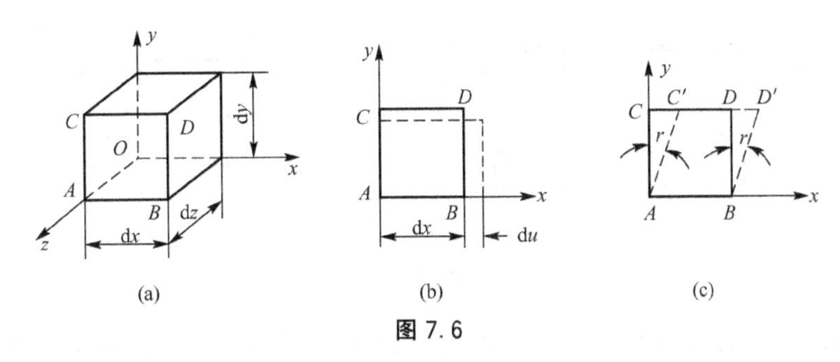

图 7.6

(1) 沿棱边方向的伸长或缩短，如微小六面体图 7.6(a)中沿 x 方向的原长为 $\mathrm{d}x$，变形后变为 $\mathrm{d}x+\mathrm{d}u$，$\mathrm{d}u$ 是沿 x 方向的伸长量或变形量，但仅用 $\mathrm{d}u$ 还不足以说明沿 x 方向的变形程度。比如除长度不同之外其余均相同的两个直杆，长度分别为 10m 和 1m，当它们沿轴线方向共同伸长 0.1m 的时候，对两个直杆来说，其变形程度是不同的，因为变形程度不但与变形量有关，还与变形方向上的原始长度有关，因而取相对伸长 $\Delta u/\Delta x$ 来度量沿 x 方向的变形程度。$\Delta u/\Delta x$ 实际上是在 $\mathrm{d}x$ 范围内单位长度上的平均伸长量，还与 $\mathrm{d}x$ 的长短有关，为了消除尺寸的影响，可对其取极限

$$\varepsilon_x=\lim_{\mathrm{d}u\to 0}\frac{\Delta u}{\Delta x} \tag{7-5}$$

ε_x 称为 O 点处沿 x 方向的线应变。

(2) 棱边间夹角的改变。如图 7.6(c)中的 AC、AB 边之间的夹角在变形前为直角，变形后该直角减小了 γ，角度的改变量 γ 称为切应变。

构件中不同点处的线应变和切应变一般是不同的，它们也是空间坐标的函数，用来表示一点处的微小变形情况。整个构件形状和尺寸的改变，就是由无数这样的微小变形积累的结果。就像力与变形同时存在一样，应力与应变也同时存在，且其间存在着一定的关系，这在后面的章节中会展开讨论。

7.7 构件变形的基本形式

实际构件有各种不同的形状。材料力学主要研究长度远大于横截面尺寸的构件，也就是杆件。轴线是直线的杆件称为直杆，横截面的大小和形状均不变的直杆称为等直杆。轴线是曲线的杆件称为曲杆，轴线各点处的横截面均垂直于轴线。一般结构工程中的梁、柱均为直杆，拱桥中的拱肋可看作曲杆。

在不同形式的外力作用下，杆件所产生的变形形式也各不相同。杆件变形的基本形式有以下 4 种。

(1) 轴向拉伸或压缩。在一对方向相反、作用线与直杆轴线重合的外力作用下，直杆的主要变形是长度的改变，这种变形形式称为轴向拉伸或轴向压缩，如图 7.7(a)、(b)所示。斜拉桥上的斜拉钢索、桁架的杆件等都属于拉伸或压缩变形。

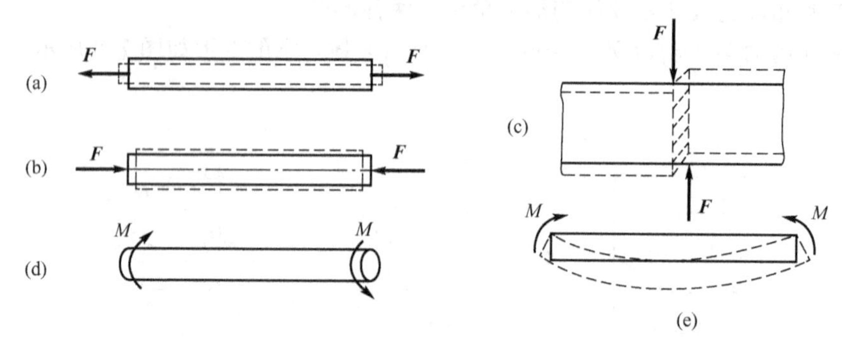

图 7.7

(2) 剪切，如图 7.7(c)所示。在一对相距很近的大小相同、指向相反的横向外力 F 的作用下，杆件的横截面将沿外力方向发生错动，这种变形形式称为剪切。键、销钉、螺栓等都能产生剪切变形。

(3) 扭转，如图 7.7(d)所示。在一对转向相反、作用面垂直于直杆轴线的外力偶 M 的作用下，直杆的各个相邻截面将绕轴线发生相对转动。钻孔机的钻杆、汽车的传动轴等都是受扭构件。

(4) 弯曲，如图 7.7(e)所示。在一个垂直于杆件轴线的横向力作用下或作用于包含杆轴的纵向平面内的一对大小相等、方向相反的力偶作用下，杆件的轴线由直线变为曲线的这种变形形式，叫做弯曲变形。楼房中的承重梁、桥梁中的 T 形梁等都能产生弯曲变形。

工程中常用构件在荷载作用下产生的变形，多为上述 4 种基本变形的组合，完全为一种基本变形的构件较为少见。如果构件以某一基本变形形式为主，而其他变形形式处于次要地位可以忽略，则可以按单一变形形式进行计算。如果几种变形形式都非次要变形，则属于组合变形问题，对这几种变形形式都要加以讨论。

本章小结

1. 保证构件正常工作应满足的要求

强度：在荷载作用下，构件应不发生破坏(断裂或塑性屈服)。

刚度：在荷载作用下，构件所产生的变形应不超过工程允许的范围。

稳定性：在荷载作用下，构件在其原有形态下的平衡应保持为稳定的平衡。

2. 材料力学基本假设

连续性假设：认为材料沿各个方向的力学性能完全相同。

均匀性假设：认为从固体内任一点处取出的体积单元的力学性能完全相同。

各向同性假设：认为材料沿各个方向的力学性能完全相同。

3. 内力、应力、位移、变形与应变的概念

内力：构件在受到外力作用而产生变形时，其内部各部分之间因相对位置改变而引起

的相互作用。

应力：构件某一截面上的某一点处的内力集度，沿截面法向的称为正应力，沿截面切向的称为切应力。

位移：刚体在外力作用下，从原位置移动到一个新的位置，刚体内部各部分这种位置的改变称为位移，可由线位移和角位移来表示。刚体内的某一点从原位置到新位置的连线表示该点的线位移，刚体内的某一线段或某一平面在构件位置改变时转动的角度称为角位移。

变形：变形体在外力作用下产生的形状和大小的变化称为变形，可由线变形和角变形来表示。

应变：任取一个微小六面体，沿棱边方向单位长度上的平均伸长或缩短量称为线应变，棱边间夹角的改变量称为切应变。

4. 截面法

用一个假想截面把构件分成两部分，以确定假想截面处内力的方法称为截面法。可将其归纳为以下 3 个步骤。

(1) 在需要求内力的截面处，用假想截面将构件分成两个部分。

(2) 任取一部分作为研究对象，将舍弃的部分对研究对象的作用以内力的形式来代替。

(3) 根据研究对象的平衡条件，列平衡方程确定内力值。

5. 杆件变形的基本形式

轴向拉伸和压缩：在一对作用线与直杆轴线重合的外力作用下，直杆的主要变形为长度改变。

剪切：在一对相距很近的大小相等、方向相反的横向外力作用下，直杆的主要变形为横截面沿外力作用方向发生相对错动。

扭转：在一对转向相反，作用面垂直于杆轴线的外力偶作用下，直杆的相邻横截面将绕轴线发生相对转动。

纯弯曲：在一对转向相反，作用面在包含杆轴线在内的纵向平面内的外力偶作用下，直杆的相邻横截面将绕垂直于纵向平面的某一横向轴发生相对转动，其轴线将弯曲成曲线。

思 考 题

1. 静力学公理中的哪条不适用于变形固体？
2. 何为各向异性？举例说明各向异性材料的特点。
3. 试计算截面面积为 A 的直杆在轴向拉伸力 F 的作用下，截面上的应力分布情况。

习 题

7-1 试求图 7.8 所示结构 $m-m$ 和 $n-n$ 两截面上的内力，并指出 AB 和 BC 两杆的变形属于哪类基本变形。

7-2 在图 7.9 所示简易吊车的横梁上，F 力可以左右移动。试求截面 1-1 和 2-2

上的内力及其最大值。

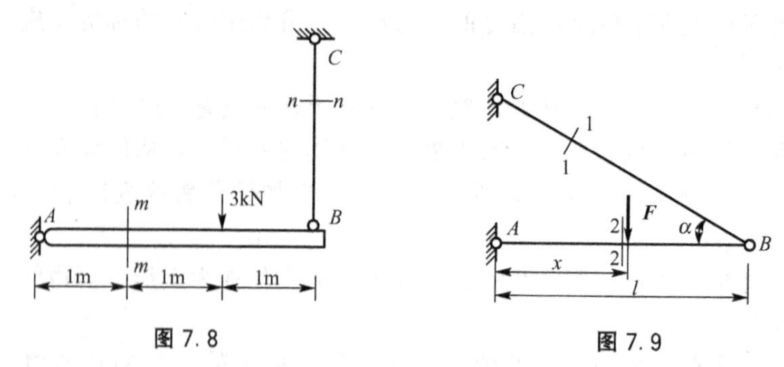

图 7.8　　　　图 7.9

7－3　如图 7.10 所示，拉伸试样上 A、B 两点的距离 l 称为标距。受拉力作用后，用变形仪量出两点距离的增量为 $\Delta l=5\times10^{-2}$mm。若 l 的原长为 100mm，试求 A 与 B 两点间的平均应变 ε_m。

7－4　图 7.11 所示三角形薄板因受外力作用而变形，角点 B 垂直向上的位移为 0.03mm，但 AB 和 BC 仍保持为直线。试求沿 OB 的平均应变，并求 AB 与 BC 两边在 B 点的角度改变量。

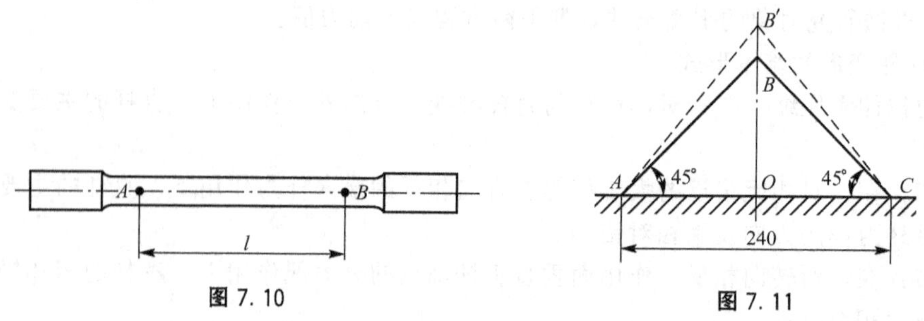

图 7.10　　　　图 7.11

7－5　图 7.12 所示圆形薄板的半径为 R，变形后 R 的增量为 ΔR。若 $R=80$mm，$\Delta R=3\times10^{-3}$mm，试求沿半径方向和外圆圆周方向的平均应变。

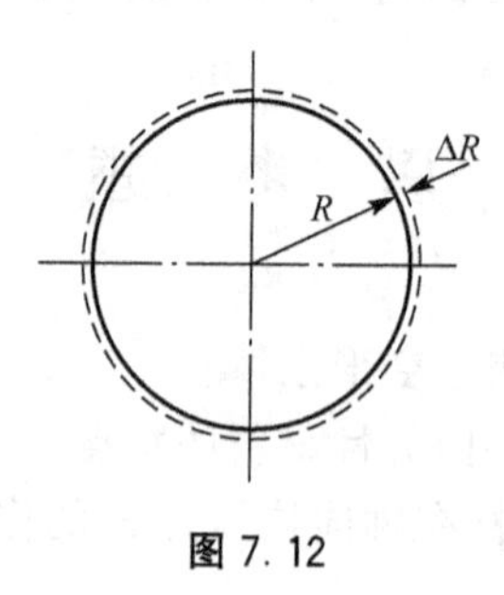

图 7.12

第8章 轴向拉伸和压缩

【教学提示】

本章主要介绍拉压杆的内力、应力、变形以及材料在拉伸与压缩时的力学性能，分析拉压杆的强度问题。

【学习要求】

通过本章的学习，掌握轴向拉压杆件的内力计算，会做轴力图；掌握横截面、斜截面应力分析方法与强度计算；掌握胡克定律及拉压杆的变形计算方法；了解塑性、脆性材料的拉伸与压缩力学性能及测试方法；了解应力集中的概念。

8.1 轴向拉伸、压缩的概念及工程实例

在不同形式的外力作用下，杆件的内力、变形及应变相应的也不同。

承受拉伸或压缩的构件是材料力学中最简单的也是最常见的一种受力构件，它们在工程实际中得到广泛的应用。如图 8.1 所示，简易吊车中的 AB 杆是受轴向拉伸的杆件，AC 杆和图 8.2 所示的曲柄滑块机构中的连杆 AB 都是受轴向压缩的杆件。图 8.3 所示桁架中的各杆不是受拉便是受压，再如在图 8.4 所示的简单起重装置中，钢索受拉，撑杆受压。

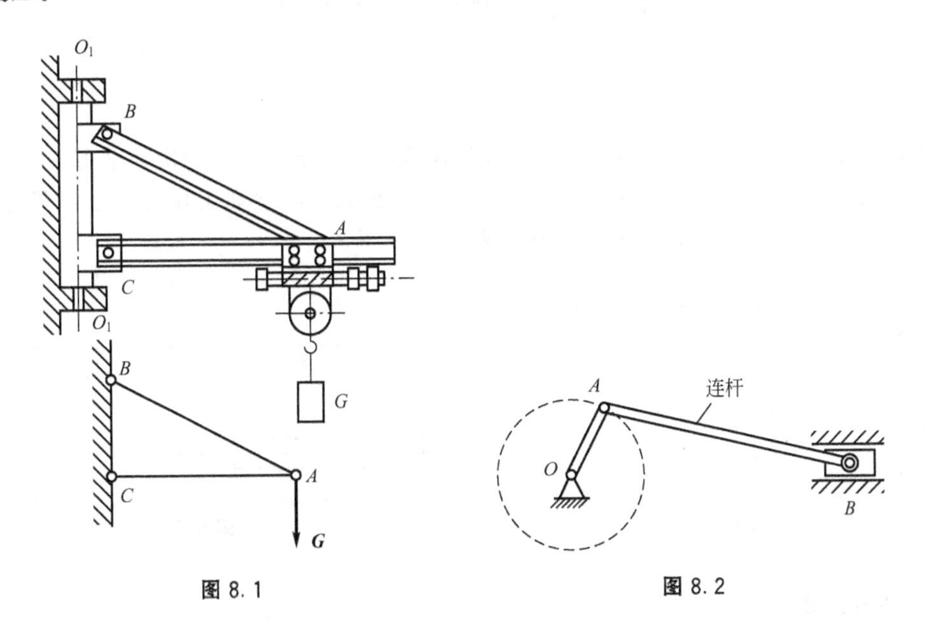

图 8.1　　图 8.2

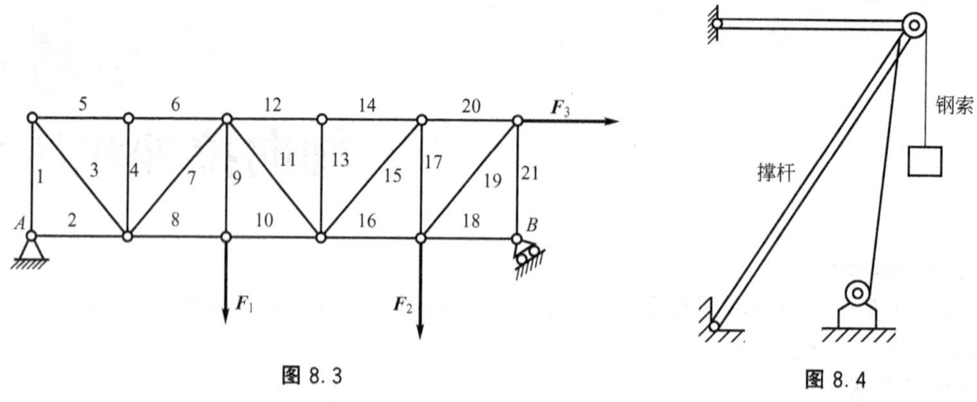

图 8.3

图 8.4

这些构件均为直杆，其受力特点是：作用于杆件外力的合力作用线与杆件的轴线相重合；变形特点是：杆件沿轴线方向伸长或缩短(图 8.5)，作用线沿杆件轴线的荷载称为轴向荷载。以轴向伸长或缩短为主要特征的变形形式，称为轴向拉压；以轴向拉压为主要变形形式的杆件，称为拉压杆。

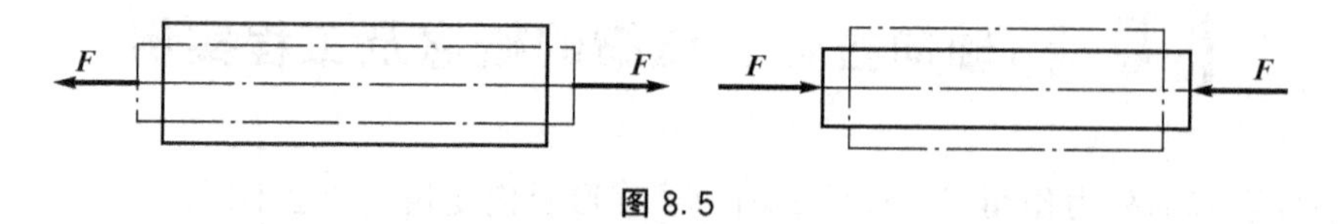

图 8.5

本章将研究拉压杆的内力、应力、变形以及材料在拉伸与压缩时的力学性能，并在此基础上，分析拉压杆的强度与刚度问题，研究对象涉及拉压静定与超静定问题。

8.2 轴力与轴力图

1. 轴力

在轴向载荷 F 作用下［图 8.6(a)］，杆件横截面上的唯一内力分量为轴力 F_N［图 8.6(b)］，轴力或为拉力，或为压力(图 8.7)，为区别起见，通常规定拉力为正，压力为负。按此规定，图 8.6(b)所示轴力为正，其值则为 $F_N=F$

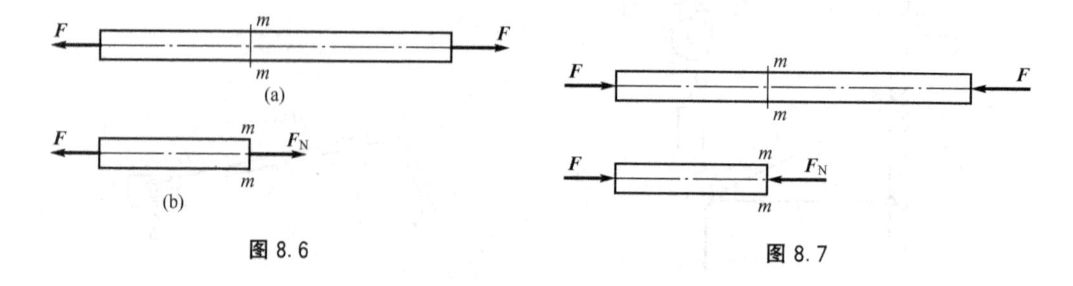

图 8.6

图 8.7

2. 轴力计算

图 8.8(a)所示拉压杆承受 3 个轴向载荷。由于在横截面 B 处作用有外力，杆件 AB

与 BC 段的轴力将不相同，需分段研究。

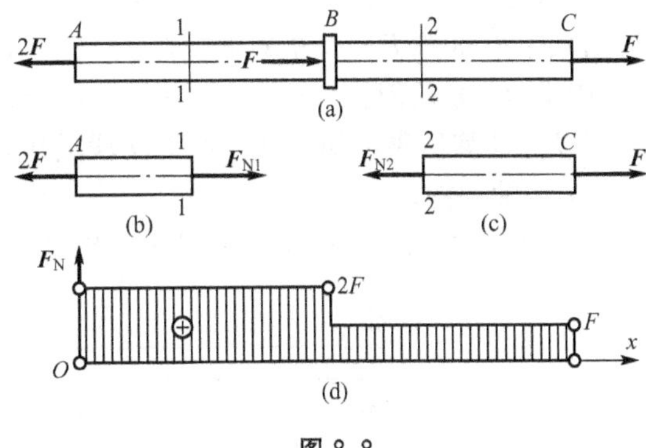

图 8.8

利用截面法，在 AB 段内任一横截面 1－1 处将杆切开，并选切开后的左段为研究对象［图 8.8(b)］，由平衡方程

$$\sum F_x=0,\quad F_{N1}-2F=0$$

得 AB 段的轴力为

$$F_{N1}=2F$$

对于 BC 段，仍用截面法，在任一横截面 2－2 处将其切开，为了计算简单，选切开后的右段为研究对象［图 8.8(c)］，由平衡方程

$$\sum F_x=0,\quad F-F_{N2}=0$$

得 BC 段的轴力为

$$F_{N2}=F$$

综上所述，可将计算轴力的方法概述如下。

(1) 在需求轴力的横截面处，假想地将杆切开，并任选切开后的任一杆段为研究对象。

(2) 画所选杆段的受力图，为了计算简便，可将轴力假设为拉力，即采用所谓的设正法。

(3) 建立所选杆段的平衡方程，由已知外力计算切开截面上的未知轴力。

3. 轴力图

如果杆件承受的轴向外力的数目多于两个，在杆的不同区段的轴力一般是不同的。为了直观地反映出杆件各横截面上轴力沿杆长的变化规律，并找出最大轴力及其所在横截面的位置，可以由图线的方式表示轴力的大小与横截面位置的关系，这样的图线称为轴力图。轴力图以平行于杆的轴线的坐标为横坐标，其上各点表示横截面的位置，以垂直于杆轴线的纵坐标表示横截面上轴力的大小，在给定的比例尺下，根据截面法求得的轴力数值，正号轴力画在轴力为正的区域，负号轴力画在轴力为负的区域，即可作出轴力图。例如，图 8.8(a)所示杆的轴力图如图 8.8(d)所示。

例 8.1 一等截面直杆受力情况如图 8.9(a)所示，试作其轴力图。

解： 解此题可以先求出约束力，再求轴的各段轴力，而后画轴力图，也可不求约束力，从轴的右端向左依次求轴的各段轴力，再画轴力图。

(1) 求约束力 F_{NA}。

作杆的受力图，如图 8.9(b)所示，由 $\sum F_x=0$ 得

$$-F_{NA}-F_1+F_2-F_3+F_4=0$$

$$F_{NA}=10\text{kN}$$

(2) 求各段横截面上的轴力。

直接应用截面法计算轴力，一般不必再逐段截开并作隔离体图，计算时取截面左轴段或右轴段均可，一般取外力较少的杆段计算更简便。

AB 段 1－1 截面：分析左侧，$F_{N1}=F_{NA}=10\text{kN}$

BC 段 2-2 截面：分析左侧，$F_{N2}=F_{NA}+F_1=50\text{kN}$

CD 段 3-3 截面：分析右侧，$F_{N3}=F_4-F_3=-5\text{kN}$

DE 段 4-4 截面：分析右侧，$F_{N4}=F_4=20\text{kN}$

由以上计算结果可知，杆件在 CD 段受压，其他各段受拉。

(3) 作轴力图。

最大轴力 $F_{N\max}$ 在 BC 段，其轴力如图 8.9(c)所示。

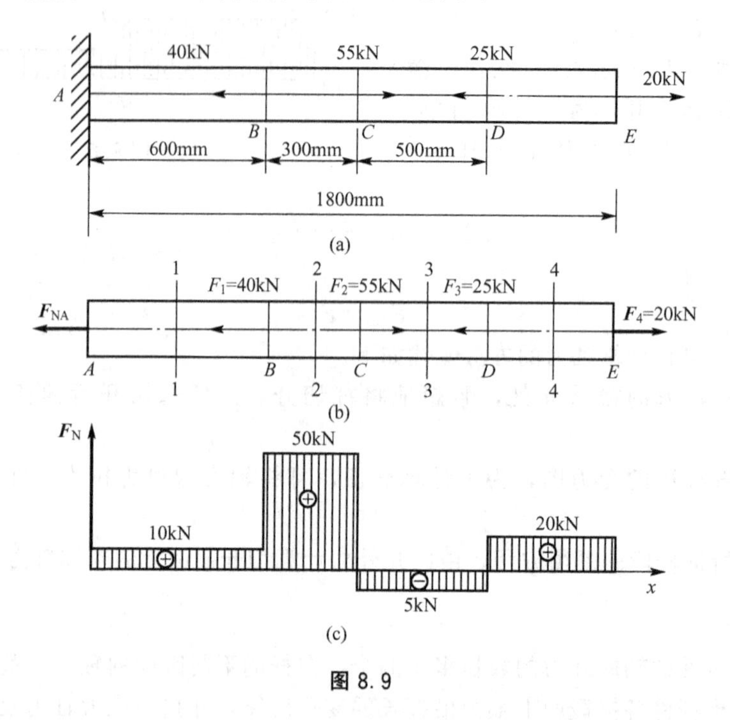

图 8.9

8.3 轴向拉压杆横截面上的应力

现研究拉压杆横截面上的应力分布，即确定横截面上各点处的应力。

首先观察杆的变形，图 8.10(a)所示为一等截面直杆。试验前，在杆表面画两条垂直于杆轴的横线 1-1 与 2-2，然后，在杆两端施加一对大小相等、方向相反的轴向载荷 F。从试验中观察到：横线 1-1 与 2-2 仍为直线，且仍垂直杆件轴线，只是间距增大，分别平移至图中 $1'-1'$与 $2'-2'$所示的位置。

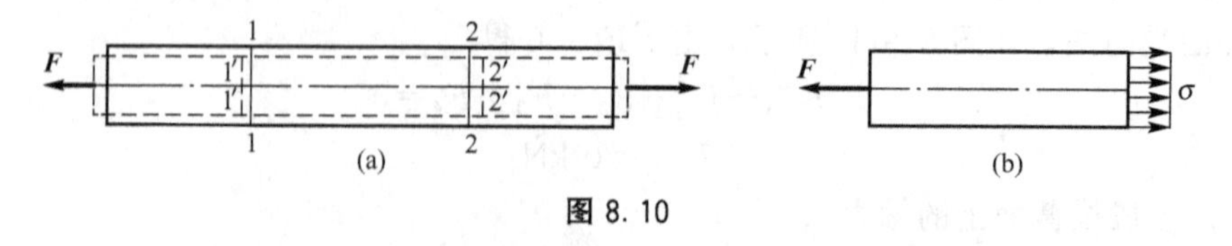

图 8.10

根据上述现象，对杆内变形作如下假设：变形后，横截面仍保持平面，且仍与杆轴垂直，只是横截面间沿杆轴相对平移，此假设称为拉压杆的平面假设。

如果设想杆件是由无数纵向“纤维”所组成的，则由上述假设可知，任意两横截面间的所有纤维的变形均相同，对于均匀性材料，如果变形相向，则受力也相同。由此可见，横截面上各点处仅存在正应力 σ，并沿截面均匀分布［图 8.10(b)］。

设杆件横截面的面积为 A，轴力为 F_N，则根据上述假设可知，横截面上各点处的正应力均为

$$\sigma=\frac{F_N}{A} \tag{8-1}$$

或

$$\sigma=\frac{F}{A}$$

式(8－1)已被试验所证实，适用于横截面为任意形状的等截面拉压杆。

由式(8－1)可知，正应力与轴力具有相同的正负符号，即拉应力为正，压应力为负。

例 8.2 如图 8.11(a)所示，右端固定的阶梯形圆截面杆同时承受轴向荷载 F_1 与 F_2，试计算杆的轴力与横截面上的正应力。已知载荷 $F_1=20\text{kN}$，$F_2=50\text{kN}$，杆件 AB 段与 BC 段的直径分别为 $d_1=20\text{mm}$ 与 $d_2=30\text{mm}$。

解：(1) 分段计算轴力。

由于在截面 B 处作用有外力，AB 与 BC 段的轴力将不相同，需分段利用截面法进行计算。

设 AB 与 BC 段的轴力均为拉力，并分别用 F_{N1} 与 F_{N2} 表示，则由图 8.12(b)与(c)可知

$$F_{N1}=F_1=2.0\times10^4\text{N}$$

$$F_{N2}=F_1-F_2=-3.0\times10^4\text{N}$$

所得 F_{N2} 为负，说明 BC 段轴力的实际方向与所设方向相反，即应为压力，轴力图如图 8.11(d)所示。

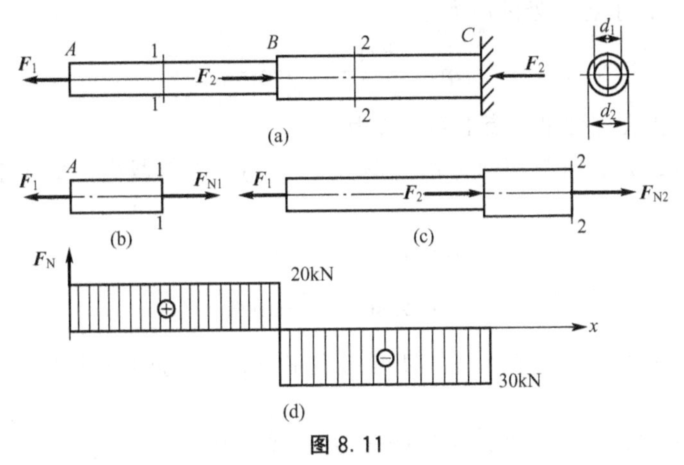

图 8.11

(2) 应力计算。

由式(8－1)可知，AB 段内任一横截面 1－1 上的正应力为

$$\sigma=\frac{F_{N1}}{A_1}=\frac{4F_{N1}}{\pi d_1^2}=\frac{4(2.0\times10^4)}{\pi(0.020)^2}=6.37\times10^7\text{Pa}=63.7\text{MPa}(\text{拉力})$$

同理，得 BC 段内任一截面 2－2 上的正应力为

$$\sigma=\frac{F_{N2}}{A_2}=\frac{4F_{N2}}{\pi d_2^2}=\frac{4(-3.0\times10^4)}{\pi(0.030)^2}=-4.24\times10^7\text{Pa}=-42.4\text{MPa}(\text{压力})$$

8.4 轴向拉压杆斜截面上的应力

前面研究了拉压杆横截面上的应力，为了更全面地了解杆内的应力情况，现在研究更为一般的任意方位截面上的应力。

考虑图 8.12(a)所示的拉杆，根据上述结论利用截面法，沿任一斜截面 $m-m$ 上的应力 p_α 也是均匀分布的［图 8.12(b)］，且其方向必与杆轴平行。

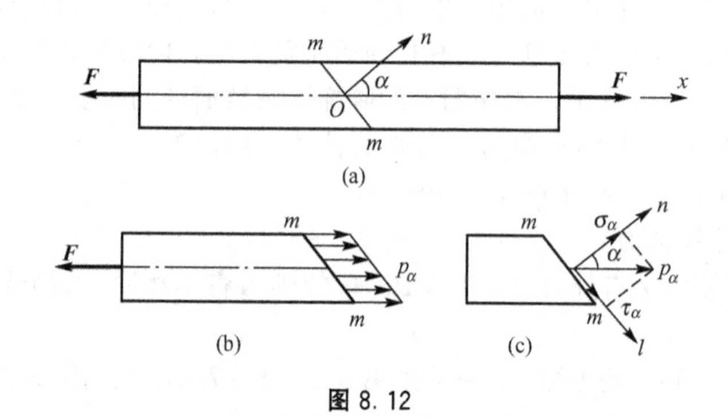

图 8.12

设杆件横截面的面积为 A，则根据上述分析，得杆左段的平衡方程为

$$p_\alpha\frac{A}{\cos\alpha}-F=0$$

由此得 α 截面 $m-m$ 上各点处的应力为

$$p_\alpha=\frac{F\cos\alpha}{A}=\sigma\cos\alpha$$

式中，$\sigma=F/A$，代表杆件横截面上的正应力。

将应力 p_α 沿截面法向与切向分解［图 8.12(c)］，得斜截面上的正应力与切应力分别为

$$\sigma_\alpha=p_\alpha\cos\alpha=\sigma\cos^2\alpha \tag{8-2}$$

$$\tau_\alpha=p_\alpha\sin\alpha=\frac{\sigma}{2}\sin2\alpha \tag{8-3}$$

可见，在拉压杆的任一斜截面上，不仅存在正应力，而且存在切应力，其大小均随截面的方位角变化。

由式(8-2)可知，当 $\alpha=0°$时，正应力最大，其值为

$$\sigma_{max}=\sigma \tag{8-4}$$

即拉压杆的最大正应力发生在横截面上，其值为 σ。

由式(8-3)可知，在 $\alpha=45°$的斜截面上，切应力的值最大，其值为

$$\tau_{max}=\frac{\sigma}{2} \tag{8-5}$$

即拉压杆的最大切应力发生在与杆轴成 45°的斜截面上，其值为 $\sigma/2$。

为了便于应用上述公式，现对方位角与切应力的正负符号作如下规定：以 x 轴为始边，方位角 α 为逆时针转向时为正；将截面外法线 on 沿顺时针方向旋转 90°，与该方向同向的切应力 τ_α 为正。按此规定，图 8.12(c)所示的 σ 与 τ 均为正。

例 8.3 如图 8.13(a)所示，轴向受压等截面杆的截面面积 $A=600\text{mm}^2$，载荷 $F=50\text{kN}$，试求斜截面 $m-m$ 上的正应力与切应力。

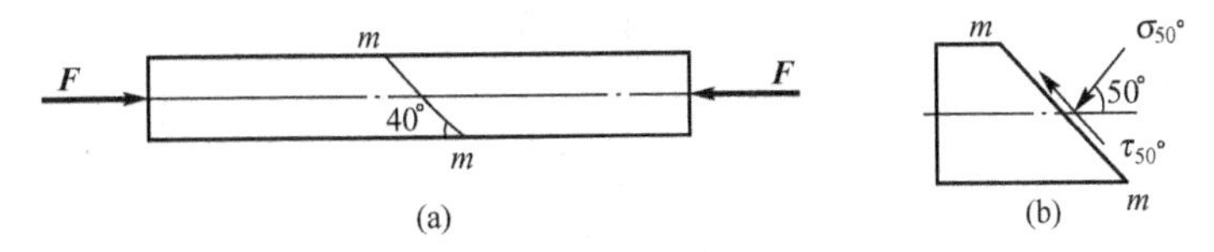

图 8.13

解：杆件横截面上的正应力为

$$\sigma=\frac{F_N}{A}=\frac{-50\times10^3}{600\times10^{-6}}=-83.3\text{MPa}(\text{压力})$$

斜截面 $m-m$ 的方位角为

$$\alpha=50°$$

于是，由式(8-2)和式(8-3)得截面 $m-m$ 上的正应力与切应力分别为

$$\sigma_{50°}=\sigma\cos^2\alpha=(-83.3\times10^6)\cos^2 50°=-34.4\text{MPa}$$

$$\tau_{50°}=\frac{\sigma}{2}\sin2\alpha=\frac{-83.3\times10^6}{2}\sin100°=-41.4\text{MPa}$$

其方向如图 8.13(b)所示。

8.5 拉压杆的变形计算

当杆件承受轴向荷载时，其轴向尺寸与横向尺寸均发生变化(图 8.5)。杆件沿轴线方向的变形称为杆的轴向变形；垂直轴线方向的变形称为杆的横向变形。

1. 拉压杆的轴向变形与胡克定律

轴向拉压试验表明，在比例极限内，正应变与正应力成正比，即

$$\sigma\propto\varepsilon$$

引进比例系数 E，则

$$\sigma=E\varepsilon \tag{8-6}$$

上述关系式称为胡克定律。比例系数 E 称为材料的弹性模量，其值随材料而异，并由试验测定。

由上式可知，弹性模量 E 与应力 σ 具有相同的量纲。弹性模量的常用单位为 GPa(吉帕)，其值为

$$1\text{GPa}=10^9\text{Pa} \tag{8-7}$$

现在，利用胡克定律研究拉压杆的轴向变形。

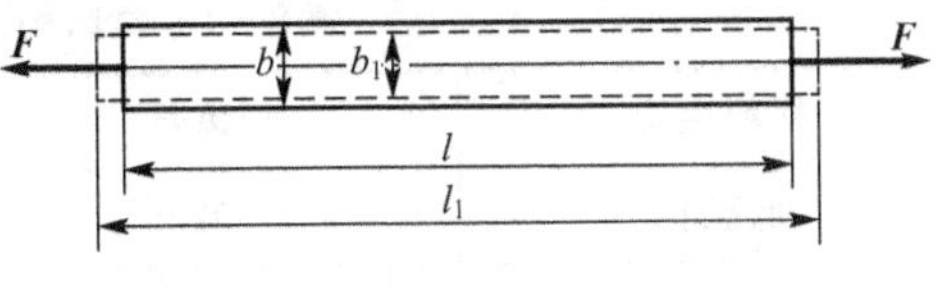

图 8.14

设原长为 l 的拉杆，在承受一对轴向拉力

F 的作用后，其长度增加为 l_1(图 8.14)，则杆的轴向变形与轴向正应变分别为

$$\Delta l=l_1-l$$

$$\varepsilon=\frac{\Delta l}{l} \tag{a}$$

横截面上的正应力为

$$\sigma=\frac{F}{A}=\frac{F_N}{A} \tag{b}$$

将(a)与(b)带入式 (8-6)，于是得

$$\Delta l=\frac{F_N l}{EA} \tag{8-8}$$

上述关系仍称为胡克定律，适用于等截面常轴力拉压杆。它表明，在比例极限内，拉压杆的轴向变形 Δl_1 与轴力 F_N 及杆长 l 成正比，与乘积 EA 成反比，乘积 EA 称为杆截面的拉压刚度，简称为拉压刚度。显然，对于一给定长度的杆，在一定的轴向荷载作用下，拉压刚度越大，杆的轴向变形越小。由上式可知，轴向变形 Δl 与轴力 F_N 具有相同的正负符号，即伸长为正，缩短为负。

2. 拉压杆的横向变形与泊松比

如图 8.14 所示，设杆件的原宽度为 b，在轴向拉力作用下，杆件宽度变为 b_1，则杆的横向变形与横向正应变分别为

$$\Delta b=b_1-b$$

$$\varepsilon'=\frac{\Delta b}{b} \tag{8-9}$$

试验证明，轴向拉伸时，杆沿轴向伸长，其横向尺寸减小，轴向压缩时，杆沿轴向缩短，其横向尺寸增大(图 8.5)，即横向正应变 ε'与轴向正应变 ε 恒为异号。试验还证明，在比例极限内，横向正应变与轴向正应变成正比。

将横向正应变与轴向正应变之比的绝对值用 μ 表示，则由上述试验可知

$$\mu=\left|\frac{\varepsilon'}{\varepsilon}\right|=-\frac{\varepsilon'}{\varepsilon}$$

或

$$\varepsilon'=-\mu\varepsilon \tag{8-10}$$

比例系数 μ 称为泊松比。在比例极限内，泊松比 μ 是一个常数，其值随材料而异，由试验测定。对于大绝大多数各向同性材料，$0<\mu<0.5$。

将式(8-6)带入式(8-10)，得

$$\varepsilon'=-\frac{\mu\sigma}{E} \tag{8-11}$$

几种常用材料的弹性模量 E 与泊松比 μ 的约值见表 8-1。

表 8-1 材料的弹性模量与泊松比的约值

材料名称	牌号	E/GPa	μ
低碳钢	Q235	200～210	0.24～0.28
中碳钢	45	200～210	

（续）

材料名称	牌号	E/GPa	μ
低合金钢	16Mn	200	0.25～0.30
合金钢	40CrNiMoA	210	
灰铸铁		60～162	0.23～0.27
球墨铸铁		150～180	
铝合金	LY12	71	0.33
硬质合金		380	
混凝土		15.2～36	0.16～0.18
木材(顺纹)		9～12	

例 8.4 一个圆截面杆如图 8.15 所示，已知 $F=4\text{kN}$，$l_1=l_2=100\text{mm}$，弹性模量 $E=200\text{GPa}$。为了保证杆件正常工作，要求其总伸长不超过 0.10mm，即许用变形 $[\Delta l]=0.10\text{mm}$，试确定杆径 d。

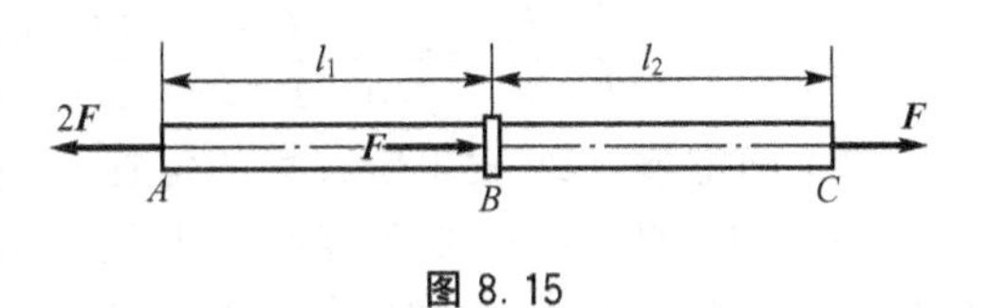

图 8.15

解：杆段 AB 与 BC 的轴力分别为

$$F_{N1}=2F$$
$$F_{N2}=F$$

由式(8-8)得其轴向变形为

$$\Delta l_1=\frac{F_{N1}l_1}{EA}=\frac{8Fl_1}{E\pi d^2}$$

$$\Delta l_1=\frac{F_{N2}l_2}{EA}=\frac{4Fl_1}{E\pi d^2}$$

所以，杆 AC 的总伸长为

$$\Delta l=\Delta l_1+\Delta l_2=\frac{8Fl_1}{E\pi d^2}+\frac{4Fl_1}{E\pi d^2}=\frac{12Fl_1}{E\pi d^2}$$

按照设计要求，总伸长 Δl 不得超过许用变形 $[\Delta l]$，即要求

$$\frac{12Fl_1}{E\pi d^2}\leqslant[\Delta l]$$

由此得

$$d\geqslant\sqrt{\frac{12Fl_1}{E\pi[\Delta l]}}=\sqrt{\frac{12(4\times10^3\text{N})(100\times10^{-3}\text{m})}{\pi(200\times10^9\text{Pa})(0.1\times10^{-3}\text{m})}}=8.7\times10^{-3}\text{m}$$

取

$$d=9.0\text{mm}$$

例 8.5 如图 8.16(a)所示桁架，在节点 A 处承受铅垂载荷 F 的作用，试求该节点的位移。已知：杆 1 用钢制成，弹性模量 $E_1=200\text{GPa}$，横截面面积 $A_1=100\text{mm}^2$，杆长

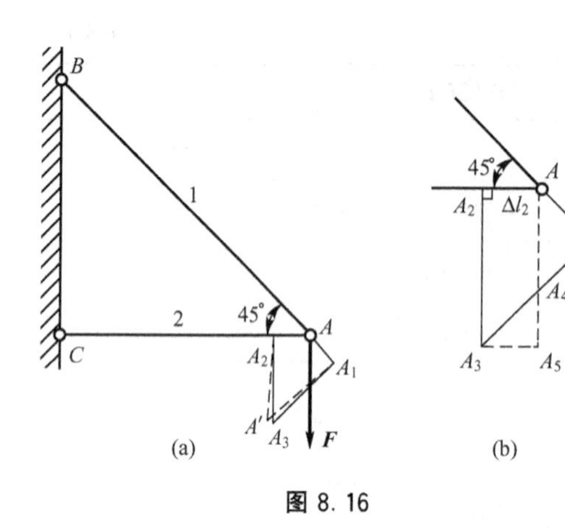

图 8.16

$l_1=1\text{m}$；杆 2 用硬铝制成，弹性模量 $E_2=70\text{GPa}$，横截面面积 $A_2=250\text{mm}^2$，杆长 $l_2=707\text{mm}$；荷载 $F=10\text{kN}$。

解：（1）计算杆件的轴向变形。

首先，根据节点 A 的平衡条件，求得杆 1 与杆 2 的轴力分别为

$$F_{N1}=\sqrt{2}F=\sqrt{2}(10\times10^3\text{N})=1.414\times10^4\text{N}(拉力)$$

$$F_{N2}=F=1.0\times10^4\text{N}(压力)$$

设杆 1 的伸长为 Δl_1，并用 $\overline{AA_1}$ 表示，杆 2 的缩短为 Δl_2，并用 $\overline{AA_2}$ 表示，则由胡克定律可知

$$\Delta l_1=\frac{F_{N1}l_1}{E_1A_1}=\frac{(1.414\times10^4\text{N})(1.0\text{m})}{(200\times10^9\text{Pa})(100\times10^{-6}\text{m}^2)}=7.07\times10^{-4}\text{m}=0.707\text{mm}$$

$$\Delta l_2=\frac{F_{N2}l_2}{E_2A_2}=\frac{(1.0\times10^4\text{N})(1.0\cos45^\circ\text{m})}{(70\times10^9\text{Pa})(250\times10^{-6}\text{m}^2)}=4.04\times10^{-4}\text{m}=0.404\text{mm}$$

（2）确定节点 A 发生位移后的位置。

加载前，杆 1 与杆 2 在节点 A 相连，加载后，各杆的长度虽然改变，但仍连在一起。因此，为了确定节点 A 发生位移后的位置，以 B 与 C 为圆心，并分别以 BA_1 与 CA_2 为半径作圆弧 [图 8.16(a)]，其交点 A' 即为节点 A 的新位置。

通常，杆的变形均很小，弧线 A_1A' 与 A_2A' 必很短，因而可近似地用其切线代替。于是，过 A_1 与 A_2 分别作 BA_1 与 CA_2 的垂线 [图 8.16(b)]，其交点 A_3 也可视为节点 A 的新位置。

（3）计算节点 A 的位移。

由图 8.16 可知，节点 A 的水平与铅垂位移分别为

$$\Delta_{Ax}=\overline{AA_2}=\Delta l_2=0.404\text{mm}$$

$$\Delta_{Ay}=\overline{AA_4}+\overline{A_4A_5}=\frac{\Delta l_1}{\sin45^\circ}+\frac{\Delta l_2}{\tan45^\circ}=1.404\text{mm}$$

（4）讨论。

与结构原尺寸相比为很小的变形，称为小变形。在小变形的条件下，通常即可按结构原有几何形状与尺寸计算约束反力与内力，并可采用上述以切线代替圆弧的方法确定位移。因此，小变形是一个重要的概念，利用此概念，可使许多问题的分析计算大为简化。

8.6 材料在拉伸与压缩时的力学性质

构件的强度、刚度与稳定性，不仅与构件的形状、尺寸及所受外力有关，而且与材料的力学性能有关，本节将研究材料在拉伸与压缩时的力学性能。

8.6.1 拉伸试验与应力—应变图

材料的力学性能由试验测定，拉伸试验是研究材料力学性能最基本、最常用的试验。

标准拉伸试样如图 8.17 所示，标记 m 与 n 之间的杆段为试验段，其长度 l 称为标距。对于试验段直径为 d 的圆截面试样［图 8.17(a)］，通常规定

$$l=10d \quad 或 \quad l=5d$$

而对于试验段横截面面积为 A 的矩形截面试样［图 8.17(b)］，则规定

$$l=11.3\sqrt{A} \quad 或 \quad l=5.65\sqrt{A}$$

试验时，首先将试样安装在材料试验机的上、下夹头内(图 8.18)，并在标记 m 与 n 处安装测量轴向变形的仪器，然后开动机器，缓慢加载。随着荷载 F 的增大，试样逐渐被拉长，试验段的拉伸变形用 Δl 表示，荷载 F 与变形 Δl 间的关系曲线如图 8.18 所示，称为试样的力—伸长曲线或拉伸图，试验一直进行到试样断裂为止。

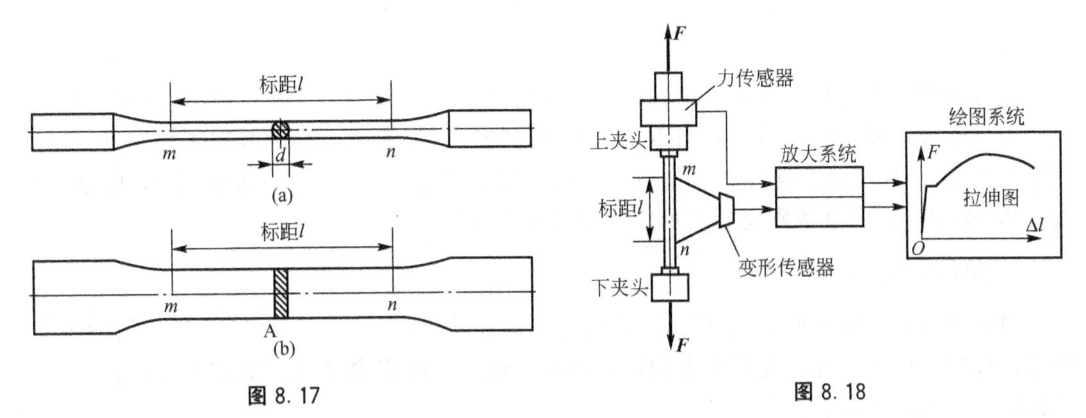

图 8.17　　图 8.18

显然，拉伸图不仅与试样的材料有关，而且与试样的横截面尺寸及标距的大小有关。例如，试验段的横截面面积越大，将其拉断所需的拉力越大；在同一拉力作用下，标距越大，拉伸变形 Δl 也越大。因此，不宜用试样的拉伸图表征材料的力学性能。

将拉伸图的纵坐标 F 除以试样横截面的原面积 A，将其横坐标 Δl 除以试验段的原长 l(即标距)，由此所得应力与应变的关系曲线，称为材料的应力—应变图。

8.6.2 低碳钢的拉伸力学性能

低碳钢是工程中广泛应用的金属材料，其应力—应变图也具有非常典型的意义。图 8.19 所示为低碳钢 Q235 的应力—应变图，现以该曲线为基础，并结合试验过程中所观察到的现象，介绍低碳钢的力学特性。

1. 线性阶段

在拉伸的初始阶段，应力—应变曲线为一直线(图中的 OA)，说明在此阶段内，正应力与正应变成正比，即

$$\sigma \propto \varepsilon$$

线性阶段最高点 A 所对应的正应力称为材料的比例极限，并用 σ_p 表示。低碳钢 Q235 的比例极限 $\sigma_p \approx 200\text{MPa}$。

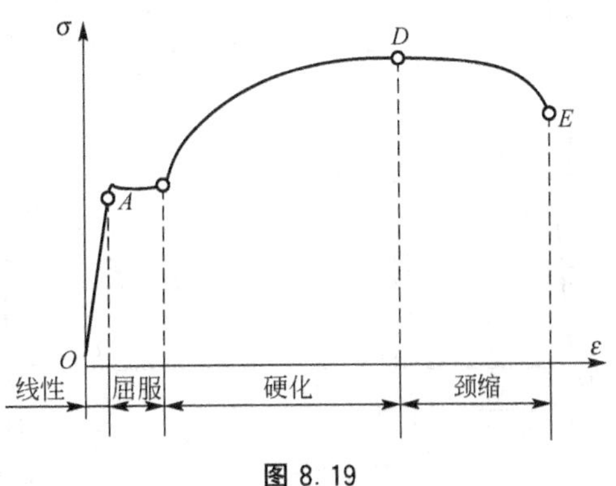

图 8.19

2. 屈服阶段

超过比例极限之后，应力与应变之间不再保持正比关系。当应力增加至某一定值时，应力—应变曲线出现水平线段(可能有微小波动)。在此阶段内，应力几乎不变，而变形却急剧增长，材料失去抵抗继续变形的能力。当应力达到一个定值时，应力虽不增加(或在微小范围内波动)，而变形却急剧增长的现象称为屈服。使材料发生屈服的正应力称为材料的屈服应力或屈服极限，并用σ_s表示，低碳钢Q235的屈服应力$\sigma_s \approx 235\text{MPa}$。如果试样表面光滑，则当材料屈服时，试样表面将出现与轴线约成45°的线纹(图8.20)。如前所述，在杆件45°斜截面上作用有最大切应力，因此，上述线纹可能是材料沿该截面产生滑移所造成的。材料屈服时试样表面出现的线纹通常称为滑移线。

3. 硬化阶段

经过屈服阶段之后，材料又增强了抵抗变形的能力，这时，要使材料继续变形需要增大应力。经过屈服滑移之后，材料重新呈现抵抗继续变形的能力称为应变硬化。硬化阶段的最高点D所对应的正应力称为材料的强度极限，并用σ_b表示，低碳钢Q235的强度极限$\sigma_b \approx 380\text{MPa}$。强度极限是材料所能承受的最大应力。

4. 颈缩阶段

当应力增长至最大值σ_b之后，试样的某一局部显著收缩(图8.21)，产生所谓的颈缩。颈缩出现后，使试件继续变形所需的拉力减小，应力—应变曲线相应呈现下降趋势，最后导致试样在颈缩处断裂。

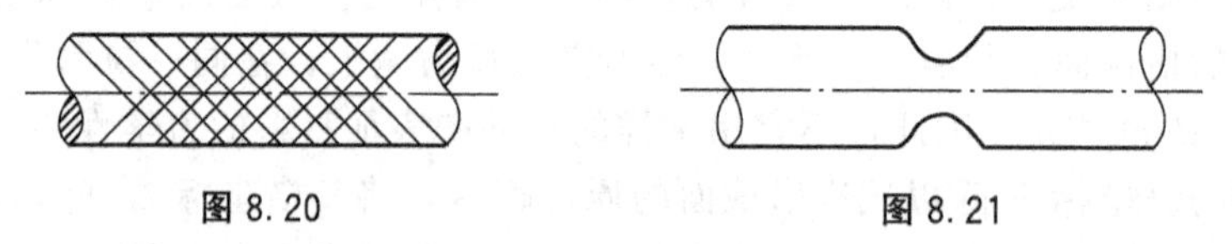

图8.20　　图8.21

综上所述，在整个拉伸过程中，材料经历了线性、屈服、硬化与颈缩4个阶段并存在3个特征点，相应的应力依次为比例极限、屈服应力与强度极限。

5. 卸载与再加载规律

试验表明，如果当应力小于比例极限时停止加载，并将载荷逐渐减小至零，即卸去载荷，则可以看到，在卸载过程中应力与应变之间仍保持正比关系，并沿直线AO回到O点(图8.22)，变形完全消失。这种仅产生弹性变形的现象，一直持续到应力—应变曲线的某点B，与该点对应的正应力称为材料的弹性极限，并用σ_e表示。

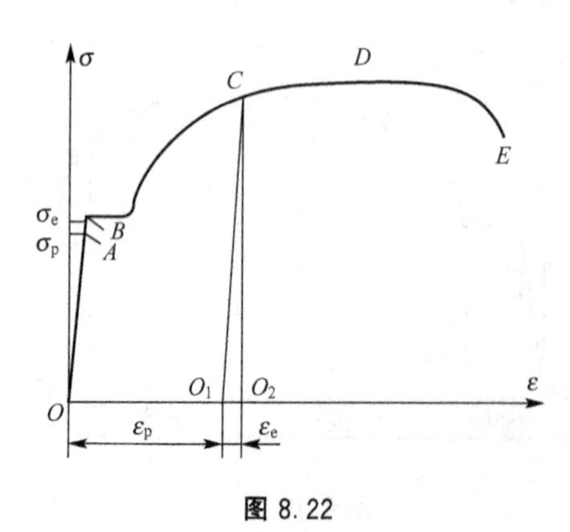

图8.22

在超过弹性极限之后，例如在硬化阶段某一点C逐渐减小载荷，则卸载过程中的应力—应变曲线如图8.22中的CO_1所示，该直线与OA几乎平行。线段$\overline{O_1O_2}$则代表随卸载而消失的应变，即弹性应变；而线段$\overline{OO_1}$则代表应力减小至零时残留的应变，即塑性应变或残余应变。由此可见，当应力超过弹性极限后，材料的应变包括弹性应变与塑性应变，但在卸载过程中，应力与应变之间仍保持线性关系。

在试验中还发现，如果卸载至 O_1 点后立即重新加载，则加载时的应力、应变关系基本上沿卸载时的直线 O_1C 变化，过 C 点后仍沿原曲线 CDE 变化，并至 E 点断裂。因此，如果将卸载后已有塑性变形的试样当成新试样重新进行拉伸试验，其比例极限或弹性极限将得到提高，而断裂时的残余变形则将减小。由于预加塑性变形而使材料的比例极限或弹性极限提高的现象，称为冷作硬化。工程中常利用冷作硬化来提高某些构件(如钢筋与链条等)在弹性范围内的承载能力。

6. 材料的塑性

试样断裂时的残余变形最大。材料能经受较大塑性变形而不破坏的能力称为材料的塑性或延性。材料的塑性用延伸率或断面收缩率度量。

设断裂时试验段的残余变形为 Δl_0，则残余变形 Δl_0 与试验段原长 l 的比值，即

$$\delta=\frac{\Delta l_0}{l}\times 100\% \tag{8-12}$$

称为材料的延伸率，如果试验段横截面的原面积为 A，断裂后断口的横截面面积为 A_1，所谓断面收缩率即为

$$\psi=\frac{A-A_1}{A}\times 100\% \tag{8-13}$$

低碳钢 Q235 的延伸率为 $\delta\approx 25\%\sim 30\%$，断面收缩率为 $\psi\approx 60\%$。

塑性好的材料，在轧制或冷压成型时不易断裂，并能承受较大的冲击载荷。在工程中，通常将延伸率较大(如 $\delta>5\%$)的材料称为塑性或延性材料，延伸率较小的材料称为脆性材料。结构钢与硬铝等为塑性材料，而工具钢、灰口铸铁与陶瓷等则属于脆性材料。

8.6.3 其他材料的拉伸力学性能

图 8.23 所示为 16 锰钢与硬铝等金属材料的应力—应变图，从中可以看出，它们断裂时均具有较大的残余变形，即均属于塑性材料。不同的是，有些材料不存在明显的屈服阶段。对于不存在明显屈服阶段的塑性材料，工程中通常以卸载后产生数值为 0.2%的残余应变的应力作为屈服应力，称为屈服强度或名义屈服极限，并用 $\sigma_{0.2}$ 表示，如图 8.24 所示。

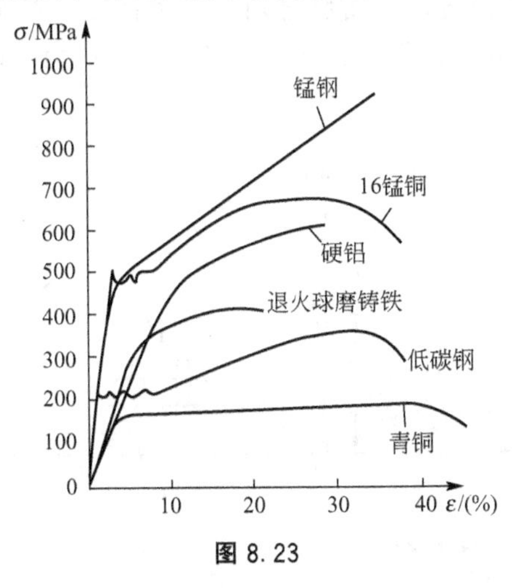

图 8.23

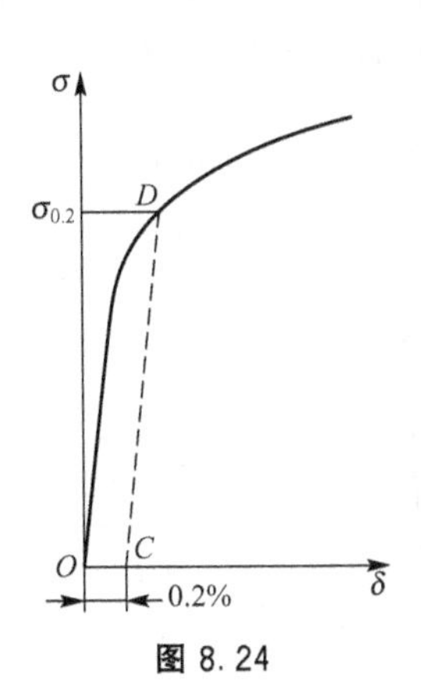

图 8.24

至于脆性材料，如灰口铸铁与陶瓷等，从开始受力直至断裂，变形始终很小，既不存在屈服阶段，也无颈缩现象。图 8.25 所示为灰口铸铁拉伸时的应力—应变曲线，断裂时的应变仅为 0.4%～0.5%，断口则垂直于试样轴线，即断裂发生在最大拉应力作用面。

近年来，复合材料得到广泛应用。复合材料具有强度高、刚度大与比重小的特点。碳/环氧(即碳纤维增强环氧树脂基体)是一种常用的复合材料，图 8.26 所示为某种碳/环氧复合树料沿纤维方向与垂直于纤维方向的拉伸应力—应变曲线。可以看出，材料的力学性能随加力方向变化，即为各向异性，而且断裂时残余变形很小，其他复合材料也具有类似的特点。

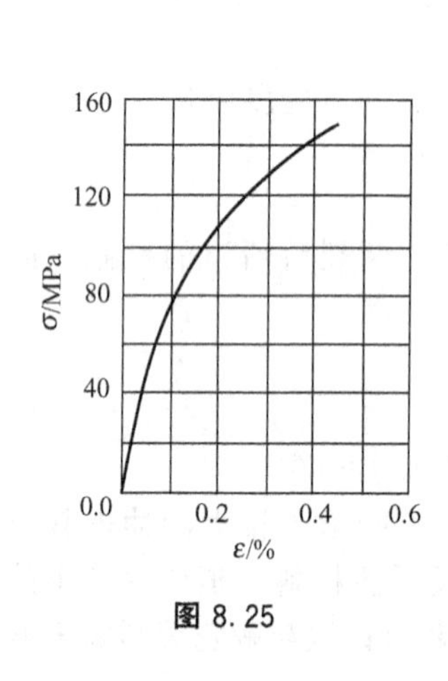

图 8.25

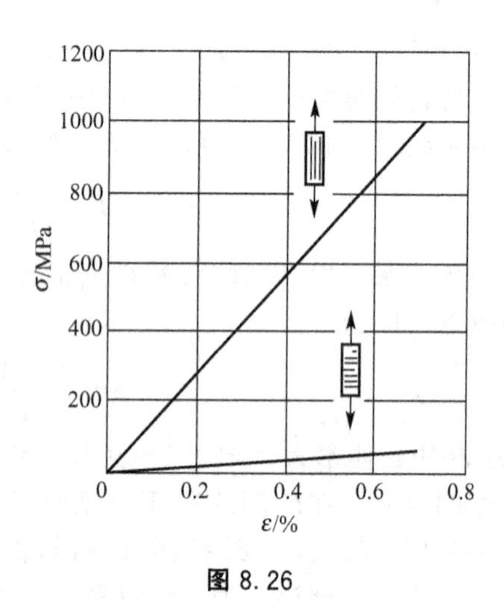

图 8.26

8.6.4 材料在压缩时的力学性能

材料受压时的力学性能由压缩试验测定，一般细长杆被压缩时容易产生失稳现象，因此在金属压缩试验中，常采用短粗圆柱形试样。

低碳钢压缩时的应力—应变曲线如图 8.27(a)中的虚线所示，为了便于比较，图中还画出了拉伸时的应力—应变曲线。可以看出，在屈服之前，压缩曲线与拉伸曲线基本重合，压缩与拉伸时的屈服应力与弹性模量大致相同。不同的是，随着压力不断增大，低碳钢试样将越压越“扁平”[图 8.27(b)]。

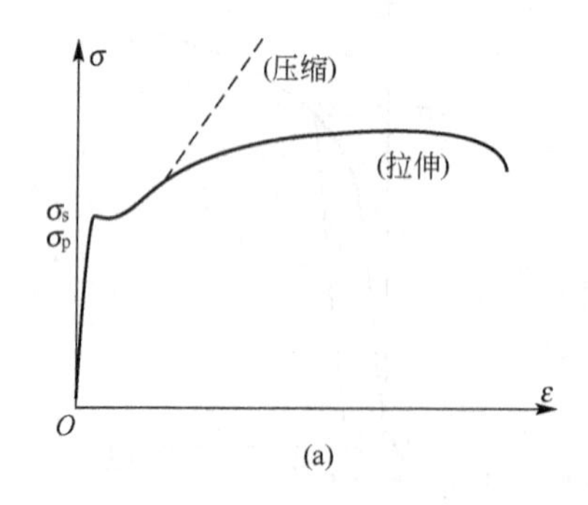

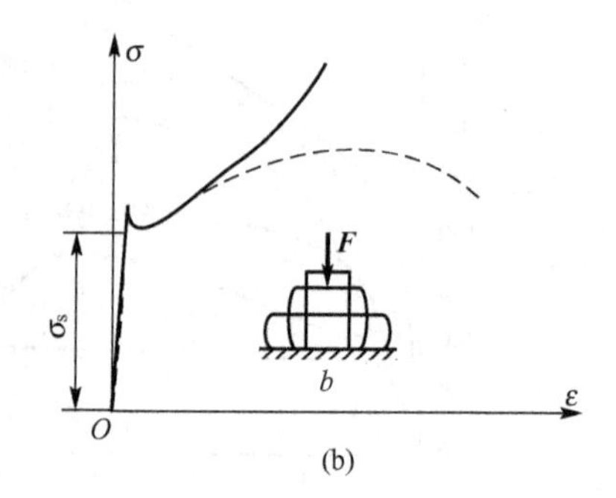

图 8.27

灰口铸铁压缩时的应力—应变曲线如图8.28(a)所示，压缩强度极限远高于拉伸强度极限(约为3～4倍)，其他脆性材料如混凝土与石料等也具有上述特点，所以，脆性材料宜用做承压构件。灰口铸铁压缩破坏的形式如图8.28(b)所示，断口的方位角约为55°～60°。由于在该截面上存在较大的切应力，所以灰铸铁压缩破坏的方式是剪断。

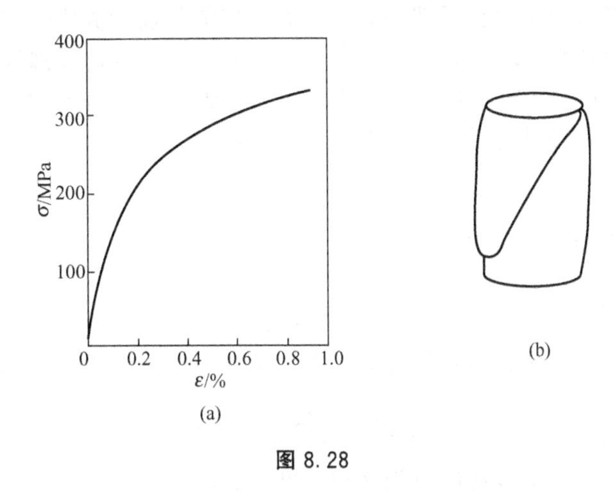

图8.28

8.7 强度计算、许用应力和安全因数

前面介绍了杆件在拉伸或压缩时最大应力的计算以及材料的力学性能，在此基础上，本节将研究拉压杆的静强度问题。

1. 安全因数　许用应力

材料丧失正常工作能力(失效)时的应力称为极限应力，用σ_u表示。对于塑性材料，当应力达到屈服点σ_s时，将发生显著的塑性变形，此时虽未发生破坏，但因变形过大将影响构件的正常工作，所以把σ_u定义为极限应力，即$\sigma_u=\sigma_s$。对于脆性材料，因塑性变形很小，断裂就是破坏的标志，故以强度极限作为极限应力，即$\sigma_u=\sigma_b$。

为了保证构件有足够的强度，它在外载荷作用下引起的应力(称为工作应力)的最大值应小于极限应力，原因如下。

(1) 作用在构件上的外力难以精确计算，并常有一些突发性的载荷。

(2) 经简化而成的计算(力学)模型与实际结构总有偏差(当然越小越好)，因此，计算所得应力(即工作应力)通常带有一定程度的近似性。

(3) 实际材料的组成与品质等难免存在差异，不能保证构件所用材料与标准试样具有完全相同的力学性能。

所有这些不确定因素，都有可能使构件的实际安全工作条件比设计的要严密。

除了以上原因外，为了确保安全，构件还应具有适当的强度储备，特别是对于因破坏将带来严重后果的结构，如桥梁、水坝及大型起重设备等，更应给予较大的强度储备。

对于由一定材料制成的具体构件，工作应力的最大允许值称为材料的许用应力(许可应力)，用$[\sigma]$表示。许用应力与极限应力的关系为

$$[\sigma]=\frac{\sigma_u}{n} \tag{8-14}$$

其中，n 为大于1的因数，称为安全因数(安全系数)。

如上所述，安全因数是由多种因素决定的。各种材料在不同工作条件下的安全因数或许用应力，可从有关规范或设计手册中查到。在一般静强度计算中，对于塑性材料，按屈服应力所规定的安全因数 n_s 通常取1.5～2.2；对于脆性材料，按强度极限所规定的安全因数 n_b 通常取3.0～5.0，甚至更大。当然，安全因数也并不是越大越好，过大的安全因数会耗用过多的材料，使结构的自重上升，制造成本增大。

2. 强度条件

许用应力确定之后，就可以建立杆件的强度条件

$$\sigma_{max}=\left(\frac{F_N}{A}\right)_{max}\leqslant[\sigma] \tag{8-15}$$

即杆件的最大工作应力不得超过许用应力。对于等截面杆，上式可写成

$$\sigma_{max}=\left(\frac{F_{Nmax}}{A}\right)_{max}\leqslant[\sigma] \tag{8-16}$$

根据上述强度条件，可以解决下列3类强度计算问题。

(1) 强度校核。已知载荷、截面尺寸及材料的许用应力，根据式(8-16)校核杆件是否满足强度要求。

(2) 设计截面尺寸。已知载荷及材料的许用应力，确定杆件所需的最小横截面面积。由式(8-16)可得

$$A\geqslant\frac{F_{Nmax}}{[\sigma]} \tag{8-17}$$

(3) 确定许用载荷。已知杆件的横截面面积及材料的许用应力，确定允许的最大荷载。对于二力杆，由式(8-16)确定最大轴向外力

$$F_{max}=F_{Nmax}\leqslant[\sigma]A=[F] \tag{8-18}$$

如果最大工作应力 σ_{max} 超过了许用应力 $[\sigma]$，但只要超过量在5%以内，在工程设计中仍然是允许的。

例8.6 如图8.29所示，空心圆截面杆的外径 $D=20$mm，内径 $d=15$mm，承受轴向荷载 $F=20$kN 的作用，材料的屈服应力 $\sigma_s=235$MPa，安全系数 $n_s=1.5$，试校核杆的强度。

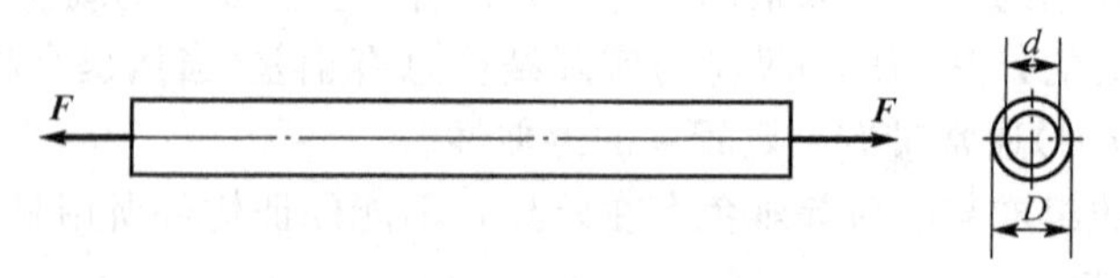

图8.29

解：杆件横截面上的正应力为

$$\sigma=\frac{4F}{\pi(D^2-d^2)}=\frac{4(20\times10^3\text{N})}{\pi[(0.020\text{m}^2)-(0.015\text{m}^2)]}$$
$$=1.455\times10^8\text{Pa}=145.5\text{MPa}$$

根据式(8-14)可知，材料的许用应力为

$$[\sigma]=\frac{\sigma_s}{n_s}=\frac{235\times10^6\text{Pa}}{1.5}=1.56\times10^8\text{Pa}=156\text{MPa}$$

可见，工作应力小于许用应力，说明杆件能够安全工作。

例 8.7 图 8.30 为油缸的示意图。缸盖与缸体用 6 个螺栓相连接。已知油缸内径 $D=350\text{mm}$，油压 $p=1\text{MPa}$。若螺栓材料的许用应力为 $[\sigma]=40\text{MPa}$，试求螺栓的小径。

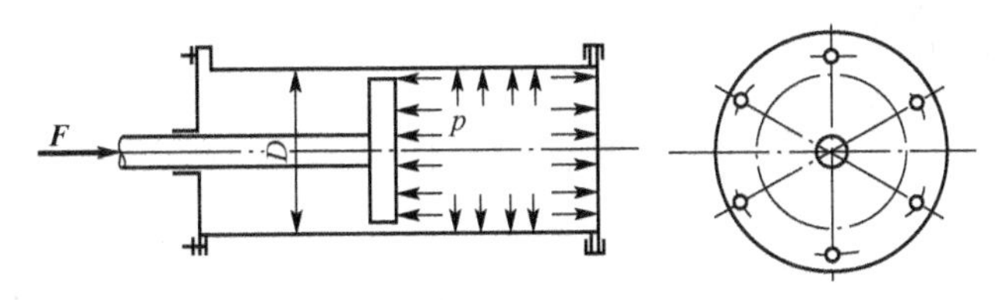

图 8.30

解： 缸盖上承受的总压力是

$$F=\frac{1}{4}\pi D^2p=\frac{1}{4}\pi(350\times10^{-3}\text{m})^2\times1\times10^6\text{Pa}=96.2\times10^3\text{N}$$

这也就是 6 个螺栓承担的总拉力，即每个螺栓承受的轴力为 $F_N=\frac{F}{6}$。若螺栓的小径为 d，横截面面积为 $A=\frac{\pi}{4}d^2$，于是由强度条件式(8-16)得

$$\frac{\pi}{4}d^2\geqslant\frac{F_N}{[\sigma]}$$

由此解出

$$d\geqslant\sqrt{\frac{4F_N}{\pi[\sigma]}}=\sqrt{\frac{4\times96.2\times10^3\text{N}}{6\times\pi\times40\times10^6\text{Pa}}}=0.0226\text{m}=22.6\text{mm}$$

可取 $d=23\text{mm}$。

例 8.8 如图 8.31 所示，桁架由杆 1 与杆 2 组成，在节点 B 承受荷载 F 作用，试计算荷载 F 的最大许用荷载 $[F]$。已知杆 1 与杆 2 的横截面面积均为 $A=100\text{mm}^2$，许用拉应力为 $[\sigma_t]=200\text{MPa}$，许用压应力为 $[\sigma_c]=150\text{MPa}$。

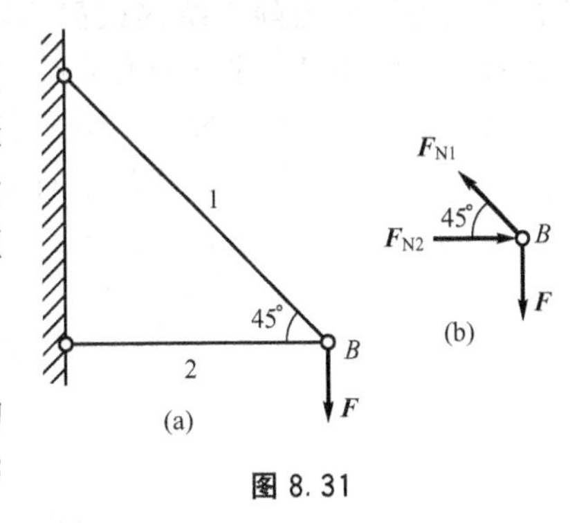

图 8.31

解：(1) 轴力分析。

设杆 1 轴向受拉，杆 2 轴向受压，杆 1 与杆 2 的轴力分别为 F_{N1} 与 F_{N2} [图 8.31(a)]，则根据节点 B 的平衡方程

$$\sum F_x=0,\quad F_{N2}-F_{N1}\cos45°=0$$
$$\sum F_y=0,\quad F_{N1}\sin45°-F=0$$

得

$$F_{N1}=\sqrt{2}F\text{(拉力)}$$
$$F_{N2}=F\text{(压力)}$$

(2) 确定 F 的许用值。

杆 1 的强度条件为

$$\frac{\sqrt{2}F}{A}\leqslant[\sigma_t]$$

由此得

$$F\leqslant\frac{A[\sigma_t]}{\sqrt{2}}=\frac{(100\times10^{-6}\,\mathrm{m}^2)(200\times10^6\,\mathrm{Pa})}{\sqrt{2}}=1.414\times10^4\,\mathrm{N}$$

杆 2 的强度条件为

$$\frac{F}{A}\leqslant[\sigma_c]$$

由此得

$$F\leqslant A[\sigma_c]=(100\times10^{-6}\,\mathrm{m}^2)(150\times10^6\,\mathrm{Pa})=1.50\times10^4\,\mathrm{N}$$

可见，桁架所能承受的最大荷载即许用荷载为

$$[F]=14.14\mathrm{kN}$$

8.8 拉伸和压缩超静定问题

1. 静定与超静定问题

在前面所讨论的问题中，未知力(支座反力或内力)的数目小于或等于静力学平衡方程式的数目，此时，未知力可由静力学平衡方程确定，这类问题称为静定问题。图 8.32(a) 所示的桁架即属于静定问题。但在工程上有时为了提高结构的强度和刚度，往往需要增加一些约束或杆件，因此有一些结构的未知力数目大于静力学平衡方程的数目，此时如果只根据静力学平衡方程将不能求解全部的未知力，这类问题称为超静定问题或静不定问题，这样的结构称为超静定结构或静不定结构［图 8.32(b)］。由此可见，在超静定问题中，存在着多于维持静力平衡所必需的支座或杆件，通常称之为“多余”约束，相应的支座反力或内力则称为多余未知力，由于多余约束的存在，未知力的数目必然多于静力平衡方程的数目，两者的差值称为超静定的次数。

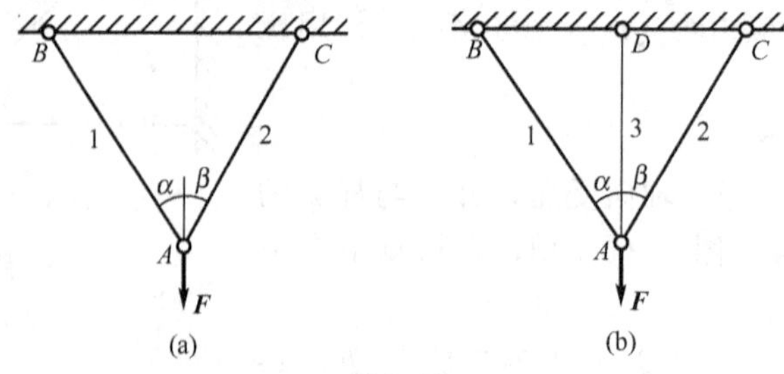

图 8.32

2. 超静定问题分析

解决超静定问题，除了要根据静力平衡条件建立静力平衡方程外，还需要建立补充方程。要分析结构各部分间的变形协调条件，由此得到各部分之间的几何关系，再根据变形

与轴力间的物理关系——胡克定律，就可以得到以轴力表示的变形协调方程即补充方程。与静力平衡方程联立，使得方程的数目与未知力的数目相等，从而求得全部未知力。现以图 8.33(a)所示超静定桁架为例，介绍分析方法。

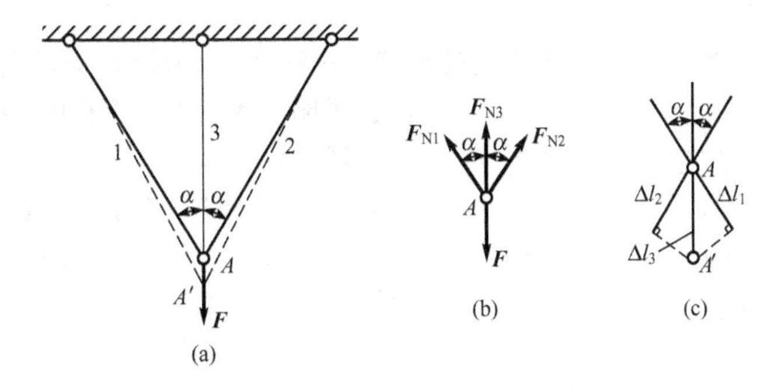

图 8.33

设杆 1 与杆 2 各横截面的拉压刚度均相同，均为 E_1A_1，杆 3 各横截面的拉压刚度均为 E_3A_3，杆 1 的长度为 l_1。在载荷 F 作用下，3 杆均伸长，故可设 3 杆均受拉，节点 A 的受力图如图 8.33(b)所示。

$$\sum F_x=0,\quad F_{N2}\sin\alpha-F_{N1}\sin\alpha=0 \tag{a}$$

$$\sum F_y=0,\quad F_{N1}\cos\alpha+F_{N2}\cos\alpha+F_{N3}-F=0 \tag{b}$$

3 杆原交于一点 A，因由铰链相连，变形后它们仍应交于一点。此外，由于杆 1 与杆 2 的受力和拉压刚度均相同，节点 A 应沿铅垂方向下移，各杆的变形关系如图 8.33(c)所示。为了保证 3 杆变形后仍交于一点，即保证结构的连续性，杆 1、杆 2 的变形 Δl_1 与杆 3 的变形 Δl_3 之间应满足如下关系

$$\Delta l_1=\Delta l_3\cos\alpha \tag{c}$$

保证结构连续性所应满足的变形几何关系称为变形协调条件或变形协调方程。变形协调条件即为求解超静定问题的补充条件。

设 3 杆均处于线弹性范围，则由胡克定律可知，各杆的变形与轴力间的关系为

$$\Delta l_1=\frac{F_{N1}l_1}{E_1A_1}$$

$$\Delta l_3=\frac{F_{N3}l_1\cos\alpha}{E_3A_3}$$

将上述关系式代入式(c)得以轴力表示的变形协调方程，即补充方程为

$$F_{N1}=\frac{E_1A_1}{E_3A_3}\cos^2\alpha F_{N3} \tag{d}$$

最后，联立求解平衡方程(a)、方程(b)与补充方程(d)，于是得

$$F_{N1}=F_{N2}=\frac{F\cos^2\alpha}{\dfrac{E_3A_3}{E_1A_1}+2\cos^3\alpha}$$

$$F_{N3}=\frac{F}{1+\dfrac{E_1A_1}{E_3A_3}\cos^3\alpha}$$

所得结果均为正，说明各杆轴力均为拉力的假设是正确的。

综上所述，求解超静定问题必须考虑以下 3 个方面：满足平衡方程，满足变形协调条件，符合力与变形间的物理关系(如在线弹性范围之内，即符合胡克定律)。简而言之，即应综合考虑静力学、几何与物理 3 方面。材料力学的许多基本理论也正是从这 3 个方面进行综合分析后建立的。

例 8.9 图 8.34 所示为一两端固定的等截面直杆 AB，截面 C 受轴向力 F 的作用，杆的拉压刚度为 EA，试求两端约束反力。

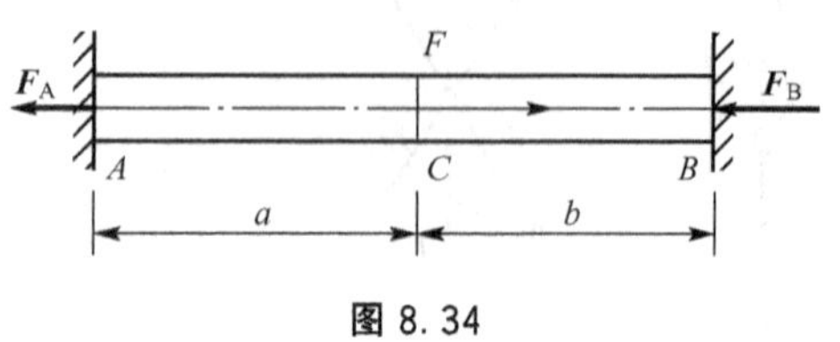

图 8.34

解： 杆 AB 为轴向拉压杆，故两端的约束反力也均沿轴线方向，独立平衡方程只有 1 个，未知力数为 2 个，故为一次超静定问题，所以需建立一个补充方程。

(1) 建立静力平衡方程：

$$\sum F_x=0,\quad F-F_A-F_B=0$$

$$F_A+F_B=F \tag{a}$$

(2) 分析变形协调条件，建立补充方程。

为了建立补充方程，需要分析变形协调的几何关系。在载荷与约束力的作用下，AC 段和 BC 段均发生轴向变形，但由于两端是固定的，杆的总变形必须等于零，得杆 AB 变形协调的几何关系式

$$\Delta l_{AB}=\Delta l_{AC}+\Delta l_{CB}=0 \tag{b}$$

再根据胡克定律得各段的轴力与变形之间的物理关系为

$$\Delta l_{AC}=\frac{F_{NAC}a}{EA}=\frac{F_A a}{EA},\quad \Delta l_{CB}=\frac{F_{NCB}b}{EA}=-\frac{F_B b}{EA} \tag{c}$$

将式(c)代入式(b)，得补充方程为

$$F_A=\frac{b}{a}F_B$$

(3) 求未知约束力。

最后，联立求解静力平衡方程式(a)和补充方程式(d)，即可解出杆 AB 两端的约束反力

$$F_A=\frac{Fb}{a+b},\quad F_B=\frac{Fa}{a+b}$$

例 8.10 在如图 8.35(a)所示的结构中，AB 为刚性杆，1、2 两杆的拉伸(压缩)刚度均为 EA，长度均为 l。加工时 1 杆的长度短了 Δ_e($\Delta_e \ll l$)。装配后，在 AB 杆上再施加荷载 F。试求 1、2 杆的轴力。

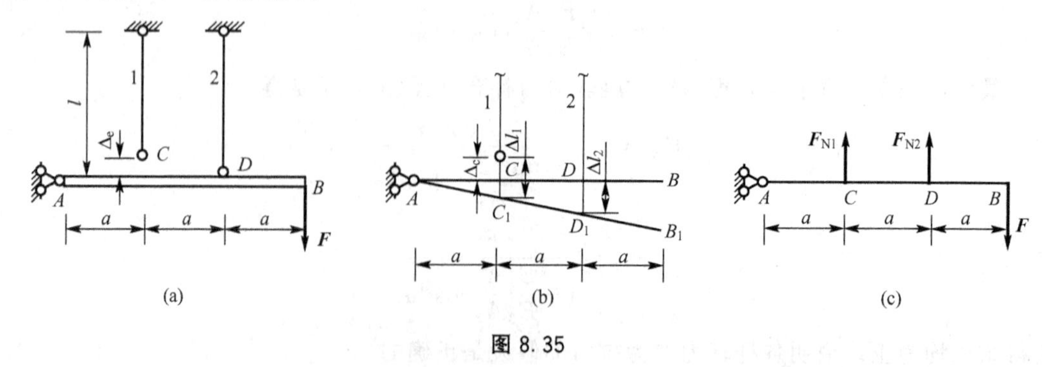

图 8.35

解：该题是求装配和荷载共同作用时 1、2 杆的轴力。

设装配后再加荷载 F，AB 杆将移至 AB_1，如图 8.35(b)所示。1、2 两杆均产生伸长变形，1、2 两杆的轴力均为拉力，AB 杆受力图如图 8.35(c)所示。

(1) 建立 AB 杆的平衡方程。

由图 8.35(c)可知

$$\sum M_A=0,\quad F_{N1}\times a\times F_{N2}\times 2a-F\times 3a=0$$

解得

$$F_{N1}+2F_{N2}=3F \tag{a}$$

(2) 分析变形，建立补充方程。

由图 8.35(b)得到变形的方程为

$$\Delta l_2=2(\Delta l_1-\Delta_e) \tag{b}$$

由胡克定律得

$$\Delta l_1=\frac{F_{N1}l}{EA},\quad \Delta l_2=\frac{F_{N2}l}{EA} \tag{c}$$

将式(c)代入式(b)，解得

$$F_{N2}=2F_{N1}-2\frac{EA}{l}\Delta_e$$

(3) 求 1、2 杆的轴力。

联立求解(a)和(d)，解得

$$F_{N1}=\frac{3}{5}F+\frac{4}{5}\frac{EA}{l}\Delta_e$$

$$F_{N2}=\frac{6}{5}F-\frac{2}{3}\frac{EA}{l}\Delta_e$$

8.9 应力集中的概念

1. 应力集中

由于构造与使用等方面的需要，许多构件常常带有沟槽(如螺纹)、孔和圆角(构件由粗到细的过渡圆角)等。在外力作用下，构件中邻近沟槽、孔或圆角的局部范围内的应力急剧增大。例如，图 8.36(a)所示含圆孔的受拉薄板，圆孔处截面 $A-A$ 上的应力分布如图 8.36(b)所示，最大应力 σ_{max} 显著超过该截面的平均应力。

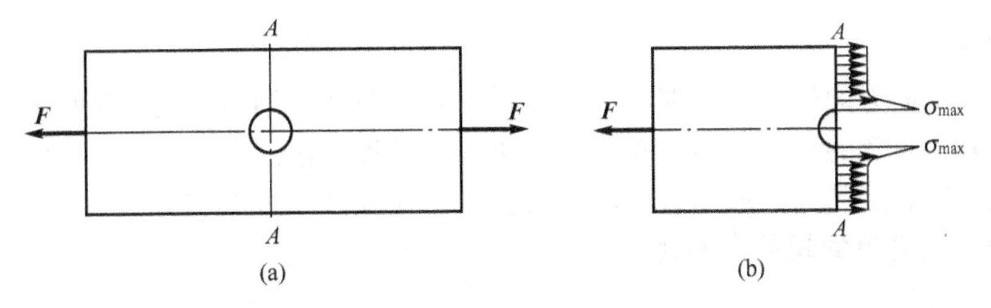

图 8.36

由于截面急剧变化所引起的应力局部增大现象，称为应力集中。应力集中的程度用应

力集中因数 K 表示，其定义为

$$K=\frac{\sigma_{max}}{\sigma_n} \tag{8-19}$$

式中：σ_n 为名义应力；σ_{max}为最大局部应力。名义应力是在不考虑应力集中的条件下求得的。例如上述的含圆孔薄板，若所受拉力为 F，板厚为 δ，板宽为 b，孔径为 d，则截面 $A-A$ 上的名义应力为

$$\sigma_n=\frac{F}{(b-d)\delta}$$

最大局部应力 σ_{max}则是由解析理论(例如弹性力学)、实验或数值办法(如有限元素法与边界元素法)等确定的。

2. *应力集中对构件强度的影响*

对于由脆性材料制成的构件，应力集中现象将一直保持到最大局部应力 σ_{max} 达到强度极限之前。因此，在设计脆性材料构件时，应考虑应力集中的影响。

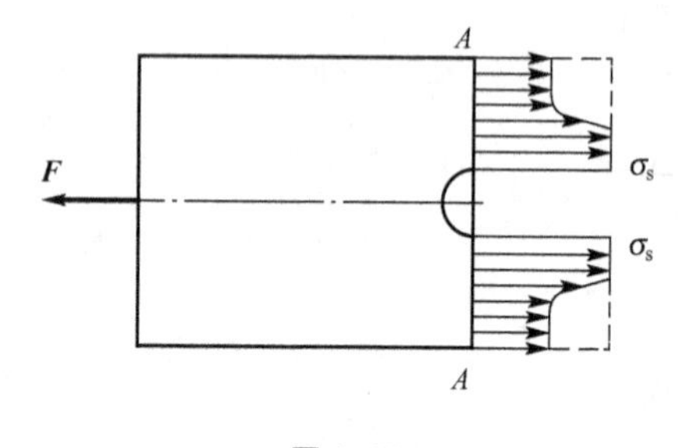

图 8.37

对于由塑性材料制成的构件，应力集中对其在静荷载作用下的强度则几乎无影响。因为当最大应力 σ_{max} 达到屈服应力 σ_s 之后，如果继续增大荷载，则所增加的载荷将由同一截面的未屈服部分承担，以致屈服区域不断扩大(图 8.37)，应力分布逐渐趋于均匀化。所以，在研究塑性材料构件的静强度问题时，通常可以不考虑应力集中的影响。

在机械和工程结构中，许多构件常常受到随时间循环变化的应力，即所谓的交变应力或循环应力。试验表明，在交变应力作用下的构件，虽然所受应力小于材料的静强度极限，但经过应力的多次重复后，构件将产生可见裂纹或完全断裂，在交变应力作用下，构件将产生可见裂纹或完全断裂的现象，称为疲劳破坏。试验还表明，应力集中促使疲劳裂纹的形成与扩展，因而对构件(无论是塑性还是脆性材料)的疲劳强度影响极大。所以，在工程设计中，要特别注意减小构件的应力集中。

本章小结

1. 基本概念

(1) 内力、轴力的概念。掌握使用截面法计算各截面的轴力，正确画出杆件轴力图。

(2) 应力、应变的概念。用胡克定律解决实际工程问题。

(3) 拉压超静定问题。应用材料力学的应力、应变关系及几何条件，建立补充的力学方程，以便解决简单的超静定问题。

2. 基本公式

(1) 拉压杆横截面的正应力：

$$\sigma=\frac{F_N}{A}$$

(2) 拉压杆斜截面的正应力：

$$\sigma_\alpha=\sigma\cos^2\alpha,\quad \tau_\alpha=\frac{\sigma}{2}\sin2\alpha$$

(3) 胡克定律：

$$\Delta l=\frac{F_N l}{EA},\quad 或\ \sigma=E\cdot\varepsilon,\quad 其中\ \varepsilon=\frac{\Delta l}{l}$$

(4) 强度条件：

$$\sigma_{max}=\left(\frac{F_N}{A}\right)_{max}\leqslant[\sigma]$$

3. 材料的主要机械性质指标

强度指标：屈服极限 $\sigma_s(\sigma_{0.2})$，强度极限 σ_b；

塑性指标：延伸率 δ，截面收缩率 ψ。

思 考 题

1. 轴向拉伸杆，最大正应力与最大切应力分别发生在哪个截面上？

2. 材料不同、横截面面积也不同的两根拉杆，受相同的轴向拉力作用，问(a)轴力是否相同？(b)应力是否相同？(c)应变是否相同？(d)强度是否相同？

3. 材料进入屈服极限后，产生的变形包括哪几种？

4. 材料 a、b 与 c 的应力—应变曲线如图 8.38 所示，其中：材料______的强度最高；材料______的弹性模量最大；材料______的塑性最好。

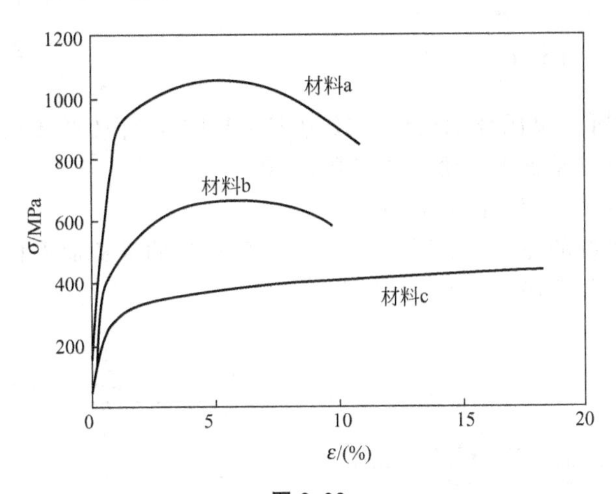

图 8.38

5. 试指出下列概念的区别

(1) 内力与应力；

(2) 变形与应变；

(3) 弹性变形与塑性变形；

(4) 强度极限与极限应力；

(5) 极限应力与许用应力；

(6) 工作应力与许用应力。

习　　题

8－1　试求图 8.39 所示各杆 1－1 和 2－2 截面上的轴力，并作轴力图。

8－2　试求图 8.40 所示等直杆横截面 1－1、2－2 和 3－3 上的轴力，并作轴力图。若横截面面积 $A=400\text{mm}^2$，试求各截面上的应力。

8－3　试求图 8.41 所示梯形状直杆截面 1－1、2－2 和 3－3 上的轴力，并作轴力图。若横截面面积 $A_1=200\text{mm}^2$，$A_2=300\text{mm}^2$，$A_3=400\text{mm}^2$，试求各截面上的应力。

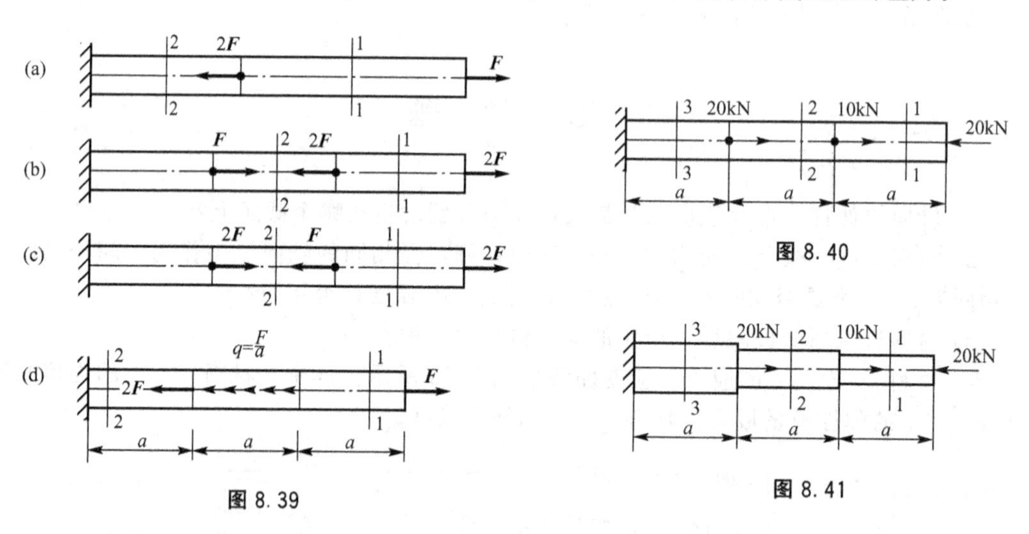

图 8.39

图 8.40

图 8.41

8－4　图 8.42 所示拉压杆承受轴向拉力 $F=10\text{kN}$，杆的横截面面积 $A=100\text{mm}^2$。如以 α 表示斜截面与横截面的夹角，试求当 $\alpha=0°$、30°、45°、60°、90°时各斜截面上的正应力和切应力，并在图上表示出其方向。

8－5　一根等直杆的受力，如图 8.43 所示。已知杆的横截面面积 A 和材料的弹性模量 E。试作轴力图，并求杆端点 D 的位移。

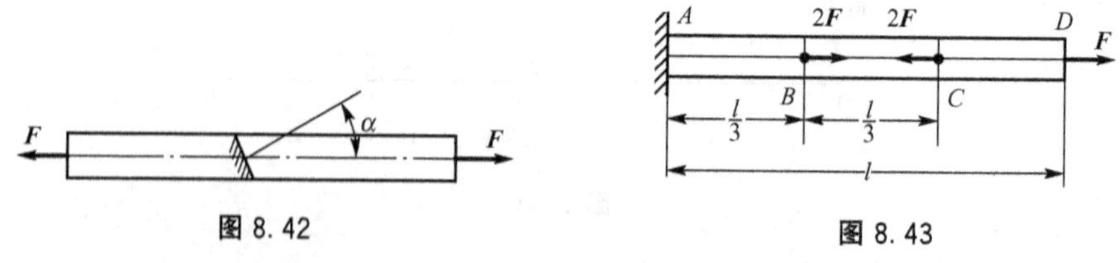

图 8.42

图 8.43

8－6　一木桩的受力图如图 8.44 所示。柱的横截面为边长 200mm 的正方形，可认为材料符合胡克定律，其弹性模量 $E=10\text{GPa}$。如不计柱的自重，试求：

(1) 作轴力图；

(2) 各段柱横截面上的应力；

(3) 各段柱的纵向线应变；

(4) 柱的总变形。

8-7 在图 8.45 所示的结构中，AB 为水平放置的刚性杆，杆 1、2、3 材料相同，其弹性模量 $E=210\text{GPa}$，已知 $l=1\text{m}$，$A_1=A_2=100\text{mm}^2$，$A_3=150\text{mm}^2$，$F=20\text{kN}$，试求 C 点的水平位移和铅垂位移。

8-8 图 8.46 所示的实心钢杆 AB 和 AC 在 A 点以铰相连接，在 A 点作用有铅垂向下的力 $F=35\text{kN}$。已知 AB 和 AC 的直径分别为 $d_1=12\text{mm}$ 和 $d_2=15\text{mm}$，钢的弹性模量 $E=210\text{GPa}$。试求 A 点在铅垂方向的位移。

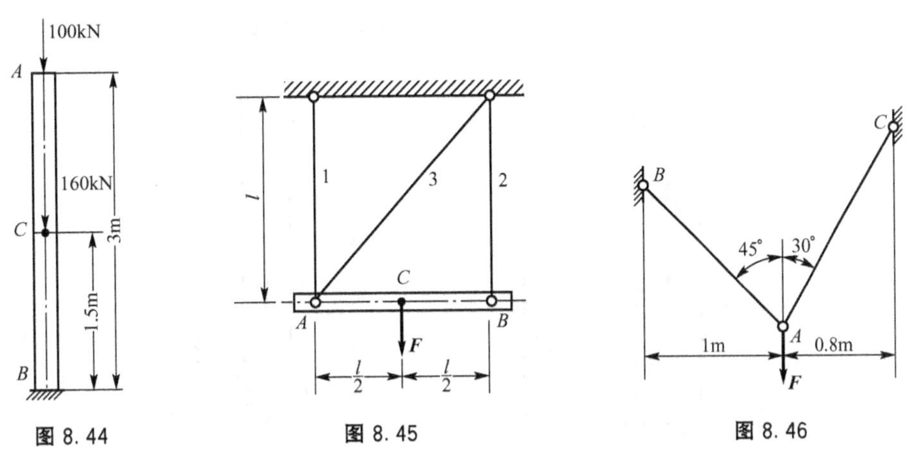

图 8.44　　图 8.45　　图 8.46

8-9 简易起重机设备的计算简图如图 8.47 所示。已知斜杆 AB 用两根 63mm×40mm×4mm 不等边角钢组成，钢的许用应力 $[\sigma]=170\text{MPa}$。试问在提起重量为 $P=15\text{kN}$ 的重物时，斜杆 AB 是否满足强度条件？

8-10 一结构受力图如图 8.48 所示，杆件 AB、AD 均由两根等边角钢组成。已知材料的许用应力 $[\sigma]=170\text{MPa}$，试选择杆 AB、AD 的角钢型号。

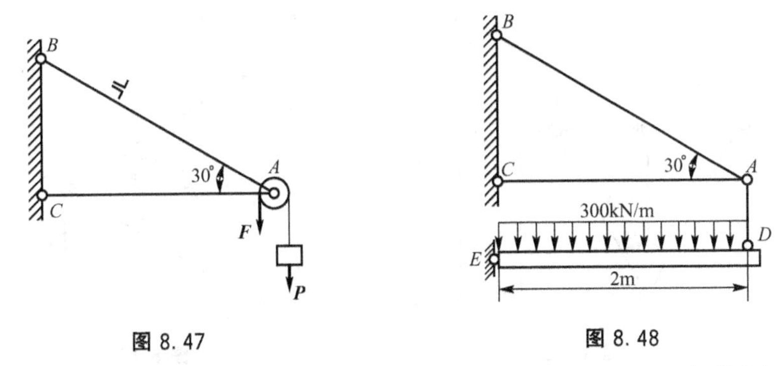

图 8.47　　图 8.48

8-11 图 8.49 所示为一个钢制圆轴，受轴向压力为 $F=600\text{kN}$ 的作用。设材料的弹性模量 $E=200\text{GPa}$，泊松比 $\mu=0.3$。试求该轴在 F 力作用下，长度和直径变量 Δl 和 Δd 及其占原尺寸的百分数。

8-12 有一个横截面面积为 $A=10000\text{mm}^2$ 的钢杆，其两端固定，荷载如图 8.50 所示，试求钢杆各段内的应力。

8-13 图 8.51 所示杆件在 A 端固定，另一端刚性支撑 B 有一空隙 $\delta=1\text{mm}$，试求当杆件受 $F=50\text{kN}$ 的作用后杆的轴力。设 $E=100\text{GPa}$，$A=200\text{mm}^2$，$a=1.5\text{m}$，$b=1\text{m}$。

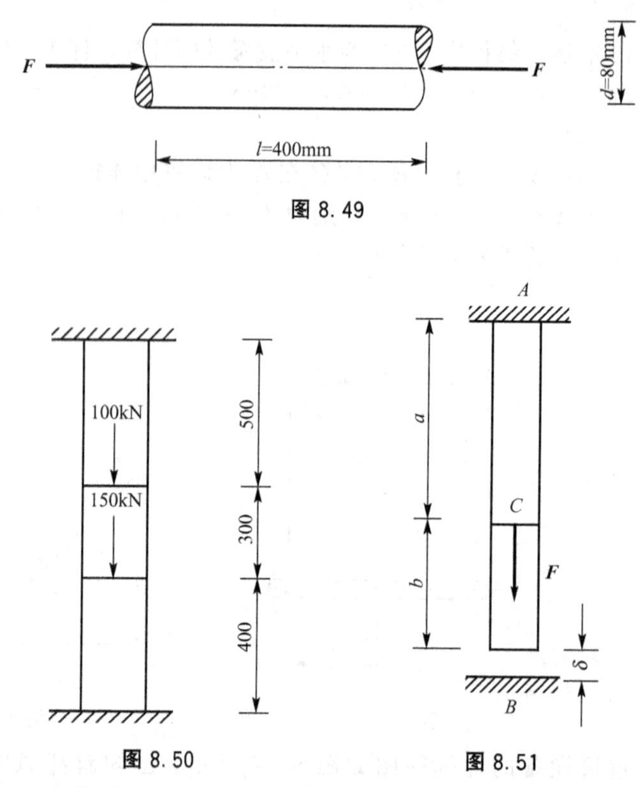

图 8.49

图 8.50

图 8.51

8-14　图 8.52 所示支架中的 3 根杆件材料相同，杆 1 的横截面面积为 200mm^2，杆 2 的为 300mm^2，杆 3 的为 400mm^2。若 $F=30\text{kN}$，试求各杆内的应力。

8-15　在图 8.53 所示在结构中，1、2 两杆的抗拉刚度同为 E_1A_1，杆 3 的为 E_3A_3。杆 3 的长度为 $l+\delta$，其中 δ 为加工误差。试求将杆 3 装入 AC 位置后，1、2、3 这 3 个杆的内力。

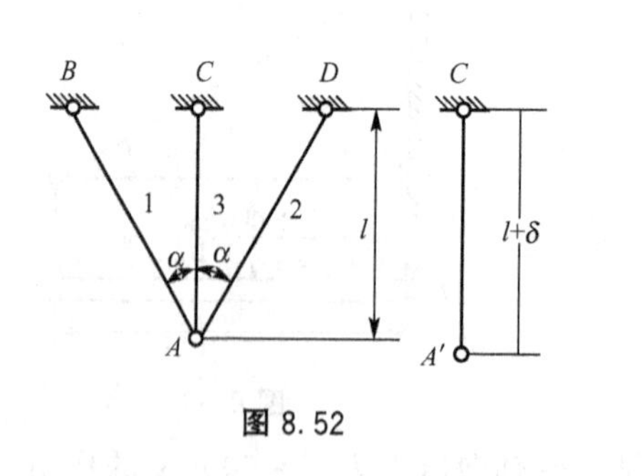

图 8.52

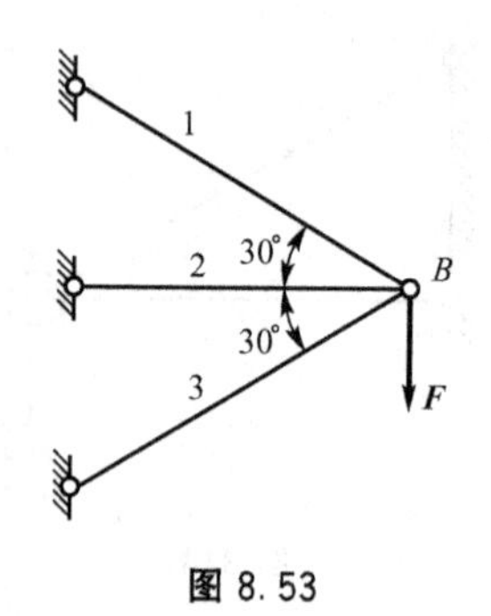

图 8.53

第9章 剪　切

【教学目标】

本章主要介绍螺栓、铆钉等连接件的简化计算方法，包括剪切实用计算和挤压实用计算两个部分，本章涉及的应力均为截面上的名义应力，要注意与截面的真实应力相互区分。

【学习要求】

通过本章学习，学生应掌握简单连接件的计算方法，能够准确判断剪切面和挤压面的位置及大小，对连接件及被连接构件进行全面的验算，保证构件正常工作。

9.1 剪切的概念及工程实例

剪切的受力特点是构件上作用着一对大小相等、方向相反、作用线之间距离很小的平行力。剪切变形的特点是二力间的截面发生错动，直至发生剪切破坏。可能发生剪切破坏的面，称为剪切面。如图 9.1(a)所示，两块钢板用螺栓连接后承受拉力 F，则在螺栓的两侧面上受到大小相等、方向相反、作用线相距很近的两组分布外力系作用。螺栓在这样的外力系作用下，将沿着 $m-m$ 截面发生相对错动，这种变形形式即为剪切，而发生剪切变形的截面 $m-m$ 即为剪切面。

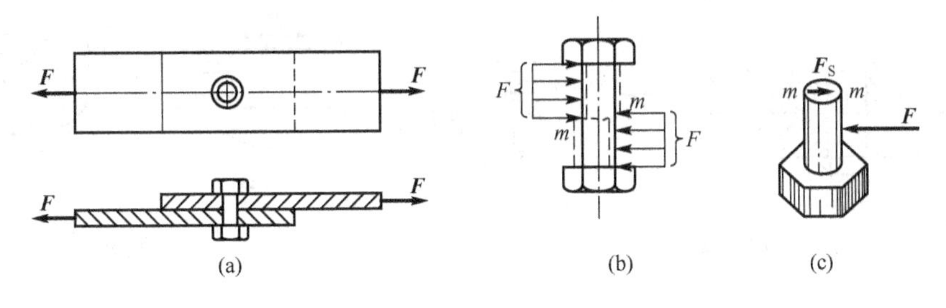

图 9.1

实际工程中，构件与构件之间常用键、铆钉、螺栓、销钉、榫头等连接在一起，如图 9.2所示。这种起连接作用的部件统称为连接件，在构件受力后主要产生剪切变形，承受剪切应力。如果应力过大，则可能会超过材料的剪切强度极限而引起构件破坏造成工程事故。

连接件的本身尺寸较小，但其受力较复杂，因而其变形亦较为复杂。在工程设计中为了方便计算，通常按照连接的破坏可能性，在试验的基础上，对它们的受力特点做一些近似的假设而提出的简化计算方法，称为实用计算法。

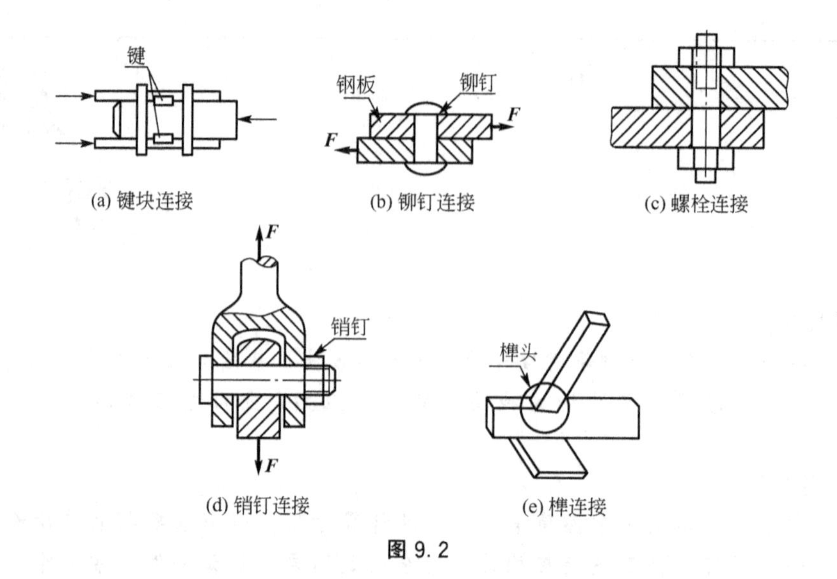

(a) 键块连接 (b) 铆钉连接 (c) 螺栓连接

(d) 销钉连接 (e) 榫连接

图 9.2

9.2 剪切的实用计算

图 9.3 表示两块钢板通过铆钉来连接，以及铆钉的受力情况。铆钉两侧面上所受到的分布力的合力为 F，大小相等、方向相反，但是作用线不在一条直线上，在 $m-m$ 截面处铆钉的受力方向发生突变。因此，铆钉在 $m-m$ 截面处受到剪切作用。

为了研究剪切面上的受力情况，采用截面法，在 $m-m$ 截面处将铆钉切断，取下部作为研究对象。该部分受到外力 F 的作用，设 $m-m$ 面上的内力为 F_S，如图 9.4 所示。根据力的平衡条件有

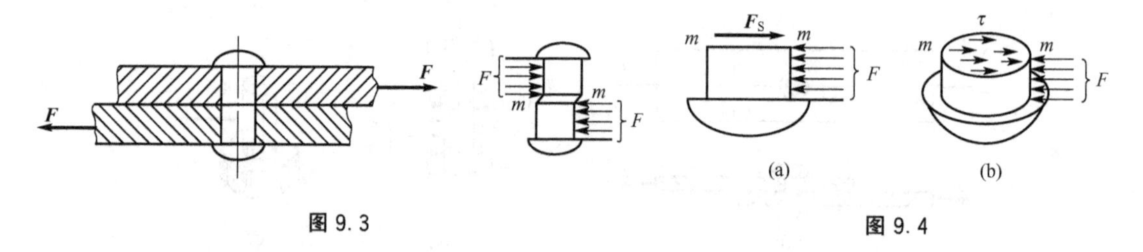

图 9.3 图 9.4

$$\sum F_x=0: \quad F_S-F=0$$

所以

$$F_S=F$$

则在剪切面上有大小为 F_S，方向相反，平行于剪切面的内力，并以切应力 τ 的形式分布在截面上。在剪切实用计算中，假设剪切面上各点处的切应力相等，剪切面的面积为 A_S，于是可得到剪切面上的名义切应力为

$$\tau=\frac{F_S}{A_S} \tag{9-1}$$

求得切应力后，即可建立剪切强度条件。通过直接试验，并按名义切应力公式(9-1)，可得到剪切破坏时材料的名义极限切应力 τ_u，再除以安全系数，即可得到材料的许用名义

切应力 $[\tau]$。此时，剪切的强度条件可表示为

$$\tau=\frac{F_S}{A_S}\leqslant[\tau] \tag{9-2}$$

按名义切应力公式(9－1)求得的切应力值，并不能反映剪切面上切应力的理论真实值，而只是剪切面上的平均切应力值，但是对于低碳钢等塑性材料制成的连接件，当其临近破坏时，剪切面上的切应力将逐渐趋于均匀，符合实用计算理论的假设。因此强度条件式(9－2)基本能够满足工程实用的要求。

9.3 挤压的实用计算

在外力作用下，不但在连接件内部产生剪切力，在连接件与被连接的构件之间的接触面上还会出现局部承压现象，称为挤压。在接触面上的压力称为挤压力，记为 F_{bs}。挤压力可根据被连接件所受的外力由静力平衡条件求得，当挤压力过大时，就可能把铆钉或钢板的铆钉孔压成局部塑性变形。图 9.5(a)表示钢板因抗压强度不足在孔边缘被压溃而产生局部塑性变形；图 9.5(b)表示铆钉因抗压强度不足被压坏或压扁的情况。

构件在承受挤压力 F_{bs} 作用时，挤压面上的应力分布一般较为复杂。实用计算方法中也是假设在挤压面上应力均匀分布，以 A_{bs} 表示挤压面面积，则名义挤压应力 σ_{bs} 为

$$\sigma_{bs}=\frac{F_{bs}}{A_{bs}} \tag{9-3}$$

当接触面为圆柱面(如铆钉或螺栓与钢板之间的接触面)时，挤压面面积 A_{bs} 取为实际接触面在直径平面上的投影面积，如图 9.6 所示，这样是为了方便计算。在实际理论分析中，接触面上的理论挤压应力分布情况如图 9.6(a)所示，最大应力出现在圆柱面的中点，在实用计算中，按式(9－3)算得的名义挤压应力与接触面中点处的最大理论挤压应力值相近。当连接件与被连接构件的接触面为平面时，挤压面面积 A_{bs} 取为实际接触面的面积。

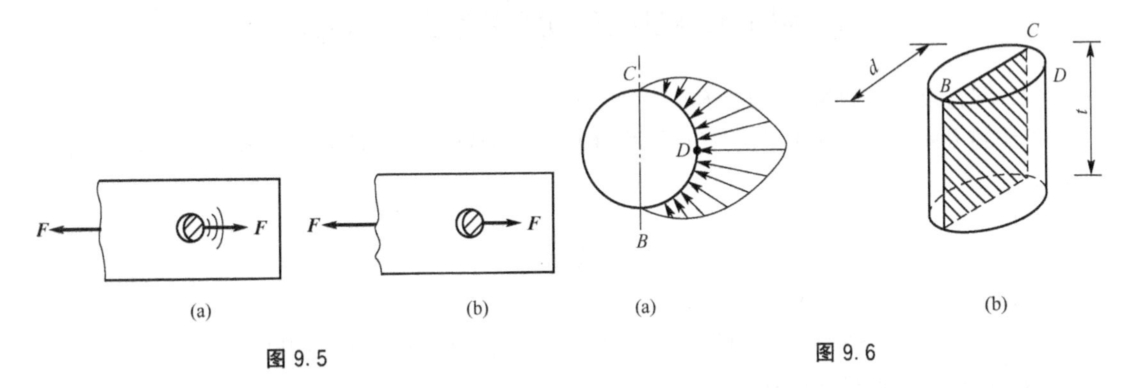

图 9.5 图 9.6

求得挤压应力后，即可建立挤压应力强度条件。通过直接试验，并按名义挤压应力式(9－3)，可得到挤压破坏时材料的名义极限挤压应力 σ_u。再除以安全系数，即可得到材料的许用名义挤压应力 $[\sigma_{bs}]$。此时，挤压的强度条件可表示为

$$\sigma_{bs}=\frac{F_{bs}}{A_{bs}}\leqslant[\sigma_{bs}] \tag{9-4}$$

因为挤压是连接件与被连接件之间的相互作用，所以当两者材料不同时，应校核其中许用挤压应力较低的材料的挤压强度。

例 9.1 图 9.7 所示的铆钉接头承受拉力 F 地作用，已知板厚 $\delta=2\mathrm{mm}$，板宽 $b=15\mathrm{mm}$，铆钉直径 $d=15\mathrm{mm}$；铆钉和钢板材料相同，许用切应力 $[\tau]=100\mathrm{MPa}$，许用挤压应力 $[\sigma_{bs}]=300\mathrm{MPa}$，许用拉应力 $[\sigma]=160\mathrm{MPa}$。试确定拉力 F 的许可值。

解：该铆接接头的破坏形式可能有以下 4 种：铆钉沿其横截面 1 - 1 被剪断，如图 9.7(a)所示；铆钉与钢板孔壁互相挤压，产生挤压破坏；钢板沿截面 2 - 2 被拉断，如图 9.7(b)所示；钢板沿截面 3 - 3 被剪断，如图 9.7(c)所示。

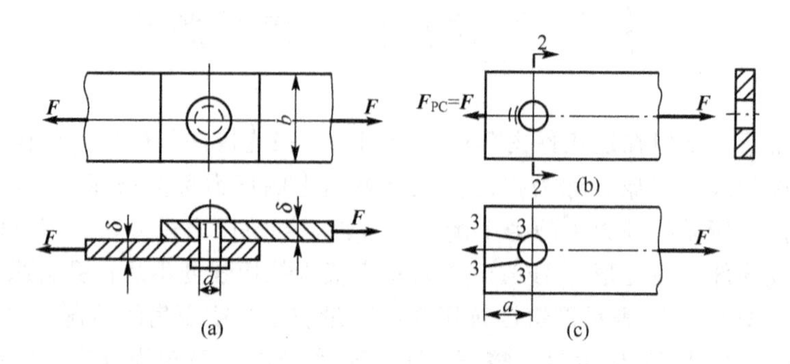

图 9.7

试验表明，当边距 a 足够大，例如大于铆钉直径 d 的两倍，最后一种形式的破坏通常可以避免。因此，铆接接头的强度分析，主要是针对前 3 种破坏而言。

(1) 铆钉的剪切强度分析。

铆钉剪切面 1 - 1 上的剪力 $F_S=F$，切应力为

$$\tau=\frac{F_S}{A}=\frac{4F}{\pi d^2}$$

由剪切强度条件式(9 - 2)，要求

$$F\leqslant\frac{\pi d^2[\tau]}{4}=\frac{\pi(4\times10^{-3})^2(100\times10^6)}{4}=1256\mathrm{N}$$

(2) 铆钉及钢板的挤压强度分析。

因铆钉及钢板的材料相同，其挤压强度相同。铆钉与板孔壁的挤压力 $F_{bs}=F$，名义挤压应力为

$$\sigma_{bs}=\frac{F_{bs}}{A_{bs}}=\frac{F}{\delta d}$$

根据挤压强度条件式(9 - 4)，有

$$F\leqslant\delta d[\sigma_{bs}]=(2\times10^{-3})(4\times10^{-3})(300\times10^6)=2400\mathrm{N}$$

(3) 钢板的拉伸强度分析。

钢板横截面 2 - 2 上的拉伸正应力最大，其值为(不考虑应力集中的影响)

$$\sigma=\frac{F}{(b-d)\delta}$$

根据拉压杆的强度条件，有

$$F\leqslant(b-d)\delta[\sigma]=(15\times10^{-3}-4\times10^{-3})(2\times10^{-3})(160\times10^6)=3520\mathrm{N}$$

综合以上 3 方面可知，该接头的许可拉力为

$$F=1256\text{N}=1.256\text{kN}$$

例 9.2 某钢桁架的一节点，如图 9.8(a)所示。斜杆 A 由两个 63mm×6mm 的等边角钢组成，受力 $F=140\text{kN}$ 的作用。该斜杆用螺栓连接在厚度为 $\delta=10\text{mm}$ 的节点板上，螺栓直径为 $d=16\text{mm}$。已知角钢、节点板和螺栓的材料均为 Q235 钢，许用应力为 $[\sigma]=170\text{MPa}$，$[\tau]=130\text{MPa}$，$[\sigma_{bs}]=300\text{MPa}$。试选择螺栓个数，并校核斜杆 A 的拉伸强度。

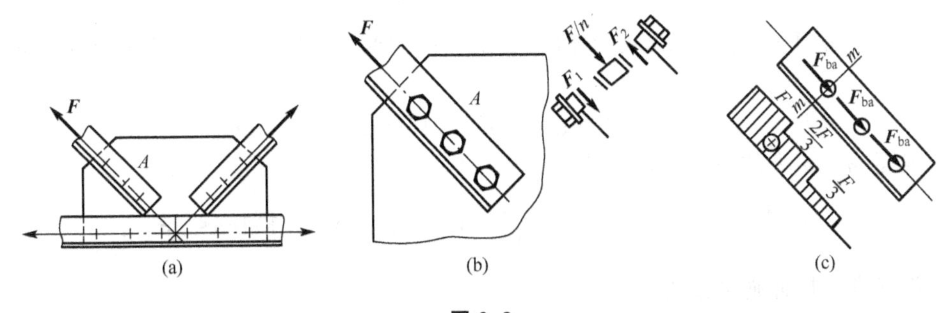

图 9.8

解： 选择螺栓个数的问题在性质上与截面选择的问题相同，先用剪切强度条件式(9-2)选择螺栓个数，然后用挤压强度条件式(9-4)来校核。

首先分析每个螺栓所受到的力。当各螺栓直径相同，且外力作用线通过该组螺拴截面的形心时，可假定每个螺栓的受力相等。所以，在具有 n 个螺栓的接头上作用的外力为 F 时，每个螺栓所受到的力即等于 F/n。

螺栓有两个剪切面［图 9.8(b)］，由截面法可得每个剪切面上的剪力为

$$F_S=\frac{F/n}{2}=\frac{F}{2n}$$

将剪力和有关的已知数据代入剪切强度条件式(9-2)

$$\tau=\frac{F_S}{A_s}=\frac{\dfrac{F}{2n}}{\dfrac{\pi d^2}{4}}=\frac{2\times140\times10^3\text{N}}{n\pi\times(16\times10^{-3}\text{m})^2}\leqslant130\times10^6\text{Pa}$$

于是求得螺栓数为

$$n\geqslant\frac{2\times140\times10^3\text{N}}{\pi\times(16\times10^{-3}\text{m})^2\times(130\times10^6\text{Pa})}=2.68$$

取 $n=3$。

校核挤压强度。由于节点板的厚度小于两角钢厚度之和，所以应校核螺栓与节点板之间的挤压强度。每个螺栓所受的力为 F/n，也即螺栓与节点板间相互的挤压力，即

$$F_{bs}=\frac{F}{n}$$

由式(9-4)可得名义挤压应力为

$$\sigma_{bs}=\frac{F_{bs}}{A_{bs}}=\frac{\dfrac{F}{n}}{\delta d}$$

将已知数据代入上式，得

$$\sigma_{bs}=\frac{F}{n\delta d}=\frac{140\times1000\text{N}}{3\times(10\times10^{-3}\text{m})(16\times10^{-3}\text{m})}=292\times10^{6}\text{Pa}=292\text{MPa}<[\sigma_{bs}]$$

可见，采用3个螺栓满足挤压强度条件。

校核角钢的拉伸强度。取两根角钢一起作为分离体，其受力图及轴力图，如图9.8(c)所示。由于角钢在 $m-m$ 截面上轴力最大，该横截面又因螺栓孔而削弱，故为危险截面。该截面上的轴力为

$$F_{N,max}=F=140\text{kN}$$

由型钢规格表查得63mm×63mm角钢的横截面面积为7.29cm²，故危险截面 $m-m$ 的面积为

$$A=2\times(729\text{mm}^2-6\text{mm}\times16\text{mm})=1266\text{mm}^2$$

角钢横截面 $m-m$ 上的拉伸正应力为

$$\sigma=\frac{F_{N,max}}{A}=\frac{140000\text{N}}{12.66\times10^{-4}\text{m}^2}=111\times10^{6}\text{Pa}=111\text{MPa}<[\sigma]$$

可见，斜杆满足拉伸强度条件。

在计算 $m-m$ 截面上的拉应力时应用了轴向拉伸的正应力公式，实际上，由于角钢上的螺栓孔，使横截面发生应力集中现象。但考虑到杆的材料为Q235钢，具有良好的塑性，当杆接近破坏时，危险截面 $m-m$ 上各部分材料均将达到屈服，各点处的正应力趋于相等，故假设该截面上各点处的正应力相等是可以的。

本章小结

1. 实用计算

按构件的破坏能力，采用既反映受力的基本特征，又简化计算的假设，计算其名义应力，然后根据直接试验的结果，确定其许用应力，进行强度计算。

2. 剪切的实用计算

剪切面：构件有沿其发生相互错动趋势的截面。

剪力：剪切面上的内力分量 F_S，由截面法求得。

基本假设：名义切应力在剪切面上均匀分布。

强度条件：名义切应力不得超过由直接试验结果，按名义切应力公式，并考虑安全因素后的许用切应力，即

$$\tau=\frac{F_S}{A_S}\leqslant[\tau]$$

3. 挤压的实用计算

挤压：两构件相互接触的局部承压现象。

挤压面：两构件间相互接触的局部接触面。

挤压力：局部接触面上总压力。

基本假设：挤压应力在计算挤压面面积上均匀分布。若挤压面为平面(如键等)，则计算挤压面面积即为实际的挤压面(接触面)面积；若挤压面为半圆柱面(如铆钉、螺栓、

销钉等)，则计算挤压面面积等于实际挤压面(接触面)面积在其直径平面上的投影(图 9.9)。

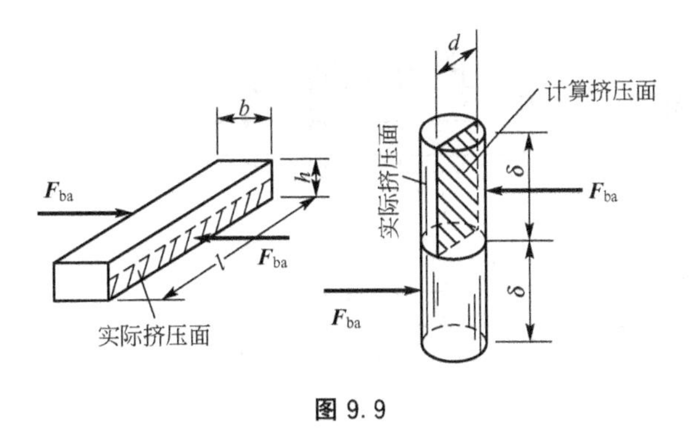

图 9.9

思 考 题

1. 在图 9.10 所示铆接结构中，力是如何传递的?

2. 试问压缩与挤压有何区别?为何挤压许用应力大于压缩许用应力?

3. 某木桥上的斜支柱是撑在橡木垫子上的，而橡木垫又通过齿形榫将力传递给桥桩，如图 9.11 所示。试分析该齿形榫的接切面面积和承压面面积。

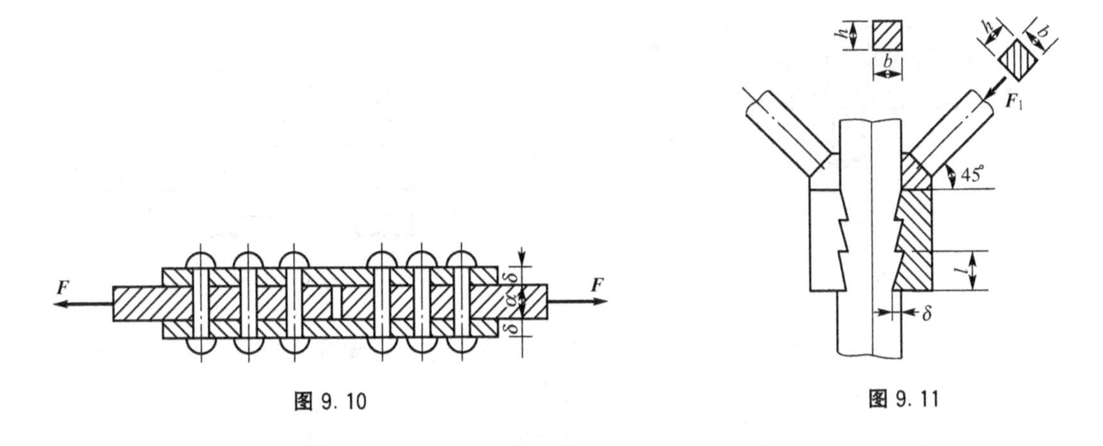

图 9.10　　图 9.11

习 题

9-1 试确定图 9.12 所示连接或接头中的剪切面和挤压面。

9-2 如图 9.13 所示，起重机的吊钩与吊板通过销轴联结，吊起重物 F。已知 $F=40\text{kN}$，销轴直径 $D=22\text{mm}$，吊钩厚度 $t=20\text{mm}$。销轴许用应力：$[\tau]=60\text{MPa}$，$[\sigma_{bs}]=120\text{MPa}$。试校核销轴的强度。

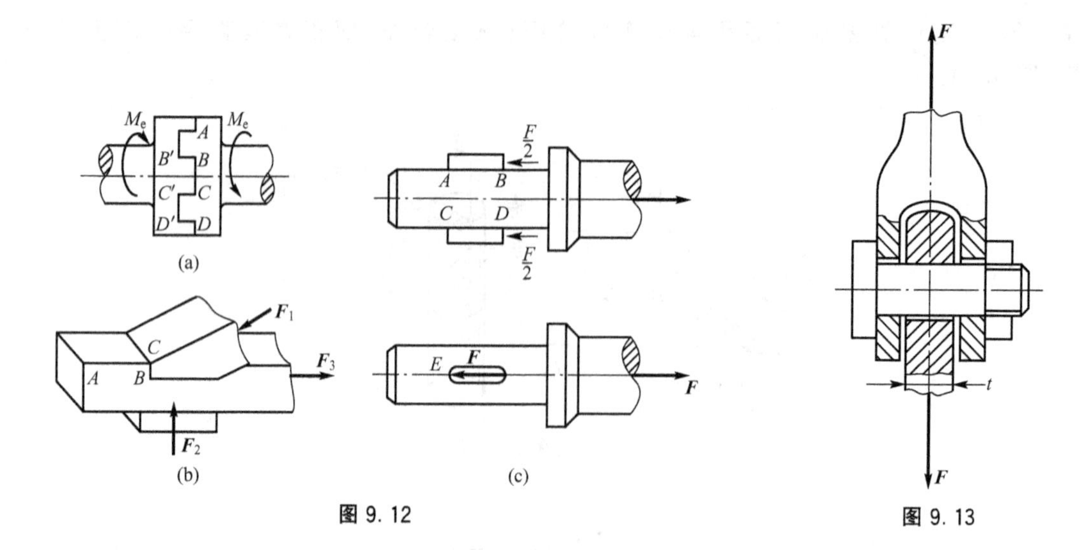

图 9.12

图 9.13

9－3　如图 9.14 所示，一螺栓将拉杆与厚为 8mm 的两块盖板相连接。各零件材料相同，许用应力均为 $[\sigma]=80\text{MPa}$，$[\tau]=60\text{MPa}$，$[\sigma_{bs}]=160\text{MPa}$。若拉杆厚度 $\delta=15\text{mm}$，拉力 $F=120\text{kN}$，试设计螺栓直径 d 及拉杆宽度 b。

9－4　图 9.15 所示螺栓在拉力 F 作用下。已知材料的剪切许用应力 $[\tau]$ 和拉伸许用应力 $[\sigma]$ 之间的关系约为：$[\tau]=0.6[\sigma]$。试求螺栓直径 d 与栓头高度 h 的合理比值。

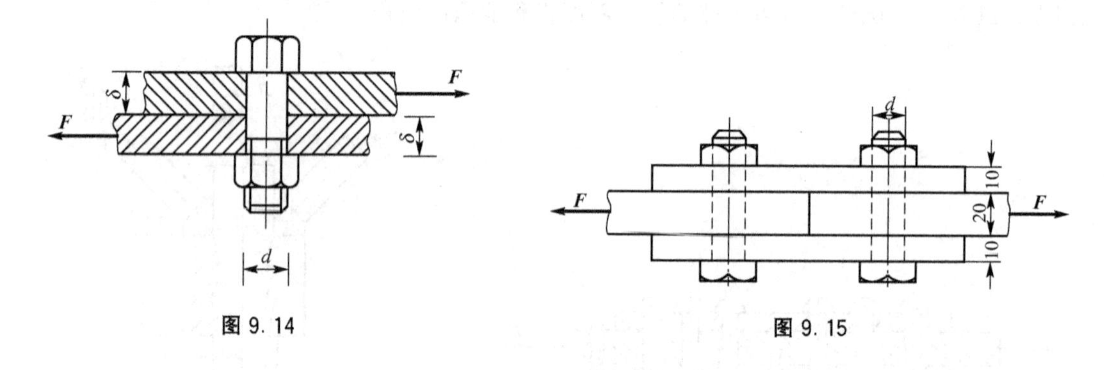

图 9.14

图 9.15

9－5　图 9.16 所示两块钢板，由一个螺栓联结。已知：螺栓直径 $d=24\text{mm}$，每块板的厚度 $\delta=12\text{mm}$，拉力 $F=27\text{kN}$，螺栓许用应力 $[\tau]=060\text{MPa}$，$[\sigma_{bs}]=120\text{MPa}$。试对螺栓作强度校核。

9－6　图 9.17 所示为一螺栓接头。已知 $F=40\text{kN}$，螺栓许用应力 $[\tau]=130\text{MPa}$，$[\sigma_{bs}]=300\text{MPa}$。试计算螺栓所需的直径。

9－7　拉力 $=80\text{kN}$ 的螺栓连接如图 9.18 所示。已知 $b=80\text{mm}$，$\delta=10\text{mm}$，$d=22\text{mm}$，螺栓的许用切应力 $[\tau]=300\text{MPa}$，钢板的许用挤压应力 $[\sigma_{bs}]=120\text{MPa}$，许用拉应力 $[\sigma]=170\text{MPa}$。试校核接头强度。

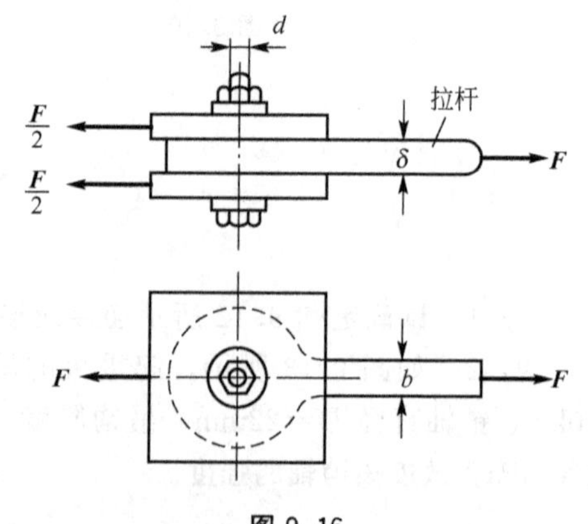

图 9.16

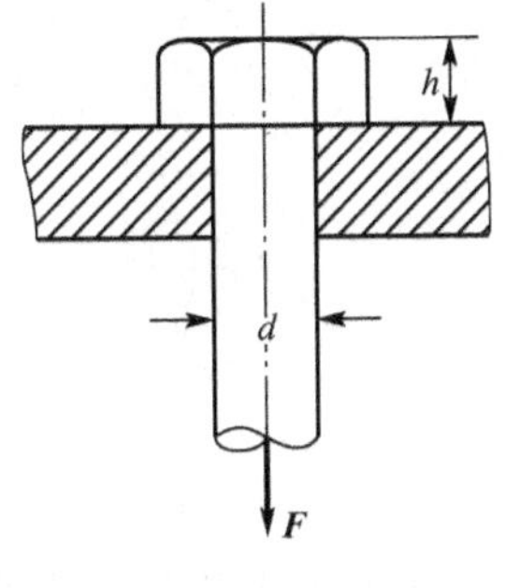

图 9.17

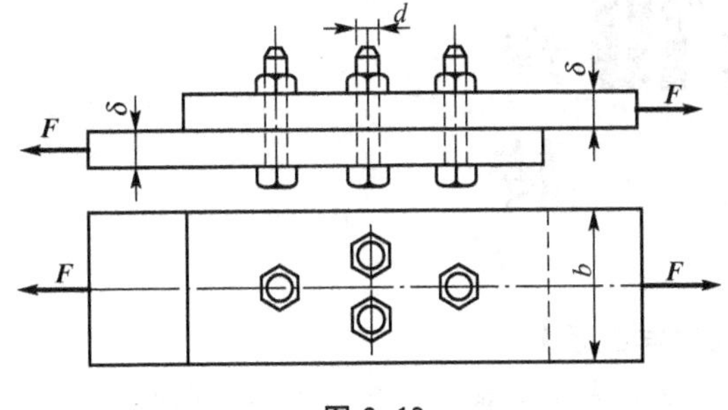

图 9.18

第10章 扭　　转

【教学提示】

本章首先介绍扭转的概念和扭矩图的画法，然后介绍扭矩在截面上产生的切应力的分布情况：用薄壁圆环受扭介绍切应力在圆周上的分布特点；用实心圆杆受扭介绍切应力在直径方向上的分布特点。同时也介绍了材料力学中较为常用的一种推导方法，即综合分析几何、物理、力学平衡这3方面问题，来研究截面上的应力分布情况。通过以上结论，进一步得出切应力的双生互等定理。本章最后，介绍圆杆受扭时扭转角的计算以及刚度条件。

【学习要求】

通过本章学习，学生应能够应用截面法绘制扭矩图，根据扭矩图找到危险截面，然后分析危险截面上的切应力分布情况，看其是否满足强度条件。同时也能够计算受扭圆杆的扭转角，看其是否满足刚度条件，进而判断受扭圆杆能否正常工作。除此之外，还应掌握切应力双生互等定理，以及综合分析几何、物理和力学平衡来分析截面应力分布情况的推导方法。

10.1 扭转的概念及工程实例

工程中的受扭构件较为常见。如图10.1所示的汽车转向轴，驾驶员操纵方向盘将力偶矩作用于转向轴的B端，转向轴的A端则受到来自转向器的阻抗力偶矩的作用，使转向轴AB发生扭转变形。又如图10.2中的传动轴，在力偶矩作用下的主动轮使传动轴转动，从而带动从动轮，而从动轮上作用着阻抗力偶矩的作用，传动轴将发生扭转变形。

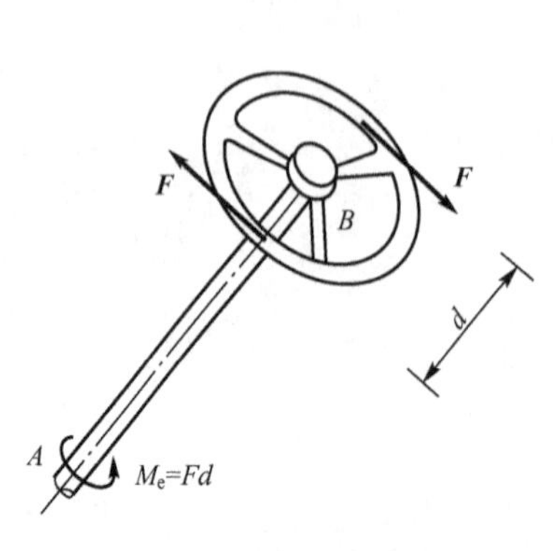

图10.1

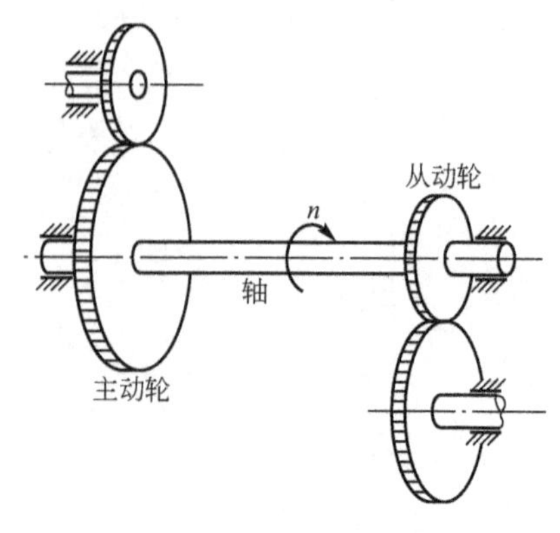

图10.2

扭转变形的受力特点是：杆件受力偶矩的作用，各力偶矩的作用平面垂直于杆轴。如图 10.3 所示，圆轴 AB 段两端各作用一个力偶矩，并且大小相等、方向相反、作用面垂直于杆轴。此时杆件将产生扭转变形，圆轴各横截面将绕其轴线发生相对转动。任意两横截面间相对转过的角度，称为相对扭转角，以 φ 表示。φ_{AB}表示截面 B 相对于截面 A 的扭转角。同时杆件表面的纵向直线也转了一个角度 γ，变成螺旋线，γ 称为剪切角，这就是扭转变形的特点。

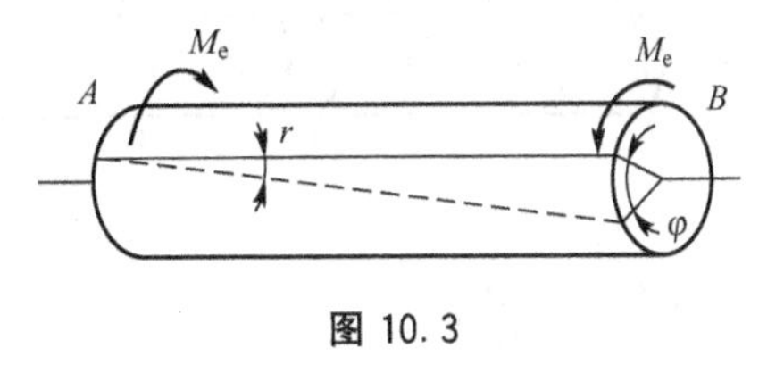

图 10.3

工程中产生扭转变形的杆件，除受扭转作用外，往往还伴随有弯曲、拉压等其他形式的变形。如果这些构件是以扭转为主，其他变形为辅，并且可忽略不计，则可按扭转变形杆件进行强度和刚度的计算，否则为组合变形问题，将在以后研究。

10.2 扭矩的计算和扭矩图

要研究受扭杆件的应力和变形，首先要分析作用于轴上的外力偶矩及内力(即扭矩)。由于外力偶往往有多个，因此，不同节段上的扭矩也各不相同，可用截面法来计算横截面上的扭矩。以图 10.4 所示圆轴为例，两端受到扭矩 T_e 的作用，若要分析 $m-m$ 截面处的扭矩，首先用假想截面将圆杆在 $m-m$ 截面处分成两部分，可任取一部分作为研究对象。若取右侧单元作为研究对象，如图 10.4(b)所示，因其处于平衡状态，力偶矩只能用力偶矩来平衡，则要求 $m-m$ 截面上的内力为一个力偶矩 T，由平衡方程 $\sum M_x=0$ 可得

$$T-T_e=0$$

$$T=T_e$$

若取左部分作为研究对象，如图 10.4(c)所示，同样可求得 $m-m$ 截面上的扭矩 $T'=T_e$。其中 T'与 T 是作用力与反作用力关系，大小相等，方向相反，作用在不同的部分上。为了研究问题的方便，使无论从哪个部分求得的 $m-m$ 截面上的扭矩不但数值相同，符号也相同，把扭矩 T 的符号作如下规定：采用右手螺旋法则，用四指表示扭矩的转向，大拇指的指向表示扭矩的矢量方向，矢量方向与截面的外法线方向相同时，该扭矩为正，反之为负。应用此规则可知，图 10.4 所示$m-m$截面之扭矩为正号。在用截面法求某截面扭矩时，通常假设切开的截面上受正扭矩，进而列平衡方程求未知数。

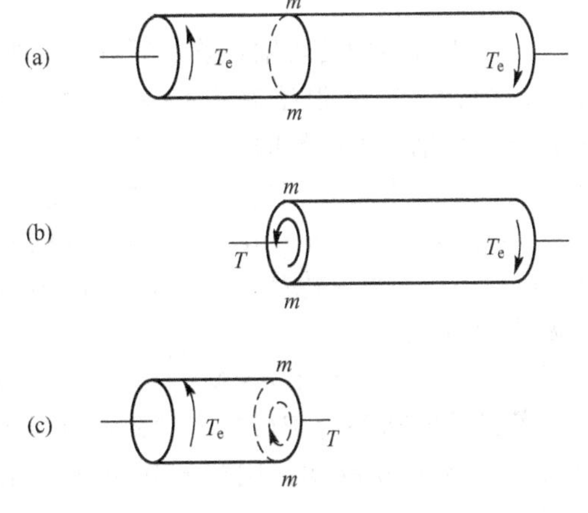

图 10.4

当轴上作用有两个以上的外力偶矩时，应分段计算轴的扭矩。为了清楚地表示扭矩沿轴线的变化情况，通常以横坐标表示截面的位置，纵坐标表示扭矩的大小，给出各截面扭矩随其位置而变化的示意图，称为扭矩图。绘制扭矩

图时若将各外力偶矩的转动方向变成矢量方向，则与轴力图的绘制方法相同。

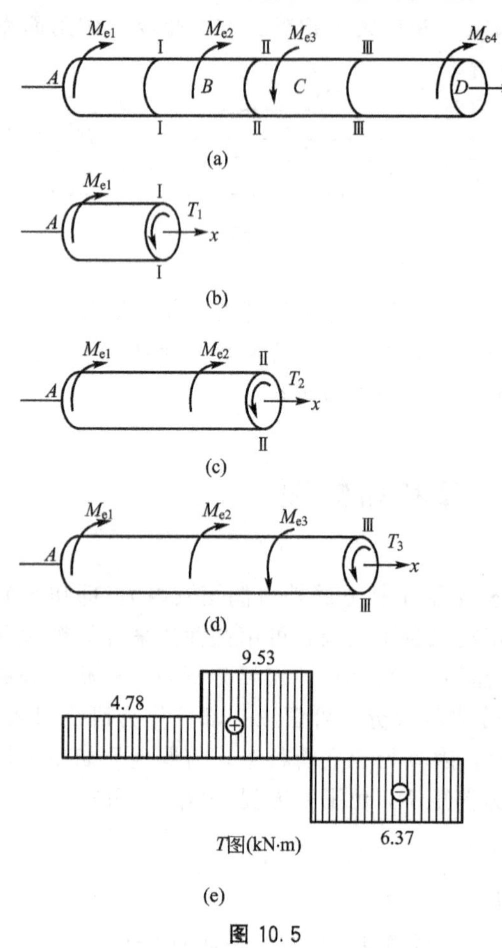

图 10.5

例 10.1 一传动轴如图 10.5(a)所示，所受外力偶矩分别为：$M_{e1}=4.78\times10^3\text{N}\cdot\text{m}$、$M_{e2}=4.75\times10^3\text{N}\cdot\text{m}$、$M_{e3}=15.9\times10^3\text{N}\cdot\text{m}$、$M_{e4}=6.37\times10^3\text{N}\cdot\text{m}$。试绘出轴的扭矩图。

由轴的计算简图可知，AB、BC、CD3 段上的扭矩值是不变的，因此分为 3 段，计算各段内的扭矩值。先计算 AB 段，任取一个横截面 Ⅰ-Ⅰ，并假设切分出的截面所受扭矩为正，可列平衡方程

$$\sum M_x=0$$

$$T_{\text{I}}-M_{e1}=0$$

$$T_{\text{I}}=M_{e1}=4.78\times10^3\ \text{N}\cdot\text{m}$$

同理，在 BC 段内

$$T_{\text{II}}=M_{e1}+M_{e2}=9.53\times10^3\text{N}\cdot\text{m}$$

在 CD 段内

$$T_{\text{III}}=M_{e1}+M_{e2}-M_{e3}=-6.37\times10^3\text{N}\cdot\text{m}$$

CD 段内的扭矩也可以选取右侧单元来分析，会更加简单。根据这些扭矩即可作出扭矩图［图 10.4(d)］。从图中可以看出，最大扭矩发生在 BC 段内，其值为 $9.56\times10^3\text{N}\cdot\text{m}$。

10.3 功率、转速与扭矩之间的关系

工程中常用的传动轴，往往只知道它所传递的功率和转速，它的外力偶矩并没有直接给出。为此，需要根据其所传递的功率和转速，求出使轴产生扭转的外力偶矩。

假设轴在带轮处(图 10.6 中的 A 轮)受到一力偶矩 M_e(单位 N·m)的作用，轴的转速为 n(r/min)，当轴转动一分钟时，该力偶矩所做的功 W 为：

$$W=2\pi n\cdot M_e \tag{a}$$

若机器的功率为 P(kW)，1kW 相当于每秒做 1000N·m 的功，则机器每分钟做的功 W'为

$$W'=60000P \tag{b}$$

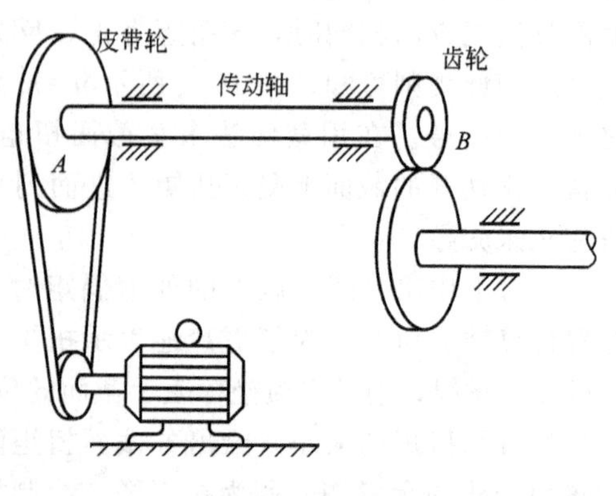

图 10.6

式(a)和式(b)都是每分钟所做的功，两者相等，进而可得到转换公式

$$M_e = \frac{60000P}{2\pi n} = 9550\,\frac{P}{n} \tag{10-1}$$

式中 P 的单位是 kW；n 的单位是 r/min。

10.4 薄壁圆管扭转时横截面上的切应力

设有一薄壁圆筒［图 10.7(a)］，其壁厚 δ 远小于平均半径 r_0，两端受一对大小相等转向相反的外力偶矩作用。由截面法可知，圆筒任一横截面上的内力只有扭矩 T，并且大小相等［图 10.7(b)］。由截面上的应力与微面积 dA 之乘积的合成只构成扭矩可知，截面上只有切应力。

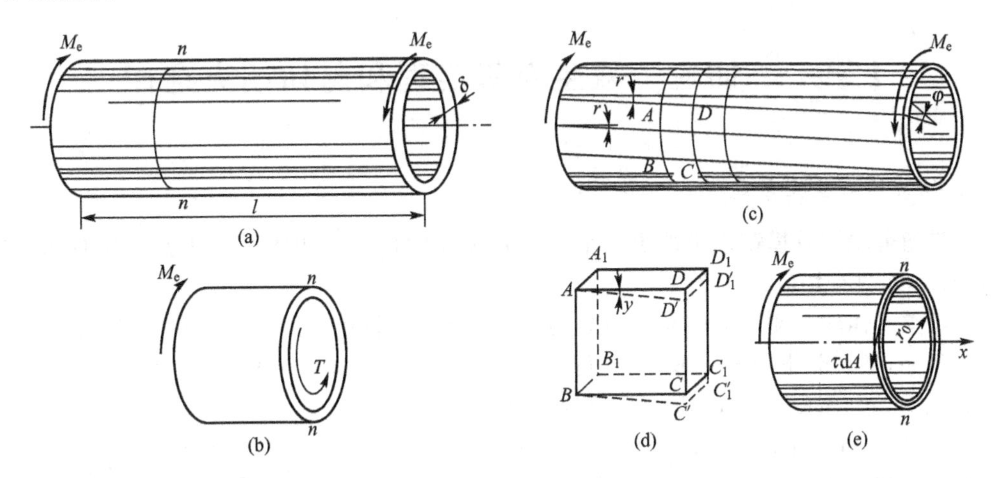

图 10.7

为了更好地表示薄壁圆筒在扭矩作用下的变形情况，可预先在圆筒表面画上等间距的圆周线和纵向线，扭转后可观察到下列现象［图 10.7(c)］：圆周线保持不变，而纵向线发生倾斜，在小变形时仍保持为直线。由此可以推知，横截面的大小和形状在变形过程中保持不变，相邻两横截面只是绕圆筒轴线发生相对转动，同样可以说明横截面上只有切应力，否则相邻截面之间沿着轴向会出现拉伸或者压缩变形。圆筒两端截面之间的相对扭转角是 φ。圆筒表面上每个格子的直角都改变了相同的剪切角 γ［图 10.7(d)］，这个直角改变量也称为切应变，它和截面上沿圆周切线方向的切应力是一一对应的。由于每个格子的切应变都相等，根据材料均匀连续的假设，可以推知，沿圆周各点处的切应力与圆周相切并且数值相等。由于壁厚 δ 远小于平均半径 r_0，可近似认为沿壁厚方向各点处切应力的数值均相等，其值为 τ［图 10.7(e)］。于是可以得到下列静力条件

$$\int_A \tau \mathrm{d}A \cdot r = T$$

式中 $\tau \mathrm{d}A$ 为微面积上的微剪力，而 $\tau \mathrm{d}A \cdot r$ 为微剪力对截面中心的力矩，上式表示全截面所有微内力的力矩之和等于扭矩 T。其中 τ 为常量，并且 r 可以用平均半径 r_0 代替，而积分 $\int_A \mathrm{d}A = 2\pi r_0 \delta$ 为圆筒横截面面积，代入上式中可得

$$\tau=\frac{T}{2\pi r_0\delta r_0}=\frac{T}{2A_0\delta} \tag{10-2}$$

式中 $A_0=\pi r_0^2$ 为平均半径所包围的面积。式(10－2)即为计算薄壁圆管受扭时横截面上切应力 τ 的公式。

由图 10.7(c)所示的几何关系，可得到切应变 γ 和相距 l 的两端面间的相对转角 φ 的关系

$$\gamma=\frac{\varphi r}{l} \tag{10-3}$$

式中，r 为薄壁圆筒的外半径。

通过薄壁圆筒的扭转试验还可以发现，当外力偶矩在一定范围以内，相对扭转角 φ 与截面间的扭矩 T 之间存在着正比关系，由式(10－2)、式(10－3)式可知，γ 与 τ 之间也存在正比关系。

10.5 切应力双生互等定理和剪切胡克定律

1. 切应力双生互等定理

从受扭薄壁圆管横截面上取出一个小单元体(图 10.8)，由上一节可知，左右侧面(如侧面 $abcd$)上只有切应力存在。

假设单元体四个侧面上的切应力分别为 τ_x'，τ_x''，τ_y' 和 τ_y''，由平衡条件可列方程

$\sum F_x=0$，$\tau_y'\mathrm{d}x\mathrm{d}z-\tau_y''\mathrm{d}x\mathrm{d}z=0$，得 $\tau_y'=\tau_y''$；

$\sum F_y=0$，$\tau_x''\mathrm{d}y\mathrm{d}z-\tau_x'\mathrm{d}y\mathrm{d}z=0$，得 $\tau_x'=\tau_x''$；

$\sum M_{Oz}=0$，$\tau_x'\mathrm{d}y\mathrm{d}z\mathrm{d}x-\tau_y''\mathrm{d}x\mathrm{d}z\mathrm{d}y=0$，得 $\tau_x'=\tau_y''$。

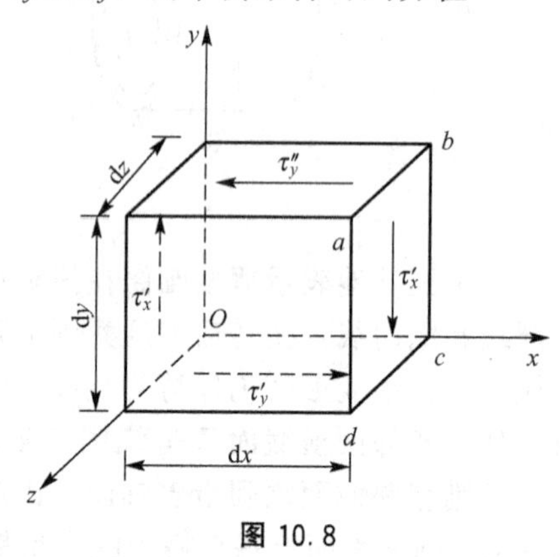

图 10.8

由此可知，在单元体相互垂直的平面上，切应力必然成对出现，它们大小相等，并且都垂直于两个平面的交线，方向则同时指向或同时背离这一交线。这一规律称为切应力双生互等定理。

图 10.8 所示的单元体的应力状态称为纯剪切应力状态，其 4 个侧面上无正应力而只有切应力。可以证明，切应力双生互等定理不仅对纯剪切应力状态成立，对正应力和切应力同时作用的非纯剪切单元体同样成立。

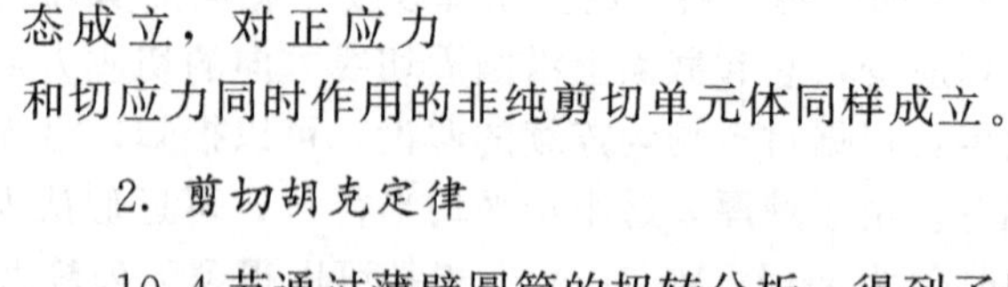

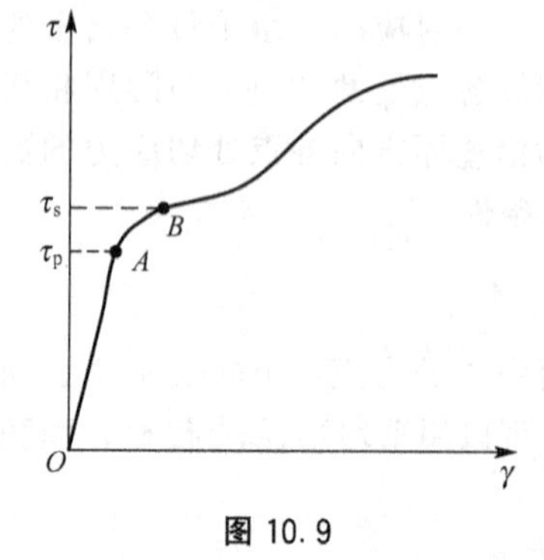

图 10.9

2. 剪切胡克定律

10.4 节通过薄壁圆筒的扭转分析，得到了切应力 τ 和切应变 γ 之间成正比关系，通过低碳钢薄壁钢管试验同样可以得到验证。根据外力偶矩计算出切应力 τ，再用精密仪器测量出剪切角 γ，据此可以绘制 $\tau-\gamma$ 关系曲线，如图 10.9所示。图中对应于 A、B 两点的值分别为剪切变形的弹性极限 τ_p 和屈服极限 τ_s，在弹性极限范围内，τ 与 γ

成正比关系，即 $\tau=G\gamma$。

此为材料的剪切胡克定律，式中的比例系数 G 称为材料的切变模量或剪切模量，单位为 Pa。钢材的切变模量约为 80GPa。根据理论分析和试验验证，在弹性变形范围内，G 与其他两个弹性常数 E、μ 之间有下列关系式：

$$G=\frac{E}{2(1+\mu)} \tag{10-4}$$

式中 E 为拉压弹性模量、μ 为泊松比。对于钢材，$\mu=0.3$，可得 $G=0.384E$；对于混凝土，$\mu=1/6$，可得 $G=0.425E$。对于每一种各向同性的材料，都存在这种关系，可通过任意 2 个值求得第 3 个值。

10.6 实心圆杆受扭时横截面上的应力

在讨论受扭实心圆杆横截面上的应力时，同样采用薄壁圆筒的研究方法，即从几何、物理、静力学 3 个方面进行分析。

1. 几何方面

为了观察圆轴的扭转变形，与薄壁圆筒受扭一样，也是在圆轴表面上作圆周线和纵向线(图 10.10)。在扭转力偶矩 M_e 作用下得到与薄壁圆筒受扭时相似的现象：圆周线绕轴线相对地旋转了一个角度，但大小、形状和相邻圆周线间的距离保持不变。在小变形的情况下，纵向线仍近似的是一条直线，只是倾斜了一个微小的角度 γ。变形前圆杆表面上的方格，变形后错动成为菱形。

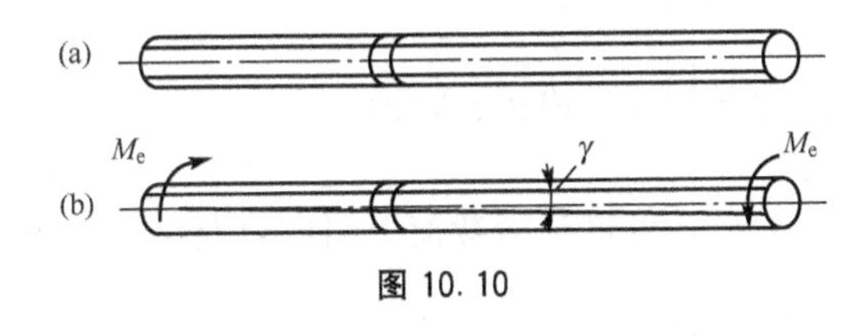

图 10.10

根据观察到的现象可作如下基本假设：圆轴扭转变形前的横截面，在变形后仍保持为平面，大小和形状均未改变，半径仍保持为直线；且相邻两横截面间的距离不变，只是像刚性圆片那样绕杆轴转了一个角度，这就是圆轴扭转的平截面假设。由此也可以进一步推断，在圆杆的横截面上只有切应力而无正应力，且切应力方向与圆轴的切线平行。为了确定切应力的值，可先从切应力变入手，确定横截面上任一点处的切应变随点的位置而变化的规律。

在图 10.10(b)中截取长度为 dx 的杆段进行分析，其变形情况如图 10.11(a)所示。截

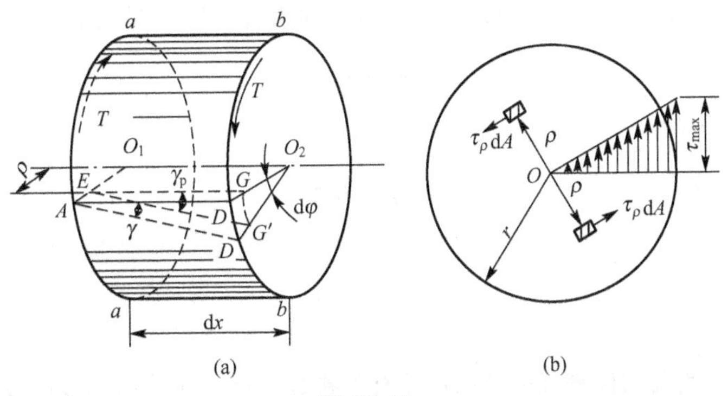

图 10.11

面 $b-b$ 相对于截面 $a-a$ 绕杆轴转动了一个角度 $d\varphi$，因此 $b-b$ 截面上的任意半径 O_2D 也转动了同一个角度 $d\varphi$。截面发生相对转动之后，杆表面的纵向线 AD 也倾斜了一个角度。纵向线的倾斜角 γ 就是横截面周边上任一点 A 处的切应变。同时，通过半径 O_2D 上任一点 G 的纵向线 EG 在杆变形后也倾斜了一个角度 γ_ρ，且这个角度越靠近圆心越小，此为横截面半径上任一点 E 处的切应变。设 G 点至横截面圆心的距离为 ρ，根据几何关系有

$$\gamma_\rho \approx \tan\gamma_\rho = \frac{\overline{GG'}}{\overline{EG}} = \frac{\rho d\varphi}{dx}$$

即

$$\gamma_\rho = \rho\frac{d\varphi}{dx}$$

上式表示等直圆杆横截面上任一点处的切应变随该点在横截面上的位置而变化的规律。其中$\frac{d\varphi}{dx}$表示相对扭转角沿杆长度的变化率，以 θ 表示，即

$$\theta = \frac{d\varphi}{dx} \tag{a}$$

于是

$$\gamma_\rho = \theta\rho \tag{b}$$

对于给定的横截面来说 θ 是一个常量，因此在同一半径 γ_ρ 的圆周上，各点处的切应变均相等，且与 ρ 成正比。

2. 物理方面

由剪切胡克定律可知，在线弹性范围内切应力与切应变成正比，即

$$\tau = G\gamma \tag{c}$$

将式(b)代入式(c)中，令相应点处的切应力为 τ_ρ，可得到横截面上切应力变化规律的表达式

$$\tau_\rho = G\gamma_\rho = G\theta\rho \tag{d}$$

由上式可知，在同一半径 ρ 的圆周上各点处的切应力值 τ_ρ 均相等，且与成正比，方向垂直于半径，此时可以得到切应力沿任一半径的变化情况，如图 10.11(b)所示。

3. 静力学方面

由于在横截面任一直径上至圆心距离相等的两点处的微剪力 $\tau_\rho dA$ 等直反向［图 10.11(b)］，因此整个截面上的微剪力的合力必等于零，合力偶矩为 T。因为 τ_ρ 的方向垂直于半径 ρ，所以微剪力 $\tau_\rho dA$ 对圆心的力矩为 $\rho\tau_\rho dA$。则由合力矩定理可得

$$\int_A \rho\tau_\rho dA = T \tag{e}$$

将式(d)代入式(e)中得

$$G\theta\int_A \rho^2 dA = T$$

于是有

$$\theta = \frac{T}{GI_p} \tag{10-5}$$

式中 $I_p = \int_A \rho^2 dA$，为仅与横截面的几何尺寸有关参数，称为横截面的极惯性矩。将式(10-5)

代入式(d)中得

$$\tau_{\rho}=\frac{T\rho}{I_{p}} \tag{10-6}$$

上式即为等直圆杆在扭转时横截面上任一点处切应力的计算公式。此式表明切应力的大小与该截面的扭矩成正比，与极惯性矩成反比，与作用点离圆心的距离成正比，且最大切应力发生在截面的边缘。

$$\tau_{\max}=\frac{Tr}{I_{p}}$$

令 $W_{p}=\frac{I_{p}}{r}$，则有

$$\tau_{\max}=\frac{T}{W_{p}} \tag{10-7}$$

式中，W_{p} 称为扭转截面系数，单位为 m^3。

求得最大切应力后，即可建立强度条件

$$\tau_{\max}=\frac{T}{W_{p}}\leqslant[\tau] \tag{10-8}$$

$[\tau]$ 为扭转许用切应力，其值可查有关资料获得。材料的许用剪应力 $[\tau]$ 与许用正应力 $[\sigma]$ 之间一般有如下的关系。

对于钢材：$[\tau]\approx(0.5-0.6)[\sigma]$；

对于铸铁：$[\tau]\approx(0.8-1.0)[\sigma]$。

式中 $[\sigma]$ 是抗拉许用应力。

应当注意，抗扭许用切应力值与上一章中的名义许用切应力值不同，因为两者的试验依据不同。

下面为圆杆的极惯性矩 I_{p} 和扭转截面系数 W_{p} 的计算方法。首先在圆截面上距离圆心为 ρ 处取厚度为 $d\rho$ 的环形面积作为面积微元［图 10.12(a)］，并由式 $I_{p}=\int_{A}\rho^{2}dA$ 可得圆截面的极惯性矩为

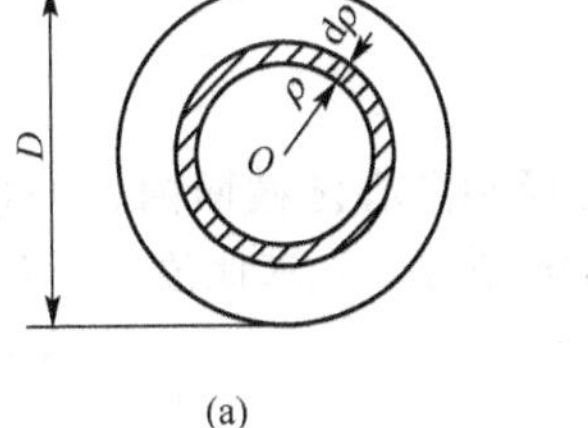

(a) (b)

图 10.12

$$I_{p}=\int_{A}\rho^{2}dA=\int_{0}^{\frac{D}{2}}2\pi\rho^{3}d\rho=\frac{\pi D^{4}}{32} \tag{10-9}$$

扭转截面系数为

$$W_{p}=\frac{I_{p}}{r}=\frac{I_{p}}{D/2}==\frac{\pi D^{3}}{16} \tag{10-10}$$

同样也可以求得空心圆杆的极惯性矩 I_{p} 和扭转截面系数 W_{p}，设空心圆截面的内、外直径分别为 d 和 D［图 10.12(b)］，其比值为 $\alpha=\frac{d}{D}$，则有

$$I_{p}=\int_{A}\rho^{2}dA=\int_{\frac{d}{2}}^{\frac{D}{2}}2\pi\rho^{3}d\rho=\frac{\pi}{32}(D^{4}-d^{4})=\frac{\pi D^{4}}{32}(1-\alpha^{4}) \tag{10-11}$$

$$W_{p}=\frac{I_{p}}{r}=\frac{\pi(D^{4}-d^{4})}{16D}=\frac{\pi D^{3}}{16}(1-\alpha^{4}) \tag{10-12}$$

10.7 空心圆杆受扭时横截面上的应力

通过实心圆杆横截面上切应力的分布规律可知，越是靠近杆轴处切应力越小，所以该处材料的强度没有得到充分利用。若将这部分材料挖下来放到圆杆横截面的外缘形成空心圆杆，则可以充分发挥材料的作用，提高材料的利用率(图 10.13)。

由于平截面假设同样适用于空心圆杆，因此切应力计算式(10－6)和式(10－7)也适用于空心圆杆，只是公式中的 I_p 和 W_p 应按式(10－11)和式(10－12)式计算。

当 $d/D \geqslant 0.9$ 时，可按薄壁圆管的切应力式(10－2)计算，误差不超过 5%。为工程所允许。

例 10.2 实心圆截面轴 I 和空心圆截面轴 II［图 10.14(a)，(b)］的材料、扭转力偶矩 M_e 和长度 l 均相同，最大切应力也相等。若空心圆截面内、外直径之比为 $\alpha=0.8$，试求空心圆截面的外径与实心圆截面直径之比及两轴的重量比。

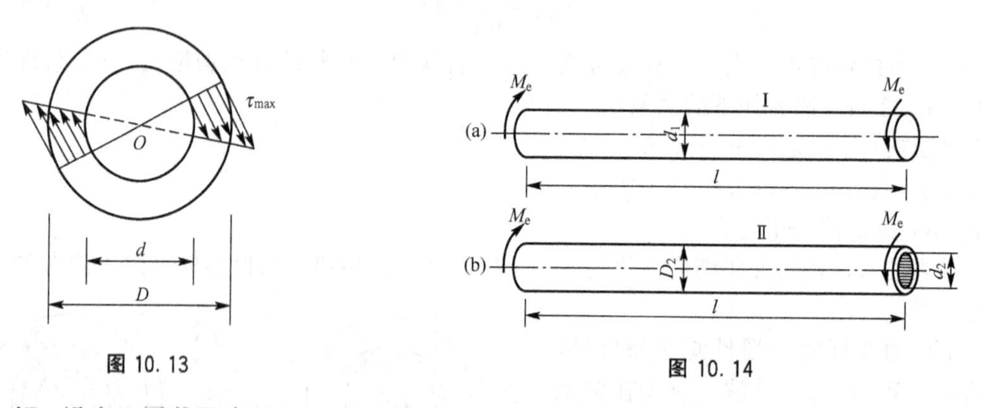

图 10.13　　图 10.14

解：设实心圆截面直径和空心圆截面内、外直径分别为 d_1 和 d_2、D_2。

利用最大切应力相等的条件，先求比值 D_2/d_1。I、II两轴横截面的扭转截面系数分别为

$$W_{p1}=\frac{\pi d_1^3}{16}$$

$$W_{p2}=\frac{\pi D_2^3}{16}(1-\alpha^4)$$

分别代入式(10－8)，分别得到两轴的最大切应力

$$\tau_{1.\max}=\frac{T_1}{W_{p1}}=\frac{16T_1}{\pi d_1^3}$$

$$\tau_{2.\max}=\frac{T_2}{W_{p2}}=\frac{16T_2}{\pi D_2^3(1-\alpha^4)}$$

以 $\alpha=0.8$ 和 $T_1=T_2=M_e$ 代入以上两式，并引用已知条件 $\tau_{1,\max}=\tau_{2,\max}$ 可得

$$\frac{16T_1}{\pi d_1^3}=\frac{16T_2}{\pi D_2^3(1-\alpha^4)}$$

由此得

$$\frac{D_2}{d_1}=\sqrt[3]{\frac{1}{1-0.8^4}}=1.194$$

由于两轴的长度和材料均相同，故轴Ⅱ比轴Ⅰ的重量比等于其横截面积 A_2 和 A_1 之比，于是有

$$\frac{A_2}{A_1}=\frac{\frac{\pi}{4}(D_2^2-d_2^2)}{\frac{\pi}{4}d_1^2}=\frac{D_2^2(1-\alpha^2)}{d_1^2}=1.194^2(1-0.8^2)=0.512$$

由此可见，在最大切应力相等的条件下，空心圆轴的自重比实心圆轴轻，即比较节省材料。当然，在设计轴时还应全面地考虑加工等因素，不能在任何情况下都采用空心圆轴。

10.8 斜截面上的应力

10.6 和 10.7 节分析的均为受扭圆杆横截面上的切应力分布情况，结论为横截面周边各点处的切应力最大，为了全面了解杆内的应力情况，有必要研究这些点处斜截面上的应力。为此，在圆杆的表面处用横截面、径向截面以及与表面平行的面截取一个微小的正六面体，称为单元体，其所受应力情况，如图 10.15(a)所示。因单元体前后两面上无任何应力，故可将其改用平面图表示，如图 10.15(b)所示。

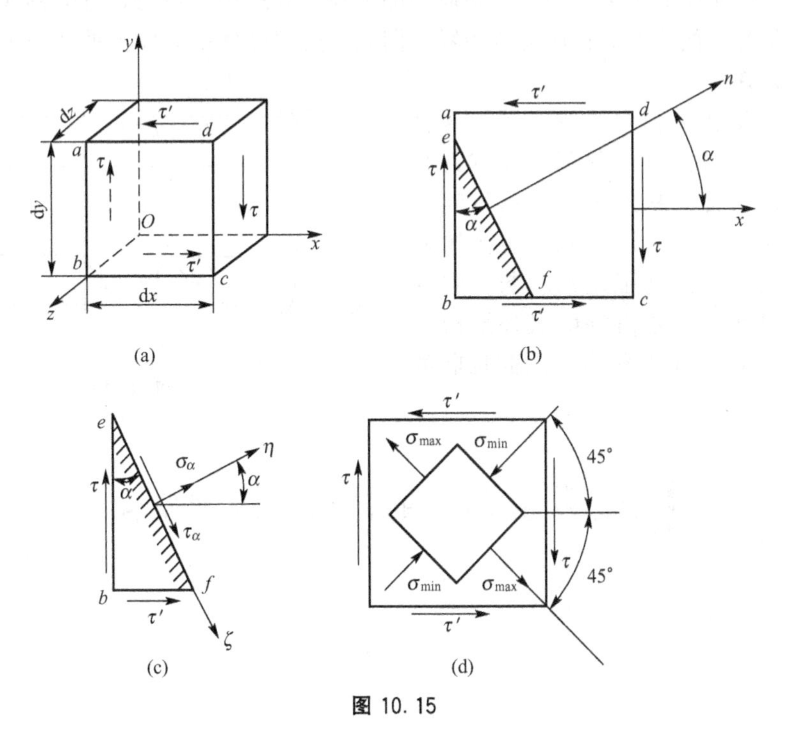

图 10.15

图 b 中的 ef 为垂直于前、后两平面的任一斜截面，斜截面的外向法线 n 与 x 轴间的夹角为 α，并规定从 x 轴到截面外向法线逆时针转动时 α 为正值，反之为负值。应用截面法，取左侧作为研究对象分析其平衡条件［图 10.15(c)］。设斜截面 ef 的面积为 $\mathrm{d}A$，则 eb 面和 bf 面的面积分别为 $\mathrm{d}A\cos\alpha$ 和 $\mathrm{d}A\sin\alpha$。选取坐标轴 ξ 和 η 分别与斜截面 ef 平行和垂直，列平衡方程

$$\sum F_{\eta}=0,\quad \sigma_{\alpha}\mathrm{d}A+(\tau\mathrm{d}A\cos\alpha)\sin\alpha+(\tau'\mathrm{d}A\sin\alpha)\cos\alpha=0$$
$$\sum F_{\xi}=0,\quad \tau_{\alpha}\mathrm{d}A-(\tau\mathrm{d}A\cos\alpha)\cos\alpha+(\tau'\mathrm{d}A\sin\alpha)\sin\alpha=0$$

由切应力双生互等定理可知 τ 与 τ' 数值相等，经整理后，可得任一斜截面 ef 上的正应力和切应力的计算公式分别为

$$\sigma_{\alpha}=-\tau\sin2\alpha \tag{10-13}$$
$$\tau_{\alpha}=\tau\cos2\alpha \tag{10-14}$$

这就是纯剪切单元体斜截面上的应力公式，也就是受扭杆斜截面上的应力公式。公式表明，受扭杆斜截面上既有正应力 σ_{α}，又有切应力 τ_{α}，它们都是斜角 α 的函数。

由式(10－13)可知，在 $\alpha=-45°$ 和 $\alpha=45°$ 两个斜截面上的正应力达到极值，分别为

$$\sigma_{-45°}=\sigma_{\max}=+\tau$$
$$\sigma_{45°}=\sigma_{\min}=-\tau$$

其中一个是拉应力，一个是压应力，其绝对值均等于 τ，而此时斜截面上的切应力均为零，如图 10.15(d)所示。

由式(10－14)可知，在 $\alpha=-0°$ 和 $\alpha=90°$ 两个斜截面上的切应力达到极值，分别为

$$\tau_{0°}=\tau_{\max}=\tau$$
$$\tau_{90°}=\tau_{\min}=\tau'=-\tau$$

这表明原单元体的 4 个侧面上的切应力即为最大和最小切应力，它们的大小相等，符号相反，而此时斜截面上的正应力均为零。因此，受扭杆件横截面上的切应力就是所有斜截面中的最大者。

在圆杆的扭转试验中，像低碳钢这种抗剪强度低于抗拉强度的材料，在试件受扭达到破坏时，首先从外表面开始沿着横截面方向剪断［图 10.16(a)］。而像铸铁这种抗拉强度低于抗剪强度的材料，它的试件在受扭破坏时，是由杆的最外层沿与杆轴线约成 45°倾角的螺旋形曲面拉断的［图 10.16(b)］。

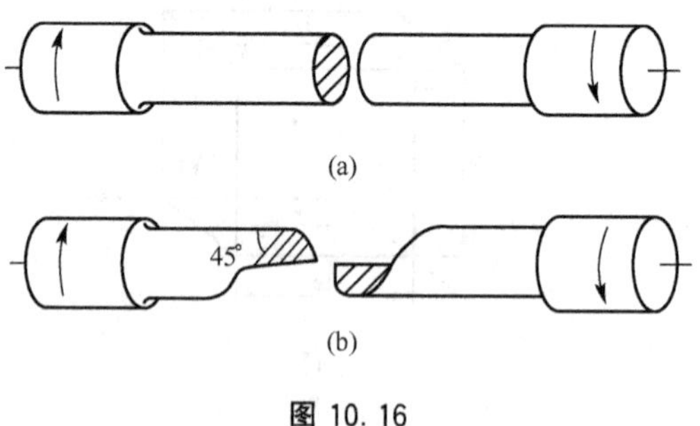

图 10.16

10.9 扭转角的计算·刚度条件

由 10.6 节中的式(a)和式(10－5)

$$\theta=\frac{\mathrm{d}\varphi}{\mathrm{d}x}$$
$$\theta=\frac{T}{GI_{\mathrm{p}}}$$

得

$$\frac{\mathrm{d}\varphi}{\mathrm{d}x}=\frac{T}{GI_{\mathrm{p}}}$$

则

$$\mathrm{d}\varphi=\frac{T}{GI_{\mathrm{p}}}\mathrm{d}x$$

对于截面不变的杆来说，式中 GI_p 是常数，若在杆长 l 范围内 T 不变，则可将上式两边积分，得

$$\int d\varphi = \int_l \frac{T}{GI_p}dx = \frac{T}{GI_p}\int_l dx$$

即

$$\varphi = \frac{Tl}{GI_p} \tag{10-15}$$

此式即为计算扭转角的公式，式中 GI_p 称为杆的抗扭刚度。

由于杆在扭转时各横截面上的扭矩可能并不相同，且杆的长度也各不相同，因此，在工程中对于受扭杆件的刚度通常用相对扭转角沿杆长度的变化率，即单位长度扭转角 θ 来度量。

$$\theta = \frac{T}{GI_p} \leqslant [\theta] \tag{10-16}$$

其单位为 rad/m，以上计算公式都只适用于材料在线弹性范围内的等圆截面直杆。对于非等圆截面直杆，由于截面不存在极对称性，其变形和截面上的应力都比较复杂，无法用材料力学的方法求解，需借助于弹性力学来解决这些问题。

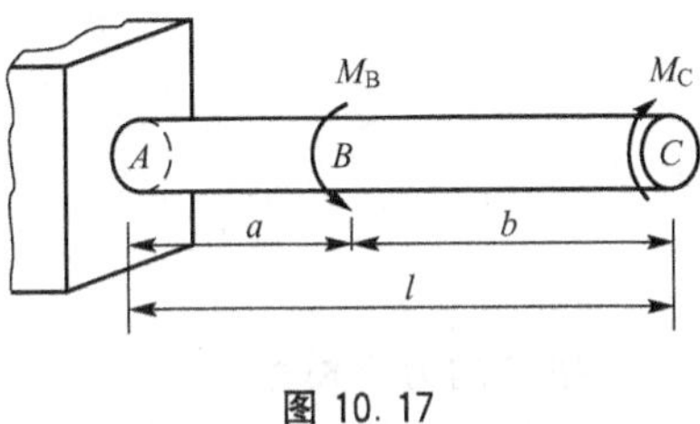

图 10.17

例 10.3 实心圆杆在 B、C 点受到扭矩作用，如图 10.17 所示。M_B=1592N·m，M_C=637N·m。a=300mm，b=500mm。轴的直径 d=70mm，材料的切变模量 G=80GPa。试计算：

(1) 轴内最大切应力；

(2) C 面相对于 A 面的扭转角 φ_{AC}。

解：(1) 由截面法可得 AB、BC 两段内的扭矩分别为 T_{AB}=955N·m，T_{BC}=−637N·m。则最大切应力发生在 AB 杆横截面的周边。

$$\tau_{max} = \frac{T_{AB}}{W_{AB}} = \frac{16\times955}{\pi\cdot0.07^3} = 14\text{MPa}$$

(2) φ_{AC}的计算方法有两种，第一种是按位移叠加，即逐段相对扭转角相加，第二种是按各荷载单独作用产生的扭转角叠加。

方法 1 $\varphi_{AC} = \varphi_{AB} + \varphi_{BC} = \dfrac{T_{AB}a}{GI_p} + \dfrac{T_{BC}b}{GI_p} = \dfrac{955\text{N}\cdot\text{m}\times0.3\text{m}}{80\times10^9\text{Pa}\times\frac{\pi}{32}\times(0.07\text{m})^4} = 1.52\times10^{-3}\text{rad}$

$$\varphi_{AB} = \frac{T_{AB}a}{GI_p} = \frac{955\text{N}\cdot\text{m}\times0.3\text{m}}{80\times10^9\text{Pa}\times\frac{\pi}{32}\times(0.07\text{m})^4} = 1.52\times10^{-3}\text{rad}$$

$$\varphi_{BC} = \frac{T_{BC}b}{GI_p} = \frac{637\text{N}\cdot\text{m}\times0.5\text{m}}{80\times10^9\text{Pa}\times\frac{\pi}{32}\times(0.07\text{m})^4} = 1.69\times10^{-3}\text{rad}$$

由于 B、C 相对于截面 A 的相对转动分别与扭转力偶矩 M_B、M_C 的转向相同，所以截面 C 相对于 A 的扭转角 φ_{AC} 为

$$\varphi_{AC} = \varphi_{BC} - \varphi_{AB} = 1.7\times10^{-4}\text{rad}$$

其转向与扭转力偶 M_C 相同。

方法2　力偶矩 M_B、M_C 单独作用于杆 AC 时，均为让 C 面相对于 A 面产生扭转角，最后将两个力偶矩的作用进行叠加。

当 M_B 单独作用时

$$\varphi'_{AC}==\frac{M_B a}{GI_p}=\frac{1592\text{N}\cdot\text{m}\times0.3\text{m}}{80\times10^9\text{Pa}\times\frac{\pi}{32}\times(0.07\text{m})^4}=2.53\times10^{-3}\text{rad}$$

当 M_C 单独作用时

$$\varphi''_{AC}=\frac{M_C(a+b)}{GI_p}=\frac{637\text{N}\cdot\text{m}\times(0.3+0.5)\text{m}}{80\times10^9\text{Pa}\times\frac{\pi}{32}\times(0.07\text{m})^4}=2.70\times10^{-3}\text{rad}$$

M_B 单独作用时在 C 点产生的扭转角，与当 M_C 单独作用时在 C 点产生的扭转角方向相反，因此，C 点的扭转角 φ_{AC} 为

$$\varphi_{AC}=\varphi''_{AC}-\varphi'_{AC}=1.7\times10^{-4}\text{rad}$$

本章小结

1．扭转的力学模型

构件特征：构件为等圆截面的直杆。

受力特征：外力偶矩的作用面与杆件的轴线相垂直。

变形特征：受力后杆件表面的纵向线变成螺旋线，即杆件任意两横截面绕杆件轴线发生相对转动。

2．扭矩图的绘制

采用截面法求得受扭杆件各截面的内力，其扭矩 T 的符号作如下规定：采用右手螺旋法则，用四指表示扭矩的转向，大拇指的指向表示扭矩的矢量方向，矢量方向与截面的外法线方向相同时，该扭矩为正，反之为负。绘制时将正扭矩绘制于杆轴线的上方，负弯矩绘制于杆轴线的下方。若为竖杆则将正扭矩绘制于一侧，将负扭矩绘制于另一侧。

3．功率、转速与扭矩之间的关系

$$M_e=\frac{60000P}{2\pi n}=9550\,\frac{P}{n}$$

4．薄壁圆筒的扭转

薄壁圆筒：圆筒壁厚 δ 远小于平均半径 r_0。

横截面上的切应力：任一点的切应力值相等、方向与圆轴相切，其值为

$$\tau=\frac{T}{2A_0\delta}$$

式中 $A_0=\pi r_0^2$ 为平均半径所包围的面积。

相对扭转角：圆筒两横截面间绕筒相对转动的角度。

切应变：直角的改变量，记为 γ。

切应力双生互等定理：两相互垂直平面上的切应力 τ 和 τ' 数值相等、方向均指向(或背离)该两平面的交线。

剪切胡克定律：在切应力不超过材料的剪切比例极限情况下，即材料处于线弹性范围内，τ 与 γ 成正比关系，即 $\tau=G\gamma$。

5. 等直圆杆扭转时的应力和强度条件

切应力分布规律：横截面上任一点处的切应力，其方向与该点所在的半径相垂直，其数值与该点到圆心的距离成正比。

切应力公式：横截面上距圆心为 ρ 的任一点处的切应力为

$$\tau_\rho=\frac{T\rho}{I_p}$$

横截面上的最大切应力发生在横截面周边的各点处，其值为

$$\tau_{max}=\frac{Tr}{I_p}=\frac{T}{W_p}$$

强度条件：圆杆横截面上的最大切应力不得超过材料的许用切应力

$$\tau_{max}=\frac{T}{W_p}\leqslant[\tau]$$

6. 等直圆杆扭转时的变形和刚度条件

扭转变形：圆杆扭转时，任意两横截面之间产生绕杆件轴线的相对转角，称为相对扭转角。其计算公式为

$$\varphi=\frac{Tl}{GI_p}$$

单位长度相对扭转角：相距为单位长度的两横截面的相对扭转角。

$$\theta=\frac{T}{GI_p}$$

扭转时的角位移：圆杆扭转时，任一横截面绕杆件轴线的转角，称为扭转角。

刚度条件：圆轴扭转时的单位长度扭转角不得超过规定的许可值。

$$\theta=\frac{T}{GI_p}\leqslant[\theta]$$

思 考 题

1. 薄壁圆筒纯扭转时，如果在其横截面及径向截面上存在有正应力，那么取出的分离体能否平衡？

2. 图 10.18 所示单元体，已知右侧面上有与 y 方向成 θ 角的切应力 τ，试根据切应力互等定理，画出其他面上的切应力。

3. 由实心圆杆 1 及空心圆杆 2 组成的受扭圆轴，如图 10.19 所示。假设在扭转过程中两杆无相对滑动，若(a)两杆材料相同，即 $G_1=G_2$；(b)两杆材料不同，$G_1=2G_2$；试绘出横截面上切应力沿水平直径的变化情况。

4. 长为 l、直径为 d 的两根由不同材料制成的圆轴，在其两端作用相同的扭转力偶矩 M_e，试问：

(1) 最大切应力 τ_{max}是否相同？为什么？

（2）相对扭转角 φ 是否相同？为什么？

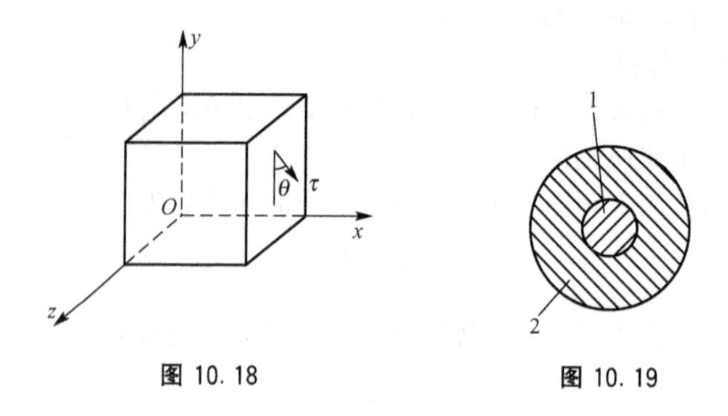

图 10.18　　　　图 10.19

习　　题

10－1　如图 10.20 所示，一传动轴做匀速运动，转速 $n=200\text{r/min}$，轴上装有 5 个轮子，主动轮Ⅱ输入的功率为 60kW，从动轮Ⅰ、Ⅲ、Ⅳ、Ⅴ依次输出 18kW、12kW、22kW、18kW 和 8kW。试作轴的扭矩图。

10－2　如图 10.21 所示，一钻探机的功率为 10kW，转速 $n=180\text{r/min}$。钻杆钻入土层的深度 $l=40\text{m}$。如土壤对钻杆的阻力可看作是均匀分布的力偶，试求分布力偶的集度 m，并作钻杆的扭矩图。

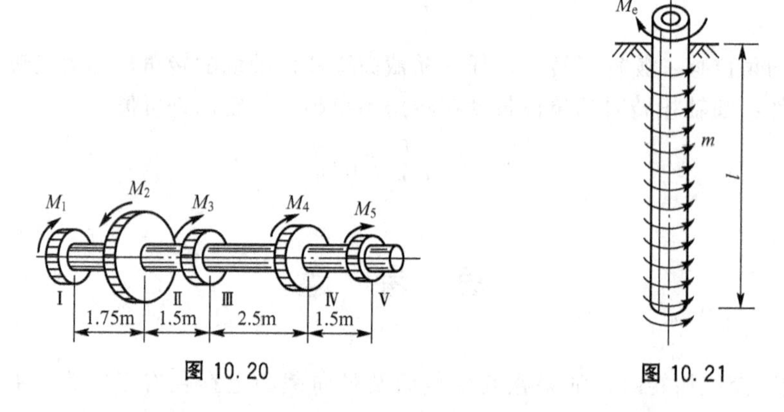

图 10.20　　　　图 10.21

10－3　图 10.22 所示薄壁圆管，受力偶矩 $M_e=1000\text{kN}\cdot\text{m}$ 的作用。已知，圆管外径 $D=80\text{mm}$，内径 $d=72\text{mm}$。试求横截面上的切应力。

10－4　图 10.23 所示一齿轮传动轴，传递力偶矩 $M_e=10\text{kN}\cdot\text{m}$，轴的直径 $d=80\text{mm}$。试求轴的最大切应力。

图 10.22　　　　图 10.23

10-5 如图 10.24 所示，T 为圆杆横截面上的扭矩，试画出截面上与 T 对应的切应力分布图。

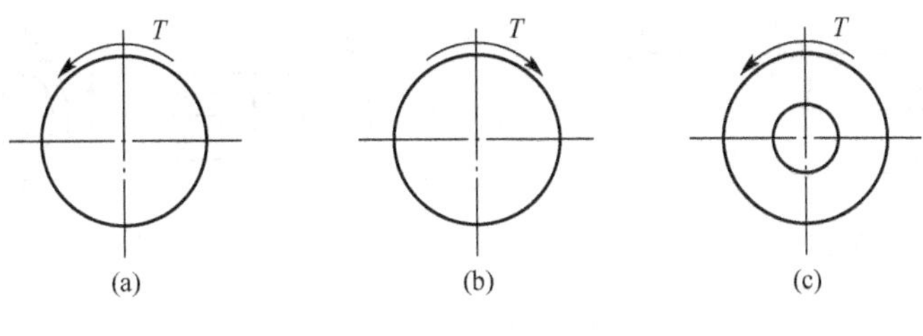

图 10.24

10-6 如图 10.25 所示，实心圆轴的直径 d=100mm，长 l=1m，其两端所受外力偶矩 M_e=14kN·m，材料的切变模量 G=80GPa。试求：

(1) 最大切应力及两端截面间的相对扭转角；

(2) 图示截面上 A、B、C 3 点处切应力的数值及方向；

(3) C 点处的切应变。

10-7 发电量为 15000kW 的水轮机主轴如图 10.26 所示。D=550mm，d=300mm，正常转速 n=250r/min。材料的许用切应力 [τ]=50MPa。试校核水轮机主轴的强度。

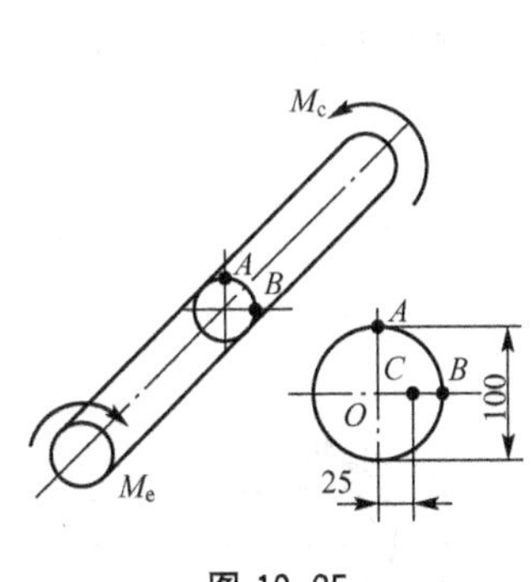

图 10.25

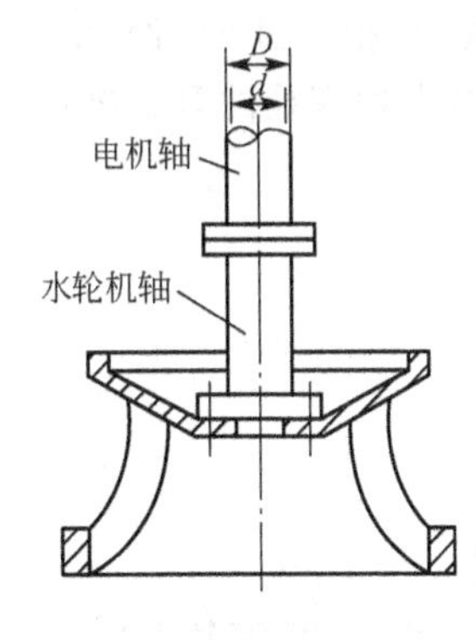

图 10.26

10-8 直径 d=50mm 的等圆截面直杆，在自由端截面上承受外力偶矩 M_e=6kN·m，而在圆杆表面上的 A 点将移动到 A_1 点，AA_1 的圆弧长度为 Δs=3mm，如图 10.27 所示。圆杆材料的弹性模量 E=210GPa，试求泊松比 ν。

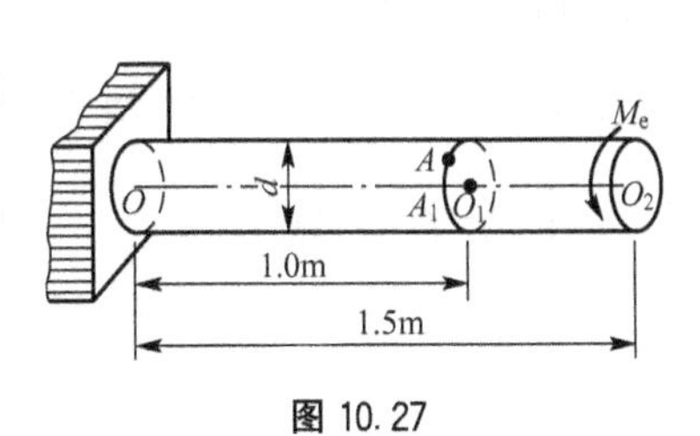

图 10.27

10-9 直径 d=25mm 的钢圆杆，受轴向拉力 60kN 作用时，在标距为 200mm 的长度内伸长了 0.113mm。当其承受一对扭外力偶 M_e=0.2 kN·m 时，在标距为 200mm 的长度内相对扭转了 0.732°的角度。试求钢材的弹性常数 E、G 和 ν。

10-10 图 10.28 所示等直圆杆，已知外力偶矩 M_A=2.99kN·m，M_B=7.20kN·m，M_C=4.21kN·m，许用切应力 [τ]=70MPa，许可单位长度扭转角 [φ']=1°/m，切变模量 G=80GPa。试确定该轴的直径 d。

10-11 如图 10.29 所示阶梯形圆杆，AE 段位空心，外径 D=140mm，内径 d=

100mm；BC 段为实心，直径 $d=100\text{mm}$。外力偶矩 $M_A=18\text{kN}\cdot\text{m}$，$M_B=32\text{kN}\cdot\text{m}$，$M_C=32\text{kN}\cdot\text{m}$。已知：$[\tau]=80\text{MPa}$，$[\varphi']=1.2°/\text{m}$，$G=80\text{GPa}$。试校核该轴的强度和刚度。

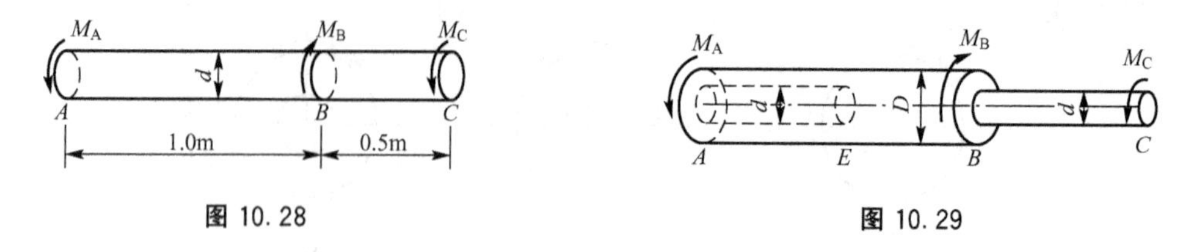

图 10.28　　　　图 10.29

10－12　图 10.30 所示一圆截面杆，左端固定，右端自由，在全长范围内受均布力偶矩作用，其集度为 m_e，材料的切变模量为 G，截面的极惯性矩为 I_p，杆长为 l。试求自由端的扭转角 φ_B。

10－13　如图 10.31 所示钻头横截面直径为 20mm，在顶部受均匀的阻抗扭矩 M_e（N・m/m）的作用，许用切应力 $[\tau]=70\text{MPa}$。

（1）求许可的 M_e。

（2）若 $G=80\text{GPa}$，求上端对下端的相对扭转角。

10－14　图 10.32 所示一圆锥形杆 AB，受力偶矩 M_e 作用，杆长为 l，两端截面的直径分别为 d_1 和 $d_2=1.2d_1$，材料的切变模量为 G。试求：

（1）截面 A 相对 B 的扭转角 φ_{AB}；

（2）若按平均直径的等直杆计算扭转角，误差等于多少？

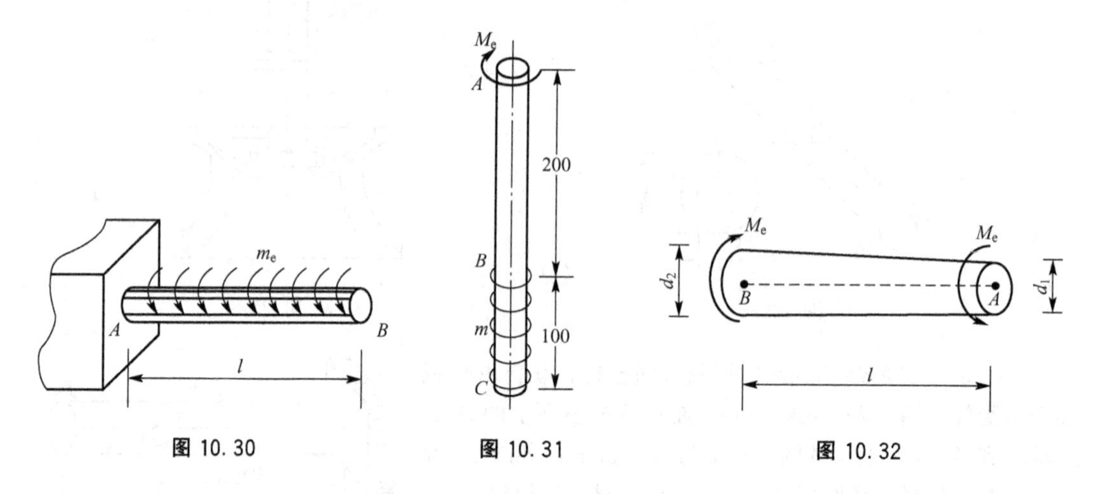

图 10.30　　　　图 10.31　　　　图 10.32

第11章 弯曲内力

【教学目标】

本章主要介绍梁在平面弯曲情况下的内力计算方法及内力图的绘制。

【学习要求】

了解受弯杆件简化方法，掌握梁的内力计算方法，熟练绘制剪力图、弯矩图，掌握荷载集度、剪力、弯矩间的关系并用于绘制剪力、弯矩图，了解叠加法做内力图。

11.1 工程实际中的弯曲问题

工厂车间里的桥式起重机的大梁承受自重和它所起吊重物的重力，如图 11.1 所示；机车车厢的轮轴承受车厢的压力和钢轨的约束力，如图 11.2 所示；汽轮机叶片承受高压高速蒸汽的作用，如图 11.3 所示；造纸机上的压榨辊受到轧制压力的作用，如图 11.4 所示。这些构件(杆件)的受力和变形特点是：在力偶或垂直于轴线的横向力作用下，原为直线的轴线弯成了曲线，构件的这种变形称为弯曲变形。工程中，凡是以弯曲变形为主的构件通常称为梁。

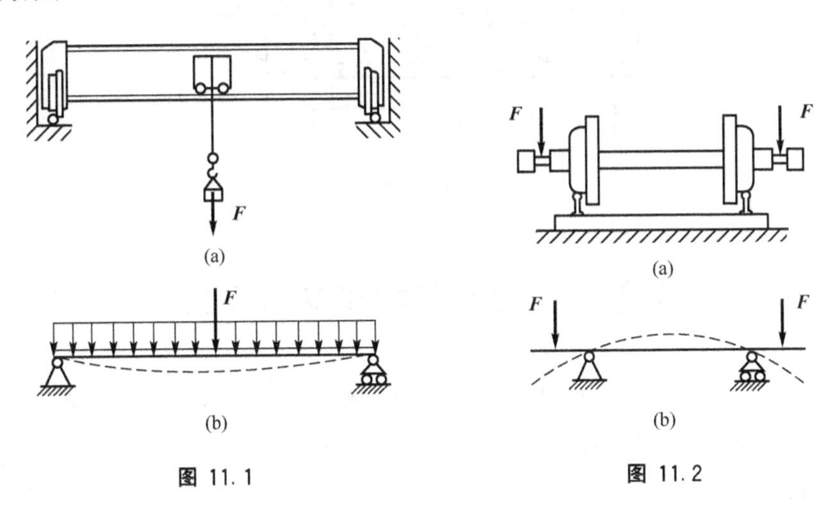

图 11.1　　图 11.2

工程中常用的梁的横截面都至少有一根对称轴，如图 11.5 所示的截面。对称轴与梁轴线所组成的平面称为纵向对称面，如图 11.6 所示的阴影面。如果外力位于该平面内，则梁的轴线将在这个纵向对称面内弯曲成一条平面曲线，这种弯曲称为平面弯曲。平面弯曲是最基本、最简单的，也是工程中最常见到的一种弯曲形式，也称为对称弯曲。本章只对平面弯曲的内力进行研究。

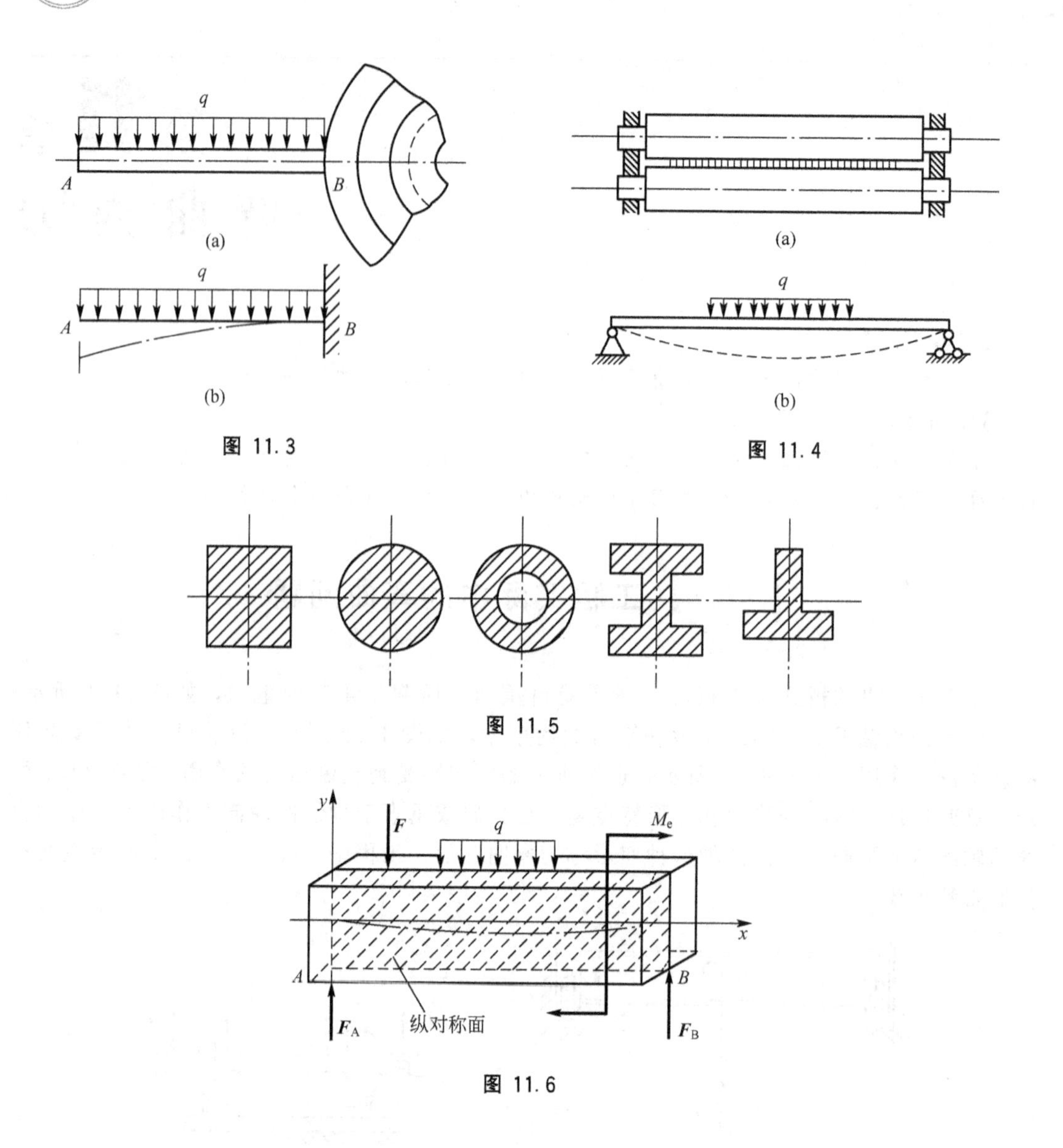

图 11.3

图 11.4

图 11.5

图 11.6

11.2 梁的荷载和支座反力

梁的荷载和支座有各种情况，比较复杂，必须作一些简化才能得出计算简图。下面就荷载及支座的简化分别进行讨论。

1. 荷载的简化

作用在梁上的外力，是各种各样的，经简化和抽象归纳起来可分为集中力［图 11.7(a)］、集中力偶［图 11.7(b)］和分布力［图 11.7(c)、(d)］。

当外力作用的范围远小于梁轴线长度时，可将外力看做是作用于一点处的集中力，如火车车轮对钢轨的压力［图 11.2(b)］等；若外力的作用在一定范围内，如起重机的大梁承受自重［图 11.1(b)］，造纸机上的压榨辊受到轧制压力的作用［图 11.3(b)］

等，这些外力都是沿着梁轴线方向分布的，其分布范围与梁的轴向长度是同一数量级，故不能简化成集中力，而必须抽象为分布力。分布力又可分为均匀分布和任意函数分布，工程中最常见的是均匀分布和线性分布。分布力的集度 q 常用单位是牛顿/米(N/m)或千牛顿/米(kN/m)。

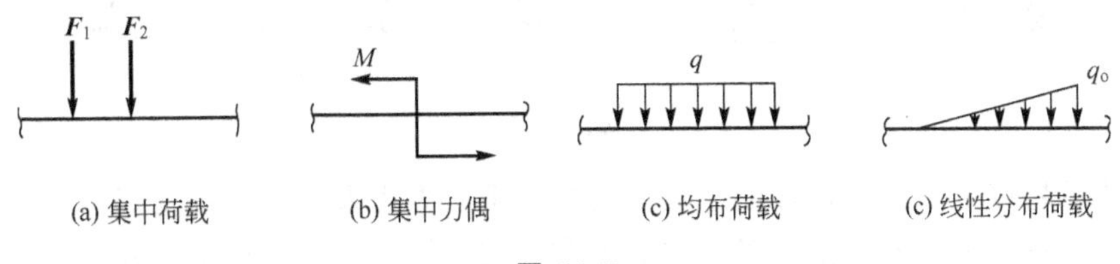

图 11.7

2. 支座的简化

梁支座的形式虽然各不相同，但根据它所能提供的约束反力，可简化为以下 3 种典型类型。

(1) 可动铰支座。这种支座的简化图如图 11.8(a)所示，它只能阻止在支座处的截面沿梁的横向移动，但不能阻止其沿纵向地移动和绕横向轴地转动。因此，这种支座对梁只有一个约束，相应的只可能有一个横向支反力［图 11.8(d)］，其作用线垂直于梁的轴线。

(2) 固定铰支座。这种支座的简化图如图 11.8(b)所示。它能阻止在支座处的截面沿梁的纵向和横向地移动，但不能阻止其绕横向轴地转动。因此，这种支座对梁有两个约束，相应的可能有沿梁纵向和横向的两个支反力［图 11.8(e)］。

(3) 固定端。这种支座的简化图如图 11.8(c)所示。它使梁在该端的截面既不能作任何移动又不能作转动。因此，这种支座对梁有三个约束，相应的可能有 3 个支反力，即沿梁纵向和横向的两个支反力和一个支反力偶［图 11.8(f)］。

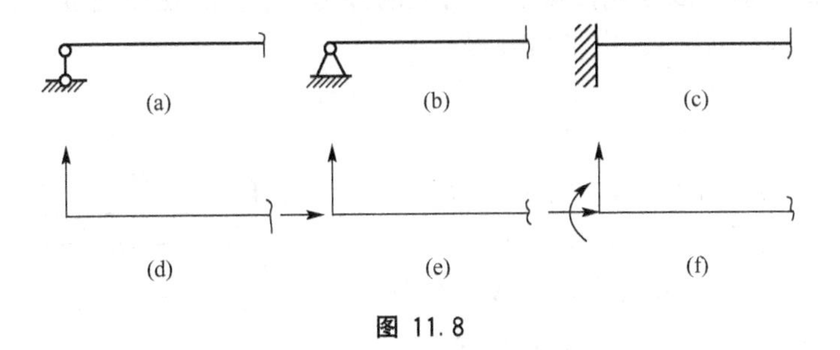

图 11.8

3. 静定梁的基本形式

由上述可知，如果梁具有一个固定端，或者有一个固定铰支座和一个可动铰支座，则可以保证梁在载荷作用下不至发生整体运动而处于平衡状态。此时，梁将可能有 3 个支反力。由于荷载和各支反力构成平面力系，故 3 个支反力可用平面一般力系的 3 个静力平衡方程求出，这种梁称为静定梁。常见的静力梁如图 11.9(a)、(b)、(c)所示，它们分别称为简支梁、外伸梁和悬臂梁。

有时为了改善梁的强度和刚度的需要，可设置较多的支座［图 11.9(d)、(e)］，于是

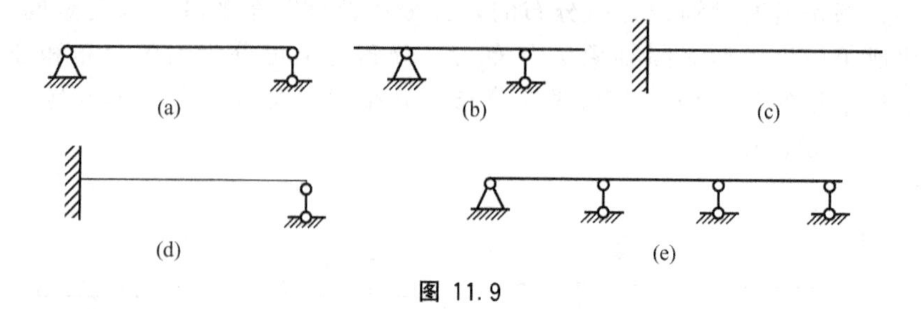

图 11.9

支反力的数目超过了 3 个，这样就不能单凭静力平衡方程来求出全部支反力，这种梁称为超静定梁。求解这类梁的支反力时，需要考虑梁的变形，建立变形协调方程。

梁在两支座之间的部分称为跨，其长度称为梁的跨度。

将实际的梁、梁上载荷及支座简化以后，就得到梁的计算简图，在作出梁的计算简图后，即可按平衡方程计算梁的支反力。

11.3 梁的内力及其求法

梁在外力作用下，其各部分之间将产生互相作用的内力。为了研究梁的应力和变形，首先要从已知的外力求出梁横截面上的内力。现以受集中载荷作用的简支梁(图 11.10)为例，来说明梁在外力作用下所产生的反力和内力的计算。

为了分析内力，一般须先用平衡方程分别求得支反力 F_{Ay} 和 F_{By}，其指向如图 11.10(a)所示。

计算梁的内力时，仍用截面法。例如在求距离左支座 A 为 x 的横截面 $m-m$ 上的内力对，应沿该截面假想地将梁截分成两部分［图 11.10(b)，(c)］，现首先研究左段梁［图 11.10(b)］的平衡。因为此段梁上有向上的外力 F_{Ay}，故在截面 $m-m$ 内必有铅垂向下的内力 F_S［图 11.10(b)］。由平衡方程

$$\sum F_y=0,\quad F_{Ay}-F_S=0$$

得 $$F_S=F_{Ay}$$

F_S 称为横截面 $m-m$ 上的剪力，它是与横截面相切的分布内力系的合力。由于剪力 F_S 与外力 F_{Ay} 构成力偶，显然，为了使此梁段不发生整体转动而保持平衡，在截面 $m-m$ 上必然还有一个内力偶 M［图 11.10(b)］。此内力偶的矩也用 M 表示，以截面 $m-m$ 的形心 C 为矩心由平衡方程

$$\sum M_C=0,\quad M-F_{Ay}x=0$$

得 $$M=F_{Ay}x$$

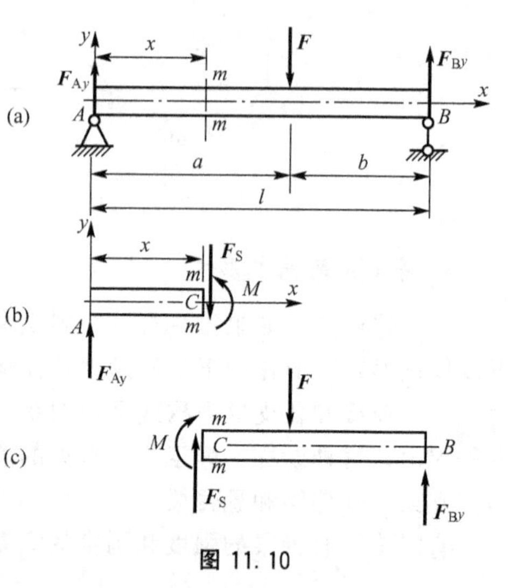

图 11.10

由作用力与反作用力原理可知，右段梁的截面 $m-m$ 上必然同时存在有剪力和弯矩，其数值与前述的相同，而剪力的指向和弯矩的转

向则与左段梁的相反［图 11.10(c)］。这一结论也可从右段梁的平衡方程得到。

为了使从截开后的两段梁所求得的同一横截面上的剪力和弯矩各自具有相同的正负号，把剪力和弯矩的符号规则与梁的变形联系起来。为此，在横截面 $m-m$［图 11.10(a)］处取出长为 dx 的微段(图 11.11)，作这样的规定：剪力以使微段发生左端向上和右端向下的相对错动时为正；或使微段顺时针方向转动的剪力为正［图 11.11(a)］，反之为负［图 11.11(b)］；弯矩以使微段发生上凹下凸的弯曲时为正；或使梁的上表面纤维受压时的弯矩为正［图 11.11(c)］，反之为负［图 11.11(d)］。按照上述规定，图 11.10(b)、(c)中所示的剪力和弯矩都是正的。

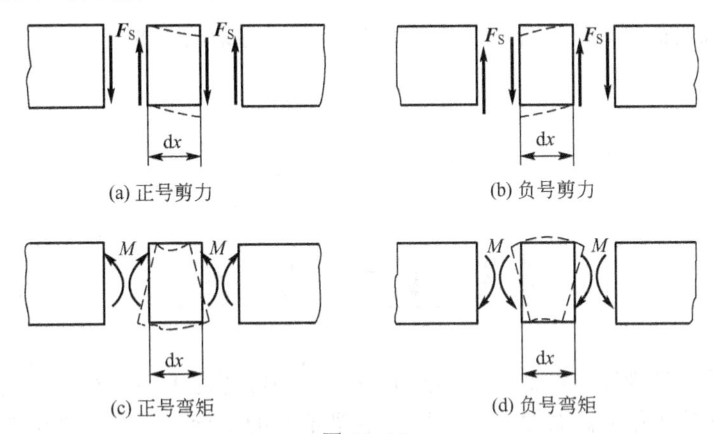

图 11.11

按上述关于符号的规定，任意截面上的剪力和弯矩，无论根据这个截面左侧或右侧的外力来计算，所得结果的数值和符号都是一样的。另外，还可以得到下述两个规律。

(1) 横截面上的剪力，在数值上等于作用在此截面任一侧(左侧或右侧)梁上所有外力在 y 轴上投影的代数和。

(2) 横截面上弯矩，在数值上等于作用在此截面任一侧(左侧或右侧)梁上所有外力对该截面形心力矩的代数和。

为了使所求得的剪力和弯矩的符号符合前述规定，按此规律列剪力计算式时，凡截面左侧梁上所有向上的外力，或截面右侧梁上所有向下的外力，都将产生正的剪力，故均取正号，反之为负。在列弯矩计算式时，凡截面左侧梁上外力对截面形心之矩为顺时针转向，或截面右侧梁上外力对截面形心之矩为逆时针转向，都将产生正的弯矩，故均取正号，反之为负。这个规则可以概括为“左上右下，剪力为正；左顺右逆，弯矩为正”的口诀。

利用上述规律，在求弯曲内力时，可不再列出平衡方程，而是直接根据截面左侧或右侧梁上的外力来确定横截面上的剪力和弯矩，从而简化的求内力的计算步骤。

例 11.1 如图 11.12 所示，外伸梁桥受集中力偶 qa^2 和均布荷载 q 作用。试求 C 截面上的剪力和弯矩。

解：(1) 计算支座反力。选梁整体为研究

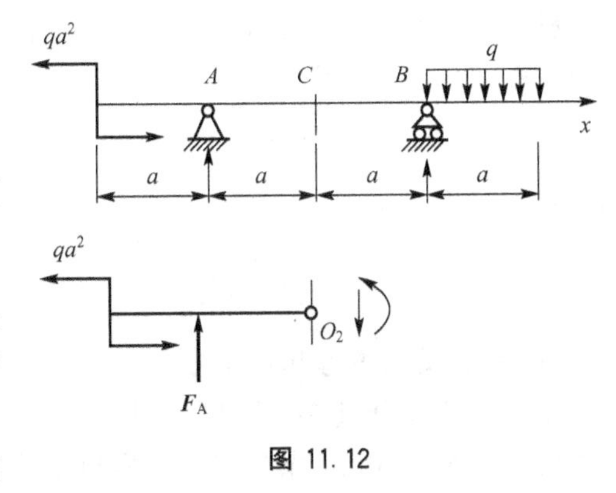

图 11.12

对象，由平衡方程

$$\sum M_B=0,\quad -qa^2+F_A 2a+\frac{1}{2}qa^2=0$$

得
$$F_A=\frac{1}{4}qa$$

$$\sum F_y=0,\quad F_A+F_B-qa=0$$

得
$$F_B=\frac{3}{4}qa$$

(2) 计算 C 截面上的剪力和弯矩

假想在 C 截面截开，取左梁段为研究对象，根据左梁段上的外力，可直接求得

$$F_{SC}=F_A=\frac{1}{4}qa$$

$$M_C=-qa^2+F_A a=-qa^2+\frac{1}{4}qa^2=-\frac{3}{4}qa^2$$

11.4 内　力　图

前面研究了求解梁任一横截面上内力的方法，一般情况下梁横截面上的剪力和弯矩是随着横截面的位置变化的。若横截面位置用沿梁轴线的坐标 x 表示，则梁各个横截面上剪力和弯矩可以表示为坐标 x 的函数，即

$$F_S=F_S(x)$$
$$M=M(x)$$

上述二式分别称为剪力方程和弯矩方程。为了全面了解剪力和弯矩沿着梁轴线的变化情况，可根据剪力方程和弯矩方程，用曲线把它们表示出来。x 坐标表示横截面的位置，剪力 F_S 值或弯矩 M 值为纵坐标，所得图形分别称为剪力图和弯矩图。

根据剪力图和弯矩图，可以很直观地找出梁内最大剪力和最大弯矩所在的横截面及数值，从而可以进行梁的强度分析和计算。

例 11.2　图 11.13(a)所示为一简支梁，在 C 点处受集中力 F 作用。作此梁的剪力图和弯矩图。

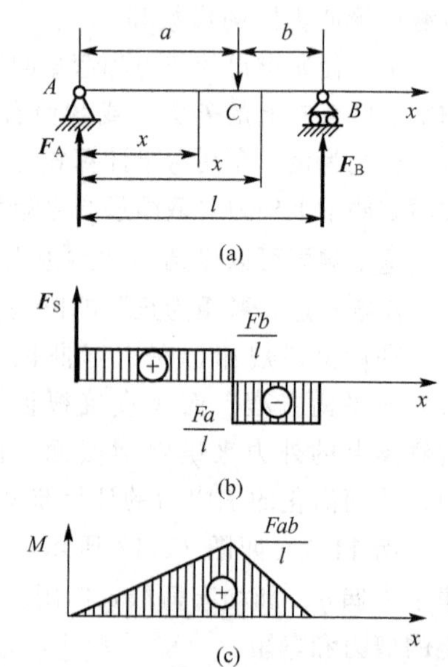

图 11.13

解：(1) 计算支座反力。考虑梁的整体平衡，根据平衡方程 $\sum M_B=0$，得

$$F_A=\frac{Fb}{l}$$

再由 $\sum M_A=0$，得

$$F_B=\frac{Fa}{l}$$

(2) 列出剪力方程和弯矩方程。

外力 F 将梁分成 AC 和 BC 两段，梁在该两段内的内力是不同的，因此，梁的剪力和弯矩不能用同一方程

式来表示，应分段列出。

AC 段：

$$F_S(x)=F_A=\frac{Fb}{l} \quad (0<x<a) \tag{a}$$

$$M(x)=\frac{Fb}{l}x \quad (0\leqslant x\leqslant a) \tag{b}$$

BC 段：

$$F_S(x)=F_A-F=\frac{Fb}{l}-F=-\frac{Fa}{l} \quad (a<x<l) \tag{c}$$

$$M(x)=F_Ax-F(x-a)=\frac{Fb}{l}x-F(x-a)=\frac{Fa}{l}(l-x) \quad (a\leqslant x\leqslant l) \tag{d}$$

(3) 绘制剪力图和弯矩图。

由式(a)、(c)可知，剪力是常数，因此，AC 和 BC 段的剪力图是一条平行于坐标轴的水平线，如图 11.13(b)所示。

由式(b)、(d)可知，弯矩图为直线方程，因此，AC 和 BC 段的弯矩图是一条斜直线。

AC 段：在 $x=0$ 处，$M_A=0$；在 $x=a$ 处，$M_C=\frac{Fab}{l}$；

BC 段：在 $x=a$ 处，$M_C=\frac{Fab}{l}$；在 $x=l$ 处，$M_B=0$。

弯矩图如图 11.13(c)所示。

从整个梁的剪力图和弯矩图可以看出，当 $a>b$ 时，梁的最大剪力 $F_{Smax}=\frac{Fa}{l}$ 发生在 BC 段；$M_{max}=\frac{Fab}{l}$，发生在集中力 F 所作用的横截面上。

例 11.3 简支梁受集度为 q 的均布载荷作用，如图 11.14(a)所示，试列出梁的剪力方程和弯矩方程，并作出梁的剪力图和弯矩图。

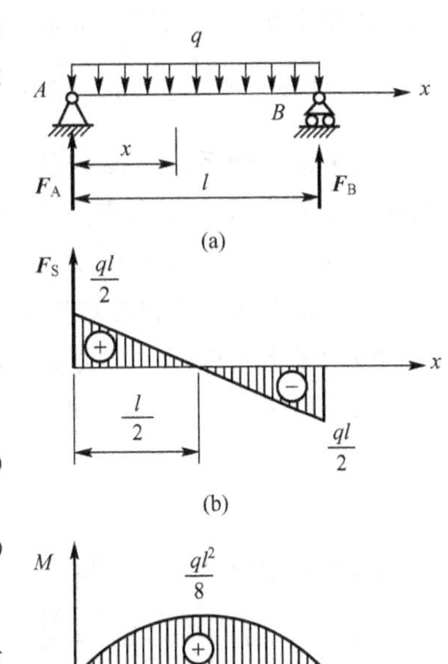

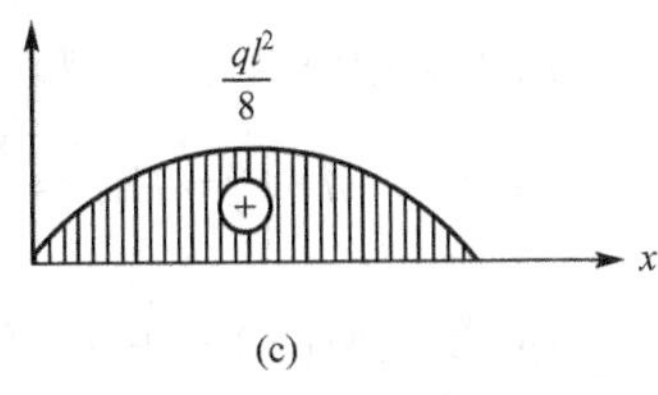

图 11.14

解：(1) 求支座反力。

根据梁的对称关系，可知两个支座反力相等，即

$$F_A=F_B=\frac{1}{2}ql$$

(2) 列剪力方程和弯矩方程。

任取一距 A 为 x 的截面，则

$$F_S(x)=F_A-qx=\frac{1}{2}ql-qx \quad (0<x<l) \tag{a}$$

$$M(x)=F_Ax-\frac{1}{2}qx^2=\frac{1}{2}qlx-\frac{1}{2}qx^2 \quad (0\leqslant x\leqslant l) \tag{b}$$

(3) 作剪力图和弯矩图。

根据式(a)可知，剪力方程为一直线方程，计算两点的值即可作出剪力图。即

$$x=0, \quad F_S=\frac{1}{2}ql;$$

$$x=l, \quad F_S=-\frac{1}{2}ql$$

剪力图如图 11.14(b)所示。

根据式(b)可知，弯矩方程为一抛物线方程，需计算出 3 个主要点的值。即

$$x=0, \quad M=0;$$
$$x=l, \quad M=0;$$
$$x=\frac{1}{2}l, \quad M=\frac{1}{8}ql^2$$

用光滑曲线连接各点，弯矩图如图 11.14(c)所示。

(4) 求 F_{Smax} 和 M_{max}。

由剪力图和弯矩图可知，在接近 A、B 两个支座的两端面上有 F_{Smax}，其绝对值为 $\left|\frac{1}{2}ql\right|$；式(b)表明，弯矩是 x 的二次函数，欲求弯矩的最大值，可根据高等数学求极值的方法，得

$$\frac{dM(x)}{dx}=\frac{1}{2}ql-qx=0$$

从而求得 $x=\frac{1}{2}l$ 处弯矩有极值，其极值为 $M_{max}=\left|\frac{1}{8}ql^2\right|$，其对应截面上的剪力 $F_S=0$。

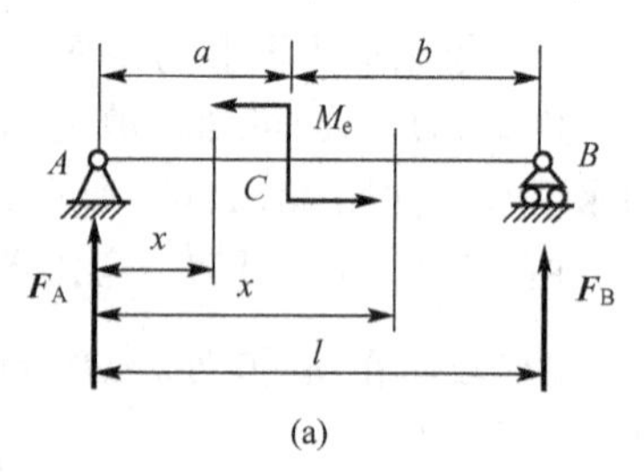

(a)

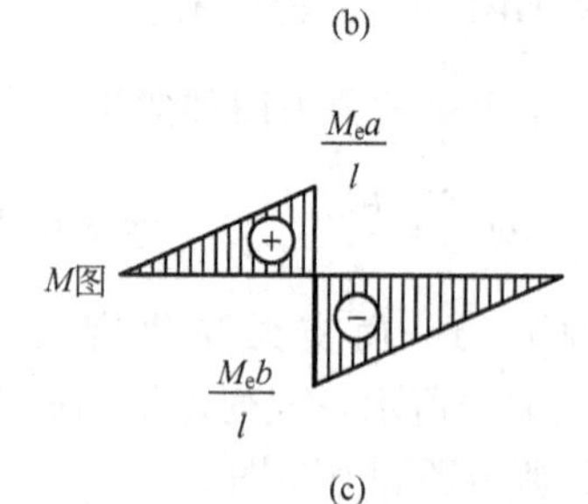

(b)

(c)

图 11.15

例 11.4 一简支梁桥受到集中力偶 M_e 作用，如图 11.15(a)所示。试作此梁的剪力图和弯矩图，并确定 $|F_S|_{max}$ 和 $|M|_{max}$。

解：(1) 求支座反力。

根据平衡方程 $\sum M_B=0$ 和 $\sum M_A=0$，可得

$$F_A=\frac{M_e}{l}(\uparrow), \text{和 } F_A=-\frac{M_e}{l}(\downarrow)$$

由平面力偶系的平衡条件可知，两个支座反力必构成一个反向力偶与原集中力偶平衡，由此也可得 F_A 和 F_B 大小相等，但方向相反。

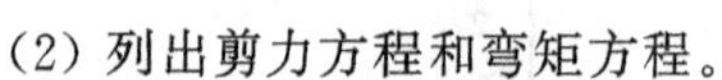

(2) 列出剪力方程和弯矩方程。

因为梁上只作用一个力偶，而力偶在任何方向的投影皆为零，故无论哪个截面上的剪力都只能由 F_A 或 F_B 来计算。全梁只有一个剪力方程，即

$$F_S(x)=\frac{M_e}{l} \quad (0<x<l)$$

因为集中力偶在 AC 和 BC 段引起的弯矩不同，因此，弯矩方程必须分段列出

AC 段：$M(x)=F_Ax=\frac{M_e}{l}x \quad (0\leqslant x<a)$

BC 段：$M(x)=F_Ax-M_e=\frac{M_e}{l}x-M_e \quad (a<x\leqslant l)$

(3) 作剪力图和弯矩图。

由剪力方程可知，全梁剪力为常数，即 $F_S=\dfrac{M_e}{l}$。当 AC 段和 BC 段的弯矩方程可知，两段梁的弯矩图都为斜直线

AC 段：$x=0$，　$M=0$；　$x=a$，　$M=\dfrac{M_e}{l}a$

BC 段：$x=a$，　$M=-\dfrac{M_e}{l}b$

由图 10.15 (b) 可知，$F_{S\max}=\dfrac{M_e}{l}$，由图 11.15 (c)可知，当 $a<b$ 时，$|M|_{\max}=\dfrac{M_e}{l}b$，位于 C 截面稍右的截面上。由弯矩图还可以看到一个现象，在集中力偶作用的截面 C 处，弯矩值发生的突变，突变值等于外力偶矩 M_e。

11.5 弯矩、剪力、荷载集度间的关系

在例 11.3 中，若将弯矩方程 $M(x)$对 x 求导数，就得到剪力方程 $F_S(x)$；若再将 $F_S(x)$对 x 求导数，则得到分布载荷集度。实际上，在分布载荷集度、剪力和弯矩之间存在着一个普遍的微分关系，利用这种关系，可以很方便地绘制或校核剪力图和弯矩图。

11.5.1 荷载集度、剪力和弯矩间的微分关系

现以简支梁左端为坐标原点选取坐标系，如图 11.16(a)所示。梁上分布载荷集度 q 是 x 的连续函数，并规定方向向上为正。在分布载荷作用段任一截面处截取微段梁 dx 进行讨论，因为 dx 很微小，故可视其上的分布载荷为均匀，微段的受力如图 11.16 (b)所示。考虑微段的平衡，有

$$\sum F_y=0,\quad F_S+q\mathrm{d}x-(F_S+\mathrm{d}F_S)=0$$

整理后得

$$\frac{\mathrm{d}F_S}{\mathrm{d}x}=q \tag{11-1}$$

再取微段梁右端面形心为矩心，由平衡方程

$$\sum M_O=0,\quad -M-F_S\mathrm{d}x-\frac{1}{2}q(\mathrm{d}x)^2+(M+\mathrm{d}M)=0$$

略去二阶微量后得到

$$\frac{\mathrm{d}M}{\mathrm{d}x}=F_S \tag{11-2}$$

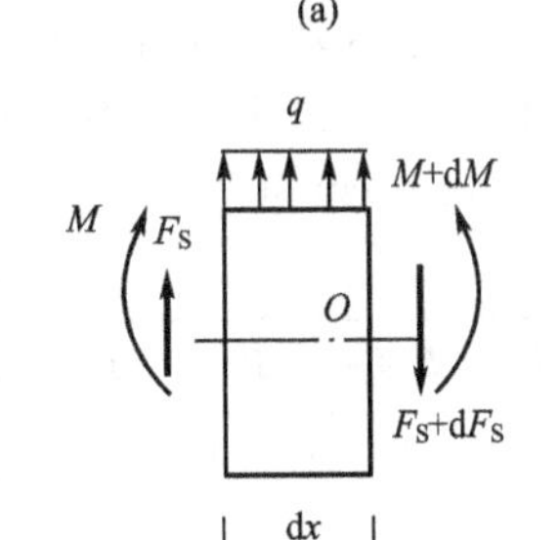

(b)

图 11.16

将式(11-2)再对 x 求一次导数，并考虑式(11-1)可得

$$\frac{\mathrm{d}^2M}{\mathrm{d}x^2}=\frac{\mathrm{d}F_S}{\mathrm{d}x}=q \tag{11-3}$$

以上 3 式就是梁任一截面上的荷载集度、剪力和弯矩间的微分关系。

11.5.2 用荷载集度、剪力和弯矩间的微分关系绘制剪力图和弯矩图

利用式(11-1)～式(11-3)，结合梁上载荷的具体情况，可以得出关于剪力图和弯矩图的变化规律，依据这些规律可以更简捷地绘制或校核剪力图和弯矩图。

(1) 若在梁的某一段内无载荷作用，即 $q=0$，由 $\frac{dF_S}{dx}=q=0$ 可知，在这一段梁内 $F_S=$ 常数，即剪力图必然是平行于 x 轴的直线，如图 11.13(b)、图 11.15(b)所示。又由 $\frac{d^2M}{dx^2}=\frac{dF_S}{dx}=q=0$ 可知，M 是 x 的一次函数，弯矩图是斜直线，如图 11.13(c)、图 11.15 (c)所示。

(2) 若在梁的某一段内作用均布载荷，即 $q=$ 常数，则 $\frac{d^2M}{dx^2}=\frac{dF_S}{dx}=q=$ 常数。故在这一段梁内 F_S 是 x 的一次函数，而 M 是 x 的二次函数，因而剪力图是斜直线，弯矩图是二次抛物线，如图 11.14(b)、(c)所示。

若在梁的某一段内，分布载荷方向向上，即 $\frac{d^2M}{dx^2}=\frac{dF_S}{dx}=q>0$，则对应的弯矩图向下凸；反之，分布载荷方向向下，则弯矩图向上凸，如图 11.14(c)所示。

(3) 若在梁的某一截面上 $F_S=0$，即 $\frac{dM}{dx}=F_S=0$，则对应的弯矩图的斜率为零，在这一截面上弯矩有极值。例如在图 11.14 中，跨度中点截面上的 $F_S=0$，弯矩为最大值 $M_{max}=\frac{1}{8}ql^2$。

(4) 在集中力作用处，剪力 F_S 有一突变(其变化的数值等于集中力)，因而对应截面弯矩图的斜率也发生了突变，出现了转折点，如图 11.13(c)所示。

在集中力偶作用处，对应截面的弯矩图将发生突变，突变值即等于力偶矩的大小，如图 11.15(c)所示。

(5) $|M|_{max}$ 不但可能发生在 $F_S=0$ 的截面上，也有可能发生在集中力作用处 [11.13(c)]，或集中力偶作用处 [11.15(c)]。所以，在求 $|M|_{max}$ 时，应考虑上述几种可能性。

将上述的均布荷载、剪力和弯矩之间的关系以及剪力图、弯矩图的一些特征汇总整理为表 11-1，以供参考。

表 11-1 直梁内力图的形状特征

梁上情况	无荷载作用段	均布荷载 q 作用段		集中力 F 作用处		集中力偶 M 作用处
剪力图	水平线	斜直线	为零处	有突变(突变值 $=F$)	如变号	无变化
弯矩图	一般为斜直线	抛物线(凸出方向同 q 指向)	有极值	有尖角(尖角指向同指 F 向)	有极值	有突变(突变值 $=M$)

11.5.3 绘制内力图的一般步骤

(1) 求反力(悬臂梁可不求反力)。

(2) 分段。凡外力不连续点均应作为分段点，如集中力及集中力偶作用点、均布荷载

的起讫点等。这样，根据外力情况就可以判定各段梁的内力图形状。

(3) 定点。根据各段梁的内力图形状，选定所需的控制截面，用截面法求出这些截面的内力值，并在内力图的基线上用竖标绘出。这样，就定出了内力图上的各控制点。

(4) 连线。根据各段梁的内力图形状，将其控制点以直线或曲线相连。

例 11.5 如图 11.17(a)所示外伸梁，受集中力偶和均布荷载作用，试作梁的剪力图和弯矩图。

解：(1) 求支座反力。

设 F_A，F_B 为图示方向，根据平衡方程

$$\sum M_B=0，得\ F_A=\frac{1}{2}qa\ (\uparrow)$$

$$\sum F_y=0，得\ F_B=\frac{3}{2}qa\ (\uparrow)$$

(2) 作剪力图。

将梁体划分为 CA、AB 两段，C 处集中力偶对剪力图无影响，CA 段无荷载作用，剪力为零，A 处剪力图有突变，突变值为 F_A，AB 段上作用均布荷载，为斜直线。

利用截面法，求得各控制截面的剪力值

$$F_{SC}=0$$

$$F_{SA}^{+}=F_A=\frac{1}{2}qa(\text{“}A^{+}\text{”表示 }A\text{ 截面偏右})$$

$$F_{SB}^{-}=F_A-2qa=-\frac{3}{2}qa$$

$$F_{SB}^{-}=-F_B=-\frac{3}{2}qa$$

$$F_{SB}^{+}=0$$

根据各段梁的剪力图形状，将各控制点间连线即得到剪力图，如图 11.17(b)所示。

(3) 作弯矩图。

将梁体划分为 CA、AB 两段，C 处作用集中力偶，弯矩图有突变，突变值为力偶值，CA 段剪力图为零，则弯矩图为水平线，AB 段上作用均布荷载，为抛物线，凸起同 q 指向。

利用截面法，求得各控制截面的弯矩值

$$M_C^{-}=0$$

$$M_C^{+}=qa^2$$

$$M_B=0$$

为了求出最大弯矩值 M_{max}，应确定剪力为零的截面 D 的位置，应为距 A 端 $\frac{1}{2}a$ 处，求得 $M_{max}=\frac{9}{8}qa^2$。

最后根据各段梁的弯矩图形状，将各

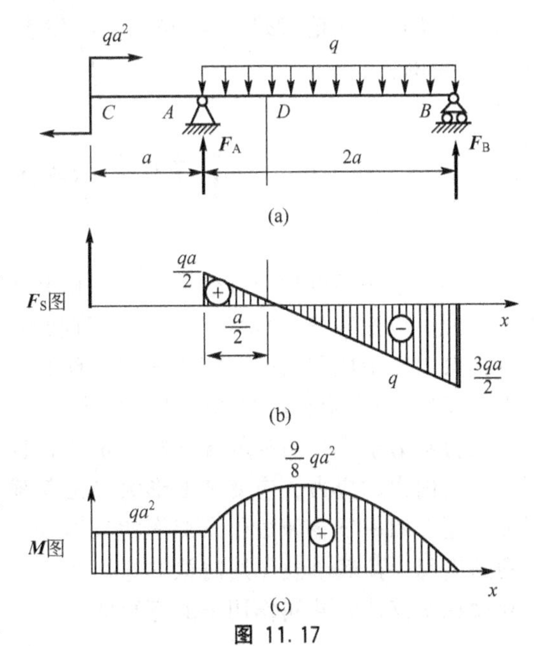

图 11.17

例 11.6 一外伸梁受均布荷载和集中力偶的作用，如图 11.18 所示，试作此梁的剪力图和弯矩图。

解：(1) 求支座反力。

由平衡方程

$$\Sigma M_A=0，得 F_B=-15\text{kN}(\downarrow)$$

$$\Sigma F_y=0，得 F_A=35\text{kN}(\uparrow)$$

(2) 作剪力图。

将梁体划分为 CA、AD、DB 3 段。

利用截面法，求得各控制截面的剪力值

$$F_{SC}=0$$

$$F_{SA}^{-}=-20\times1=-20\text{kN}$$

$$F_{SA}^{+}=-20\times1+35=15\text{kN}$$

然后，即可绘出剪力图，如图 11.18(b) 所示。

(3) 作弯矩图。

利用截面法，求得各控制截面的弯矩值

$M_C=0$

$M_A=-20\times0.5=-10\text{kN}\cdot\text{m}$

$M_D^{-}=-20\times1.5+35\times1=5\text{kN}\cdot\text{m}$

$M_D=-15\times1=-15\text{kN}\cdot\text{m}$

$M_B=0$

然后，即可绘出剪力图，如图 11.18(c) 所示。全梁的最大值 $|M|_{max}=15\text{kN}\cdot\text{m}$ 发生在 D 截面偏右。

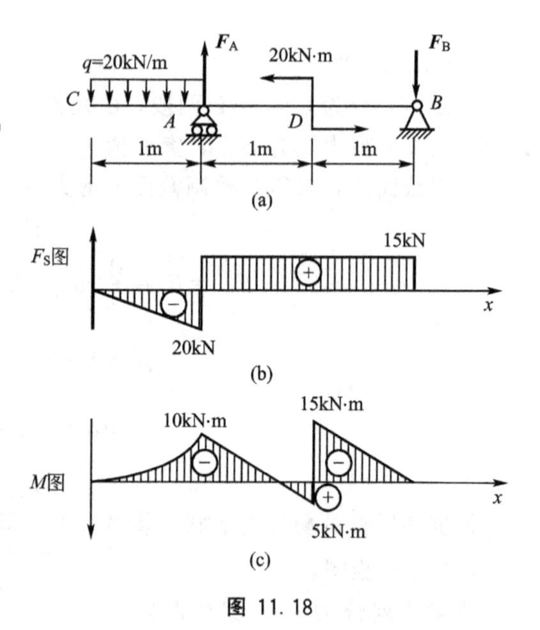

图 11.18

11.6 叠加法作内力图

材料力学中的叠加原理叙述如下：由几个荷载共同作用下所引起的某一物理量(如内力、应力、应变和变形)，等于每一个荷载单独作用下所引起的该物理量的叠加。叠加原理在材料力学中应用很广。应用叠加原理的一般条件为：需要计算的某一物理量(如内力、应力、变形等)必须是荷载的线性齐次式。

在材料力学中，当材料服从胡克定律，且构件的变形为小变形时，则构件在外荷载作用下，其内力、应力、应变和变形大多是荷载的线性函数，故此时叠加原理便适用。下面通过例题介绍一下叠加法作弯矩图的具体步骤，即当梁上有几个荷载共同作用时，可以先分别画出每一荷载单独作用时梁的弯矩图，然后将同一截面相应的各纵坐标代数叠加，即得到梁在所有荷载共同作用下的弯矩图。

例 11.7 图 11.19(a)所示的简支梁桥受均布荷载 q 和集中力 P 共同作用。若已知 $P=ql$，试按叠加法作梁的弯矩图。

解： 首先把梁上的荷载分成均布荷载载 q 和集中力 P 单独作用(图 11.19(b)、(c))，然后分别画出 q 和 P 单独作用时的弯矩图(图 11.19(e)、(f))。将相应的纵坐标叠加，就得到 q 和 P 共同作用时的弯矩图(图 11.19(d))。

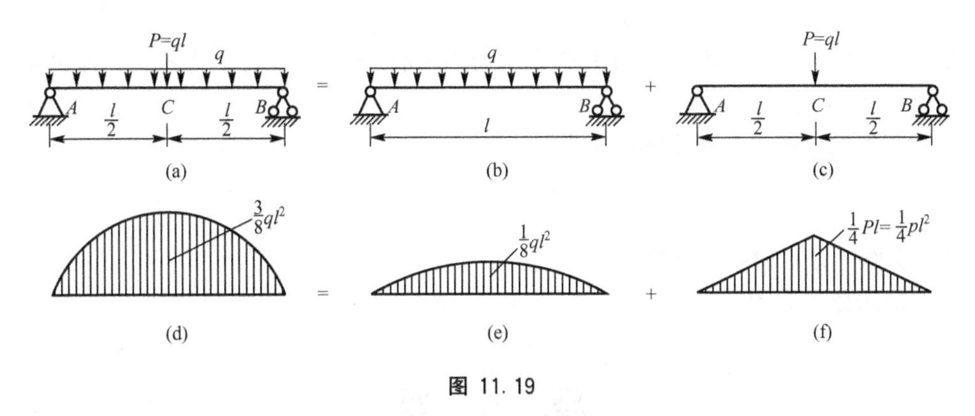

图 11.19

例 11.8 用叠加法作图 11.20(a)所示梁的弯矩图。

解： 首先把梁上的荷载分成均布荷载载 q 和集中力 P 单独作用［图 11.19(b)、(c)］，作出弯矩图［图 11.20(e)、(f)］，然后将 q 和 P 引起的弯矩图相应的纵坐标叠加，就得到 q 和 P 共同作用时的弯矩图［图 11.19(d)］。

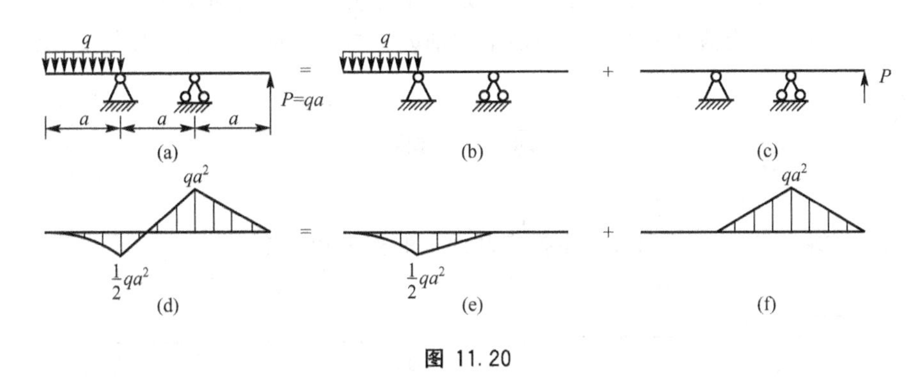

图 11.20

这种做法把一个复杂的问题化为几个简单问题的叠加，这给我们解题带来很大的方便。

本章小结

1. 平面弯曲的概念(平面弯曲的力学模型)

构件特征：至少具有一个纵向对称面的等截面直杆；

受力特征：外力偶或横向力作用在杆的纵向对称面内，横向力与杆轴线垂直；

变形特征：弯曲变形后，杆件轴线变成在外力作用面内的光滑、平坦的平面曲线。

2. 片面弯曲时横截面上的内力—剪力和弯矩

剪力：构件弯曲变形时，与横截面相切的分布力系的合力，用 F_S 表示；

弯矩：构件弯曲变形时，垂直作用于横截面的分布内力系的合力偶矩，用 M 表示；

剪力方程与弯矩方程：构件各横截面上的剪力、弯矩表示为坐标位置 x 的函数，即表示剪力、弯矩随截面位置而变化的函数关系

$$F_S=F_S(x),\quad M=M(x)$$

剪力图与弯矩图：表示横截面上剪力、弯矩沿杆轴线变化规律的图线，即将剪力方程、弯矩方程用图线表示。

3. 荷载集度、剪力和弯矩间的关系

$$\frac{dF_S}{dx}=q,\quad \frac{dM}{dx}=F_S,\quad \frac{d^2M}{dx^2}=\frac{dF_S}{dx}=q$$

及利用关系作剪力图和弯矩图的规律。

4. 叠加法作内力图

思 考 题

1. 如何计算剪力和弯矩？如何确定其正负符号？
2. 列 $F_S(x)$及 $M(x)$方程时，在何处需要分段？
3. 如何确定最大弯矩？最大弯矩是否一定发生在剪力为零的横截面上？
4. 集中力及集中力偶作用的构件截面上的轴力、扭矩、剪力、弯矩如何变化？

习 题

11-1 试求图 11.21 所示各梁中指定截面上的剪力和弯矩。

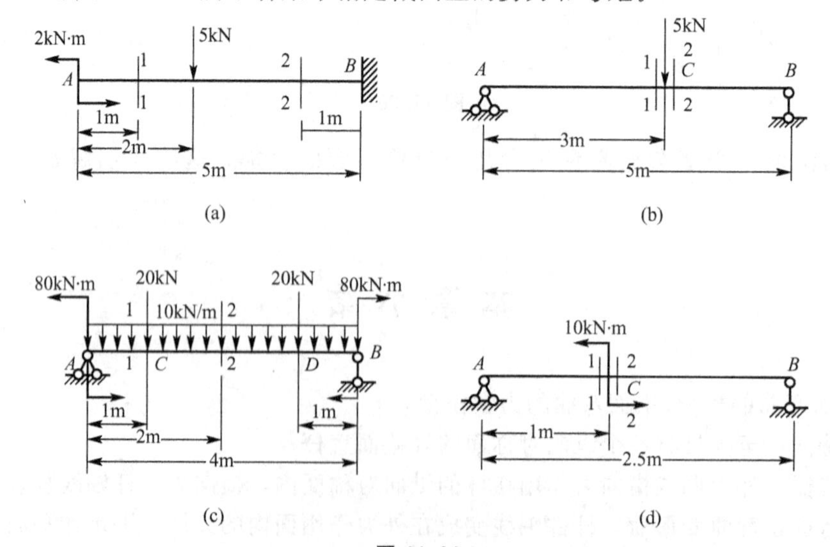

图 11.21

11-2 如图 11.22 所示试写出下列各梁的剪力方程和弯矩方程，并作剪力图和弯矩图。

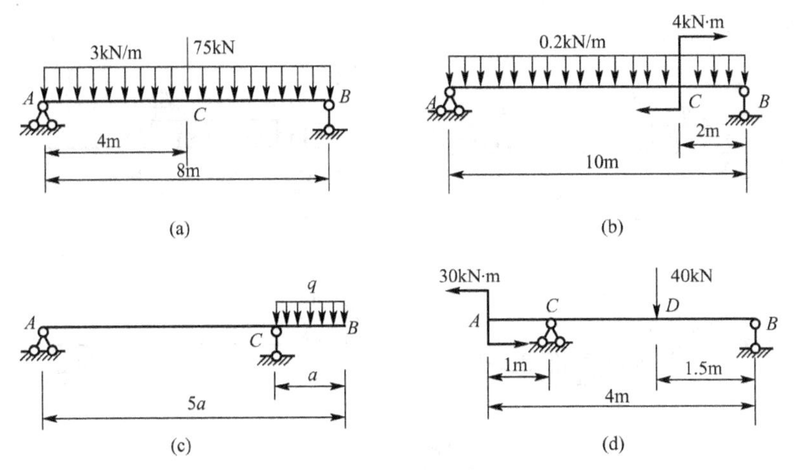

图 11.22

11-3 如图 11.23 所示，试利用荷载集度、剪力和弯矩间的微分关系作下列各梁的剪力图和弯矩图。

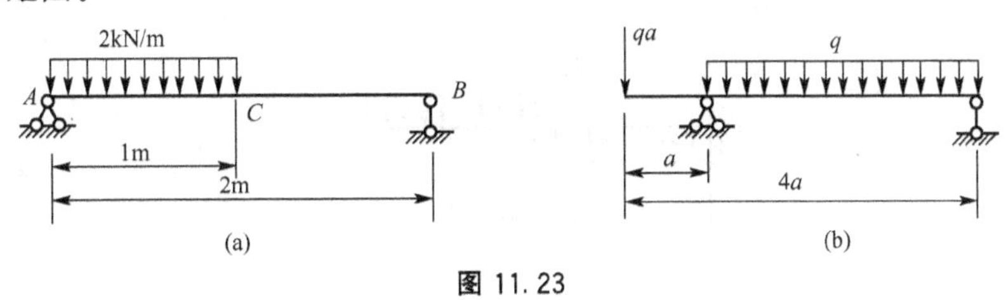

图 11.23

11-4 如图 11.24 所示，试作下列具有中间铰的梁的剪力图和弯矩图。

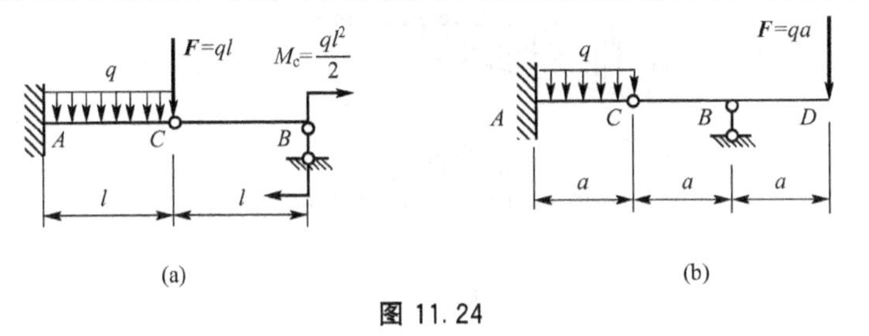

图 11.24

11-5 已知简支梁的剪力图如图 11.25 所示。试作梁的弯矩图和荷载图，已知梁上没有集中力偶作用。

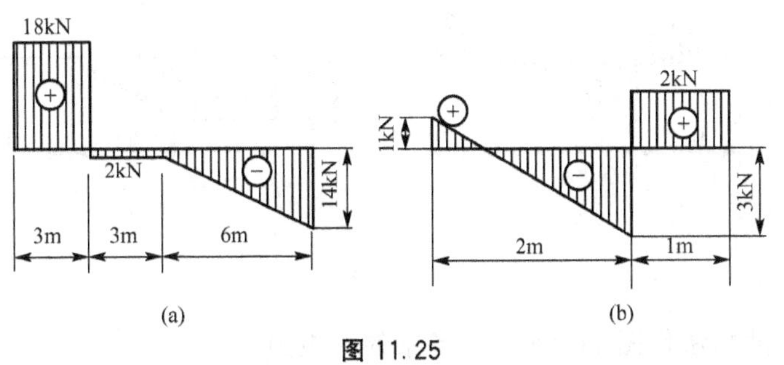

图 11.25

11－6　试根据弯矩、剪力与荷载集度之间的微分关系指出图 11.26 所示剪力图和弯矩图的错误。

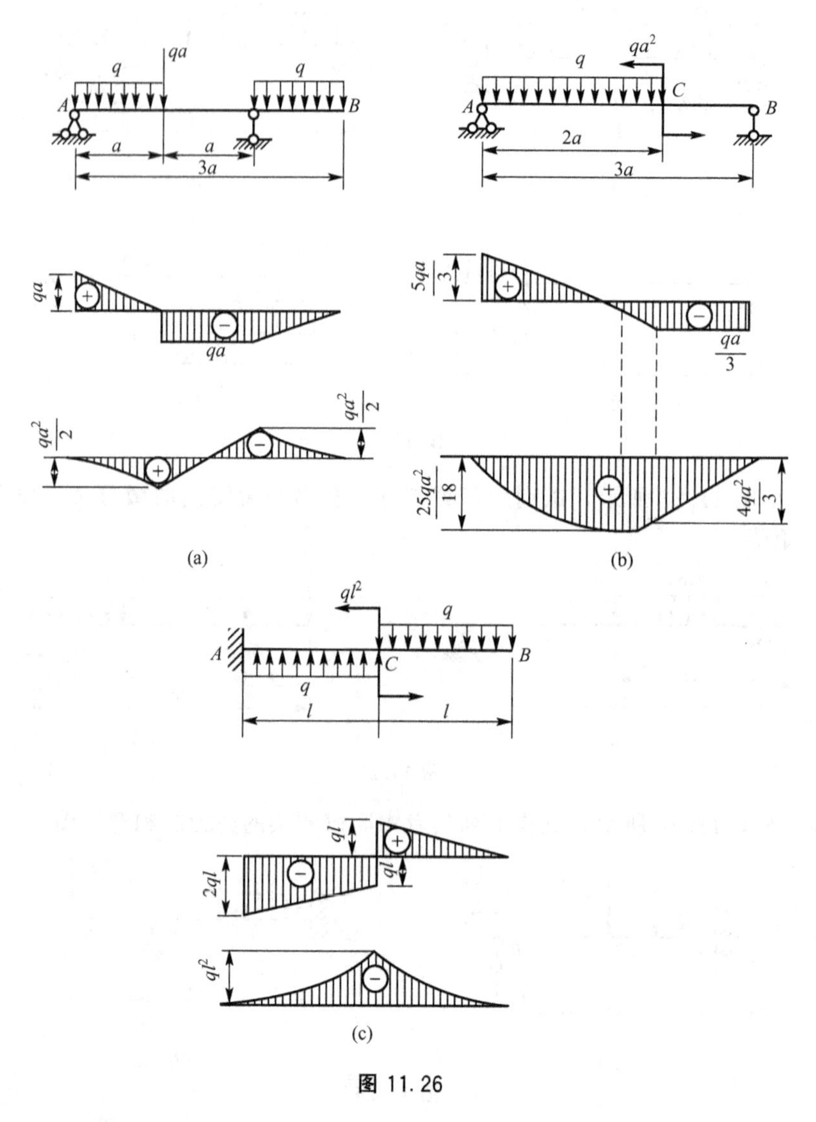

图 11.26

11－7　试根据图 11.27 所示简支梁的弯矩图作出梁的剪力图与荷载图。

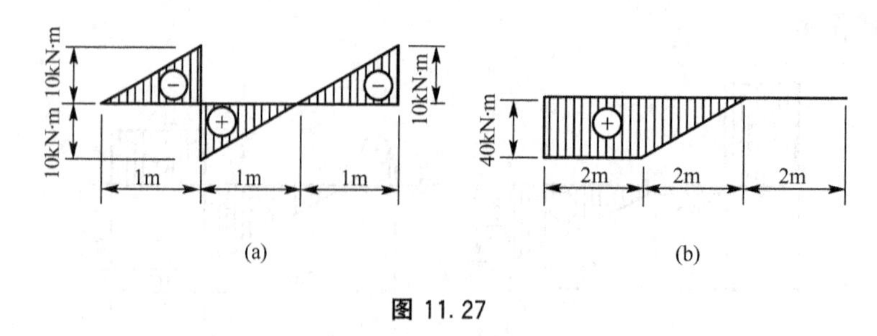

图 11.27

11－8　试用叠加法作图 11.28 所示各梁的弯矩图。

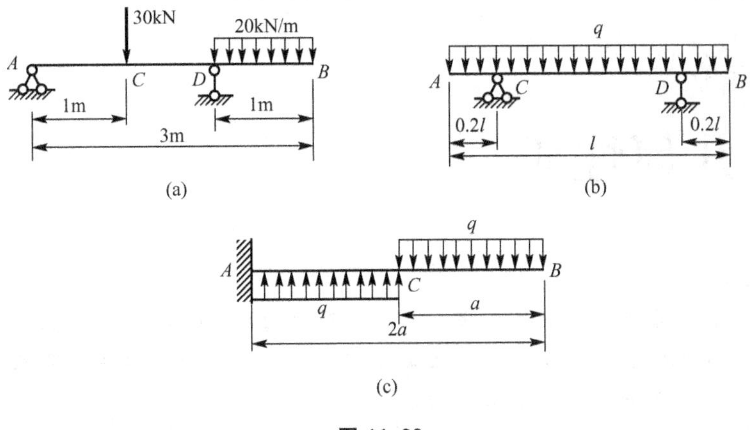

图 11.28

11－9 试作简支梁在图 11.29 所示 4 种荷载情况下的弯矩图，并比较其最大弯矩值。这些结果说明梁上的荷载不能任意用其静力等效力系代替，以及荷载分散作用时，使梁内 M_{max} 下降的情况。

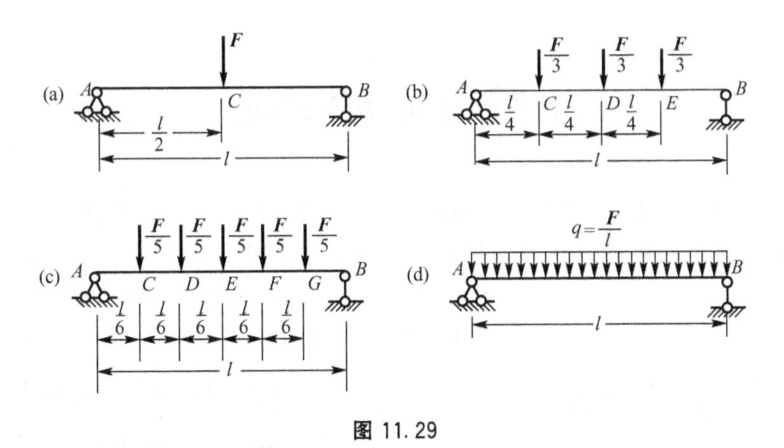

图 11.29

11－10 如欲使图 11.30 所示外伸梁的跨度中点处的正弯矩值等于支点处的负弯矩值，则支座到端点的距离 a 与梁长 l 之比 a/l 应等于多少？

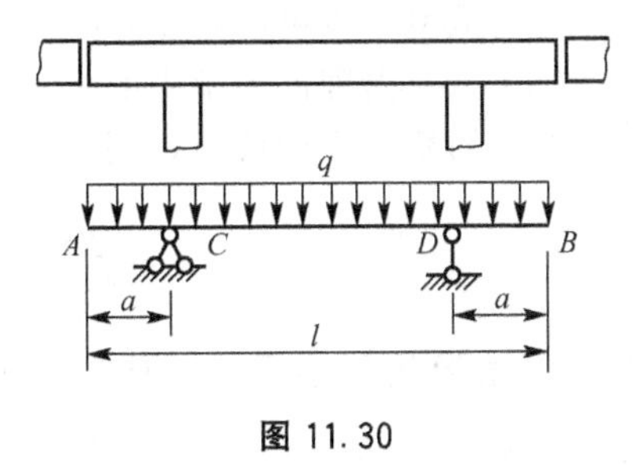

图 11.30

第12章 截面的几何性质

【教学提示】

在计算杆的应力和变形时，常常要用到杆横截面的几何性质，例如拉压杆的横截面积A，扭转时的极惯性矩I_P，以及后面要在梁的弯曲计算中用到的静矩、惯性矩等。本章主要介绍这些截面几何性质的定义和计算方法。

【学习要求】

明确静矩、惯性矩、惯性积、惯性半径，以及主惯性轴、主惯性矩的定义，并掌握其特征，熟悉常用的截面图形(如矩形、圆形)的形心主惯性矩的计算公式，并能正确应用平行移轴公式，计算组合图形的形心主惯性矩，了解较复杂的截面图形形心主惯性矩的计算步骤与方法。

12.1 静矩和形心

设一任意形状的截面，如图12.1所示，截面面积为A。在截面中任取一微面积dA，该微面积到两坐标轴的距离分别为z和y，则ydA和zdA分别称为该面积元素dA对z轴和y轴的静矩。若沿着整个截面面积进行积分，可得到下列两个方程

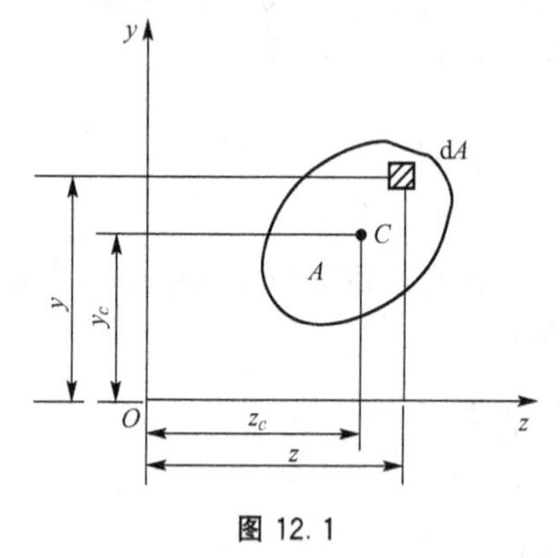

图12.1

$$S_z=\int_A y\mathrm{d}A,\quad S_y=\int_A z\mathrm{d}A \qquad (12-1)$$

分别定义为该截面对z轴和y轴的静矩。截面的静矩是对于一定的轴而言的，同一截面对不同坐标轴有不同的静矩。由静矩公式可知，静矩可以是正值或负值，也可以是零，其单位为m^3。

由理论力学中的合力矩定理可知，若将面积视为均质等厚度薄板，则其重心坐标为

$$y_c=\frac{\int_A y\mathrm{d}A}{A},\quad z_c=\frac{\int_A z\mathrm{d}A}{A}$$

而均质薄板的重心与薄板平面图形的形心重合，所以，上式可用来计算截面的形心坐标。

$$y_c=\frac{S_z}{A},\quad z_c=\frac{S_y}{A} \qquad (12-2)$$

因此，若知道截面对于z轴和y轴的静矩，即可求得截面形心的坐标，若将公式改为

$$S_z=Ay_c,\quad S_y=Az_c \qquad (12-3)$$

则在已知截面面积以及形心坐标时，即可求得截面相对于 z 轴和 y 轴的静矩。因 y_c、z_c 为截面形心到 z 轴和 y 轴的距离，因此，若某一轴通过截面形心，则截面对这一轴的静矩为零；反之，若截面对某一轴的静矩为零，则此轴一定通过截面的形心。

若某一截面是由几个简单图形组成的，则称这一截面为组合截面。在计算组合截面对某个轴的静矩时，由于简单图形的面积及其形心位置均已知，可分别计算各简单图形对该轴的静矩，然后再代数求和，即

$$S_z = \sum_{i=1}^{n} A_i y_i, \quad S_y = \sum_{i=1}^{n} A_i z_i \tag{12-4}$$

式中 A_i，y_i，z_i 分别代表简单图形的面积和形心坐标，n 为简单图形的数量，将式(12－4)代入式(12－2)中可得计算组合截面形心坐标的公式为

$$y_c = \frac{\sum_{i=1}^{n} A_i y_i}{\sum_{i=1}^{n} A_i}, \quad z_c = \frac{\sum_{i=1}^{n} A_i z_i}{\sum_{i=1}^{n} A_i} \tag{12-5}$$

例 12.1 对称的 T 形梁截面尺寸如图 12.2 所示，求该截面的形心位置。

解：因图形相对于 y 轴对称，所以形心一定在该对称轴上，即 z_c 为零，下一步只要确定 y_c 的位置即可。y_c 是形心到 z 轴的距离，z 轴可视具体情况进行选取，若将截面下缘作为 z 轴，并将组合截面划分为Ⅰ、Ⅱ两个矩形，则有

$$A_{\mathrm{I}} = 0.072\mathrm{m}^2, \quad A_{\mathrm{II}} = 0.008\mathrm{m}^2$$

$$y_{\mathrm{I}} = 0.46\mathrm{m}, \quad y_{\mathrm{II}} = 0.2\mathrm{m}$$

$$y_c = \frac{\sum_{i=1}^{n} A_i y_i}{\sum_{i=1}^{n} A_i} = \frac{A_{\mathrm{I}} y_{\mathrm{I}} + A_{\mathrm{II}} y_{\mathrm{II}}}{A_{\mathrm{I}} + A_{\mathrm{II}}} = 0.323\mathrm{m}$$

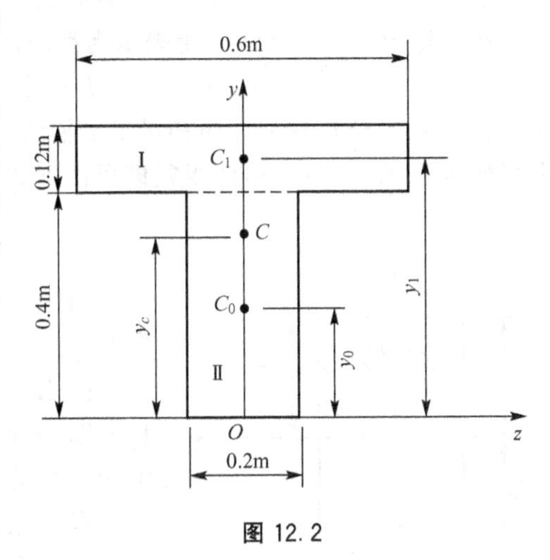

图 12.2

12.2 惯性矩和惯性积

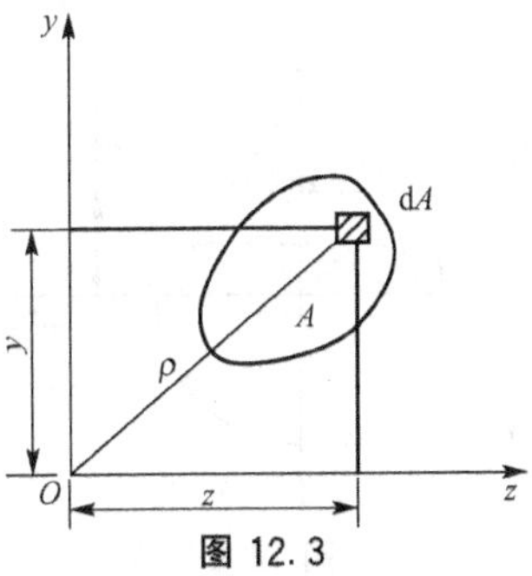

设一面积为 A 的任意形状截面如图 12.3 所示。在图形内任取一微面积 $\mathrm{d}A$，则 $\mathrm{d}A$ 与其至坐标原点距离平方的乘积 $\rho^2\mathrm{d}A$ 称为微面积对 O 点的极惯性矩 I_{p}。

$$I_{\mathrm{p}} = \int_A \rho^2 \mathrm{d}A \tag{12-6}$$

上述积分应遍及整个截面面积 A，且恒为正值，单位为 m^4。

图 12.3

微面积 $\mathrm{d}A$ 与其至 z 轴或 y 轴距离平方的乘积 $y^2\mathrm{d}A$ 或 $z^2\mathrm{d}A$ 分别称为该面积元素对于 z 轴或 y 轴的惯性矩，若对

整个截面积分则得到截面对 z 轴和 y 轴的惯性矩，即为

$$I_z=\int_A y^2\mathrm{d}A,\quad I_y=\int_A z^2\mathrm{d}A \tag{12-7}$$

从图 12.3 中可知，$\rho^2=z^2+y^2$，则有

$$I_\mathrm{p}=\int_A \rho^2\mathrm{d}A=\int_A (z^2+y^2)\mathrm{d}A=I_y+I_z \tag{12-8}$$

此式表明，截面对一点的极惯性矩的数值，等于截面对以该点为原点的任意两正交坐标轴的惯性矩之和。

微面积 $\mathrm{d}A$ 与其分别至 z 轴和 y 轴距离的乘积 $yz\mathrm{d}A$，称为该微面积对于两坐标轴的惯性积，若对整个截面积分，则

$$I_{zy}=\int_A yz\mathrm{d}A \tag{12-9}$$

此为整个截面对于 z、y 两个轴的惯性积。同一截面对于不同坐标轴的惯性矩或惯性积一般是不同的。惯性矩的数值恒为正值，而惯性积则可能为正值或负值，也可能为零。若 z、y 两坐标轴中有一个为截面的对称轴，则其惯性积为零，惯性积的单位为 m^4。

在工程中，有时将惯性矩表示为截面面积 A 与某一长度平方的乘积，即

$$I_z=i_z^2A,\quad I_y=i_y^2A \tag{12-10}$$

式中，i_z 和 i_y 分别称为截面相对于 z 轴和 y 轴的惯性半径，单位为 m。当已知截面面积 A 和惯性矩 I_z 和 I_y 时，惯性半径即可由下式求得

$$i_z=\frac{I_z}{A},\quad i_y=\frac{I_y}{A} \tag{12-11}$$

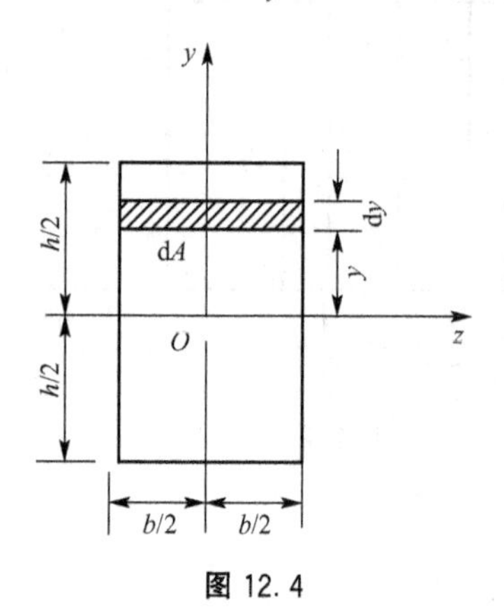

图 12.4

惯性矩、惯性积以及上节讨论的静矩等均属于平面图形的几何性质，本身是没有任何物理意义的。

例 12.2 图 12.4 为一矩形截面，z、y 轴均通过形心，且 z 轴平行于底边，y 轴平行于侧边，试计算该截面对 z 轴和 y 轴的惯性矩以及对 z、y 轴的惯性积。

解： 先计算对 z 轴的惯性矩。取平行于 z 轴的阴影部分作为微面积，则

$$\mathrm{d}A=b\mathrm{d}y$$

$$I_z=\int_A y^2\mathrm{d}A=\int_{-h/2}^{h/2} by^2\mathrm{d}y=\frac{bh^3}{12}$$

同理，可以求得对 y 轴的惯性矩为

$$I_y=\frac{hb^3}{12}$$

下面讨论惯性积，若 z、y 两个坐标轴中有一个为截面的对称轴，则其惯性积为零。而图中两轴均为对称轴，因此其对 z、y 的惯性积为零。

例 12.3 试计算图 12.5 所示的圆截面对其形心轴(即直径轴)的惯性矩。

解： 以圆心为原点，选择坐标轴 z、y，如图 12.5 所示，取平行于 z 轴的阴影部分作为微面积，则

$$\mathrm{d}A=2z\mathrm{d}y$$

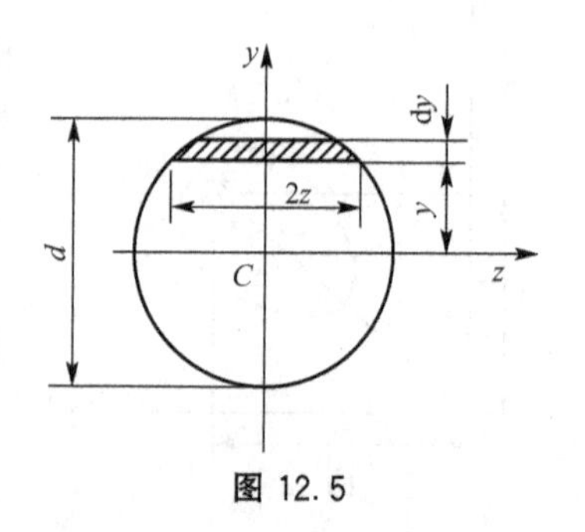

图 12.5

$$I_z = \int_A y^2 \mathrm{d}A = \int_{-d/2}^{d/2} y^2 \times 2z\mathrm{d}y = 4\int_0^{d/2} y^2 \sqrt{(d/2)^2 - y^2}\,\mathrm{d}y$$

式中引用了 $z=\sqrt{(d/2)^2-y^2}$ 这一几何关系，并利用了截面对称于 z 轴的关系将积分下限进行了改动。利用积分公式可得

$$I_z=4\left\{-\frac{y}{4}\sqrt{[(d/2)^2-y^2]^3}+\frac{(d/2)^2}{8}\left[y\sqrt{(d/2)^2-y^2}+(d/2)^2\sin^{-1}\frac{y}{d/2}\right]\right\}_0^{d/2}=\frac{\pi d^4}{64}$$

利用圆截面的极惯性矩 $I_p=\frac{\pi d^4}{32}$，由于圆截面对于任一形心轴的惯性矩均相等，因而 $I_z=I_y$。由式(12-8)可知

$$I_z=I_y=\frac{I_p}{2}=\frac{\pi d^4}{64}$$

12.3 惯性矩和惯性积的平行移轴公式

设一面积为 A 的任意形状的截面如图 12.6 所示。截面对任意的 z、y 轴的惯性矩和惯性积分别为 I_z、I_y 和 I_{zy}。通过截面的形心 C 有分别平行于 z、y 轴的 z_c、y_c 轴，称为形心轴。截面对于形心轴的惯性矩和惯性积分别为 I_{z_c}、I_{y_c} 和 $I_{z_cy_c}$。

截面上任一微面积 dA 在两坐标系内的坐标(z, y)和(z_c, y_c)之间的关系为

$$z=z_c+b,\quad y=y_c+a \tag{a}$$

式中，a、b 是截面形心在 Ozy 坐标系内的坐标值，即先求截面对于 z 轴的惯性矩。根据定义，截面对于 z 轴的惯性矩为

$$I_z = \int_A y^2 \mathrm{d}A$$

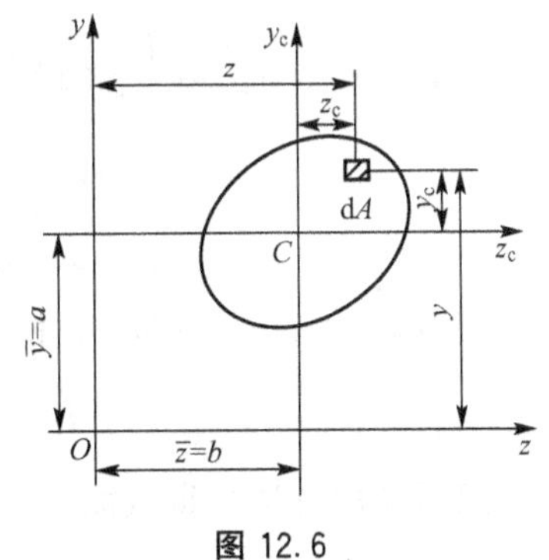

图 12.6

将式(a)代入可得

$$I_z = \int_A y^2 \mathrm{d}A = \int_A (y_c+a)^2 \mathrm{d}A = \int_A y_c^2 \mathrm{d}A + 2a\int_A y_c \mathrm{d}A + a^2\int_A \mathrm{d}A \tag{b}$$

根据惯性矩和静矩的定义，上式右端的各项积分分别为

$$\int_A y_c^2 \mathrm{d}A = I_{z_c},\quad \int_A y_c \mathrm{d}A = S_{z_c},\quad \int_A \mathrm{d}A = A$$

其中因为 z_c 通过截面形心 C，因此第二项对 z_c 轴的静矩为零。于是式(b)可写为

$$I_z=I_{z_c}+a^2A \tag{12-12a}$$

同理

$$I_y=I_{y_c}+b^2A \tag{12-12b}$$

$$I_{zy}=I_{z_cy_c}+abA \tag{12-12c}$$

式(12-12)即为惯性矩及惯性积的平行移轴公式，式中的 a、b 两坐标值有正负号，可有截面形心 C 所在的象限来决定。在应用平行移轴公式时应注意，其中的 z_c、y_c 轴必须通过形心，否则不能应用。

12.4 主惯性轴和主惯性矩

1. 惯性矩和惯性积的转轴公式

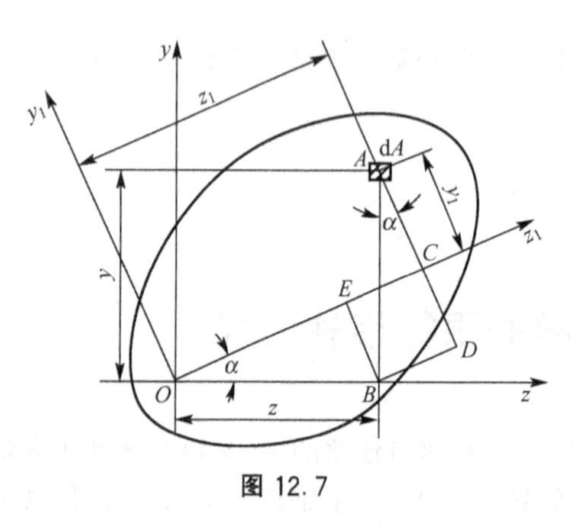

图 12.7

图 12.7 为一任意截面，z、y 为过任一点 O 的一对正交轴，z_1、y_1 为过 O 点的另一对正交轴，两对坐标成 α 角。截面对 z、y 轴的惯性矩 I_z、I_y 和惯性积 I_{zy} 均已知，现求截面对 z_1 轴和 y_1 轴的惯性矩 I_{z_1} 和 I_{y_1} 以及对 z_1、y_1 轴的惯性积 $I_{z_1y_1}$。

从图 12.7 中可以看出

$$z_1=\overline{OC}=\overline{OR}+\overline{BD}=z\cos\alpha+y\sin\alpha$$

$$y_1=\overline{AC}=\overline{AD}-\overline{EB}=y\cos\alpha-z\sin\alpha$$

先计算对 z_1 轴的惯性矩。根据定义，截面对 z_1 轴的惯性矩为

$$\begin{aligned}I_{z_1}&=\int_A y_1^2\mathrm{d}A=\int_A(y\cos\alpha-z\sin\alpha)^2\mathrm{d}A\\&=\cos^2\alpha\int_A y^2\mathrm{d}A-2\sin\alpha\cos\alpha\int_A yz\,\mathrm{d}A+\sin^2\alpha\int_A z^2\mathrm{d}A\\&=I_z\cos^2\alpha+I_y\sin^2\alpha-I_{zy}\sin2\alpha\end{aligned}$$

将 $\cos^2\alpha=(1+\cos2\alpha)/2$ 和 $\sin^2\alpha=(1-\cos2\alpha)/2$ 代入上式，经整理可得

$$I_{z_1}=\frac{I_z+I_y}{2}+\frac{I_z-I_y}{2}\cos2\alpha-I_{zy}\sin2\alpha \tag{12-13}$$

用同样的方法可得截面对 y_1 轴的惯性矩和对 z_1、y_1 轴的惯性积，即

$$I_{y_1}=\frac{I_z+I_y}{2}-\frac{I_z-I_y}{2}\cos2\alpha+I_{zy}\sin2\alpha \tag{12-14}$$

$$I_{z_1y_1}=\frac{I_z-I_y}{2}\sin2\alpha+I_{zy}\cos2\alpha \tag{12-15}$$

式(12-13)、式(12-14)和式(12-15)就是惯性矩和惯性积的转轴公式。式中 α 角的正负号规定如下：若以 z 轴为基线，逆时针转为正，顺时针转为负。

2. 主惯性轴和主惯性矩

由式(12-15)可知，当 α 变化时，惯性积的值也随之变化，可以是正值、负值，也可以是零。因此随着角度 α 的变化，总可以找到一对坐标轴 z_0、y_0，使惯性积等于零，这时的 z_0 轴和 y_0 轴就称为主惯性轴或简称为主轴，截面对主轴的惯性矩称为主惯性矩。下面讨论如何确定主轴的位置和进行主惯性矩值的计算。

设 α_0 为主轴与原坐标轴间的夹角，根据主惯性矩的定义，将其代入式(12-15)中，并让惯性积为零，即

$$I_{z_0y_0}=\frac{I_z-I_y}{2}\sin2\alpha_0+I_{zy}\cos2\alpha_0=0$$

从而得到

$$\tan 2\alpha_0 = -\frac{2I_{zy}}{I_z - I_y} \tag{12-16}$$

通过此式可以确定主轴的位置，将得到的角 α_0 代入式(12－13)和式(12－14)中即可得到截面的主惯性轴。为了计算方便，可直接导出主惯性矩的计算公式，为此，通过式(12－13)可得

$$\cos 2\alpha_0 = \frac{1}{\sqrt{1+\tan^2 2\alpha_0}} = \frac{I_z - I_y}{\sqrt{(I_z - I_y)^2 + 4I_{zy}^2}}$$

$$\sin 2\alpha_0 = \frac{\tan 2\alpha_0}{\sqrt{1+\tan^2 2\alpha_0}} = \frac{-2I_{zy}}{\sqrt{(I_z - I_y)^2 + 4I_{zy}^2}}$$

再将这两个式子代入式(12－13)和式(12－14)中，整理后可得主惯性矩的计算公式

$$I_{z_0} = \frac{I_z + I_y}{2} + \frac{1}{2}\sqrt{(I_z - I_y)^2 + 4I_{zy}^2} \tag{12-17a}$$

$$I_{z_0} = \frac{I_z + I_y}{2} - \frac{1}{2}\sqrt{(I_z - I_y)^2 + 4I_{zy}^2} \tag{12-17b}$$

这两个主惯性矩是截面对通过 O 点各轴的惯性矩中的最大值和最小值。过截面上的任一点均可找到一对主轴。通过截面形心的主轴称为形心主轴，对形心主轴的惯性矩称为形心主惯性矩。具有对称轴的截面如矩形、圆形、工字形等，其对称轴即为形心主轴，因为对称轴既是主轴又通过形心。

12.5 组合截面惯性矩的计算

在工程中常会遇到组合截面，需要计算其惯性矩和惯性积。根据惯性矩和惯性积的定义可知，组合截面对某一坐标轴的惯性矩或惯性积就等于其各个组成部分(简单图形)对同一坐标轴的惯性矩或惯性积之和。若截面有 n 个组成部分，则组合截面对于 z、y 两轴的惯性矩和惯性积分别为

$$I_z = \sum_{i=1}^{n} I_{zi}, \quad I_y = \sum_{i=1}^{n} I_{yi}, \quad I_{zy} = \sum_{i=1}^{n} I_{zyi}$$

式中的 I_{zi}、I_{yi} 和 I_{zyi} 分别为组合截面中第 i 个组成部分对于 z、y 两轴的惯性矩和惯性积。

在计算组合截面的形心主惯性矩时，应首先确定组合截面形心位置，然后过形心选择一条便于计算惯性矩和惯性积的坐标轴，计算出组合截面对这个轴的惯性矩和惯性积，再通过式(12－16)和式(12－17)确定形心主轴的位置和截面对形心主轴的惯性矩。

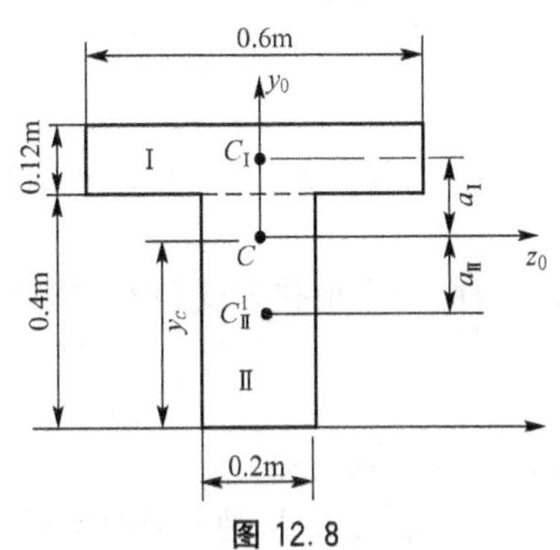

图 12.8

例 12.4 求例 12.1 中截面的形心主惯性矩。

解： 通过例 12.1 已经确定了形心位置

$$z_c=0,\quad y_c=0.323\text{m}$$

截面为对称截面，因此对称轴 y_0 为一形心主轴，C 点在轴上，进而可以确定另一形心主轴 z_0，如图 12.7 所示。z_0 轴到两个矩形形心的距离分别为

$$a_{\text{I}}=0.137\text{m},\quad a_{\text{II}}=0.123\text{m}$$

截面对 z_0 轴的惯性矩为两个简单矩形对 z_0 轴的惯性矩之和，即

$$\begin{aligned}I_{z_0}&=I_{z_{C\text{I}}}^{\text{I}}+A_{\text{I}}a_{\text{I}}^2+I_{z_{C\text{II}}}^{\text{II}}+A_{\text{II}}a_{\text{II}}^2\\&=\Big(\frac{0.6\text{m}\times(0.12\text{m})^3}{12}+0.6\text{m}\times0.12\text{m}\times(0.137\text{m})^2+\frac{0.2\text{m}\times0.4\text{m}^3}{12}\\&\quad+0.2\text{m}\times0.4\text{m}\times(0.123\text{m})^2\Big)\\&=0.37\times10^{-2}\text{m}^4\end{aligned}$$

截面对 y_0 轴的惯性矩为

$$\begin{aligned}I_{y_0}&=I_{y_0}^{\text{I}}+I_{y_0}^{\text{II}}=\Big(\frac{0.12\text{m}\times(0.6\text{m})^3}{12}+\frac{0.4\text{m}\times(0.2\text{m})^3}{12}\Big)\\&=0.242\times10^{-2}\text{m}^4\end{aligned}$$

例 12.5 求图 12.9 所示图形的形心主轴和形心主惯性矩。

解：将该图视为由Ⅰ、Ⅱ、Ⅲ共 3 个矩形组成的组合截面，显然组合截面的形心与矩形Ⅱ的形心重合。为了计算形心主轴的位置和形心主轴的数值，首先过形心选择一对便于计算惯性矩和惯性积的 z、y 轴，如图 12.9 所示，z 轴平行于底边。矩形Ⅱ的形心在原点，矩形Ⅰ、Ⅲ的形心在所选坐标系中的坐标为

$$\begin{cases}a_{\text{I}}=0.04\text{m}\\b_{\text{I}}=-0.02\text{m}\end{cases}\quad\begin{cases}a_{\text{III}}=-0.04\text{m}\\b_{\text{III}}=0.02\text{m}\end{cases}$$

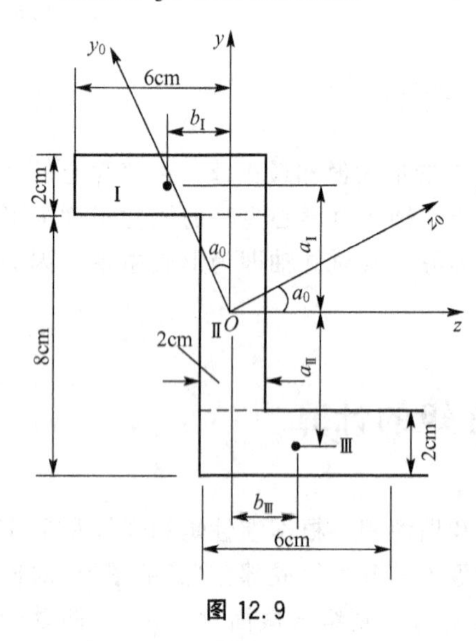

图 12.9

组合截面对 z、y 轴的惯性矩和惯性积分别为

$$\begin{aligned}I_z&=2\Big[\frac{0.06\text{m}\times(0.02\text{m})^3}{12}+0.06\text{m}\times0.02\text{m}\times(0.04\text{m})^2\Big]\text{m}^4+\frac{0.02\text{m}\times(0.06\text{m})^3}{12}\\&=0.428\times10^{-5}\text{m}^4\end{aligned}$$

$$\begin{aligned}I_y&=2\Big(\frac{0.02\text{m}\times0.06\text{m}^3}{12}+0.06\text{m}\times0.02\text{m}\times0.02\text{m}^2\Big)\text{m}^4+\frac{0.06\text{m}\times0.02\text{m}^3}{12}\\&=0.172\times10^{-5}\text{m}^4\end{aligned}$$

$$\begin{aligned}I_{xy}&=[0.04\text{m}\times(-0.02\text{m})\times0.06\text{m}\times0.02\text{m}+(-0.04\text{m})\times0.02\text{m}\times0.06\text{m}\times0.02\text{m}]\\&=-0.192\times10^{-5}\text{m}^4\end{aligned}$$

将求得的 3 个值代入式(12－16)中得

$$\tan2\alpha_0=-\frac{2I_{zy}}{I_z-I_y}=-\frac{2\times(-0.192\times10^{-5})\text{m}^4}{(0.428\times10^{-5}0.172\times10^{-5})\text{m}^4}=1.5$$

则有 $\alpha_0=0.491\text{rad}$。

则形心主轴 z_0 为从轴 z 逆时针转 0.491rad 得到的轴，另一形心主轴 y_0 与 z_0 垂直。

将 I_z、I_y 和 I_{zy} 值代入式(12-17)中可得

$$I_{z_0}=I_{\max}=\frac{I_z+I_y}{2}+\frac{1}{2}\sqrt{(I_z-I_y)^2+4I_{zy}^2}$$

$$=\frac{(0.428+0.172)\times10^{-5}}{2}\mathrm{m}^4+\frac{1}{2}\sqrt{[(0.428-0.172)\times10^{-5}]^2+4(0.192\times10^{-5})^2}\,\mathrm{m}^4$$

$$=0.531\times10^{-5}\mathrm{m}^4$$

$$I_{z_0}=\frac{I_z+I_y}{2}-\frac{1}{2}\sqrt{(I_z-I_y)^2+4I_{zy}^2}=0.69\times10^{-6}\mathrm{m}^4$$

本章小结

1. 静矩与形心

截面对于 z 轴和 y 轴的静矩：

$$S_z=\int_A y\,\mathrm{d}A,\quad S_y=\int_A z\,\mathrm{d}A$$

形心坐标：

$$y_c=\frac{S_z}{A},\quad z_c=\frac{S_y}{A}$$

2. 惯性矩与惯性积

截面对 z 轴和 y 轴的惯性矩：

$$I_z=\int_A y^2\,\mathrm{d}A,\quad I_y=\int_A z^2\,\mathrm{d}A$$

截面对一点的极惯性矩：

$$I_\mathrm{p}=\int_A \rho^2\,\mathrm{d}A=\int_A (z^2+y^2)\,\mathrm{d}A=I_y+I_z$$

截面对于两坐标轴的惯性积：

$$I_{zy}=\int_A yz\,\mathrm{d}A$$

惯性半径：

$$i_z=\sqrt{\frac{I_z}{A}},\quad i_y=\sqrt{\frac{I_y}{A}}$$

3. 平行移轴公式

$$I_z=I_{z_c}+a^2A$$

$$I_y=I_{y_c}+b^2A$$

$$I_{zy}=I_{z_cy_c}+abA$$

其中，a 为截面形心到 z 轴的距离，b 为截面形心到 y 轴的距离。

4. 主惯性轴的求解

首先任取一对通过形心便于计算惯性矩的坐标轴 z、y，计算出截面对 z、y 轴的惯性矩 I_z、I_y 和惯性积 I_{zy}。

由下式求解主惯性轴与原坐标轴间的夹角 α_0

$$\tan 2\alpha_0 = -\frac{2I_{zy}}{I_z - I_y}$$

从而可以确定主惯性轴的位置，进而可以得到主惯性矩为

$$I_{z_0} = \frac{I_z + I_y}{2} + \frac{1}{2}\sqrt{(I_z - I_y)^2 + 4I_{zy}^2}$$

$$I_{z_0} = \frac{I_z + I_y}{2} - \frac{1}{2}\sqrt{(I_z - I_y)^2 + 4I_{zy}^2}$$

5. 组合截面惯性矩的计算

若截面有 n 个组成部分，则组合截面对于 z、y 两个轴的惯性矩和惯性积分别为

$$I_z = \sum_{i=1}^{n} I_{zi}, \quad I_y = \sum_{i=1}^{n} I_{yi}, \quad I_{zy} = \sum_{i=1}^{n} I_{zyi}$$

思　考　题

1. 如图 12.9 所示，各截面图形中的 C 是形心。哪些截面图形对坐标轴的惯性积等于零？哪些不等于零？

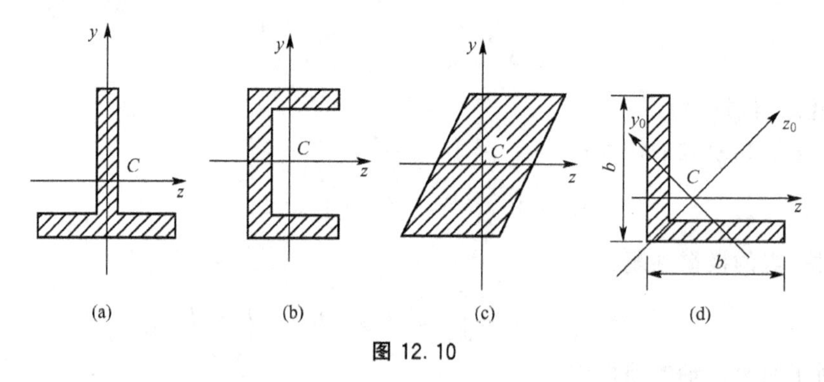

图 12.10

2. 试问图 12.10 所示的两个截面的惯性矩 I_z 是否可按照 $I_z = \frac{bh^3}{12} - \frac{b_0 h_0^3}{12}$ 来计算？

3. 由两根同一型号的槽钢组成的截面如图 12.12 所示。已知每根槽钢的截面面积为 A，对形心轴 y_0 的惯性矩为 I_{y_0}，并且 y_0、y_1 和 y 为相互平行的 3 根轴。试问在计算截面对 y 轴的惯性矩 I_y 时，应选用下列哪一个算式？

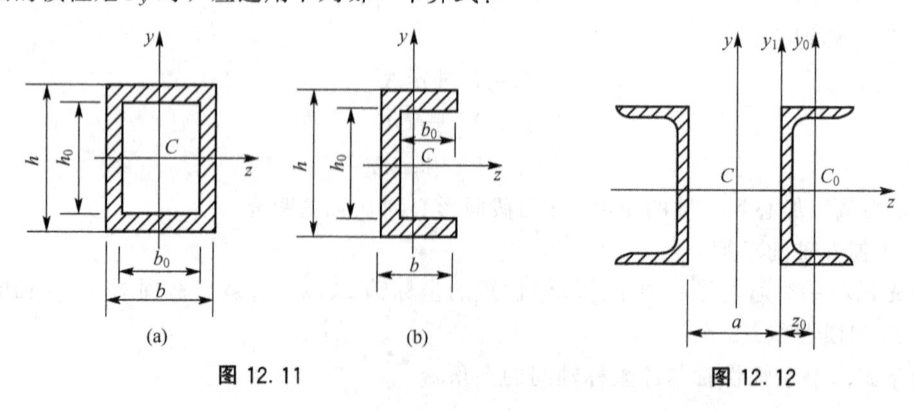

图 12.11　　图 12.12

(1) $I_y = I_{y_0} + z_0^2 A$;

(2) $I_y = I_{y_0} + \left(\frac{a}{2}\right)^2 A$;

(3) $I_y = I_{y_0} + \left(z_0 + \frac{a}{2}\right)^2 A$;

(4) $I_y = I_{y_0} + z_0^2 A + z_0 a A$;

(5) $I_y = I_{y_0} + \left[z_0^2 + \left(\frac{a}{2}\right)^2\right] A$。

4. 图12.13所示为从一个等边三角形中心挖去一个半径为 r 的圆孔的截面。试证明该截面通过形心 C 的任一轴均为形心主惯性轴。

5. 直角三角形截面斜边中点 D 处的一对正交坐标轴 z、y 如图12.14所示，试问

(1) z、y 是否为一对主惯性轴？

(2) 不用积分，计算其 I_z 和 I_{zy}。

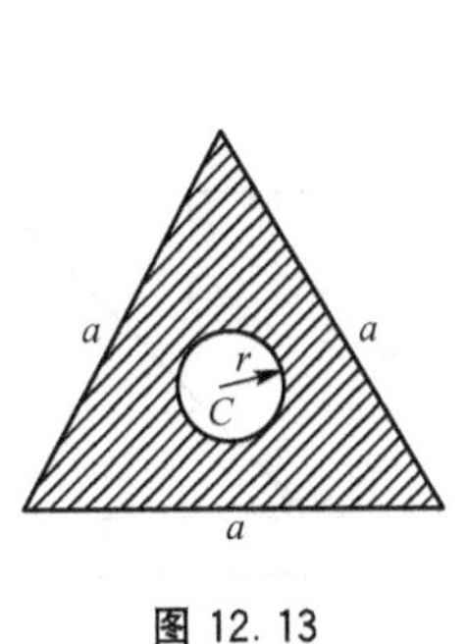

图12.13

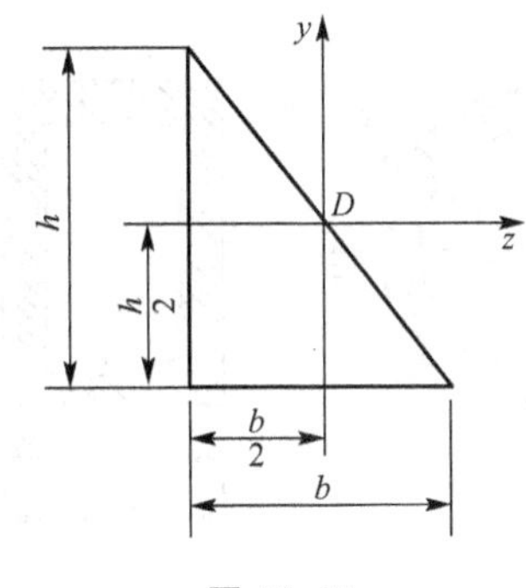

图12.14

习　　题

12-1　确定图12.15所示各图形心的位置。

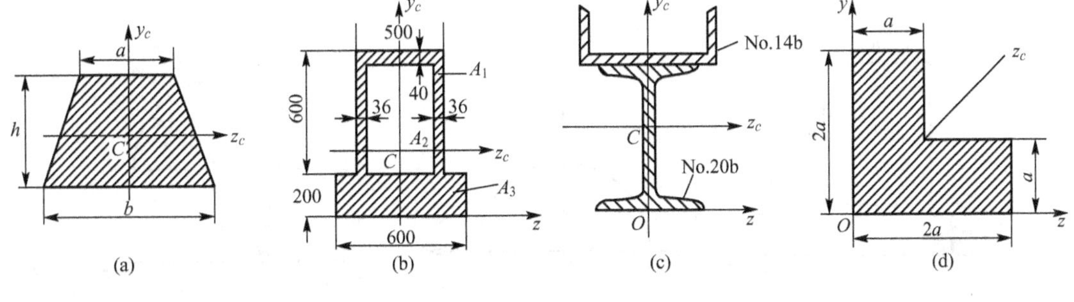

图12.15

12-2　试求图12.16所示各截面的阴影面积对 z 轴的静矩。

12-3　试计算习题12-15中各平面图形对形心轴 z_c 的惯性矩。

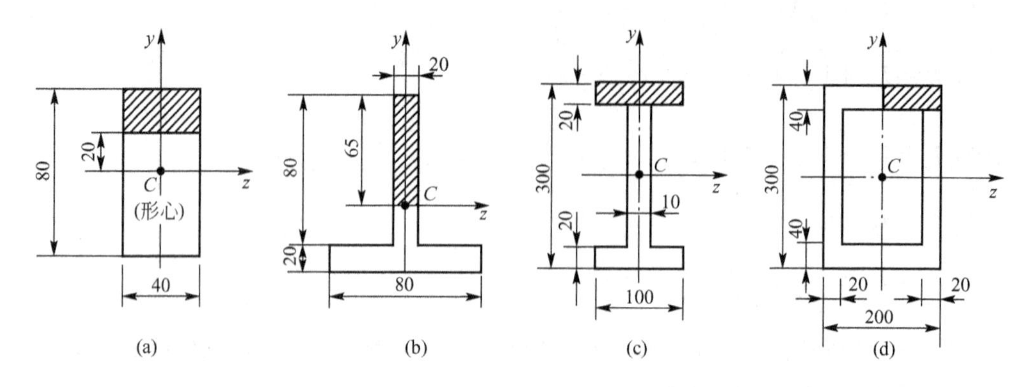

图 12.16

12-4　试分别求图 12.17 所示环形和箱型截面对其对称轴 z_c 的惯性矩。

12-5　求图 12.18 所示三角形截面对过形心的 z_0 轴(z_0 轴平行于底边)与 z_1 轴的惯性矩。

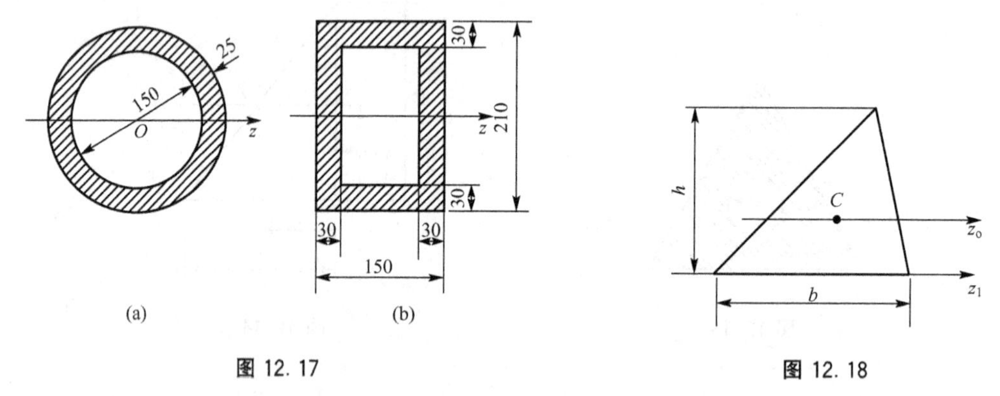

图 12.17　　　　图 12.18

12-6　图 12.19 中的 z 轴与 z_1 轴平行，两个轴间的距离为 a，如截面对 z 轴的惯性矩 I_z 已知，问按式 $I_{z_1}=I_z+a^2bh$ 来计算 I_{z_1} 是否正确？

12-7　试用积分法求图 12.20 所示半圆形截面对 z 轴的静矩，并确定其形心的坐标。

12-8　试求图 12.21 所示 $r=1\text{m}$ 的半圆形截面对 z 轴的惯性矩，其中 z 轴与半圆形的底边平行，相距 1m。

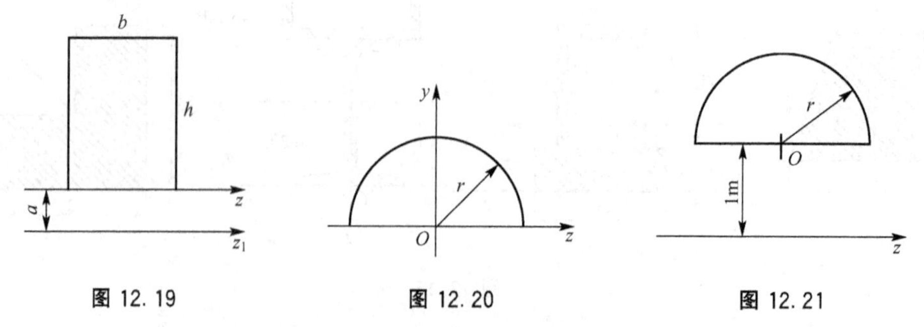

图 12.19　　　　图 12.20　　　　图 12.21

12-9　试求图 12.22 所示各截面对其形心轴 z 的惯性矩。

12-10　在直径 $D=8a$ 的圆截面中，开了一个 $2a\times4a$ 的矩形孔，如图 12.23 所示，

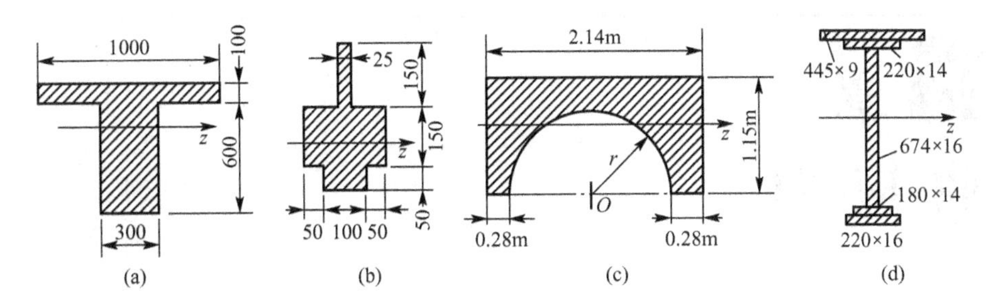

图 12.22

试求截面对其水平形心轴和竖直形心轴的惯性矩。

12－11 正方形截面中开了一个直径 $d=100\text{mm}$ 的半圆形孔，如图 12.24 所示。试确定截面的形心位置，并计算对水平形心轴和竖直形心轴的惯性矩。

12－12 求图 12.25 所示截面的形心主轴的位置和形心主惯性矩的数值。

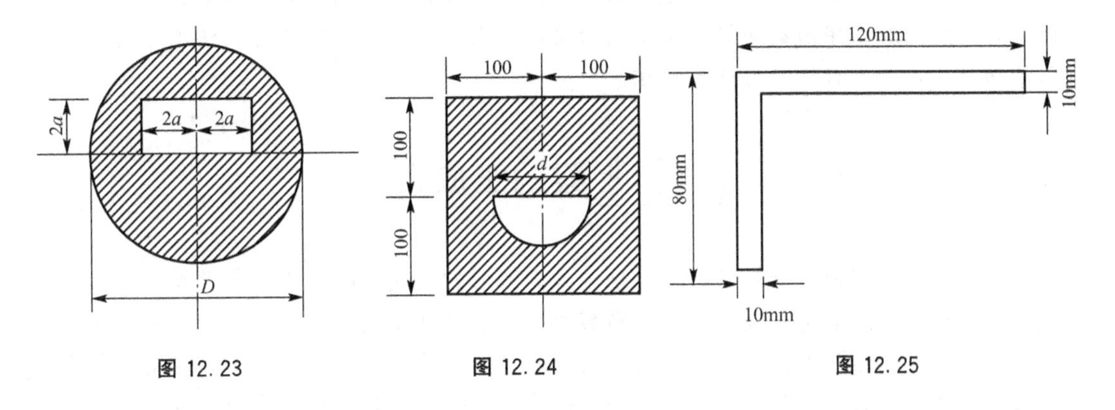

图 12.23　　图 12.24　　图 12.25

第13章 弯曲应力

【教学提示】

本章主要介绍等截面梁平面弯曲时横截面上的正应力和切应力的计算方法以及梁的强度条件和强度计算。

【学习要求】

通过本章的学习，掌握纯弯曲时梁的正应力公式推导；能熟练计算梁横截面上任意一点的正应力，运用正应力强度条件进行强度校核、设计截面、确定许用荷载；会计算矩形截面梁的切应力及工字形截面梁、圆形截面梁的最大切应力；了解在什么情况下考虑横力弯曲的切应力，并进行切应力强度校核。

13.1 梁的正应力

由直杆拉伸和圆轴扭转可知，应力是与内力的形式相联系的，它们的关系是：应力为横截面上分布内力的集度。梁弯曲时，横截面上一般会产生两种内力——剪力和弯矩，与此相对应的应力也是两种。由于剪力是由沿着截面方向的分布内力组成的，因此，与剪力对应的应力为切应力。而弯矩是位于梁的对称平面内的力偶矩，它只能由法向的分布内力组成，因此，与弯矩对应的应力为正应力。

本节将推导梁弯曲时横截面上正应力的计算公式。

工程中常见的梁，其横截面都具有对称轴，包含所有相同对称轴的平面，称为梁的纵向对称面(图 13.1)。由于梁的几何尺寸、物理性质和外力都对称于梁的纵向对称面，因此梁变形后的轴线必定是一条在该纵向对称面内的平面曲线，这种弯曲称为对称弯曲。对称弯曲时，由于梁变形后轴线所在的平面与外力所在的平面相重合，因此也称为平面弯曲。若构件不具有纵向对称面，或虽有纵向对称面但外力不作用在纵向对称面，这时的弯曲变形称为非对称弯曲。

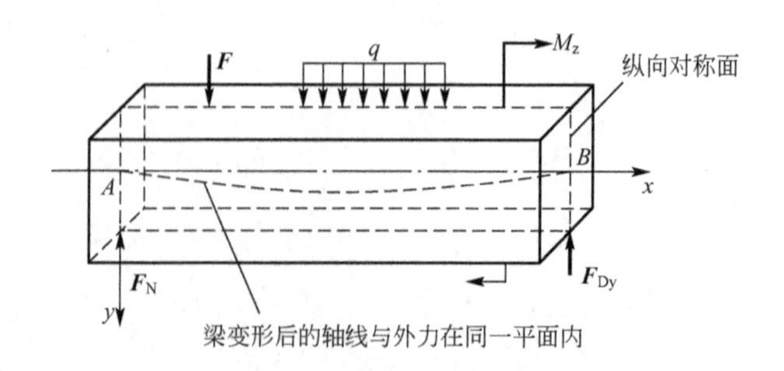

图 13.1

梁弯曲时，横截面上一般有两种内力，即剪力和弯矩，这种弯曲称为横向弯曲。有些受弯曲的杆件，横截面上只有弯矩而没有剪力。例如，图 13.2 所示的简支梁 CD 段各横截面上没有剪力，只有弯矩，这种弯曲称为纯弯曲。一般来说，工程上梁的弯曲都是横向弯曲。在推导梁的正应力公式时，为了便于研究，下面从“纯弯曲”的情况进行推导。

1. 实验观察与分析

与圆轴扭转时一样，梁弯曲时，正应力在横截面上的发布规律不能直接观察到，因此需要研究梁的变形情况。通过对变形的观察和分析，找出变形的规律，在此基础上进一步找出应力的分布规律。

为了便于观察，采用矩形截面的橡皮梁进行实验。在实验前，在梁的侧面画上一些水平的纵向线 pp、ss 等和与纵向线相垂直的横向线 mm、nn 等［图 13.3(a)］，然后在对称位置上加集中荷载 F［图 13.3(b)］。梁受力后产生对称变形，且可以看到下列现象。

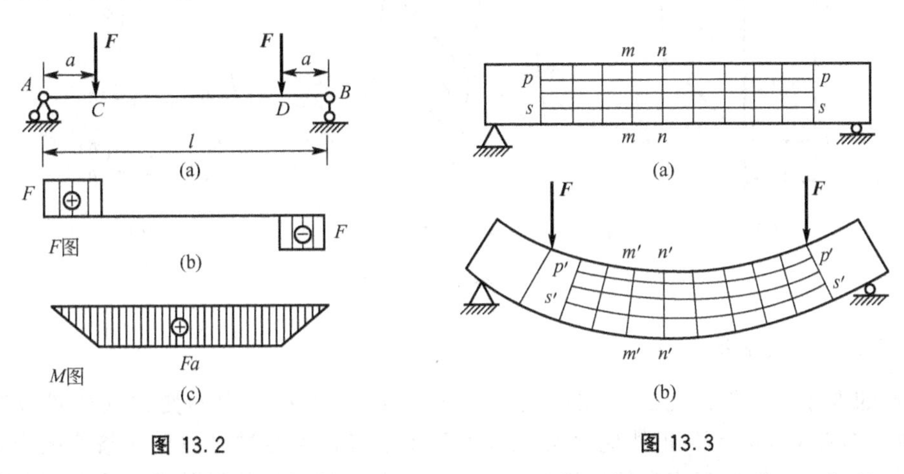

图 13.2　　　　图 13.3

(1) 变形前互相平行的纵向直线(pp、ss 等)，变形后均变为圆弧线($p'p'$、$s's'$等)，且其上部缩短，下部伸长。

(2) 变形前垂直于纵向线的横向线(mm、nn 等)，变形后仍为直线($m'm'$、$n'n'$等)，且仍与纵向曲线正交，但相对转过一个角度。

根据上述实验现象，可进行如下分析。

(1) 根据现象(2)可认为 mm、nn、$m'm'$、$n'n'$等均代表梁的截面，mm、nn 等均代表变形前梁的横截面，$m'm'$、$n'n'$等代表这些横截面变形后的位置。由于变形后 $m'm'$、$n'n'$等仍为直线，因此可推断：梁的横截面于变形后仍为一平面，此推断称为平面假设。另外，由于变形后 $m'm'$、$n'n'$等仍与纵向曲线 $p'p'$、$s's'$等正交，因而还可推断：横截面于变形后仍与梁的轴线正交。

(2) 根据现象(1)，可将梁看成是由一层层的纵向纤维组成的，由分析(1)(平面假设及横截面于变形后仍与梁轴线正交)可推知：梁变形后，同一层的纵向纤维的长度相同，即同层各条纤维的伸长(或缩短)相同。

(3) 由于上部各层纵向纤维缩短，下部各层纵向纤维伸长，而梁的变形又是连续的，因此中间必有一层既不缩短也不伸长，此层称为中性层。中性层与横截面的交线称为中性轴。

从梁的纯弯曲段内截取长为 dx 的微段［图 13.4(a)］。根据上述各项分析，此微段梁变形后的情况如图 13.4(b)所示，即左、右两侧面仍为平面，但相对转了一个角度；上部各层缩短，下部各层伸长，中间某处存在一个不缩不伸的中性层。此微段梁的变形情况是下面推导正应力公式的基础。

为了研究上的方便，在横截面上选取一个坐标系，取竖向对称轴为 y 轴，中性轴为 z 轴。至于中性轴在横截面上的具体位置尚待确定。

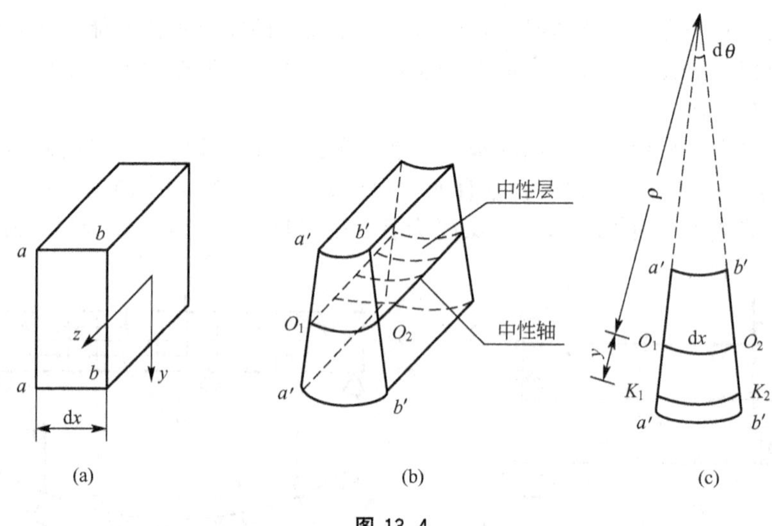

图 13.4

2. 正应力公式推导

公式的推导思路是：先找出线应变 ε 的变化规律(因正应力的变化规律难以直接找到)，通过胡克定律 $\sigma=E\varepsilon$ 把线应变与正应力联系起来，再通过静力平衡条件把应力与内力联系起来，从而导出正应力的计算公式。其过程与推导圆轴扭转的切应力公式相似，即需要综合考虑几何、物理和静力学 3 方面。

1) 几何方面

为了找出线应变 ε 的规律，将图 13.4(b)改画为平面图形，如图 13.4(c)所示。在图 13.4(c)中，曲线 O_1O_2 在中性层上，所以其长度仍为原长 dx。现在先研究距中性层为 y 的任一层上纤维 K_1K_2 的长度变化。K_1K_2 位于中性层的下边，它比变形前伸长了，其伸长量为

$$\Delta s=\overset{\frown}{K_1K_2}-dx=\overset{\frown}{K_1K_2}-\overset{\frown}{Q_1Q_2}$$

曲线 Q_1Q_2 和 K_1K_2 为圆弧线，圆弧的半径(即曲率半径)分别为 ρ 与 $\rho+y$。如果 $a'a'$ 和 $b'b'$ 两个截面的夹角用 $d\theta$ 来表示，则弧长可写成

$$\overset{\frown}{Q_1Q_2}=\rho d\theta$$

$$\overset{\frown}{K_1K_2}=(\rho+y)d\theta$$

将其代入上式中得

$$\Delta s=\overset{\frown}{K_1K_2}-\overset{\frown}{Q_1Q_2}=(\rho+y)d\theta-\rho d\theta=y d\theta$$

纵向纤维 K_1K_2 的相当伸长则为

$$\varepsilon=\frac{\Delta s}{\mathrm{d}x}=\frac{y\mathrm{d}\theta}{\rho\mathrm{d}\theta}=\frac{y}{\rho}$$

即

$$\varepsilon=\frac{y}{\rho} \tag{13-1}$$

式(13－1)就是线应变 ε 的变化规律。它表明：线应变与纤维所在的位置有关，离中性层越远，纤维的线应变越大；线应变与梁变形后的弯曲程度有关，曲率 $1/\rho$ 越大时，同一位置的线应变也越大。

2）物理方面

假若各层纵向纤维间没有相互挤压作用，则各条纤维均处于单向受力(即处于轴向拉、压)状态，且材料在拉伸及压缩时的弹性模量 E 相等，则由胡克定律得

$$\sigma=E\varepsilon=E\frac{y}{\rho} \tag{13-2}$$

上式表明，纯弯曲时正应力按线性规律变化。在横截面上中性轴处，$y=0$，因而 $\sigma=0$，在中性轴两侧，一侧承受拉应力，另一侧承受压应力，与中性轴距离相等的各点的正应力数值相等。

3）静力学方面

虽然已经求得了由式(13－2)表示的正应力分布规律，但因曲率半径 ρ 和中性轴的位置尚未确定，所以仍然不能由式(13－2)计算正应力，这时要通过静力关系来解决。

在横截面上取微面积 $\mathrm{d}A$(其形心坐标为 z、y，图 13.5)，微面积上的法向内力可认为是均匀分布的，其集度为正应力 σ。因此，微面积上的法向内力为 $\sigma\mathrm{d}A$，整个横截面上的法向内力可组成下列 3 个内力分量。

$$F_N=\int_A\sigma\mathrm{d}A$$

$$M_y=\int_A z\sigma\mathrm{d}A$$

$$M_z=\int_A y\sigma\mathrm{d}A$$

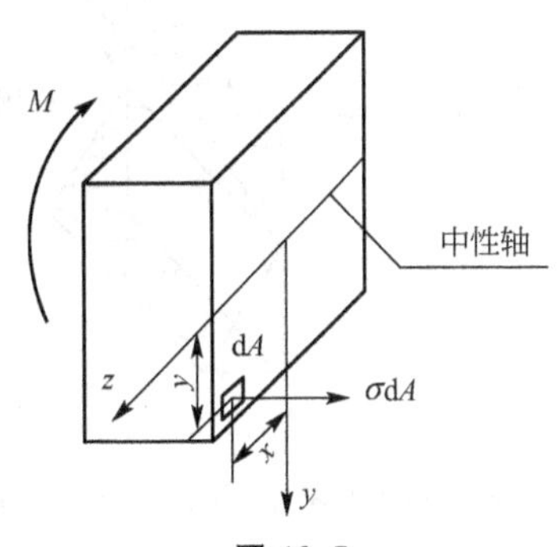

图 13.5

在纯弯曲时，横截面上轴力和绕 y 轴的力矩都为零，而绕 z 轴的力矩 M_z 则为横截面上的弯矩，因此，

$$F_N=\int_A\sigma\mathrm{d}A=0 \tag{13-3}$$

$$M_y=\int_A z\sigma\mathrm{d}A=0 \tag{13-4}$$

$$M_z=\int_A y\sigma\mathrm{d}A=M \tag{13-5}$$

先讨论中性轴的位置。将式(13－2)代入式(13－3)中，得

$$\int_A E\frac{y}{\rho}\mathrm{d}A=\frac{E}{\rho}\int_A y\mathrm{d}A=0$$

因 $\frac{E}{\rho}\neq 0$，所以

$$\int_A y\mathrm{d}A=S_z=0$$

这里 S_z 是横截面对中性轴(z 轴)的静矩，上式表明中性轴通过截面的形心。

将式(13－2)代入式(13－4)中，得

$$\int_A E\,\frac{y}{\rho}z\,\mathrm{d}A=\frac{E}{\rho}\int_A yz\,\mathrm{d}A=0$$

$\int_A yz\,\mathrm{d}A$ 为截面对 z、y 轴的惯性积，$\int_A yz\,\mathrm{d}A=0$ 则说明 z、y 轴为主轴。从而可知：中性轴为截面的形心主轴，依次便可确定中性轴的位置。

下面讨论曲率 $1/\rho$ 的确定。将式(13－2)代入式(13－5)中得

$$\int_A E\,\frac{y}{\rho}y\,\mathrm{d}A=\frac{E}{\rho}\int_A y^2\,\mathrm{d}A=M$$

式中，$\int_A y^2\,\mathrm{d}A=I_z$ 为横截面对中性轴的惯性矩，经整理可得下列计算曲率的关系式

$$\frac{1}{\rho}=\frac{M}{EI_z} \tag{13-6}$$

EI_z 称为弯曲刚度，其表示的物理意义是梁抵抗弯曲变形的能力。弯矩相同时，梁的弯曲刚度越大，挠曲线的曲率越小。

将式(13－6)代入式(13－2)中得

$$\sigma=\frac{M}{I_z}y \tag{13-7}$$

式(13－7)就是梁纯弯曲时横截面上任一点的正应力计算公式。式中，M 为横截面上的弯矩；I_z 为截面对中性轴的惯性积；y 为欲求应力的点到中性轴的距离。

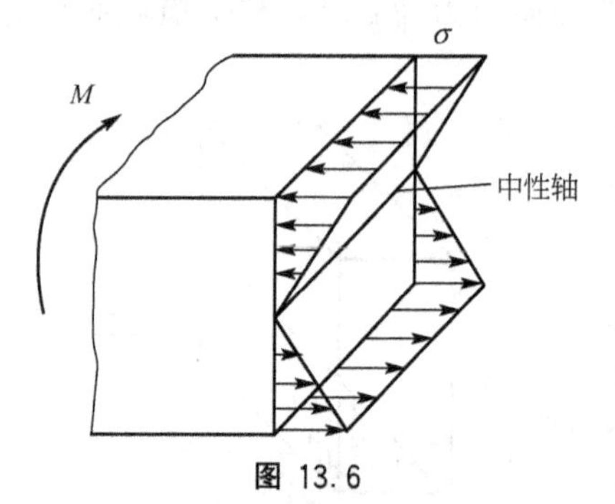

图 13.6

式(13－7)表明：正应力 σ 与 M 和 y 成正比，与 I_z 成反比；正应力沿截面高度成直线规律分布，距中性轴愈远愈大，中性袖上($y=0$ 处)正应力等于零。横截面上正应力的分布规律如图 13.6 所示。

在用式(13－7)计算正应力时，可不考虑式中 M、y 的正负号，均以绝对值代入，最后由梁的变形来确定是拉应力还是压应力。当截面上的弯矩为正时，梁下边受拉，上边受压，所以中性轴以下为拉应力，中性轴以上为压应力。当截面的弯矩为负时，则相反。

横力弯曲梁的横截面上不但有弯矩，而且有剪力，因此各点处不但有正应力而且有剪应力。由于剪应力的存在，在梁的变形中横截面将发生翘曲。但理论分析和实验研究均表明这种横截面的翘曲极其微小，它的存在对式(13－7)没有什么显著的影响，因此，基于纯弯曲及其所作的假设推导的正应力公式，用于计算横力弯曲梁，虽有误差但误差不大，仍能保证足够的精确度。这样，对于横力弯曲梁，通常都采用上述纯弯曲梁的正应力公式；式(13－7)是从矩形截面梁导出的，但对于截面为其他对称形状(如工字形、T 字形、圆形等)的梁，也都适用；对于非对称的实体截面梁，只要荷载作用在通过截面形心主轴的纵向平面内，仍可用式(13－7)计算弯曲正应力。

例 13.1 求图 13.7 所示矩形截面梁 A 右邻截面上和 C 截面上 a、b、c 这 3 点处的正应力。

解：(1) 求得 M 图如图 13.7 所示。

(2) 计算截面几何参数：

$$I_z=\frac{bh^3}{12}=\frac{15\text{cm}\times(30\text{cm})^3}{12}=33750\text{cm}^4$$

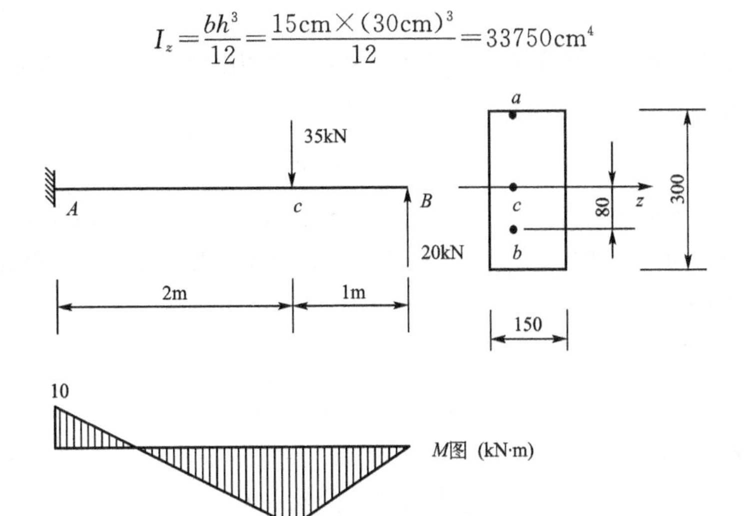

图 13.7

(3) 计算各点正应力。

A 右邻截面上：

$$\sigma_a=\frac{M_A^{右}}{I_z}y_a=\frac{10\times10^{+3}\times15\times10^{-2}}{33750\times10^{-8}\text{m}^4}=4.44\text{MPa}$$

$$\sigma_b=\frac{M_A^{右}}{I_z}y_b=-\frac{10\times10^{+3}\times8\times10^{-2}}{33750\times10^{-8}\text{m}^4}=-2.37\text{MPa}$$

$$\sigma_c=0$$

C 截面上：

$$\sigma_a=\frac{M_C}{I_z}y_a=-\frac{20\times10^{+3}\times15\times10^{-2}}{33750\times10^{-8}\text{m}^4}=-8.89\text{MPa}$$

$$\sigma_b=\frac{M_C}{I_z}y_b=\frac{20\times10^{+3}\times8\times10^{-2}}{33750\times10^{-8}\text{m}^4}=4.74\text{MPa}$$

$$\sigma_c=0$$

13.2 梁的正应力强度条件及其应用

为了保证梁的安全工作，梁内的最大正应力不能超过一定的限度。有了正应力公式后，就可以算出梁中的最大正应力，从而建立正应力强度条件，对梁进行强度计算。

对梁的某一截面来说，最大正应力发生在距中性轴最远的位置，其值为

$$\sigma_{\max}=\frac{M}{I_z}\cdot y_{\max}$$

对全梁(等截面梁)来说，最大正应力发生在弯矩最大的截面上，其值为

$$\sigma_{\max}=\frac{M_{\max}}{I_z/y_{\max}}=\frac{M_{\max}}{W_z} \tag{13-8}$$

这里 $W_z = I_z / y_{\max}$。W_z 称为弯曲截面系数(或抗弯截面系数)，它与梁的截面形状和尺寸有关。

根据强度要求，同时考虑留有一定的安全储备，梁内的最大正应力不能超过材料的许用应力，因而有

$$\sigma_{\max} = \frac{M_{\max}}{W_z} \leqslant [\sigma] \tag{13-9}$$

上式就是梁的正应力强度条件。$[\sigma]$ 为弯曲时材料的许用正应力，其值随材料的不同而不同，在有关规范中均有具体规定。W_z 反映截面形状和尺寸对弯曲强度的影响，其值越大，从强度角度讲就越不利。

对于矩形截面，有

$$W_z = \frac{I_z}{y_{\max}} = \frac{bh^3/12}{h/2} = \frac{bh^2}{6}$$

对于矩形截面，有

$$W_z = \frac{I_z}{y_{\max}} = \frac{\pi d^4/64}{d/2} = \frac{\pi d^3}{32}$$

对工字钢、槽钢、角钢等型钢截面，W_z 值可在型钢表中查得(见附录的型钢表)。

根据强度条件，可解决工程中常见的下列 3 类问题。

(1) 强度校核。

在已知梁的材料和横截面的形状、尺寸以及所受荷载的情况下，可以检查梁是否满足正应力强度条件，即

$$\frac{M_{\max}}{W_z} \leqslant [\sigma]$$

(2) 选择截面尺寸(也称为截面设计)。

当已知荷载和所用材料时，可根据强度条件，先计算出所需的抗弯截面系数，即

$$W_z \geqslant \frac{M_{\max}}{[\sigma]}$$

然后根据梁的截面形状，由 W_z 确定截面的具体尺寸。

(3) 计算梁的许可荷载，即计算梁所承受的最大荷载。已知梁截面尺寸，则先根据强度条件算出梁所能承受的最大弯矩

$$M_{\max} \leqslant W_z [\sigma]$$

再根据 $M_{\max}$ 与荷载间的关系计算出梁的许可荷载。

例 13.2 一矩形截面的简支木梁如图 13.8 所示。梁上作用有均布荷载，已知：$l = 4\text{m}$，$b = 140\text{mm}$，$h = 210\text{mm}$，$q = 2\text{kN/m}$，弯曲时木材的许用正应力 $[\sigma] = 10\text{MPa}$。(1) 试校核该梁的强度；(2)求梁能承受的最大荷载。

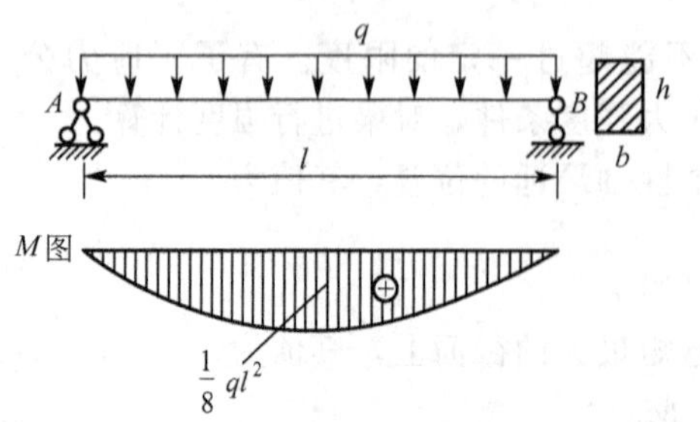

图 13.8

解：(1) 梁中的最大正应力发生在跨中弯矩最大的截面上，最大弯矩、弯曲截面系数分别为

$$M_{\max} = \frac{1}{8}ql^2 = 4 \times 10^3 \text{N} \cdot \text{m}$$

$$W_z = \frac{bh^2}{6} = 0.103 \times 10^{-2} \text{m}^3$$

最大正应力为

$$\sigma_{max}=\frac{M_{max}}{W_z}=\frac{4\times10^3\text{N}\cdot\text{m}}{0.103\times10^{-2}\text{m}^3}=3.88\text{MPa}<[\sigma]$$

所以满足强度要求。

(2) 根据强度条件，梁能承受的最大弯矩为

$$M_{max}=W_z[\sigma]$$

跨中最大弯矩与荷载 q 的关系为

$$M_{max}=\frac{1}{8}ql^2$$

所以

$$W_z[\sigma]=\frac{1}{8}ql^2$$

从而得

$$q=\frac{8W_z[\sigma]}{l^2}=5.15\text{kN/m}$$

即梁能承受的最大荷载为 $q_{max}=5.15\text{kN/m}$。

上面是根据强度条件求最大荷载的一般方法。对此例来说，在第一个问题中，已经求得在 $q=2\text{kN/m}$ 时的最大正应力 $\sigma_{max}=3.88\text{MPa}$，根据应力与荷载成正比(在弹性范围内)，最大荷载也可通过下式求得，即

$$\frac{q_{max}}{q}=\frac{[\sigma]}{\sigma}$$

则

$$q_{max}=\frac{[\sigma]}{\sigma}q=\frac{10\text{MPa}}{3.88\text{MPa}}\times2\text{kN/m}=5.15\text{kN/m}$$

例 13.3 简支梁上作用有两个集中力(图 13.9)，已知：$l=6\text{m}$，$F_1=15\text{kN}$，$F_2=21\text{kN}$，如果梁采用热轧普通工字钢，钢的许用应力 $[\sigma]=170\text{MPa}$，试选择工字钢的型号。

解： 先画出弯矩图，最大弯矩发生在 F_2 作用截面上，其值为 38kN·m。根据强度条件，梁所需的弯曲截面系数为

$$W_z=\frac{M_{max}}{[\sigma]}=\frac{38\times10^3\text{kN}\cdot\text{m}}{170\times10^6\text{Pa}}=223\text{cm}^3$$

根据算得的 W_z 值，在型钢表中查出与该值相近的型号。就是所需的型号。在附录的型钢表中，20a 号工字钢的 W_z 值为 237cm³，与算得的 W_z 值很相近，故选取 20a 号工字钢。因 20a 号的 W_z 值大于按强度条件算得的 W_z 值，所以一定满足强度条件。如选取的工字钢的 W_z 值略小于按强度条件算得的 W_z 值，则应再校核一下强度，当 σ_{max} 不超过 $[\sigma]$ 的 5%时，还是可以用的，是工程中所允许的。

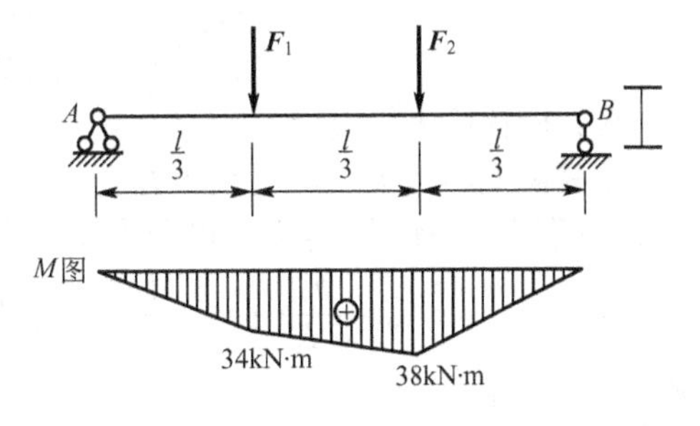

图 13.9

例 13.4 一⊥形截面的外伸梁如图 13.10 所示，已知 $l=600\text{mm}$，$a=40\text{mm}$，$b=30\text{mm}$，$c=80\text{mm}$，$F_1=24\text{kN}$，$F_2=9\text{kN}$，材料的许用拉应力 $[\sigma_t]=30\text{MPa}$，许用压应力 $[\sigma_c]=90\text{MPa}$，试校核梁的强度。

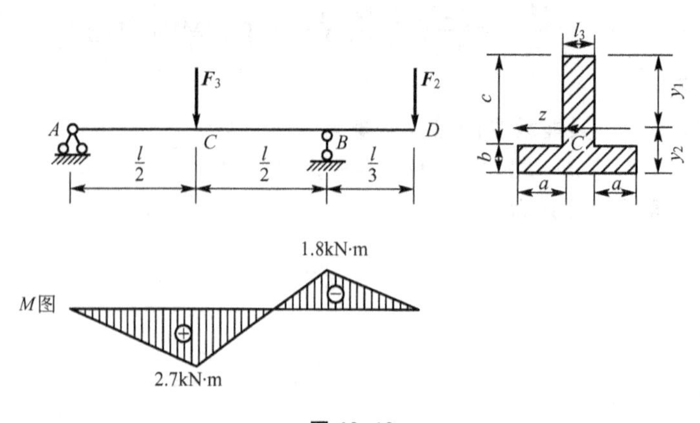

图 13.10

解：先画出弯矩图。⊥字形横截面的形心 C 的位置及对中性轴的惯性矩的计算结果为

$$y_1=0.072\text{m},\quad y_2=0.038\text{m},\quad I_z=0.573\times10^{-5}\text{m}^4$$

因材料的抗拉与抗压性能不同，截面对中性轴又不对称，所以需对最大拉应力与最大压应力分别进行校核。

(1) 校核最大拉应力。

由于截面对中性轴不对称，而正、负弯矩又都存在，因此，最大拉应力不一定发生在弯矩绝对值最大的截面上。应该对最大正弯矩和最大负弯矩两个截面上的拉应力进行分析比较。在最大正弯矩的 C 截面上，最大拉应力发生在截面的下边缘，其值为

$$\sigma_{\max}=\frac{M_C}{I_z}\cdot y_2$$

在最大负弯矩的 B 截面上，最大拉应力发生在截面的上边缘，其值为

$$\sigma_{\max}=\frac{M_B}{I_z}\cdot y_1$$

在上面两式中，$M_C>M_B$，而 $y_2>y_1$，应比较 $M_C\cdot y_2$ 与 $M_B\cdot y_1$，计算如下

$$M_C\cdot y_2=2.7\times10^3\text{N}\cdot\text{m}\times0.038\text{m}=103\text{N}\cdot\text{m}^2$$

$$M_B\cdot y_1=1.8\times10^3\text{N}\cdot\text{m}\times0.072\text{m}=129\text{N}\cdot\text{m}^2$$

因 $M_B\cdot y_1>M_C\cdot y_2$，所以最大拉应力发生在 B 截面上，即

$$\sigma_{t,\max}=\frac{M_B}{I_z}\cdot y_1=\frac{129\text{N}\cdot\text{m}^2}{0.573\times10^{-5}\text{m}^4}=22.5\text{MPa}<[\sigma_t]$$

(2) 校核最大压应力。

C 截面上的最大压应力发生在上边缘，B 截面上的最大压应力发生在下边缘。因 M_C 与 y_1 分别大于 M_B 与 y_2，所以最大压应力一定发生在 C 截面上，即

$$\sigma_{C,\max}=\frac{M_C}{I_z}\cdot y_1=\frac{2.7\times10^3\text{N}\cdot\text{m}\times0.072\text{m}}{0.573\times10^{-5}\text{m}^4}=33.9\text{MPa}<[\sigma_c]$$

满足强度要求。

13.3 梁的合理截面形状及变截面梁

设计梁时，一方面要保证梁具有足够的强度，使梁在荷载作用下能安全地工作；同时

应使所设计的梁能充分发挥材料的潜力，以节省材料，因而需要选择合理的截面选择和尺寸。本节将从梁的强度方面来分析什么形状的截面以及截面沿梁长怎样变化才经济合理。

1. 梁的合理截面形状

梁的强度计算一般是由正应力的强度条件控制的。由强度条件

$$\sigma_{\max}=\frac{M_{\max}}{W_z}\leqslant[\sigma]$$

可知，最大正应力与弯曲截面系数 W_z 成反比，W_z 越大就越有利。而 W_z 值的大小与截面面积及形状有关，分析截面的合理性，就是在截面面积相同的条件下，比较不同形状截面的 W_z 值。从强度角度看，W_z 值越大就越经济合理。

下面比较一下矩形截面、正方形截面及圆形截面的合理性。

设三者的横截面面积相同(均为 A)，圆的直径为 d，正方形的边长为 a，矩形的高和宽分别为 h 和 b 且 $h>b$。3 种形状截面的 W_z 值分别为

矩形截面 $$W_1=\frac{1}{6}bh^2$$

方形截面 $$W_2=\frac{1}{6}a^3$$

圆形截面 $$W_3=\frac{1}{32}\pi d^3$$

先比较矩形与正方形。两者弯曲截面系数的比值为

$$\frac{W_1}{W_2}=\frac{\frac{1}{6}bh^2}{\frac{1}{6}a^3}=\frac{\frac{1}{6}Ah}{\frac{1}{6}Aa}=\frac{h}{a}$$

由于 $bh=a^2$，且 $h>b$，所以 $h>a$，即 $h/a>1$，这说明矩形截面只要 $h>b$，就比同样面积的正方形截面合理。

再比较正方形与圆形。两者弯曲截面系数的比值为

$$\frac{W_2}{W_3}=\frac{\frac{1}{6}a^3}{\frac{1}{6}\pi d^3}$$

由 $\pi\left(\frac{d}{2}\right)^2=a^2$，得 $a=\frac{\sqrt{\pi}}{2}d$，将其代入上式中得

$$\frac{W_2}{W_3}=1.18>1$$

这说明正方形截面比圆形截面合理。

从以上比较看到，截面面积相同时，矩形比方形好，方形比圆形好。如果以同样的面积做成工字形，将比矩形还要好。这是因为 W_z 值与截面高度及截面的面积分布有关。截面的高度越大、面积分布得离中性轴越远，W_z 值就越大；相反，截面高度小、截面面积分布在中性轴附近，W_z 值就小。由于工字形截面的大部分面积分布在离中性轴较远的上、下翼缘上，所以 W_z 值比上述其他几种形状的 W_z 值都大，因而更合理。

梁的截面形状的合理性，也可从应力的角度分析。弯曲时，正应力沿截面高度成直线分布，在距中性轴最远处正应力最大，中性轴上为零。在进行强度计算时，是以截面边缘

上的最大正应力达到材料的许用应力为准，此时，截面其他部分上的正应力都小于材料的许用应力，特别是中性轴附近，应力很小，材料远没有充分发挥作用。因此，为了更好地发挥材料的作用，就应尽量减少中性轴附近的面积，使更多的面积分布在离中性轴较远的位置。以矩形截面为例，如果将中性轴附近的面积挖掉一部分，并将这部分材料用在上、下边缘处(图 13.11)，这部分材料就能较好地发挥作用，这时，截面也就从矩形变成工字形，因此工字形截面比矩形截面更为经济合理。对圆形截面来说，有较多的面积分布在中性轴附近，这样，材料的潜力就没有得到很好的发挥，相对其他形状截面就不够合理，而环形截面就比圆形截面好得多。

工程中常用的空心板(图 13.12 为空心板的截面图)以及挖孔的薄腹梁(图 13.13)等，其孔都是开在中性轴附近的，这就减少了没有充分发挥作用的材料，从而收到较好的经济效果。

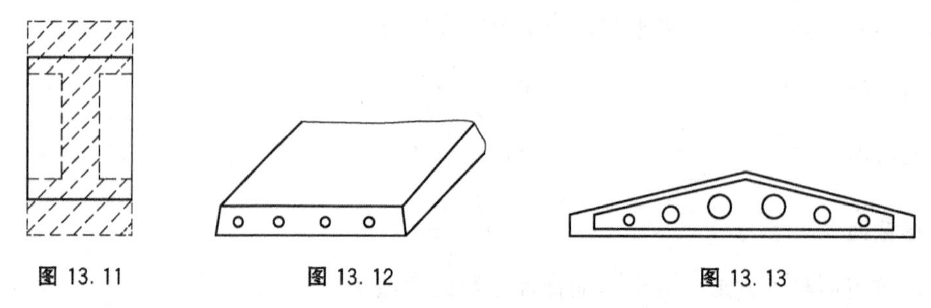

图 13.11　　图 13.12　　图 13.13

以上对截面合理形状的分析是从强度方面来考虑的，通常这是决定截面形状的主要因素。此外，还应考虑刚度、稳定以及制造、使用等方面的因素，在选择梁的截面时，应全面考虑各种因素。例如，设计矩形截面梁时，从强度方面来看，可适当加大截面的高度，减小截面的宽度，这样可在截面面积相同的条件下，得到较大的弯曲截面系数。但如果片面地强调这方面，使截面的高度过大，宽度过小，梁就可能因发生侧向变形(梁侧向丧失稳定)而被破坏。再如，从强度方面看，工字形截面比矩形截面好，但工字形截面加工起来比较困难，如木材类，因而要考虑在一定的技术条件下，加工的可能性与施工费用的多少，综合考虑其经济合理性。

2. 变截面梁

现在再从截面沿梁轴线的变化方面来讨论梁的经济合理性。在进行梁的强度计算时，是根据危险截面上的最大弯矩设计截面的，而其他截面上的弯矩一般都小于最大弯矩，如果采用等截面梁，对那些弯矩比较小的地方，材料就没有充分发挥作用。要想更好地发挥材料的作用，应该在弯矩比较大的地方采取较大的截面，在弯矩小的地方采用较小的截面，这种横截面沿着梁轴线变化的梁称为变截面梁。最理想的变截面梁，是使梁的各个截面上的最大正应力同时达到材料的许用应力。由

$$\sigma_{\max}=\frac{M(x)}{W_z(x)}=[\sigma]$$

得

$$W_z(x)=\frac{M(x)}{[\sigma]} \tag{13-10}$$

式中，$M(x)$为任一横截面上的弯矩，$W_z(x)$为该截面的弯曲截面系数。这样，各个截面

的大小将随截面上的弯矩而变化。截面按式(13-10)而变化的梁称为等强度梁。

从强度以及材料的利用上看，等强度梁很理想，但这种梁的加工制造比较困难。当梁上荷载比较复杂时，梁的外型也随之变得复杂，其加工制造将更加困难。因此，在工程中，特别是建筑工程中，很少采用等强度梁，而是根据不同的具体情况，采用其他形式的变截面梁。

图 13.14、图 13.15 及图 13.13 所示的梁是建筑工程中常见的几个变截面的例子。对于像阳台或雨蓬的悬臂梁，常采用图 13.14 所示的形式；对于跨中弯矩大、两边弯矩逐渐减小的简支梁，常采用图 13.15 或图 13.13 所示的形式。图 13.15 为上、下加盖板的钢梁，图 13.13 为屋盖上的薄腹梁。

图 13.14　　　　图 13.15

13.4 矩形截面梁的剪应力

在一般情况下，当梁弯曲时，在它的横截面上弯矩和剪力同时作用。前面已经研究了与弯矩有关的正应力，现在再来研究与剪力有关的剪应力。

在图 13.16 所示的矩形截面梁上，截取长为 $\mathrm{d}x$ 的微段。设作用于微段左、右两侧横截面上的剪力为 F_s，弯矩分别为 M 及 $M+\mathrm{d}M$。为建立切应力计算公式，特对横截面切应力的分布作如下两个假设。

(1) 横截面上各点切应力的方向均与两个侧边平行，即与剪力 F_s 平行。

(2) 切应力沿截面宽度均匀分布。

在图 13.16 所示的微段上，用距中性轴为 y 的截面再截出一部分［图 13.17(a)］。该部分左、右两个侧面上分别作用有由弯矩 M 及 $M+\mathrm{d}M$ 引起的正应力 σ_1 及 σ_2。因此，为维持阴影部分的平衡，在纵面 $a-a$ 上必有沿水平方向的切向内力，故在纵面上就存在相应的切应力 τ'［图 13.17(b)］。根据切应力互等定理可知，梁横截面上的切应力 τ 和 τ'大小相等。

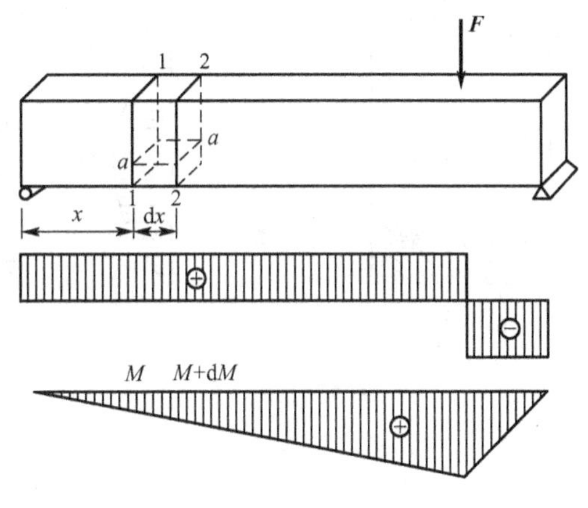

图 13.16

已知横截面上的切应力的分布规律后，就可直接由静力平衡条件导出切应力的计算公式。梁的两个横截面法向内力 F_{N1}^* 和 F_{N2}^* 分别为

$$F_{N2}^*-F_{N1}^*-\tau' b\mathrm{d}x=0 \tag{a}$$

$$F_{N1}^*=\int_A^* \sigma_1 \mathrm{d}A=\int_A^* \frac{My_1}{I_z}\mathrm{d}A=\frac{M_1}{I_z}\int_A^* y_1 \mathrm{d}A \tag{b}$$

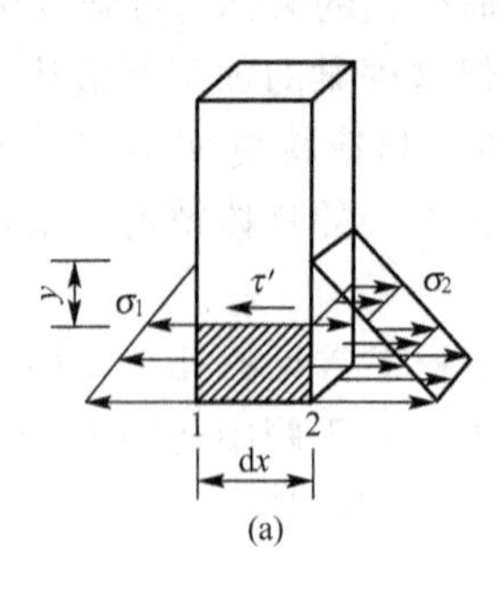

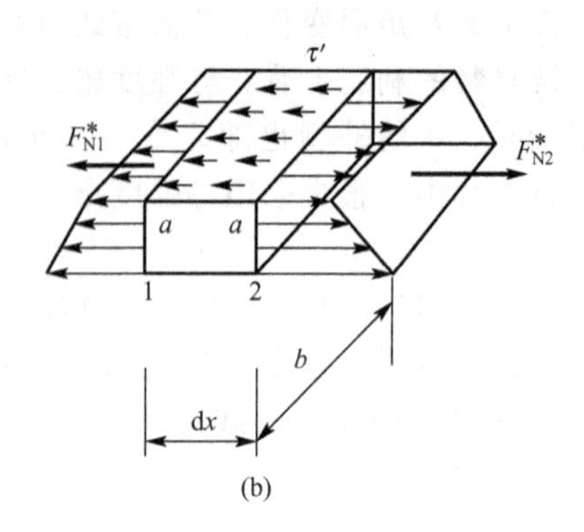

图 13.17

$$F_{N2}^{*}=\int_{A}^{*}\sigma_2\mathrm{d}A=\int_{A}^{*}\frac{(M+\mathrm{d}M)y_1}{I_z}\mathrm{d}A=\frac{M+\mathrm{d}M}{I_z}\int_{A}^{*}y_1\mathrm{d}A \tag{c}$$

将式(b)、式(c)代入式(a)中，得

$$\frac{\mathrm{d}M}{I_z}\int_{A}^{*}y_1\mathrm{d}A=\tau' b\mathrm{d}x \tag{d}$$

式中 $\int_{A}^{*}y_1\mathrm{d}A$ 为截出阴影部分的面积 A^* 对中性轴的静矩。令 $S_z^*=\int_{A}^{*}y_1\mathrm{d}A$，式(d)整理可得

$$\tau'=\frac{\mathrm{d}M}{\mathrm{d}x}\cdot\frac{S_z^*}{I_zb}$$

注意上式中 $\frac{\mathrm{d}M}{\mathrm{d}x}=F_s$，并且 τ' 和 τ 的数值相等，于是得矩形截面梁横截面上的切应力计算公式为

$$\tau=\frac{F_sS_z^*}{I_zb} \tag{13-11}$$

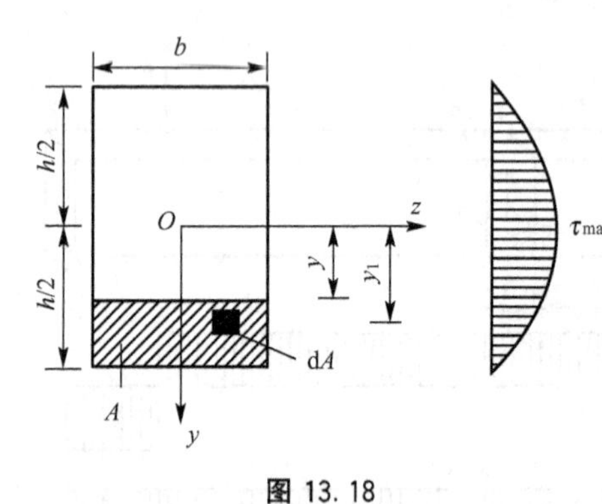

图 13.18

式中，F_s 为横截面上的剪力；b 为截面宽度；I_z 为横截面对中性轴的惯性矩；S_z^* 为截出阴影部分的面积 A^* 对中性轴的静矩。

对于高为 h、宽为 b 的矩形截面(图 13.18)，截出阴影部分的面积 A^* 对中性轴的静矩为

$$S_z^*=\int_{A}^{*}y_1\mathrm{d}A=\int_{y}^{\frac{h}{2}}b\mathrm{d}y_1=\frac{b}{2}\left(\frac{h^2}{4}-y^2\right)$$

代入式(13-11)中得

$$\tau=\frac{F_s}{2I_z}\left(\frac{h^2}{4}-y^2\right)$$

可见，τ 沿截面的高度是按二次抛物线规律变化的。当 $y=\pm h/2$ 时，$\tau=0$，即在横截面上距离中性轴最远处切应力为零；当 $y=0$ 时，切应力有极大值，这表明最大切应力发生在中性轴上，其值为

$$\tau_{\max}=\frac{F_sh^2}{8I_z}=\frac{F_sh^2}{8\times bh^3/12}=\frac{3F_s}{2bh}=\frac{3F_s}{2A}$$

由此可见，矩形截面梁横截面上的最大切应力为平均切应力的 1.5 倍。

例 13.5 一矩形截面简支梁如图 13.19 所示，已知 $l=3\text{m}$，$h=160\text{mm}$，$b=100\text{mm}$，$h_1=40\text{mm}$，$F=3\text{kN}$，求 $m-m$ 截面上 K 点的切应力。

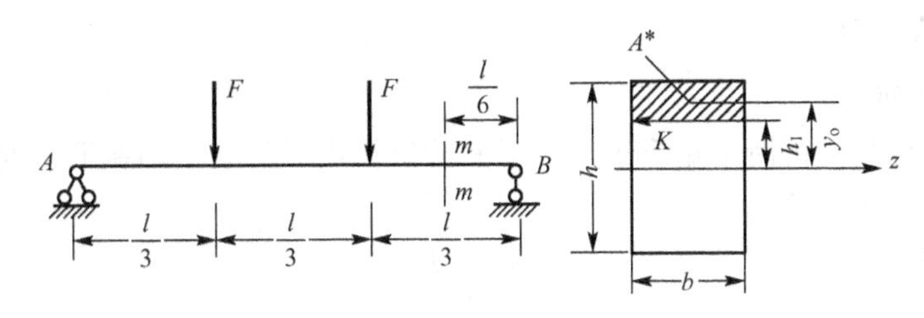

图 13.19

解： 求得 $m-m$ 截面上的剪力为 3kN，截面的惯性矩及面积 A^* 对中性轴的静矩分别为

$$I_z=\frac{bh^3}{12}=\frac{0.1\text{m}\times(0.16\text{m})^3}{12}=0.341\times10^{-4}\text{m}^4$$

$$S_z^*=A^*y_0=0.1\text{m}\times0.04\text{m}\times0.06\text{m}=0.24\times10^{-3}\text{m}^3$$

K 点的切应力为

$$\tau=\frac{F_sS_z^*}{I_zb}=\frac{3\times10^3\text{N}\times0.24\times10^{-3}\text{m}^3}{0.341\times10^{-4}\text{m}^4\times0.1\text{m}}=0.21\text{MPa}$$

13.5 工字形截面及其他形状截面的剪应力

本节将在上节的基础上讨论工字形截面上的切应力，并给出其他形状截面上的最大切应力计算公式。

1. 工字形截面

工字形截面是由上、下翼缘及中间腹板组成的，腹板和翼缘上均存在切应力，这里只讨论腹板上的切应力(翼缘上的切应力很小)。

腹板也是矩形且高度远大于宽度，因此，上节推导矩形截面切应力公式所采用的两条假设对腹板来说也是适用的。采用与上节相同的办法，也可导出工字形截面梁的切应力计算公式。其公式的形式与矩形截面完全相同，即

$$\tau=\frac{F_sS_z^*}{I_zb_1}$$

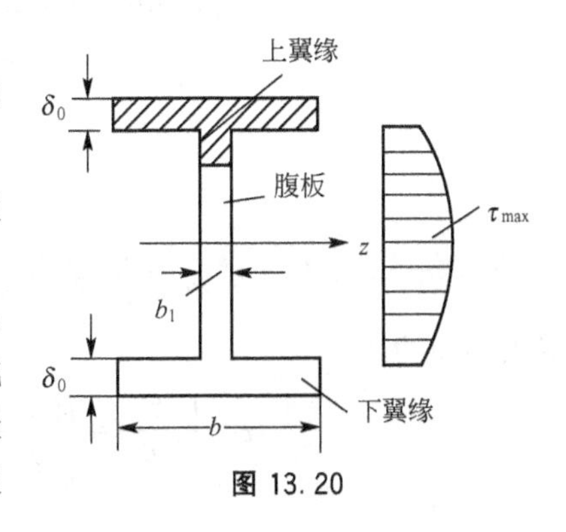

图 13.20

式中，F_s 为截面上的剪力；I_z 为工字形截面对中性轴的惯性矩；S_z^* 为欲求应力点到截面边缘间的面积 A^*(图 13.20 中的阴影面积)对中性轴的静矩；b_1 为腹板的厚度(不是翼缘的宽度 b)。

切应力沿腹板高度的分布规律如图 13.20 所示，仍是按抛物线规律分布的，最大切应力一般发生在截面的中性轴上。从图 13.20 中可以看出，腹板上的最大切应力与最小切应力的相关性不大，特别是当腹板

的厚度比较小时，两者就相差更小了。因此，当腹板的厚度很小时，可近似地认为腹板上的切应力是均匀分布的。

2. 其他形状截面

1）T 字形截面

T 字形截面可视为由两个矩形组成，下面的狭长矩形与工字形截面的腹板相似，该部分的切应力仍用下式计算

$$\tau=\frac{F_{s}S_{z}^{*}}{I_{z}b_{1}}$$

最大切应力仍发生在截面的中性轴上。

2）圆形及环形截面

圆形与薄壁环形截面的最大竖向切应力也都发生在中性轴上，并沿中性轴均匀分布，其值为

圆形截面

$$\tau_{\max}=\frac{4}{3}\cdot\frac{F_{s}}{A_{1}}$$

薄壁环形截面

$$\tau_{\max}=2\cdot\frac{F_{s}}{A_{2}}$$

式中，F_{s} 为截面上的剪力；A_{1} 为圆形截面的面积；A_{2} 为薄壁环形截面的面积。

例 13.6 在例 13.4 中，试求梁中横截面上的最大切应力。

解： 先画出梁的剪力图，如图 13.21 所示，CD 段的剪力最大，其值为 15kN，最大切应力发生在 CB 段任一横截面的中性轴上。在例 13.4 中已经求得中性轴的上边缘的距离 $y_{1}=0.072\text{m}$，中性轴一侧的面积对中性轴的静矩为

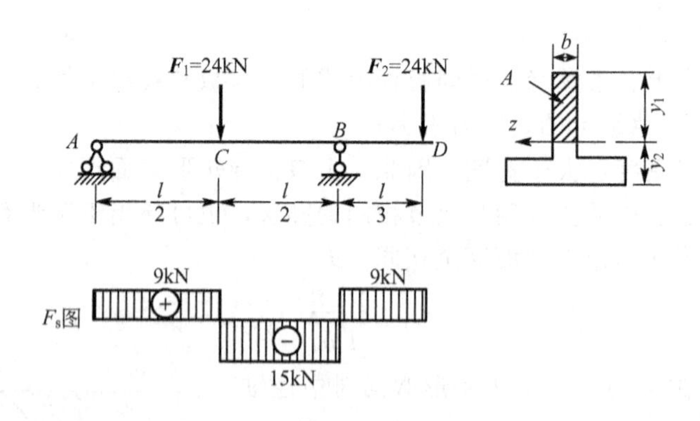

图 13.21

$$S_{z}^{*}=A^{*}y_{0}=\frac{1}{2}by_{1}^{2}=\frac{1}{2}\times0.03\text{m}\times0.072^{2}\text{m}^{2}=0.778\times10^{-4}\text{m}^{3}$$

最大切应力为

$$\tau=\frac{F_{s}S_{z}^{*}}{I_{z}b}=\frac{15\times10^{3}\text{N}\times0.778\times10^{-4}\text{m}^{3}}{0.573\times105\text{m}^{4}\times0.03\text{m}}=6.79\text{MPa}$$

13.6 梁的剪应力强度条件及应用

在一般情况下，梁横截面上既有正应力又有切应力，最大正应力发生在离中性轴最远的边缘点处，此处的切应力为零或很小，材料处于单向拉伸或压缩状态，所以最大正应力应小于材料的许用拉(或压)应力；横截面上的最大切应力一般发生在中性轴上，此处的正应力为零，材料处于纯剪切状态，所以最大切应力应小于材料的许用切应力，即

$$\tau_{\max} \leqslant [\tau] \tag{13-12}$$

对等截面梁，最大切应力发生在最大剪力截面的中性轴上，上式可写为

$$\tau_{\max} = \frac{F_{s,\max} S_{z,\max}^*}{I_z b} \leqslant [\tau] \tag{13-13}$$

式(13－12)和式(13－13)即为剪应力强度条件。

在进行梁的强度计算时，必须同时满足正应力和切应力强度条件。但二者有主有次，在一般情况下，梁的强度计算由正应力强度条件控制。因此，梁的截面一般都是按正应力强度条件选择的，选好截面后，再按切应力强度条件进行校核。在工程中，按正应力强度条件设计的梁，切应力强度条件大多可以满足，但在少数情况下，梁的切应力强度条件也可能起控制作用。例如，当梁的跨度很小或在梁的支座附近有很大的集中力作用时，梁的最大弯矩比较小，而剪力却很大，因而梁的强度计算就可能由切应力强度条件控制。又如，在组合工字钢梁中，如果腹板的厚度很小，腹板上的切应力就可能很大；如果最大弯矩比较小，这时切应力强度条件也可能起控制作用。再如，在木梁中，由于木材的顺纹抗剪能力很差，当截面上切应力很大时，木梁也可能沿中性层剪坏。

例 13.7 简支工字梁由钢板焊接而成，横截面尺寸如图 13.22 所示。若外力 $F=500\text{kN}$，材料的许用应力 $[\sigma]=160\text{MPa}$，$[\tau]=100\text{MPa}$，试校核梁的强度。

解： (1) 正应力强度校核。

作剪力图和弯矩图，如图 13.22(c)和(d)所示。由弯矩图可知，BC 段内各截面弯矩相等且为最大弯矩，所以，在 BC 段内任找一截面进行正应力强度校核。先计算横截面的惯性矩和抗弯截面系数，即

$$I_z = \frac{1}{12}[120\times10^{-3}\text{m}\times(340\times10^{-3}\text{m})^3 - 110\times10^{-3}\text{m}\times(300\times10^{-3}\text{m})^3] = 146\times10^{-6}\text{m}^4$$

$$W_z = \frac{I_z}{h/2} = \frac{2\times146\times10^{-6}\text{m}^4}{340\times10^{-3}\text{m}} = 858.8\times10^{-6}\text{m}^3$$

$$\sigma_{\max} = \frac{M_{\max}}{W_z} = \frac{100\times10^3\text{N}\cdot\text{m}}{858.8\times10^{-6}\text{m}^3} = 116.4\text{MPa} < [\sigma]$$

(2) 切应力强度校核。

由图 13.22(c)所示的剪力图可知，AB(或 CD)段剪力最大，在 AB 段内任找一截面进行切应力强度校核。最大切应力发生在危险截面的中性轴上，先计算下半个截面积对中性轴 z 的静矩，有

$$\begin{aligned} S_{z,\max}^* &= (20\times10^{-3}\text{m})\times(120\times10^{-3}\text{m})\times(160\times10^{-3}\text{m}) \\ &\quad + (10\times10^{-3}\text{m})\times(150\times10^{-3}\text{m})\times(75\times10^{-3}\text{m}) \\ &= 496.5\times10^{-6}\text{m}^3 \end{aligned}$$

$$\tau_{\max}=\frac{F_{s,\max}S_{z,\max}^{*}}{I_z b_1}=\frac{(500\times10^{3}\text{N})\times(496.5\times10^{-6}\text{m}^{3})}{(146\times10^{-6}\text{m}^{4})\times(10\times10^{-3}\text{m})}=170\text{MPa}>[\tau]$$

由于该梁在支座附近作用有较大的集中力，而且横截面又是腹板较薄、高度较大的焊接工字钢，使得梁的最大切应力比最大正应力还要大，正应力强度条件可以满足，而切应力强度条件不能满足，需要重新设计截面尺寸或降低载荷。

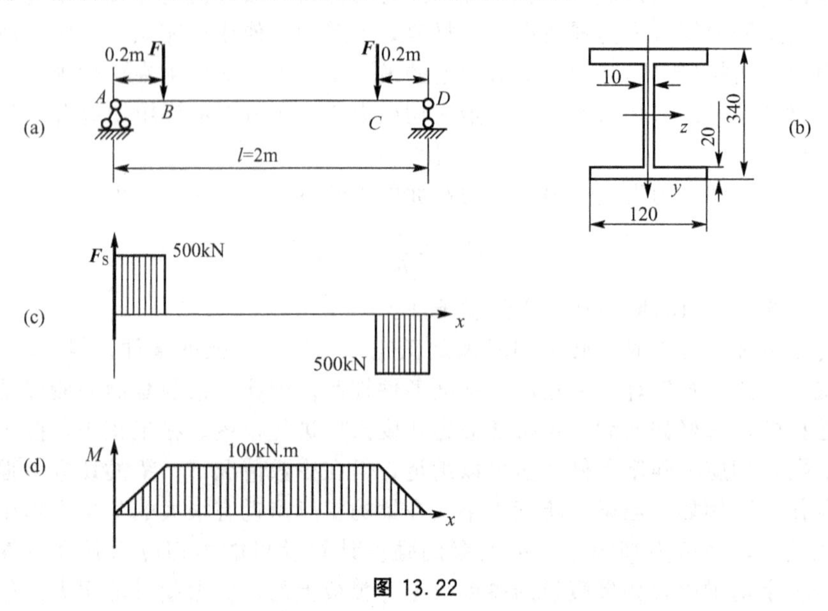

图 13.22

例 13.8 有一外伸工字形钢梁，工字钢的型号为 22a，梁上荷载如图 13.23 所示。已知 $l=6\text{m}$，$F=30\text{kN}$，$q=6\text{kN/m}$，材料的许用应力 $[\sigma]=170\text{MPa}$，$[\tau]=100\text{MPa}$，检查此梁是否安全。

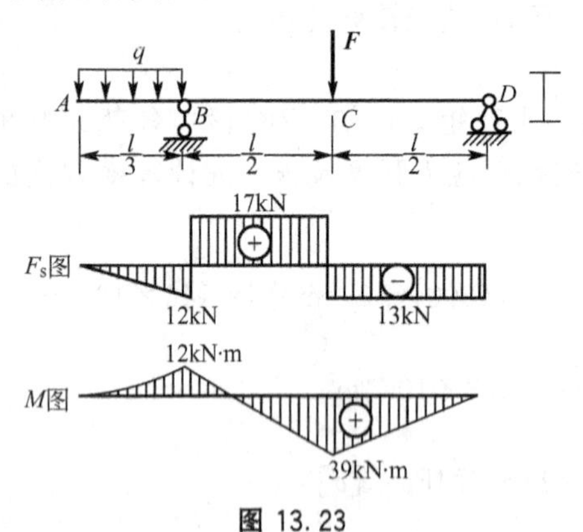

图 13.23

解： 分别检查正应力和切应力。最大正应力与最大切应力分别发生在最大弯矩与最大剪力的截面上，剪力图、弯矩图如图 13.23 所示。W_z、b 及计算中性轴上最大切应力所需的 $S_{z,\max}^{*}$ 均可在型钢表中查得。但表中并未直接给出 $S_{z,\max}^{*}$，而是给出了 $I_z/S_{z,\max}^{*}$。从表中查得

$$W_z=309\text{cm}^3=0.309\times10^{-3}\text{m}^3$$

$$\frac{I_z}{S_{z,\max}^{*}}=18.9\text{cm}=0.189\text{m}$$

$$b=d=7.5\text{mm}=0.0075\text{m}$$

最大正应力为

$$\sigma_{\max}=\frac{M_{\max}}{W_z}=\frac{39\times10^{3}\text{N}\cdot\text{m}}{0.309\times10^{-3}\text{m}^{3}}=126\text{MPa}<[\sigma]$$

最大切应力为

$$\tau_{\max}=\frac{F_{s,\max}S_{z,\max}^{*}}{I_z b}=\frac{17\times10^{3}\text{N}}{0.189\text{m}\times0.0075\text{m}}=12\text{MPa}<[\tau]$$

所以梁安全。

例 13.9 某工字形钢梁承受图 13.24 所示的荷载作用，已知型钢的抗弯强度 $[\sigma]=215\text{MPa}$，抗剪强度 $[\tau]=125\text{MPa}$，试选择钢梁的型号。

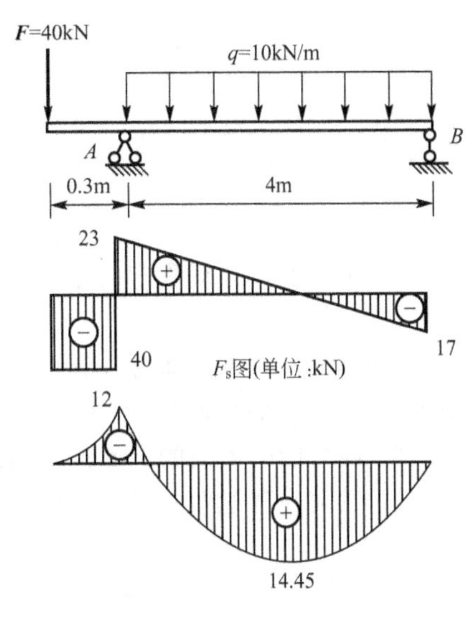

图 13.24

解：(1) 作梁的剪力图、弯矩图。

如图 13.24 所示，最大剪力和弯矩分别为

$$|F_{s,\max}|=40\text{kN}$$

$$M_{\max}=14.45\text{kN}\cdot\text{m}$$

(2) 按正应力选择工字形钢梁截面。

$$W_z=\frac{M_{\max}}{[\sigma]}=\frac{14.45\times10^3\text{KN}\cdot\text{m}}{215\times10^6\text{Pa}}=67.2\times10^{-6}=67.2\text{cm}^3$$

查型钢表，选工字钢型号为 No. 12.6，其 $W_z=77.5\text{cm}^3$。

(3) 校核切应力。

在型钢表中工字钢的 $I_z/S_{z,\max}^*$ 已经给出，直接查得：

$$I_z/S_{z,\max}^*=10.85\text{cm}，腹板厚度\ d=5\text{mm}$$

将数据代入弯曲切应力强度条件公式

$$\tau_{\max}=\frac{F_{s,\max}S_{z,\max}^*}{I_zb}=\frac{40\times10^3\text{N}}{10.85\times10^{-2}\text{m}\times5\times10^{-3}\text{m}}=73.7\text{MPa}<[\tau]$$

切应力强度条件满足。

本章小结

本章主要讨论了与梁横截面上两个剪力和弯矩内力分量对应的切应力和正应力。着重介绍了矩形梁横截面上弯曲正应力和切应力的分布规律，中性层和中性轴的概念以及梁的强度问题。

(1) 梁横截面上的正应力计算，正应力公式是在梁纯弯曲情况下导出的，并被推广到横力弯曲的场合。横截面上正应力计算公式为

$$\sigma=\frac{My}{I_z}$$

横截面上最大正应力计算公式为

$$\sigma_{\max}=\frac{M_{\max}}{W_z}$$

(2) 梁横截面上的切应力计算，计算公式为

$$\tau=\frac{F_sS_z^*}{I_zb}$$

该公式是从矩形截面梁导出的，也适用于槽形、圆形、工字形、圆环形截面梁横截面切应力的计算。

(3) 梁的正应力和切应力强度条件分别为

$$\sigma_{\max}=\frac{M_{\max}}{W_z}\leqslant[\sigma]$$

$$\tau_{max}=\frac{F_{s,max}S_{z,max}^{*}}{I_z b}\leqslant[\tau]$$

思　考　题

1. 试问在推导对称弯曲正应力公式时做了哪些假设？在什么条件下这些假设才是正确的？

2. 试问下列一些概念：纯弯曲与横力弯曲、中性轴与形心轴、轴惯性矩与极惯性矩、弯曲刚度与弯曲截面系数有何区别？

3. 纯弯曲时截面的平面假设与应力应变关系是否有关？

4. 试问在直梁弯曲时，为什么中性轴必定通过截面的形心？

习　　题

13－1　矩形截面的悬臂梁受力情况如图 13.25 所示。试求截面 m—m 和固端截面 n—n 上 A、B、C、D 这 4 点处的正应力。

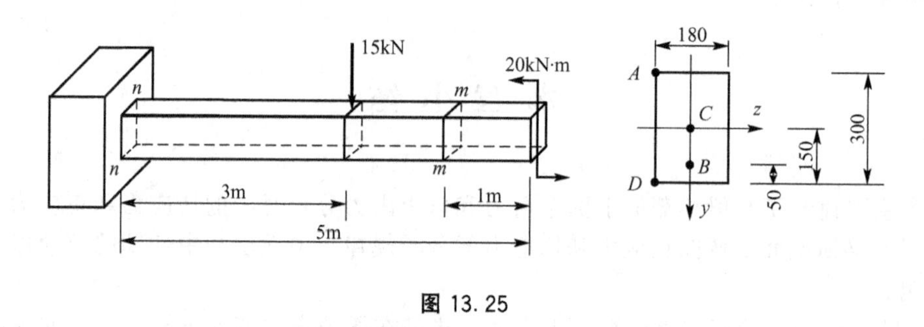

图 13.25

13－2　如图 13.26 所示，铸铁简支梁的 $I_{z1}=645.8\times10^{6}\text{mm}^4$，$E=120\text{GPa}$，许用拉应力 $[\sigma_t]=30\text{MPa}$，许用压应力 $[\sigma_c]=90\text{MPa}$，试求许用荷载 F。

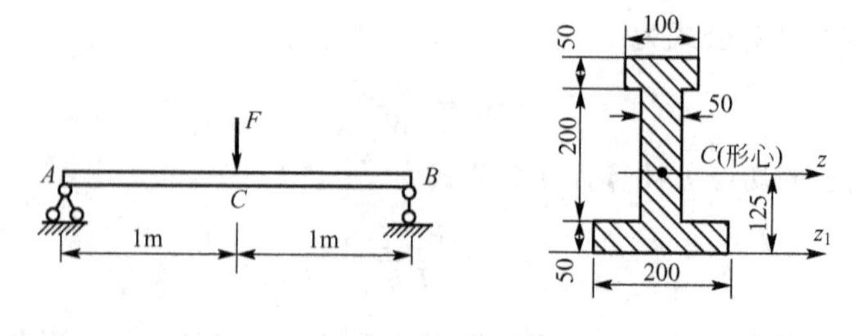

图 13.26

13－3　一简支木梁受力如图 13.27 所示，荷载 $F=5\text{kN}$，距离 $a=0.7\text{m}$，材料的许用正应力 $[\sigma]=10\text{MPa}$，横截面为 $h/b=3$ 的矩形。试按正应力强度条件确定梁横截面的尺寸。

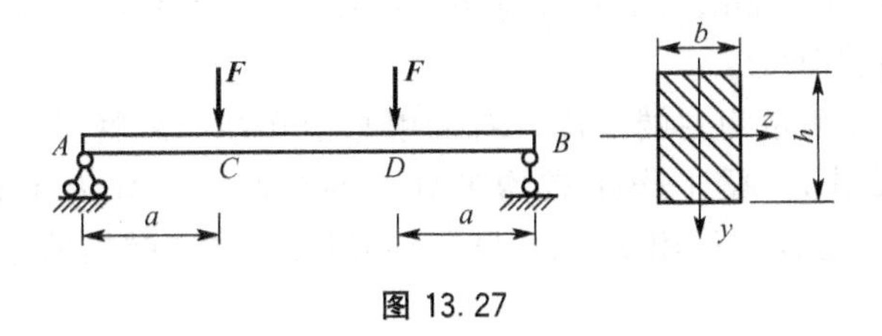

图 13.27

13－4 一对称 T 形截面的外伸梁，梁上作用均匀分布的荷载，梁的尺寸如图 13.28 所示，已知 $l=1.5\text{m}$，$q=8\text{kN/m}$，求梁中横截面上的最大拉应力和最大压应力。

13－5 外伸梁承受荷载如图 13.29 所示，$M_e=40\text{kN}\cdot\text{m}$，$q=20\text{kN/m}$。材料的许用弯曲正应力 $[\sigma]=170\text{MPa}$，许用切应力 $[\tau]=100\text{MPa}$，试选择工字钢的型号。

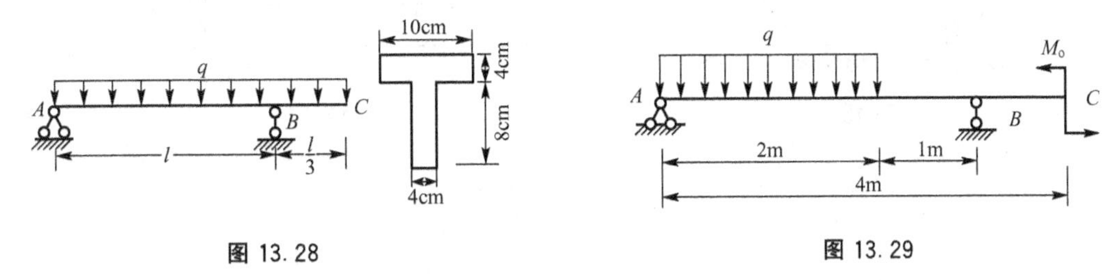

图 13.28

图 13.29

13－6 一矩形截面木梁，其截面尺寸及荷载如图 13.30 所示。已知，$q=1.3\text{kN/m}$ $[\sigma]=10\text{MPa}$，$[\tau]=2\text{MPa}$，试校核梁的正应力和切应力强度。

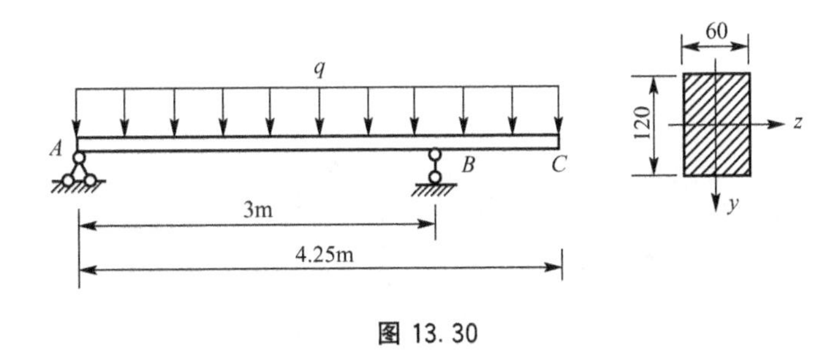

图 13.30

13－7 一圆形截面木梁。梁上荷载如图 13.31 所示，已知 $l=3\text{m}$，$F=3\text{kN}$，$q=3\text{kN/m}$，弯曲时木材的许用应力 $[\sigma]=10\text{MPa}$，试选择圆木的直径 d。

13－8 当荷载 F 直接作用在跨长为 $l=6\text{m}$ 的简支梁 AB 的中点时，梁内最大正应力超过许可值 30%。为了消除过载现象，配置了如图 13.32 所示的辅助梁 CD，试求辅助梁的最小跨长 a。

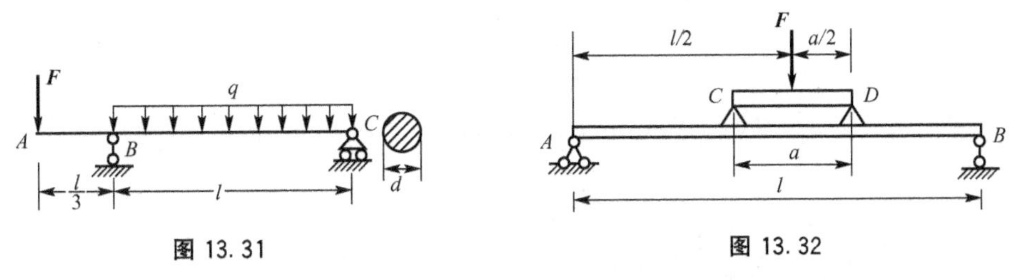

图 13.31

图 13.32

13－9 图 13.33 所示为挡水木坝，B 是挡水板，A 是埋入地下的方形木柱，用来支承挡水板。已知水深 $h=2\text{m}$，木柱的间距 $s=1.5\text{m}$，弯曲时木材的许用应力 $[\sigma]=10\text{MPa}$，试求木柱的截面尺寸。

13-10 图 13.34 所示为左端嵌固、右端用螺栓联结的悬臂梁(加螺栓后，上、下两梁可近似地视为一整体)，梁上作用有均匀分布的荷载。已如 $l=2\text{m}$，$a=80\text{mm}$，$b=100\text{mm}$，$q=2\text{kN/m}$，螺栓的许用切应力 $[\tau]=80\text{MPa}$，试求螺栓的直径 d(注：不考虑两梁间的连接)。

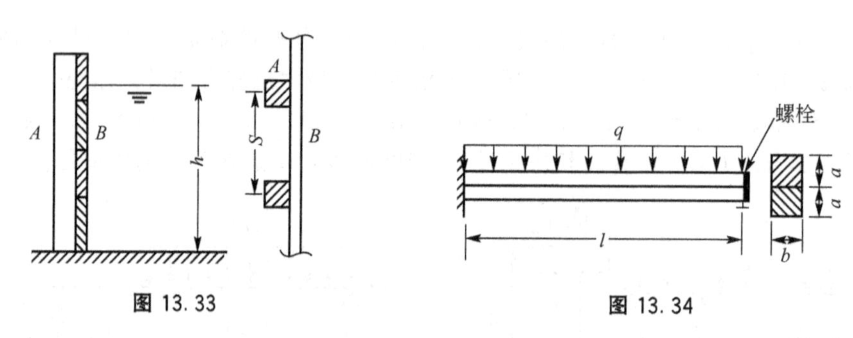

图 13.33　　　　图 13.34

第14章 弯曲变形

【教学提示】

本章从建立梁的挠曲线近似微分方程入手，研究了梁的位移计算方法。主要介绍求等直梁位移的积分法和叠加法，以及梁的刚度计算。本章目的不仅是为了解决梁的刚度问题，同时也为研究其他相关问题提供基础。

【学习要求】

在学习本章时，要理解梁的挠度和转角的定义；掌握梁的挠曲轴线近似微分方程的建立过程；着重掌握用积分法和叠加法求梁的变形；会利用梁的刚度条件对梁进行校核。

14.1 概　　述

梁在荷载作用下，既产生应力同时也发生变形。为了保证梁的正常工作，梁除满足强度要求外，还需满足刚度要求。刚度要求就是控制梁的变形，使梁在荷载作用下产生的变形不能过大。否则会影响工程上的正常使用。例如，桥梁的变形(如挠度)过大，在机车通过时将会引起很大的振动；楼板梁变形过大时。会使下面的灰层开裂、脱落；吊车梁的变形过大时，将影响吊车的正常运行等。在工程中，根据不同的用途，对梁的变形给以一定的限制，使之不能超过一定的容许值。本章仅研究直梁在平面弯曲时的变形。

梁的变形通常是用挠度和转角这两个位移量来度量的。图 14.1 所示为一矩形截面悬管梁，力 F 作用在梁的纵向对称面内，梁在力 F 的作用下将发生平面弯曲。梁弯曲后，其轴线由直线变成一条连续光滑的平面曲线，此曲线称为梁的挠曲线或梁的弹性曲线。

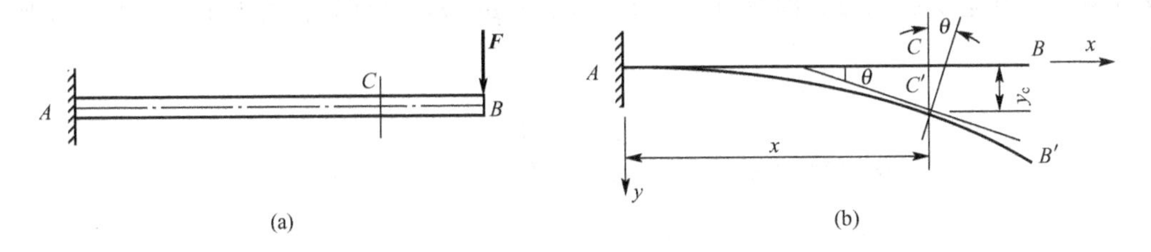

图 14.1

梁轴线上任一点 C 在梁变形后核到 C' 点，CC' 为 C 点的线位移。因所研究的都是“小变形”，梁变形后的挠曲线为一条很平缓的曲线，所以，可认为 CC' 是 C 点沿竖直方向的位移。竖向位移 y_c 称为 C 截面的挠度。取图 14.1 所示的坐标系，用 y 来表示挠度，显然，不同截面的挠度值是不同的，各截面的挠度值为 x 的函数。

梁的任意横截面在变形后绕中性轴转过一个角度，如图 14.1(b)所示，θ 角称为该截面的转角。不同截面的转角值也是不同的，各截面的转角值也是横坐标 x 的函数，在图 14.1(b) 所示坐标系中，挠度向下为正，反之为负，转角顺时针转为正，反之为负。挠度的常用单位为 m 或 mm，转角的单位为弧度(rad)。

挠度 y 与转角 θ 之间存在着一定的关系。由图 14.1 可知，因横截面仍与变形后的轴线正交，故 θ 角又是挠曲线上 C 点的切线与 x 轴的夹角，而 $\tan\theta$ 则是挠曲线上 C 点切线的斜率，所以

$$\tan\theta=\frac{\mathrm{d}y}{\mathrm{d}x}=y'$$

在小变形情况下，梁的挠曲线为一条很平缓的曲线，θ 角很小，因此有

$$\tan\theta\approx\theta$$

从而得

$$\theta=\frac{\mathrm{d}y}{\mathrm{d}x}=y' \tag{14-1}$$

该式就是挠度 y 和转角 θ 间的关系式。

如果能找到挠曲线的方程 $y=f(x)$，不仅可求出任意横截面的挠度，依式(14－1)通过求导还可求出任意横截面的转角。

14.2 梁的挠曲线的近似微分方程式

梁发生平面弯曲时，其轴线由直线变成一条平面曲线(即挠曲线)。曲率 $1/\rho$ 与梁的弯曲刚度 EI 及弯矩 M 的关系，已在前面章节求得为

$$\frac{1}{\rho}=\frac{M}{EI_z}$$

此式是在纯弯曲的情况下得的，即梁的弯曲是由弯矩 M 引起的，在横力弯曲情况下横截面上同时存在弯矩和剪力，此时剪力对梁的变形也有影响，但根据更精确的理论研究得知，当梁的长度 l 与截面高度 h 的比值比较大时，剪力对梁变形的影响很小，可忽略不计，所以上式也适用于横力弯曲，但这时弯矩 M 和曲率都不是常量，它们都随截面的位置而改变，都是 x 的函数，即弯矩 $M(x)$，曲率 $1/\rho(x)$，这样，横力弯曲时，上式可改写成为

$$\frac{1}{\rho(x)}=\frac{M(x)}{EI_z}$$

另一方面，由数学可知，曲线，$y=f(x)$上任意点的曲率公式为

$$\frac{1}{\rho(x)}=\pm\frac{y''}{[1+(y')^2]^{3/2}}$$

因此有

$$\pm\frac{y''}{[1+(y')^2]^{3/2}}=\frac{M(x)}{EI_z}$$

上式即为挠曲线的微分方程。由于梁的挠曲线是一条很平缓的曲线，所以 y'远小于 1，因此，$(y')^2$ 与 1 相比就更小，$(y')^2$ 可忽略不计，则有

$$y''=\pm\frac{M(x)}{EI_z} \tag{14-2}$$

式(14-2)称为挠曲线的近似微分方程，这是由于忽略了剪力对梁变形的影响；同时忽略了曲率公式中的$(y')^2$项。

式(14-2)中的正负号的选取，取决于坐标系的选取和弯矩的正负号规则。在选取y轴向下为正的情况下：当弯矩$M(x)$为正值时，梁的挠曲线为凹向下的曲线，如图14.2(a)所示，这时二阶导数y''为负值；当弯矩$M(x)$为负值时，梁的挠曲线为凹向上的曲线，如图14.2(b)，这时二阶导数y''为正值，所以式(14-2)等号两边的正负号总是相反。即

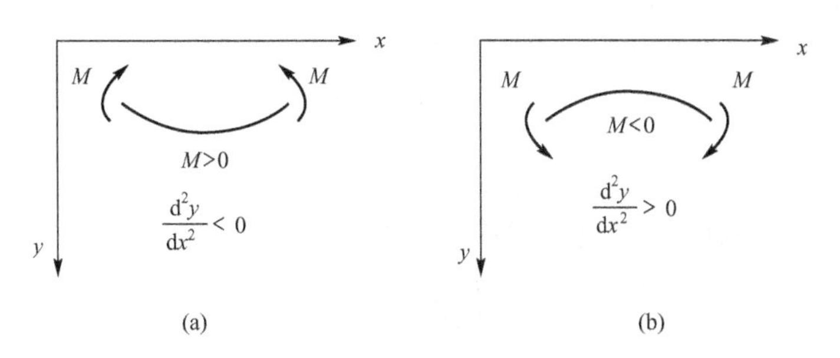

图 14.2

$$y''=-\frac{M(x)}{EI_z} \tag{14-3}$$

有了挠曲线的近似微分方程(14-3)，通过积分便可求出转角方程和挠曲线方程。

14.3 积分法计算梁的位移

当梁的弯矩$M(x)$是x的简单函数时，我们可直接对梁的挠曲线近似微分方程进行积分来求变形。对于EI_z为常量的等直梁，式(14-3)可改写为

$$EI_zy''=-M(x) \tag{14-4}$$

将式(14-4)积分一次，可得转角方程

$$EI_z\theta = EI_zy'=-\int M(x)\mathrm{d}x+C \tag{14-5}$$

再积分一次，可得挠度方程

$$EI_zy=-\iint M(x)\mathrm{d}x+Cx+D \tag{14-6}$$

上述求变形的方法称为积分法。以上两式中的积分常数C及D，可由梁的边界条件(如铰支座处挠度为零、固定端支座处挠度和转角均为零)和变形连续条件来确定。下面举例说明积分法的应用。

例 14.1 试求图14.3所示悬臂梁自由端的转角和挠度。梁的EI_z为常数。

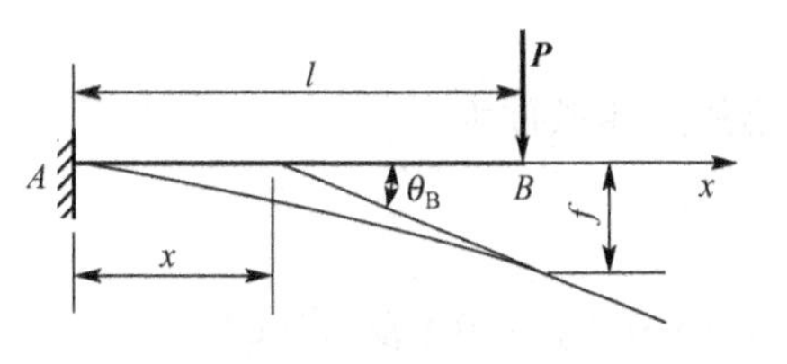

图 14.3

解：以A为坐标原点，将距原点为x的任一截面上的弯矩写成x的函数，即

$$M(x)=-P(l-x)$$

将弯矩$M(x)$代入式(14-4)，得此梁的挠曲线微分

方程式为

$$EI_z y''=P(l-x)$$

将该微分方程积分一次和两次分别得

$$EI_z\theta=Plx-\frac{1}{2}Px^2+C \tag{a}$$

$$EI_z y=\frac{1}{2}Plx^2-\frac{1}{6}Px^3+Cx+D \tag{b}$$

由固定端处的边界条件，即

$$当\ x=0\ 时，\quad \theta_A=0$$
$$当\ x=0\ 时，\quad y_A=0$$

代入式(a)、(b)得

$$C=0,\quad D=0$$

将 $C=D=0$ 分别代入式(a)和式(b)，即得转角方程

$$\theta=\frac{Plx}{2EI_Z}\left(2-\frac{x}{l}\right) \tag{c}$$

挠度方程

$$y=\frac{Plx^2}{6EI_Z}\left(3-\frac{x}{l}\right) \tag{d}$$

梁的最大挠度用 f 表示，最大转角用 θ_{max} 表示。由图 14.3 可知，悬臂梁的最大挠度和最大转角均发生在自由端。现将 $x=l$ 分别代入式(c)和式(d)，即可得

$$\theta_B=\theta_{max}=\frac{Pl^2}{2EI_Z}$$

$$y_B=f=\frac{Pl^3}{3EI_Z}$$

计算结果均为正号，说明转角为顺时针转向，挠度向下。

例 14.2 承受均布荷载的等截面简支梁(图 14.4)，梁的弯曲刚度为 EI_z，求梁的最大挠度和 B 截面的转角。

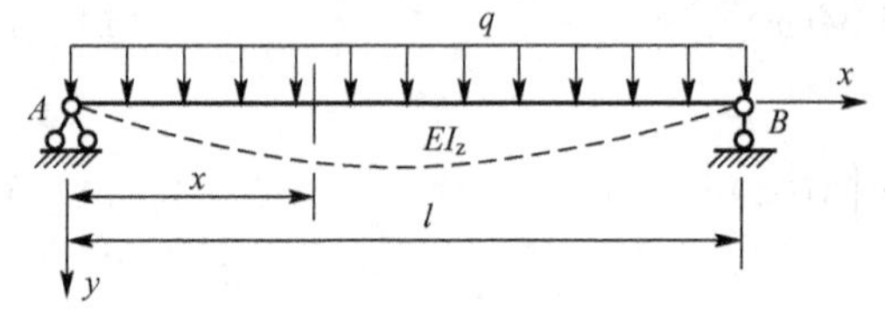

图 14.4

解： 列出弯矩方程

$$M(x)=\frac{ql}{2}\cdot x-\frac{q}{2}\cdot x^2$$

代入挠曲线的近似微分方程得

$$EI_z y''=-M(x)=-\frac{ql}{2}\cdot x+\frac{q}{2}\cdot x^2$$

将该式积分一次和两次分别得

$$EI_z y'=EI_z\theta=\frac{1}{6}qx^3-\frac{1}{4}qlx^2+C \tag{a}$$

$$EI_z y=\frac{1}{24}qx^4-\frac{1}{12}qlx^3+Cx+D \tag{b}$$

梁的边界条件为

$$x=0,\quad y_A=0$$
$$x=l,\quad y_B=0$$

将 $x=0$，$y_A=0$ 代入式(b)得

$$D=0$$

将 $x=l$，$y_B=0$ 代入式(a)得

$$C=\frac{1}{24}ql^3$$

转角方程和挠度方程分别为

$$y'=\theta=\frac{q}{24EI_z}(4x^3-6lx^2+l^3) \tag{c}$$

$$y=\frac{q}{24EI_z}(x^4-2lx^3+l^3x) \tag{d}$$

由于梁和梁上的荷载是对称的，所以最大挠度发生在跨中，将 $x=\frac{l}{2}$ 代入式(d)得最大挠度值为

$$y_{\max}=\frac{5ql^4}{384EI_z}$$

将 $x=l$ 代入式(c)得截面 B 的转角为

$$\theta_B=-\frac{ql^3}{24EI_z}$$

θ_B 为负值，表示 B 截面反时针转。

例 14.3 等截面的简支梁上作用一集中力 F，F 的作用位置如图 14.5 所示，梁的弯曲刚度为 EI_z，求 C 截面的挠度和 A 截面的转角。

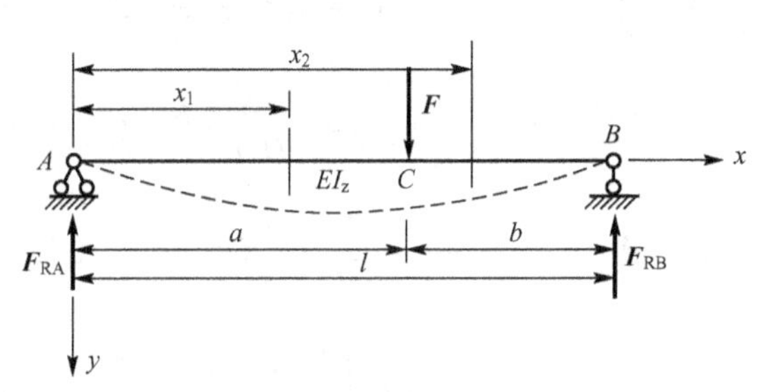

图 14.5

解： 此题与前面两个例题不同之处是：弯矩不能用一个函数式表达。因此，要分段列出挠曲线的近似微分方程式，并分段积分。

梁的反力分别为

$$F_{RA}=\frac{b}{l}F,\quad F_{RB}=\frac{a}{l}F$$

AC、CB 段的弯矩方程分别为

AC 段 $$M(x_1)=\frac{Fb}{l}x_1 \quad (0\leqslant x_1\leqslant a)$$

CB 段 $$M(x_2)=\frac{Fb}{l}x_2-F(x_2-a) \quad (a\leqslant x_2\leqslant l)$$

两段的挠曲线近似微分方程式及其积分分别如下

AC 段 $$EI_zy_1''=-M(x_1)=-\frac{Fb}{l}x_1$$

$$EI_zy_1'=EI_z\theta_1=-\frac{Fb}{2l}x_1^2+C_1 \tag{a}$$

$$EI_zy_1=-\frac{Fb}{6l}x_1^3+C_1x_1+D_1 \tag{b}$$

CB 段 $$EI_zy_2''=-M(x_2)=F(x_2-a)-\frac{Fb}{l}x_2$$

$$EI_zy_2'=EI_z\theta_2=\frac{F}{2}(x_2-a)^2-\frac{Fb}{2l}x_2^2+C_2 \tag{c}$$

$$EI_z y_2 = \frac{F}{6}(x_2 - a)^3 - \frac{Fb}{6l}x_2^3 + C_2 x_2 + D_2 \tag{d}$$

在(a)、(b)、(c)、(d)各式中共出现了4个积分常数，根据梁的边界条件，即

$$(1)x_1 = 0, \quad y_1 = 0$$

$$(2)x_2 = 0, \quad y_2 = 0$$

由于C截面既属于AC段又属于CB段，而梁变形后的转角和挠度又都是连续的，因而，从AC段算得的C截面的转角、挠度应该与从CB段算得的数值相等，即

$$(3)x_1 = x_2 = a \text{ 时}, \quad \theta_1 = \theta_2$$

$$(4)x_1 = x_2 = a \text{ 时}, \quad y_1' = y_2'$$

(3)、(4)称为变形连续性条件。通过边界条件和连续性条件得

$$D_1 = D_2 = 0$$

$$C_1 = C_2 = \frac{Fb}{6l}(l^2 - b^2)$$

代回到式(a)～(d)，整理即得AC、CB段的挠度和转角方程式

AC段

$$y_1' = \theta_1 = \frac{Fb}{6lEI_z}(l^2 - b^2 - 3x_1^2) \ (0 \leqslant x_1 \leqslant a) \tag{e}$$

$$y = \frac{Fb}{6lEI_z}(l^2 - b^2 - x_1^2)x_1 \quad (0 \leqslant x_1 \leqslant a) \tag{f}$$

CB段

$$y_2' = \theta_2 = \frac{F}{EI_z}\left[\frac{b}{6l}(l^2 - b^2 - 3x_2^2) + \frac{1}{2}(x_2 - a)^2\right] \ (\mathrm{a} \leqslant x_1 \leqslant l) \tag{g}$$

$$y_2 = \frac{F}{EI_z}\left[\frac{b}{6l}(l^2 - b^2 - x_2^2)x_2 + \frac{1}{6}(x_2 - a)^3\right] \ (a \leqslant x_2 \leqslant l) \tag{h}$$

将$x_1 = a$代入式(f)或将$x_2 = a$代入式(h)，经整理得C截面的挠度为

$$y_{\mathrm{C}} = \frac{Fb}{6lEI_z}(l^2 - b^2 - a^2)$$

将$x_1 = 0$代入式(e)，得A截面的转角为

$$\theta_{\mathrm{A}} = \frac{Fb}{6lEI_z}(l^2 - b^2)$$

积分法是求变形的基本方法，虽然该法解题比较烦琐，但该法具有重要的理论意义。

为了应用方便，各种常见荷载作用下梁的转角和挠度计算公式及挠曲线的方程式均有表可查。表14-1中列举了一些常见的情况。

表14-1 简单荷载作用下梁的转角和挠度

支撑和荷载情况	梁端转角	最大挠度	挠曲线方程式
F, A, θB, B, x, ymax, l, y	$\theta_{\mathrm{B}} = \frac{Fl^2}{2EI_z}$	$y_{\max} = \frac{Fl^3}{3EI_z}$	$y = \frac{Fx^2}{6EI_z}(3l - x)$

（续）

支撑和荷载情况	梁端转角	最大挠度	挠曲线方程式
A, a, F, b, θ_B, B, x, y_{max}, l, y	$\theta_B=\frac{Fa^2}{2EI_z}$	$y_{max}=\frac{Fa^2}{6EI_z}(3l-a)$	$y=\frac{Fx^2(3a-x)}{6EI_z}$， $0\leqslant x\leqslant a$ $y=\frac{Fa^2(3x-a)}{6EI_z}$， $a\leqslant x\leqslant l$
q, A, B, x, θ_B, y_{max}, l, y	$\theta_B=\frac{ql^3}{6EI_z}$	$y_{max}=\frac{ql^4}{8EI_z}$	$y=\frac{qx^2(x^2+6l^2-4lx)}{24EI_z}$
M_e, A, θ_B, B, x, y_{max}, l, y	$\theta_B=\frac{M_el}{EI_z}$	$y_{max}=\frac{M_el^2}{2EI_z}$	$y=\frac{M_ex^2}{2EI_z}$
F, A, θ_A, θ_B, B, x, $l/2$, $l/2$, y	$\theta_A=-\theta_B=\frac{Fl^2}{16EI_z}$	$y_{max}=\frac{Fl^3}{48EI_z}$	$y=\frac{Fx(3l^2-4x^2)}{48EI_z}$， $0\leqslant x\leqslant l/2$
q, A, B, x, θ_A, l, θ_B, y	$\theta_A=-\theta_B=\frac{ql^3}{24EI_z}$	$y_{max}=\frac{5ql^4}{384EI_z}$	$y=\frac{qx(l^2-2lx^2+x^3)}{24EI_z}$
F, a, b, A, B, x, θ_A, l, θ_B, y	$\theta_A=\frac{Fab(l+b)}{6lEI_z}$ $\theta_B=-\frac{Fab(l+a)}{6lEI_z}$	$y_{max}=\frac{Fb(l^2-b^2)^{\frac{3}{2}}}{9\sqrt{3}lEI_z}$ 在 $x=\frac{\sqrt{l^2-b^2}}{3}$ 处	$y=\frac{Fbx(l^2-b^2-x^2)}{6lEI_z}$， $0\leqslant x\leqslant a$ $y=\frac{F}{EI_z}[\frac{bx(l^2-b^2-x^2)}{6l}$ $+\frac{1}{6}(x-a)^3]$ $a\leqslant x\leqslant l$
M_e, A, θ_B, B, r, θ_A, l, y	$\theta_A=\frac{M_el}{6EI_z}$ $\theta_B=-\frac{M_el}{3EI_z}$	$y_{max}=\frac{M_el^2}{9\sqrt{3}lEI_z}$ 在 $x=\frac{l}{\sqrt{3}}$ 处	$y_{max}=\frac{M_el^2}{9\sqrt{3}lEI_z}$

14.4 叠加法计算梁的位移

在实际工程中，梁上可能同时作用有几种(或几个)荷载，此时若用积分法来计算位移(转角和挠度)时，其计算过程比较烦琐，计算工作量大，在这种情况下，常采用叠加法，所谓叠加法，就是先分别计算每种(或每个)荷载单独作用下产生的位移，然后再将这些位移代数相加，由于梁在各种简单荷载作用下产生的位移均有表可查，因而用叠加法计算梁的位移就比较简便。

例如求图 14.6(a)所示梁的跨中挠度 y_C 时，可先分别计算 q 与 F 单独作用下［14.6(b)、(c)］的跨中挠度 y_{C1} 和 y_{C2}，由表 14-1 查得

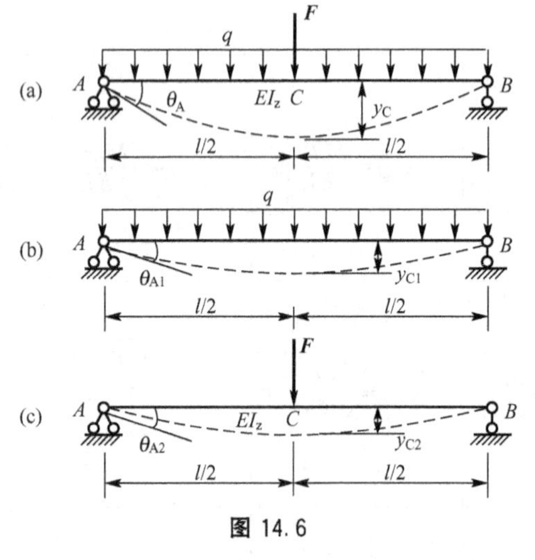

图 14.6

$$y_{C1}=\frac{5ql^4}{384EI_z}$$

$$y_{C2}=\frac{Fl^3}{48EI_z}$$

q 与 F 共同作用下的跨中挠度为

$$y_C=y_{C1}+y_{C2}=\frac{5ql^4}{384EI_z}+\frac{Fl^3}{48EI_z}$$

同样，也可求得 A 截面的转角为

$$\theta_C=\theta_{C1}+\theta_{C2}=\frac{ql^3}{24EI_z}+\frac{Fl^2}{16EI_z}$$

只要梁的变形是微小的(即小变形)；材料处于弹性阶段且服从胡克定律(即材料在线弹性范围内工作)，则位移均与梁上荷载成线性关系，此时，均可用叠加法。

叠加法实际上就是利用图表上的公式计算位移，但有时会出现欲求之位移从形式上看图表中没有，此时，常常需要加以分析和处理后，才可利用图表中的公式。

例 14.4 一悬臂梁，梁上荷载如图 14.7(a)所示，梁的弯曲刚度为 EI_z，求自由端的转角和挠度。

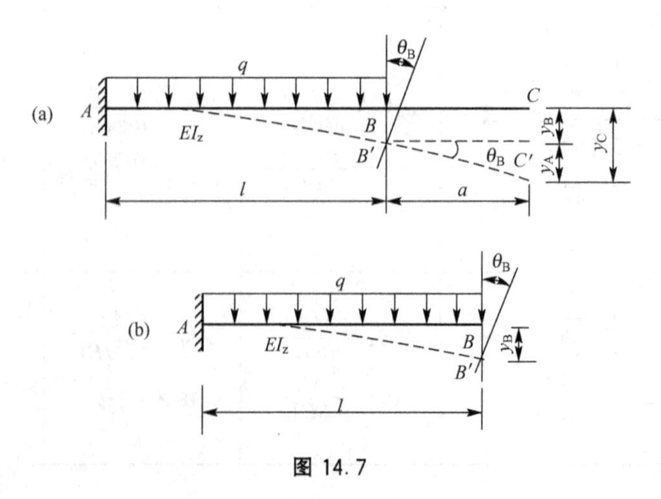

图 14.7

解： 梁在荷载作用下的挠曲线如图 14.7(a)中之虚线所示，其中 $B'C'$段为直线，因而 C、B 截面的转角相同，即

$$\theta_C=\theta_B=\frac{ql^3}{6EI_z} \tag{a}$$

C 截面的挠度可视为由两部分组成，一为 y_B［即为 B 截面的挠度，按图 14.7(b)求得］，另一为由 B 截面转过 θ_B 角而引起的 C 截面的位移 y_A($B'C'$段相当于刚体向下平移 y_B，在绕 B'点转过 θ_B 角)。因梁的变形很小，y_A 值可用 $a\theta_B$ 来表示。y_A 值可由表 14－1 查得$\left(y_B=\frac{ql^4}{8EI_z}\right)$，$C$ 截面的挠度为

$$y_C=y_B+a\theta_B=\frac{ql^4}{8EI_z}+a\frac{ql^3}{6EI_z}=\frac{ql^3}{2EI_z}\left(\frac{l}{4}+\frac{a}{3}\right) \tag{b}$$

例 14.5 一悬臂梁，梁上荷载如图 14.8(a)所示，梁的弯曲刚度为 EI_z，求 C 截面挠度。

解： 表 14－1 中没有图 14.8(a)所示情况的计算公式，但是此题仍可用叠加法计算。图 14.7(a)的情况相当于图 14.7(b)、(c)两种情况的叠加。图 14.8(b)中 C 截面的挠度 y_{C1}，其值为

$$y_{C1}=\frac{ql^4}{8EI_z}$$

图 14.8(c)中 C 截面的挠度为 y_{C2}，其值可按例 14.4 的方法来求，即

$$y_{C2}=-\left[\frac{q(l/2)^4}{8EI_z}+\frac{l}{2}\cdot\frac{q(l/2)^3}{6EI_z}\right]=-\frac{7ql^4}{384EI_z}$$

［即在例 14.4 的式(b)中，l、a 均以 $l/2$ 代之］。则 C 截面的挠度为

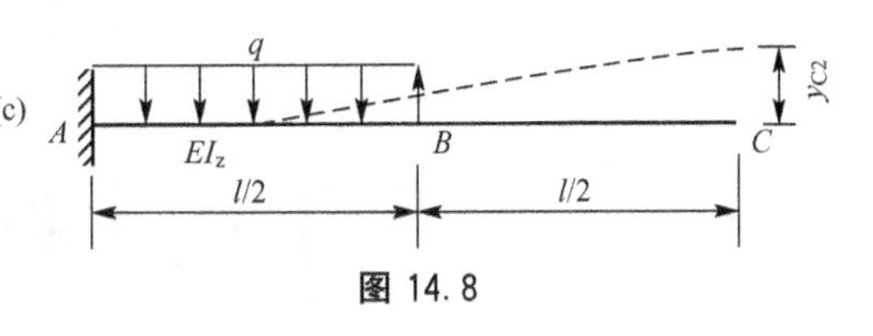

图 14.8

$$y_C=y_{C1}+y_{C2}=\frac{ql^4}{8EI_z}-\frac{7ql^4}{384EI_z}=\frac{41ql^4}{384EI_z}$$

例 14.6 一外伸梁，梁上荷载如图 14.9(a)所示，梁的弯曲刚度为 EI_z，求 C 截面挠度。

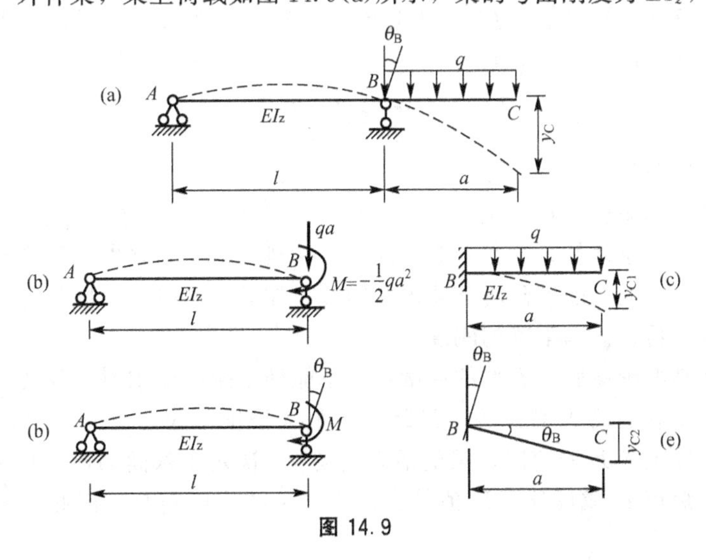

图 14.9

解： 外伸梁在荷载作用下的挠曲线如图14.9(a)中虚线所示，两支座处只产生转角而挠度等于零。在计算C截面的挠度时，将BC段可先看成B端为固定端的悬臂梁［图14.9(c)］，此悬臂梁在均布荷载q作用下，C截面的挠度为y_{C1}。但外伸梁的B截面并非固定不动，而要产生转角θ_B，B截面转动θ_B角使C截面也要产生向下的竖向位移(相当于刚体转动)，该竖向位移用y_{C2}表示［图14.9(e)］。将图14.9(c)的y_{C1}与图14.9(e)中的y_{C2}相叠加，就是外伸梁上C截面的挠度y_C，即

$$y_C = y_{C1} + y_{C2}$$

因θ_B很小，y_{C2}值可用$a\theta_B$来表示。外伸梁上B截面的转角θ_B，相当于图14.9(b)所示荷载作用下简支梁上B截面的转角。因集中力qa是作用在支座上的，故不引起梁的变形，仅力矩$M(M=qa^2/2)$使梁变形。简支梁在M作用下B截面的转角可查表14-1得

$$\theta_B = \frac{Ml}{3EI_z} = \frac{qa^2 l/2}{3EI_z} = \frac{qa^2 l}{6EI_z}$$

所以

$$y_{C2} = a\theta_B = \frac{qa^3 l}{6EI_z}$$

查表得y_{C1}为

$$y_{C1} = \frac{qa^4}{8EI_z}$$

由此得截面C的挠度为

$$y_{C2} = y_{C1} + y_{C2} = \frac{qa^4}{8EI_z} + \frac{qa^3 l}{6EI_z} = \frac{qa^3}{24EI_z}(4l+3a)$$

14.5 梁的刚度校核

刚度校核，是检查梁在荷裁作用下产生的变形是否超过容许数值。在机械工程中，一般对转角与挠度都进行校核；在建筑工程中，大多只校核挠度。在校核挠度时，通常是以挠度的容许值与跨长l的比值$[f/l]$作为校核的标准。即梁在荷载作用下产生的最大挠度y_{max}与跨长l的比值不能超过$[f/l]$

$$\frac{y_{max}}{l} \leqslant \left[\frac{f}{l}\right]$$

上式就是梁的刚度条件。

根据不同的工程用途，在有关规范中，对$[f/l]$值均有具体的规定。

强度条件和刚度条件都是梁必须满足的。在一般情况下，强度条件常起控制作用，由强度条件选择的梁，大多能满足刚度要求。因此，在设计梁时，一般是先由强度条件选择梁的截面，选好后再校核一下梁的刚度。

在对梁进行刚度校核后，若梁的挠度过大不能满足刚度要求时，就要设法减小梁的挠度。以承受均布荷载的简支梁为例，梁跨中的最大挠度为$y_{max}=5ql^4/(384EI_z)$，由此可见，当荷载和弹性模量E一定时，梁的最大挠度y_{max}决定于截面的惯性矩I_z和跨长l。挠度与截面的惯性短矩I_z成反比，I_z值越大，梁产生的挠度越小，因此，采用惯性矩值比

较大的工字形、槽形等形状的截面，不仅从强度角度看是合理的，从刚度角度看也是合理的。从上式看出，挠度与跨长 l 的四次方成正比，这说明跨长 l 对挠度的影响很大，因而，减小梁的跨长或在梁的中间增加支座，是减小变形的有效措施。至于材料的弹性模量 E，虽然也与挠度成反比，但由于同类材料的 E 值都差不多，故从材料方面来提高刚度的作用不大。例如，普通钢材与高强度钢材的 E 值基本相同，从刚度角度上看，采用高强度材料是没有什么意义的。

例 14.7 一承受均布荷载的简支梁，如图 14.10 所示，已知 $l=6\text{m}$，$q=4\text{kN/m}$，$[f/l]=1/400$，梁采用 22a 工字钢，其弹性模量 $E=2\times10^5\text{MPa}$，试选择工字钢的刚度。

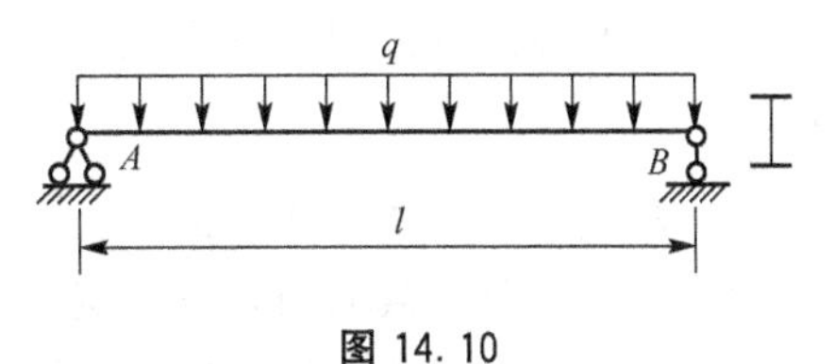

图 14.10

解： 查得工字钢的惯性矩为

$$I_z=0.34\times10^{-4}\text{m}^4$$

梁跨中的最大挠度为

$$y_{\max}=\frac{5ql^4}{384EI_z}=\frac{5\times4\times10^3\text{kN/m}\times6^4\text{m}^4}{384\times2\times10^{11}\text{Pa}\times0.34\times10^{-4}\text{m}^4}\approx0.01\text{m}$$

$$\frac{y_{\max}}{l}=\frac{0.01\text{m}}{6\text{m}}=\frac{1}{600}<\frac{1}{400}$$

满足刚度要求。

本章小结

1. 当梁发生平面弯曲时，梁的轴线在该平面内将弯曲成一条连续的、光滑的曲线。曲线上任一点在垂直于梁轴线方向的位移称为该点的挠度，横截面对其原来位置绕中性轴的转角称为该截面的转角，它们是度量梁变形的两个基本量。

2. 挠曲线近似微分方程 $y''=-\dfrac{M(x)}{EI_z}$ 是计算梁弯曲变形的基本方程。

3. 梁的变形可用积分法来求得。将梁的弯矩方程代入挠曲线近似微分方程，积分一次得转角方程

$$EI_zy'=-\int M(x)\mathrm{d}x+C$$

再积分一次得

$$EI_zy=-\iint M(x)\mathrm{d}x+Cx+D$$

积分常数可利用边界条件和连续性条件确定。

4. 梁的变形还可用叠加法求得，即首先查表求出梁在若干简单荷载单独作用下的变形，再求其代数和，即得梁在多种荷载共同作用下的变形。

5. 梁的刚度条件是 $\dfrac{f}{l}\leqslant\left[\dfrac{f}{l}\right]$。

思　考　题

1. 试描述等直杆件在平面弯曲时的变形情况，什么是挠度和转角？它们之间有什么关系？

2. 梁的挠曲线近似微分方程 $y''=-\frac{M(x)}{EI_z}$ 是怎样推导出来的？方程中的负号又是怎样确定的？

3. 弯矩最大的地方挠度最大，弯矩为零的地方挠度为零，这种说法对吗？

4. 最大挠度处截面的转角一定为零，对吗？为什么？

5. 用积分法求变形时如何确定积分常数？

6. 叠加法求变形的条件是什么？

习　　题

14－1　如图 14.11 所示，试用积分法求下列悬臂梁自由端截面的转角和挠度。

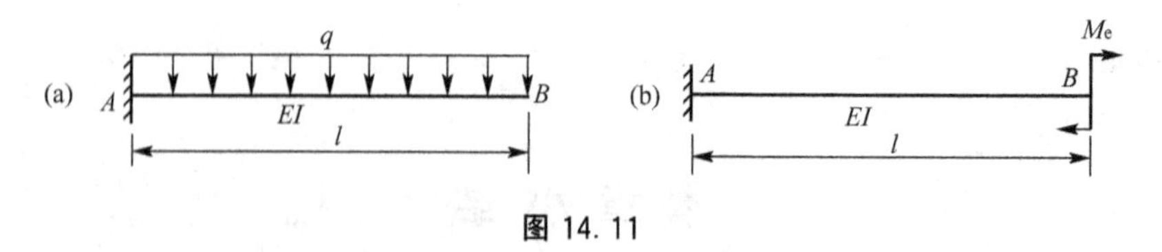

图 14.11

14－2　如图 14.12 所示，试用积分法求下列简支梁 A、B 截面的转角和跨中截面 C 的挠度。

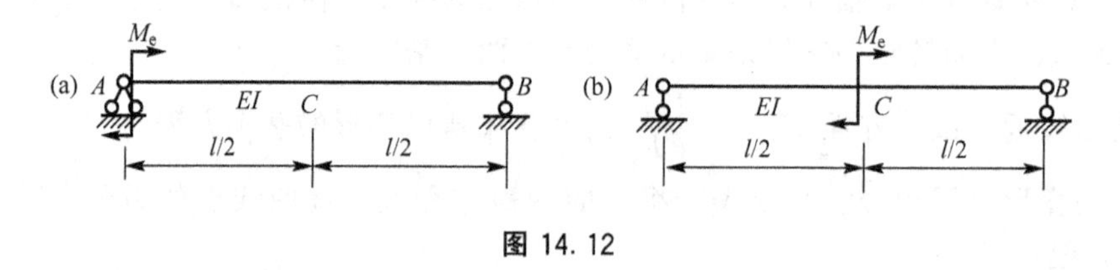

图 14.12

14－3　如图 14.13 所示，试用积分法求下列外伸梁自由端截面的转角和挠度。

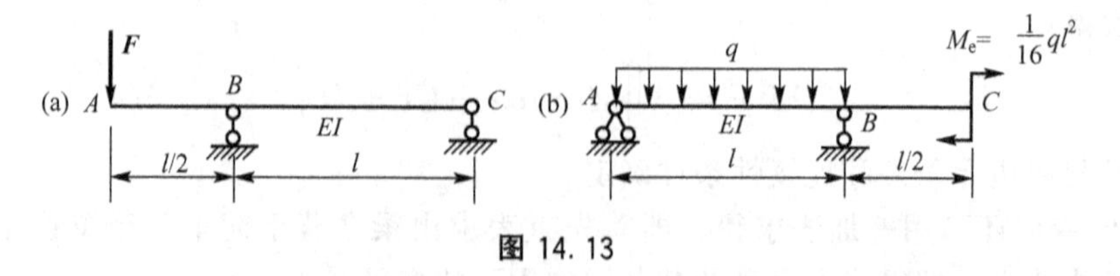

图 14.13

14－4　如图 14.14 所示用积分法求位移时，下列各梁应分几段来列挠曲线的近似微分方程式，试分别列出确定积分常数时需用的边界条件和变形连续条件。

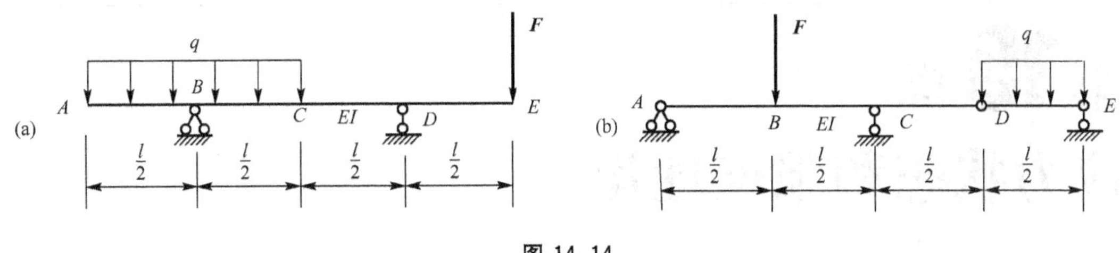

图 14.14

14-5 在图 14.15 所示梁上，$M_e=ql^2/20$，梁的抗弯刚度为 EI。试用叠加法求 A 截面的转角。

14-6 试用叠加法求图 14.16 所示梁自由端截面的转角和挠度。

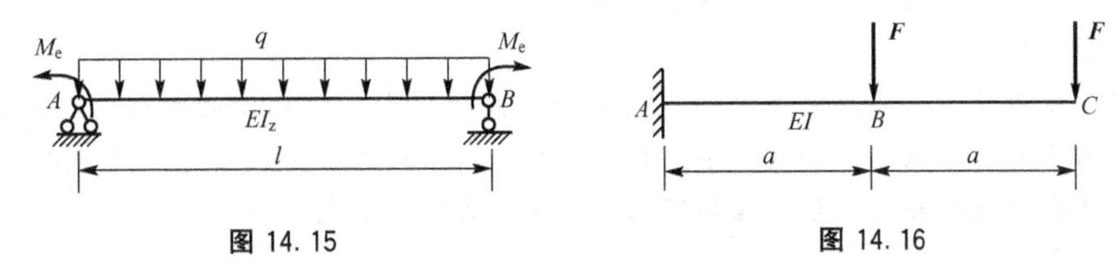

图 14.15　　图 14.16

14-7 在图 14.17 所示外伸梁中，$F=ql/6$，梁的弯曲刚度为 EI。试用叠加法求图示梁自由端截面的转角和挠度。

14-8 有一等直圆松木桁条，跨度长为 4m，两端搁置在桁架上可以视为简支梁，在全跨度上作用有分布集度为 $q=1.82\text{kN/m}$ 的均布荷载。若已知松木的容许应力 $[\sigma]=10\text{MPa}$，弹性模量 $E=10\text{GPa}$，容许相对挠度为 $[f/l]=1/200$。试求此桁条横截面所需的直径 d。

14-9 一工字型钢的简支梁，梁上荷载如图 14.18 所示，已知 $l=6\text{m}$，$F=10\text{kN}$，$q=4\text{kN/m}$，$[f/l]=1/400$，工字钢的型号为 20b，钢的弹性模量 $E=2\times10^5\text{MPa}$。试校核梁的刚度。

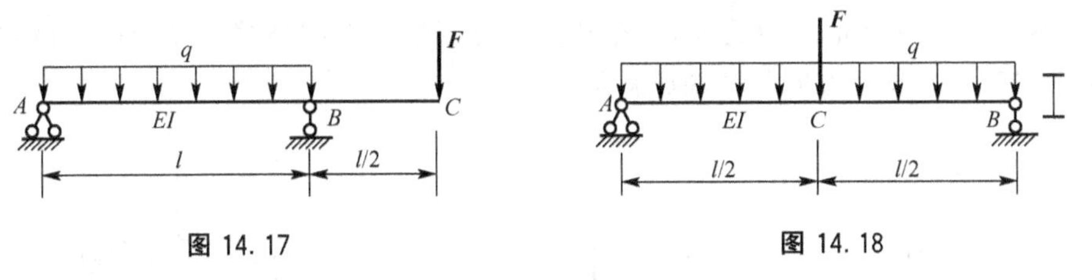

图 14.17　　图 14.18

14-10 如图 14.19 所示，一跨度 $l=4\text{m}$ 的简支架承受均布荷载 $q=10\text{kN/m}$ 和集中力 $F=20\text{kN}$ 的作用。该梁由两根槽钢制成，设材料的弹性模量 $E=210\text{GPa}$，梁的许用挠度 $[f/l]=1/400$，试选择槽钢型号。

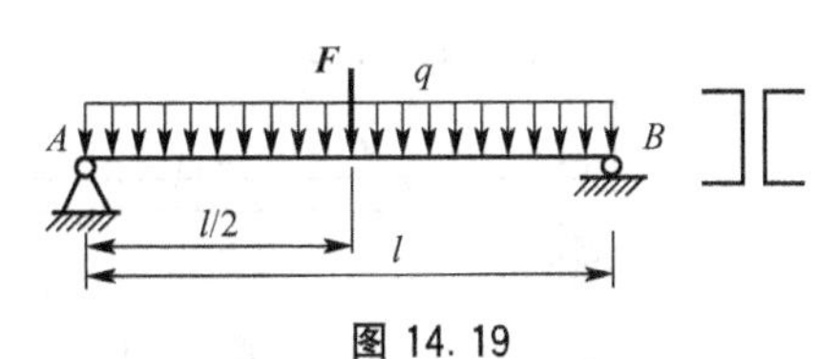

图 14.19

第15章 应力状态和强度理论

【教学提示】

本章主要介绍受力构件内一点处应力状态的概念、应力状态的分析和4种强度理论。着重研究平面应力状态分析的两种方法——解析法和图解法，给出主平面、主应力和最大切应力的计算公式。简要介绍了4种强度理论。

【学习要求】

通过本章的学习，要深刻理解一点的应力状态的概念，单元体的概念；会用解析法、图解法求解平面应力状态下任意一个斜截面的应力，主应力、主切应力以及确定它们的方位；掌握4种强度理论的内容，适用范围及相当应力的表达式。

15.1 应力状态的概念

前面研究构件横截面上危险点处的应力计算，这些应力都仅是横截面这个方向而言的。根据相应的实验结果和基本变形应力分析，由此建立了正应力和切应力强度条件

$$\sigma_{max} \leqslant [\sigma] \tag{a}$$

$$\tau_{max} \leqslant [\tau] \tag{b}$$

但是，不同的材料，在不同的受力情况下，其破坏面并不都发生在横截面上。

例如图15.1所示的钢筋混凝土梁破坏时，除了在跨中底部发生竖向裂缝外(该处横截面上由弯矩引起的水平正应力最大)，在其他部位还发生斜向裂缝。又如铸铁试样受压而破坏时(图15.2)，裂缝方向与杆轴成斜角。

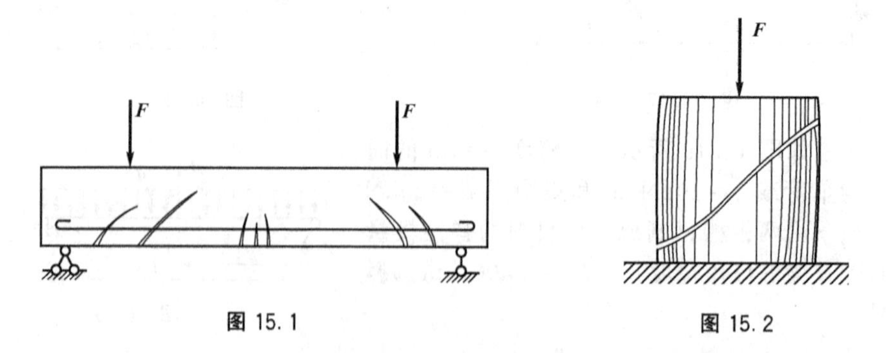

图15.1　　图15.2

这些实例说明，只有全面地研究了每一点的所有截面上的应力情况，才知道构件在什么地方和什么方向应力最大，因而最危险。而我们通过前几章的学习已经知道，当求杆件内任意一点的应力时，若用不同方位的截面截取，其应力是不同的。例如欲求图15.3(a)所示受

轴向拉伸的杆件内 A 点的应力，如果用横截面 $m-m$ 过 A 点截取［图 15.3(b)］，则该截面上有正应力 σ，其值为

$$\sigma=\frac{F}{A_1} \quad \text{(c)}$$

式中，A_1 为横截面面积。

若用斜截面 $n-n$ 过 A 点截取，则该截面上既有正应力 σ_α，又有切应力 τ_α［图 15.3(c)］，其值为

$$\sigma_\alpha=\sigma\cos^2\alpha \quad \text{(d)}$$

$$\tau_\alpha=\frac{\sigma}{2}\sin2\alpha \quad \text{(e)}$$

式中，α 为斜截面与横截面的夹角。

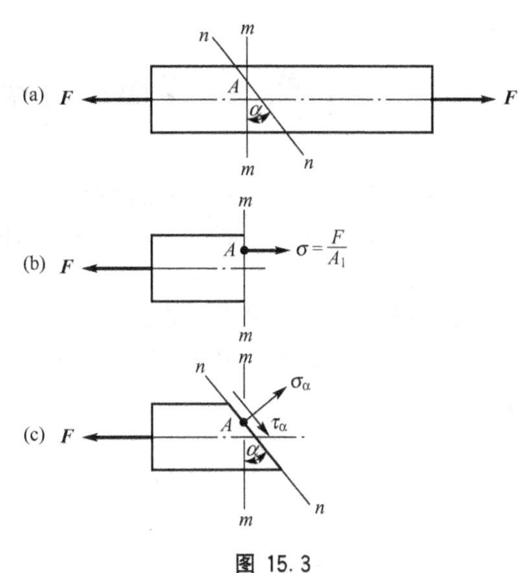

图 15.3

要了解一点的全部应力情况，必须研究该点在所有斜截面上的应力情况，找出它们的变化规律，从而求出最大应力值及其所在截面的方位，为强度计算提供依据。通过一点的所有截面上的应力情况的总体，称为该点的应力状态。

研究一点的应力状态时，往往围绕该点取一个无限小的正六面体——单元体来研究。作用在单元体各面上的应力可认为是均匀分布的。

根据一点的应力状态中各应力在空间的不同位置，可以将应力状态分为空间应力状态和平面应力状态。有一对面上总是没有应力者，称为平面应力状态；所有面上均有应力者，称为空间应力状态。

根据弹性力学的研究，任何应力状态，总可找到 3 对互相垂直的面，在这些面上切应力等于零，而只有正应力［图 15.4(a)］。这样的面称为主平面(简称主面)，主平面上的正应力称为主应力。一般以 σ_1，σ_2，σ_3 表示(按代数值 $\sigma_1\geqslant\sigma_2\geqslant\sigma_3$)。如果 3 个主应力都不等于零，称为三向应力状态，如果只有一个主应力等于零，称为双向应力状态［图 15.4(b)］，如果有两个主应力等于零，称为单向应力状态［图 15.4(c)］。

在应力状态里，有时会遇到一种特例，即单元体的 4 个侧面上只有切应力而无正应力［图 15.4(d)］，称为纯剪切应力状态。

三向应力状态属空间应力状态，双向、单向及纯剪切应力状态属平面应力状态。单向应力状态也称为简单应力状态，其他的称为复杂应力状态。本章主要研究平面应力状态。

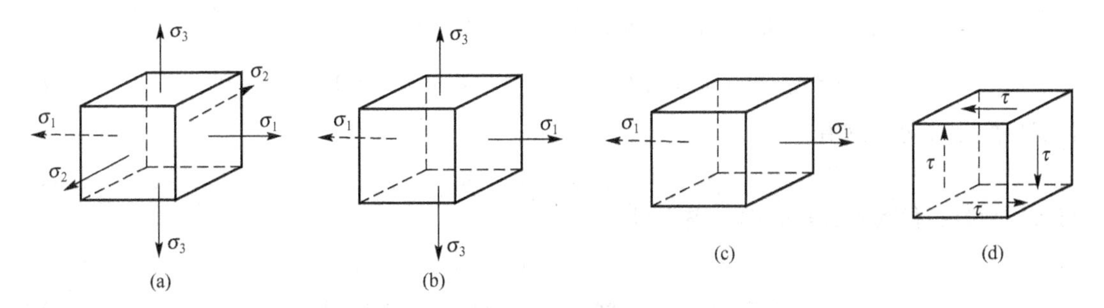

图 15.4

15.2 平面应力状态分析——解析法

应力状态分析有解析法和图解法两种，本节介绍解析法。

设从受力构件中某一点取一单元体，如图 15.5(a)所示，建立 $x-y$ 坐标系。作为一般情况，设其上作用有正应力 σ_x 和 σ_y 及切应力 τ_x 和 τ_y，应力脚标 x 和 y 表示其作用面的法线方向与 x 和 y 轴同向。现在来分析任意斜截面上的应力情况，该斜面与 x 面(法线与 x 轴平行)成 α 角［图 15.5(a)中阴影面］。图 15.5(b)所示为该单元体的正投影图。

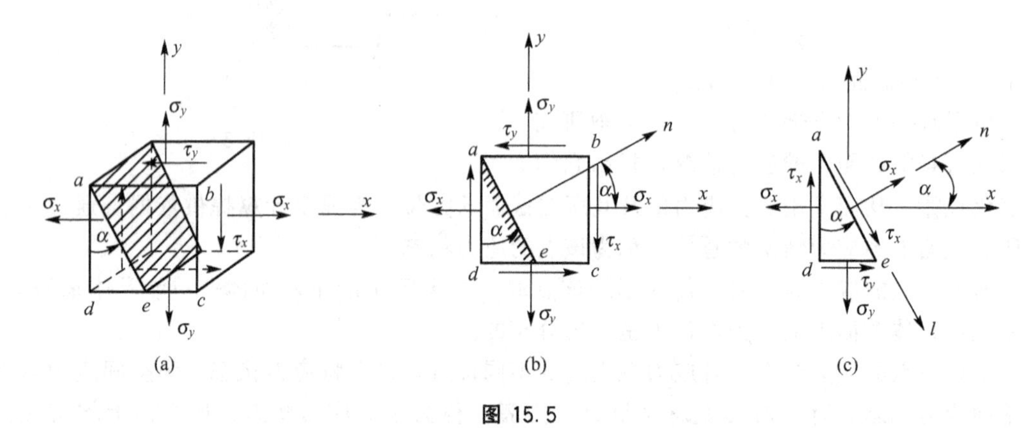

图 15.5

假想用一平面将单元体截开，取 ade 为脱离体，如图 15.5(c)所示，图上 n 为斜面的外法线，σ_α 和 τ_α 为斜面上的未知正应力和切应力。

脱离体 ade 在已知应力 σ_x，σ_y 和 τ_x，τ 及未知应力 σ_α 和 τ_α 的作用下处于平衡。所以可利用平衡条件来求它们之间的关系。在列平衡方程时，取斜面的法线 n 和切线 t 为投影轴。并令斜面面积为 $\mathrm{d}A$，于是 x 面和 y 面的面积 $\mathrm{d}A_x$ 和 $\mathrm{d}A_y$ 分别为

$$\mathrm{d}A_x=\mathrm{d}A\cos\alpha,\quad \mathrm{d}A_y=\mathrm{d}A\sin\alpha \tag{a}$$

根据

$$\sum F_n=0,\quad \sum F_t=0 \tag{b}$$

分别得

$$\sigma_\alpha \mathrm{d}A-\sigma_x \mathrm{d}A_x\cos\alpha+\tau_x \mathrm{d}A_x\sin\alpha-\sigma_y \mathrm{d}A_y\sin\alpha+\tau_y \mathrm{d}A_y\cos\alpha=0 \tag{c}$$

$$\tau_\alpha \mathrm{d}A-\sigma_x \mathrm{d}A_x\sin\alpha-\tau_x dA_x\cos\alpha+\sigma_y \mathrm{d}A_y\cos\alpha+\tau_y \mathrm{d}A_y\sin\alpha=0 \tag{d}$$

根据切应力互等定理有

$$\tau_x=\tau_y \tag{e}$$

将式(a)和(e)代入式(c)和(d)，整理得

$$\sigma_\alpha=\sigma_x\cos^2\alpha+\sigma_y\sin^2\alpha-2\tau_x\sin\alpha\cos\alpha \tag{15-1}$$

$$\tau_\alpha=(\sigma_x-\sigma_y)\sin\alpha\cos\alpha+\tau_x(\cos^2\alpha-\sin^2\alpha) \tag{15-2}$$

利用三角关系

$$\left.\begin{aligned}\cos^2\alpha&=\frac{1+\cos2\alpha}{2}\\ \sin^2\alpha&=\frac{1-\cos2\alpha}{2}\\ 2\sin\alpha\cos\alpha&=\sin2\alpha\end{aligned}\right\}\tag{f}$$

可以得到

$$\sigma_\alpha=\frac{\sigma_x+\sigma_y}{2}+\frac{\sigma_x-\sigma_y}{2}\cos2\alpha-\tau_x\sin2\alpha\tag{15-3}$$

$$\tau_\alpha=\frac{\sigma_x-\sigma_y}{2}\sin2\alpha+\tau_x\cos2\alpha\tag{15-4}$$

式(15－3)和式(15－4)就是计算平面应力状态下任意斜截面上应力的基本公式。

应用式(15－3)和式(15－4)时，正负号的规定为：正应力符号与前面一样，即拉应力为正，压应力为负，切应力对单元体内任一点的力矩为顺时针转为正，逆时针转为负。斜面方位角 α 自正 x 轴起，转到斜面外法线 n 止，以逆时针转为正，顺时针转为负。图 15.5(c)上的 σ_x、σ_y、τ_x、σ_α、σ_α、τ_α、α 均为正，τ_y 为负。

例 15.1 受拉伸杆件横截面上一点应力状态如图 15.6 单元体所示。求任意 α 角斜截面上的应力。

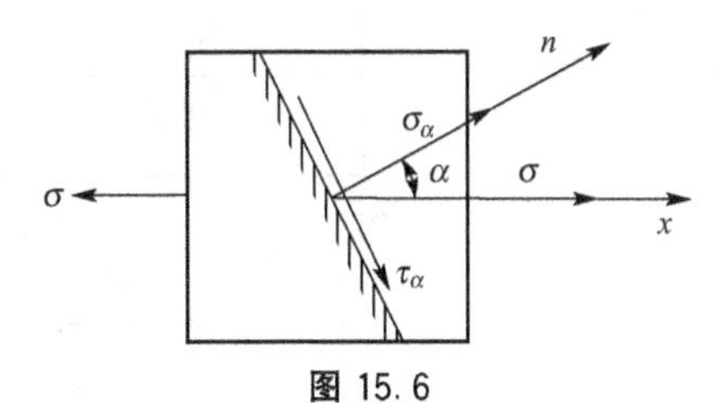

图 15.6

解：由图可知

$$\sigma_x=\sigma,\quad \sigma_y=0,\quad \tau_{xy}=0$$

代入式(15－3)和式(15－4)，可得

$$\sigma_\alpha=\frac{\sigma}{2}(1+\cos2\alpha)=\sigma\cos^2\alpha,\qquad \tau_\alpha=\frac{\sigma}{2}\sin2\alpha$$

分析上式可见，当 $\alpha=0°$时，σ_x 取最大值 $\sigma_{\max}=\sigma$，$\tau_\alpha=0$。这表明，单向拉伸时，最大正应力发生在横截面上。当 $\alpha=45°$时，τ_α 取最大值 $\tau_{\max}=\sigma/2$。这表明，单向拉伸时，最大切应力发生在与轴线成 45°角的斜截面上。由此可以解释低碳钢拉伸破坏时，断口处会出现 45°倾角，因为低碳钢抗剪能力远小于抗拉能力，当横截面上的最大拉应力 $\sigma_{\max}=\sigma$ 还未达到拉伸屈服极限 σ_s 时，斜截面上的最大切应力 $\tau_{\max}=\sigma/2$ 已经到达剪切屈服极限 τ_s，故试件破坏的根本原因不是被拉断，而是被剪断。

例 15.2 图 15.7(a)示为一矩形截面简支梁，在跨中有集中力 F 作用。已知：$F=100\text{kN}$，$l=2\text{m}$，$b=200\text{mm}$，$h=600\text{mm}$，$\alpha=40°$，求离左支座 $l/4$ 处截面上 C 点在斜截面 $n-n$ 上的应力。

解：(1) 先求出距离左端 $l/4$ 处的剪力 $F_{sl/4}$ 和弯矩 $M_l/4$。

$$F_{sl/4}=\frac{F}{2}=\frac{1}{2}\times100\text{kN}=50\text{kN}$$

$$M_{l/4}=\frac{Fl}{8}=\frac{1}{8}\times100\text{kN}\times2\text{m}=25\text{kN}\cdot\text{m}$$

(2) 求 C 点所在的横截面上的应力 σ_C 和 τ_C。

$$\sigma_C=\frac{My}{I_z}=\frac{25\times10^3\text{kN}\times\left(-\frac{1}{4}\times600\right)\times10^{-3}\text{m}}{\frac{200\times600^3}{12}\times10^{-12}\text{m}^4}=-1.04\times10^6\text{Pa}=-1.04\text{MPa}$$

$$\tau_C=\frac{F_s\cdot s}{I_z b}=\frac{50\times10^3\text{N}\times200\times100\times(150+75)\times10^{-9}\text{m}^3}{\frac{1}{12}\times200\times600^3\times10^{12}\text{m}^4\times200\times10^{-3}\text{m}}=0.469\text{MPa}$$

(3) 应用式(15－3)和式(15－4)。

以 σ_C 和 τ_C 分别代替式中的 σ_x 和 τ_x，得

$$\sigma_{40^\circ}=\frac{\sigma_C}{2}+\frac{\sigma_C}{2}\cos2\alpha-\tau_C\sin2\alpha$$

$$=\frac{-1.04\text{MPa}}{2}+\frac{-1.04\text{MPa}}{2}\cos80^\circ-0.469\text{MPa}\ \sin80^\circ=-1.07\text{MPa}$$

$$\tau_{40^\circ}=\frac{\sigma_C}{2}\sin2\alpha+\tau_C\cos2\alpha=\frac{-1.04\text{MPa}}{2}\sin80^\circ-0.469\text{MPa}\ \cos80^\circ=-0.59\text{MPa}$$

两个应力均是负值，说明正应力是压应力，切应力的方向对单元体是逆时针转向的。相应的应力情况绘于图 15.7(d)。

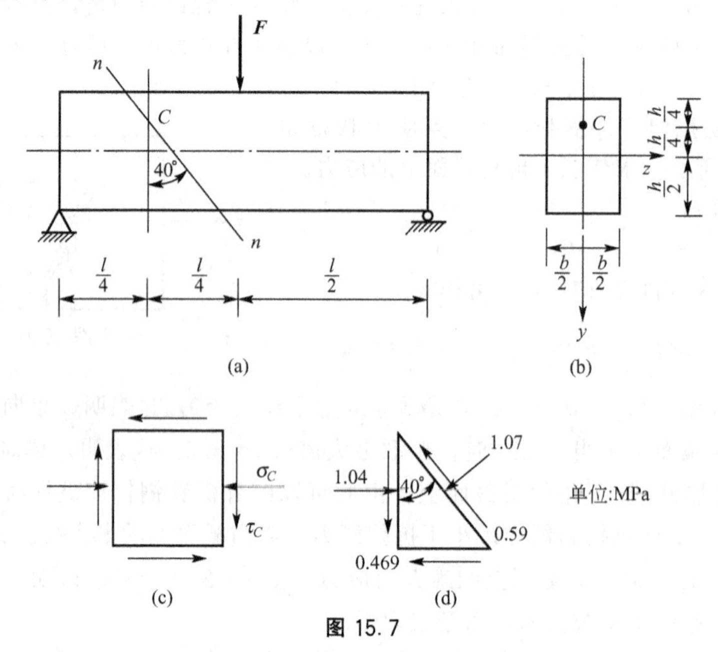

图 15.7

15.3 主应力、主平面、主切应力

15.2 节已经导出了同一点的任意斜截面上的正应力和切应力计算式(15－3)和式(15－4)

$$\sigma_\alpha=\frac{\sigma_x+\sigma_y}{2}+\frac{\sigma_x-\sigma_y}{2}\cos2\alpha-\tau_x\sin2\alpha$$

$$\tau_\alpha=\frac{\sigma_x-\sigma_y}{2}\sin2\alpha+\tau_x\cos2\alpha$$

可见 σ_α、τ_α 均是 α 的函数，将第一式对 α 求导，得

$$\frac{d\sigma_\alpha}{d\alpha}=-2\left(\frac{\sigma_x-\sigma_y}{2}\sin2\alpha+\tau_x\cos2\alpha\right) \quad (15-5)$$

令此导数等于零，可得 σ_α 达到极值时的 α 值，以 α_0 表示此值

$$\frac{\sigma_x-\sigma_y}{2}\sin 2\alpha_0+\tau_x\cos 2\alpha_0=0 \tag{a}$$

化简，得

$$\tan 2\alpha_0=-\frac{2\tau_x}{\sigma_x-\sigma_y} \tag{15-6}$$

或

$$2\alpha_0=\arctan\left(-\frac{2\tau_x}{\sigma_x-\sigma_y}\right) \tag{15-7}$$

由此式可求出 α_0 的相差90°的两个根，也就是说有相互垂直的两个面，其中一个面上作用的正应力是极大值，以 σ_{max} 表示，称为最大正应力，另一个面上的是极小值，以 σ_{min} 表示，称为最小正应力。

利用下列三角关系

$$\left.\begin{aligned}\cos 2\alpha_0&=\pm\frac{1}{\sqrt{1+\tan^2 2\alpha_0}}\\ \sin 2\alpha_0&=\pm\frac{\tan 2\alpha_0}{\sqrt{1+\tan^2 2\alpha_0}}\end{aligned}\right\} \tag{b}$$

将式(15－6)代入式(b)，再回代到式(15－3)经整理后即可得到求 σ_{max} 和 σ_{min} 的公式如下

$$\left.\begin{matrix}\sigma_{max}\\ \sigma_{min}\end{matrix}\right\}=\frac{\sigma_x+\sigma_y}{2}\pm\sqrt{\left(\frac{\sigma_x-\sigma_y}{2}\right)^2+\tau_x^2} \tag{15-8}$$

式中根号前取“＋”号时得 σ_{max}，取“－”号时得 σ_{min}。

至于由式(15－7)所求得的两个 α_0 值中，哪个是 σ_{max} 作用面的方位角(以 α_1 表示)，哪个是 σ_{min} 作用面的方位角(以 α_2 表示)，则可按下述规则①判定

$$\left.\begin{aligned}&(1)\ 若\ \sigma_x>\sigma_y，则\ |\alpha_1|<45^\circ\\ &(2)\ 若\ \sigma_x<\sigma_y，则\ |\alpha_1|>45^\circ\\ &(3)\ 若\ \sigma_x=\sigma_y，则\ \alpha_1=\begin{cases}-45^\circ(\tau_x<0)\\ +45^\circ(\tau_x>0)\end{cases}\end{aligned}\right\} \tag{15-9}$$

求得 α_1 后，α_2 也就自然得到了

$$\alpha_2=\alpha_1\pm 90^\circ \tag{15-10}$$

值得注意的是，将式(a)与式(15－4)比较，可知当 $\alpha=\alpha_0$ 时，$\tau_{\alpha_0}=0$，这表明在正应力达到极值的面上，切应力必等于零。我们称此面为主平面(简称主面)，相应的正应力即称为主应力，主应力有时也以 σ_1、σ_2 和 σ_3 等表示，视其代数值的大小而定(见本章第一节)。另外，若把式(15－8)中的 σ_{max} 和 σ_{min} 相加可有下面的关系：

$$\sigma_{max}+\sigma_{min}=\sigma_x+\sigma_y \tag{15-11}$$

即对于同一个点所截取的不同方位的单元体，其相互垂直面上的正应力之和是一个不变量。此关系可用来校核计算结果。

① α_1 在±90°范围内取值。

类似的，将式(15－4)对 α 求导，得

$$\frac{d\tau_\alpha}{d\alpha}=(\sigma_x-\sigma_y)\cos2\alpha-2\tau_x\sin2\alpha$$

令此导数等于零，可求得 τ_α 达到极值时的 α 值，以 α_τ 表示此值

$$(\sigma_x-\sigma_y)\cos2\alpha-2\tau_x\sin2\alpha=0 \tag{c}$$

化简得

$$\tan2\alpha_\tau=\frac{\sigma_x-\sigma_y}{2\tau_x} \tag{15-12}$$

由此式也可求出相差 90°的两个面，其中一个面上作用的是切应力的极大值，以 τ_{max} 表示，称为最大切应力，另一个面上作用的是极小值，以 τ_{min} 表示，称为最小切应力。切应力的极值也称为主切应力。

将式(15－12)代入式(b)，再回代到式(15－4)，即可求得 τ_{max} 和 τ_{min}。

$$\left.\begin{matrix}\tau_{max}\\ \tau_{min}\end{matrix}\right\}=\pm\sqrt{\left(\frac{\sigma_x-\sigma_y}{2}\right)^2+\tau_x^2} \tag{15-13}$$

根号前取“＋”号时为 τ_{max}，取“－”号时为 τ_{min}。

由式(15－12)求出的两个 α_τ 值，其中哪个是 τ_{max} 作用面的方位角，哪个是 τ_{min} 作用面的方位角呢？比较式(15－6)和式(15－12)，有

$$\tan2\alpha_0\cdot\tan2\alpha_\tau=-1 \tag{d}$$

由此可知，$2\alpha_0$ 与 $2\alpha_\tau$ 相差 90°，即 α_0 与 α_τ 相差 45°，于是有

$$\left.\begin{matrix}\alpha_{\tau1}\\ \alpha_{\tau2}\end{matrix}\right\}=\alpha_1\pm45° \tag{15-14}$$

式中 $\alpha_{\tau1}$ 与 $\alpha_{\tau2}$ 分别表示 τ_{max} 和 τ_{min} 作用面的方位角。上式表明主切应力的作用面与主应力作用面的夹角为 45°。

将式(15－8)中的两式相减，并除以 2，可得

$$\frac{\sigma_{max}-\sigma_{min}}{2}=\sqrt{\left(\frac{\sigma_x-\sigma_y}{2}\right)^2+\tau_x^2}=\tau_{max} \tag{15-15}$$

即最大切应力等于两个主应力之差的一半。

例 15.3 一点应力状态，如图 15.8(a)所示，应力单位为 MPa。(1)求主应力 σ_{max} 和

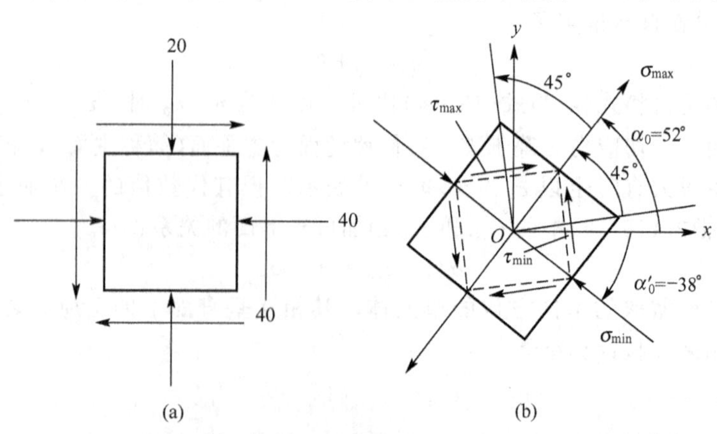

图 15.8

σ_{min}的值；(2)主应力作用面的方位角；(3)τ_{max}和τ_{min}的值；(4)τ_{max}和τ_{min}作用面的方位角。

解：(1) 由图可知，$\sigma_x=-40\text{MPa}$，$\sigma_y=-20\text{MPa}$，$\tau_x=-40\text{MPa}$代入式(15-8)，得

$$\left.\begin{array}{l}\sigma_{max}\\ \sigma_{min}\end{array}\right\}=\frac{-40\text{MPa}+(-20\text{MPa})}{2}\pm\sqrt{\left[\frac{-40\text{MPa}-(-20\text{MPa})}{2}\right]^2+(-40\text{MPa})^2}$$

$$=(-30\pm41.2)\text{MPa}=\begin{cases}11.2\text{MPa}\\ -71.2\text{MPa}\end{cases}$$

校核：利用式(15-11)

$$\sigma_{max}+\sigma_{min}=(11.2-71.2)\text{MPa}=-60\text{MPa},\quad \sigma_x+\sigma_y=(-40-20)\text{MPa}=-60\text{MPa}$$

计算无误。

(2) 由式(15-7)，主应力作用面的方位角α_0为

$$\alpha_0=\frac{1}{2}\arctan\left(\frac{-2\tau_x}{\sigma_x-\sigma_y}\right)=\frac{1}{2}\arctan\left(\frac{-2\times(-40\text{MPa})}{-40\text{MPa}-(-20\text{MPa})}\right)=\begin{cases}52^\circ\\ -38^\circ\end{cases}$$

根据判别规则(15-9)，由于$\sigma_x<\sigma_y$，所以

$$\alpha_1=52^\circ,\quad \alpha_2=-38^\circ$$

(3) 由式(15-15)，得

$$\tau_{max}=\frac{\sigma_{max}-\sigma_{min}}{2}=\frac{11.2\text{MPa}-(-71.2\text{MPa})}{2}=41.2\text{MPa}$$

根据式(15-13)

$$\tau_{min}=-\tau_{max}=-41.2\text{MPa}$$

(4) 根据式(15-14)，得

$$\left.\begin{array}{l}\alpha_{\tau1}\\ \alpha_{\tau2}\end{array}\right\}=\alpha_1\pm45^\circ=52^\circ\pm45^\circ=\begin{cases}97^\circ\\ 7^\circ\end{cases}$$

即τ_{max}和τ_{min}作用面的方位角分别为97°(或-83°)和7°。

例 15.4 图 15.9(a)所示一简支梁，跨中受集中力F作用，梁由 No.20b 型工字钢制成，已知：$F=100\text{kN}$，$l=1\text{m}$。试求危险截面上腹板与上翼缘交界点的主应力及其方向。

解：(1) 取跨中稍左的截面$m-m$为危险截面(也可取跨中稍右的截面)，该截面的弯矩、剪力分别为kN·m。

$$M=\frac{Fl}{4}=\frac{1}{4}\times100\text{kN}\times1\text{m}=25\text{kN}\cdot\text{m}$$

$$F_s=+\frac{F}{2}=\frac{1}{2}\times100\text{kN}=50\text{kN}$$

(2) 求腹板与上翼缘的交界点C［图 15.9(b)，(c)］的正应力σ_C和切应力τ_C。根据下面公式计算

$$\sigma_C=\frac{M}{I_z}y_C$$

$$\tau_C=\frac{F_s\cdot S_{z,C}}{I_z\cdot b}$$

由型钢表查得，$I_z=2500\text{cm}^4$；另外，静矩$S_{z,C}$根据截面尺寸可以计算得到

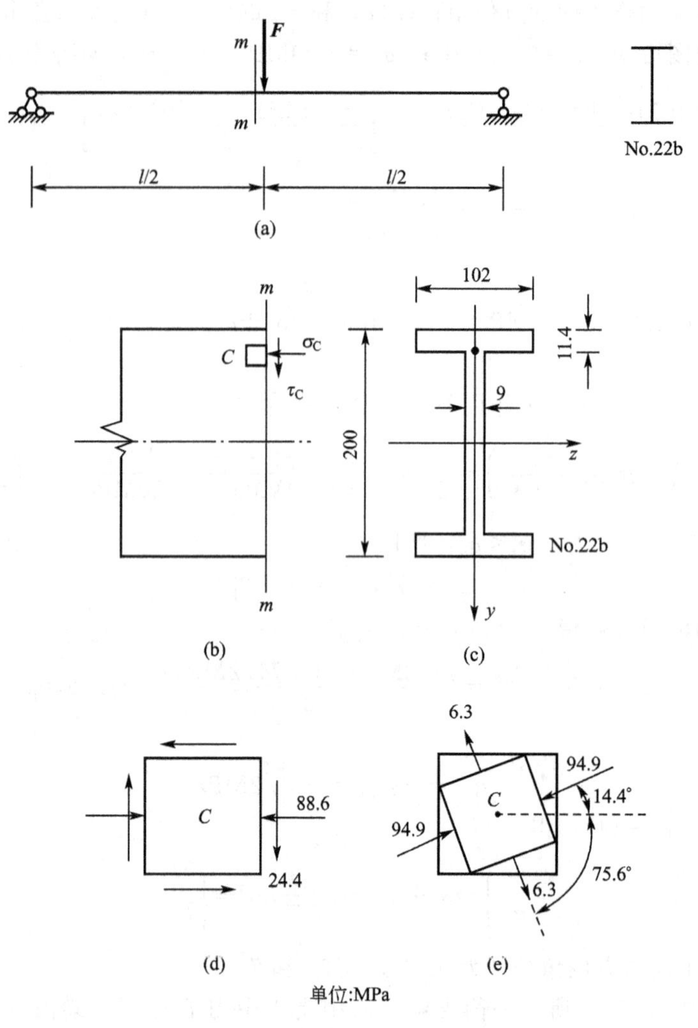

图 15.9

$$S_{z,C}=102\text{mm}\times 11.4\text{mm}\times\left(\frac{200\text{mm}}{2}-\frac{11.4\text{mm}}{2}\right)\times 10^{-9}$$

分别代入上两式，得

$$\sigma_C=-\frac{25\times 10^3\,\text{N}\cdot\text{m}}{2500\times 10^{-8}\,\text{m}^4}\left(\frac{200\text{mm}}{2}-11.4\text{mm}\right)\times 10^{-3}=-88.6\text{MPa}$$

$$\tau_C=\frac{50\times 10^3\,\text{N}\times 109.7\times 10^{-6}\,\text{m}^3}{2500\times 10^{-8}\,\text{m}^4\times 9\times 10^{-3}\,\text{m}}=24.4\text{MPa}$$

其应力情况如图 15.9(d)。

(3) 求点 C 的主应力，应用式(15-8)，得

$$\left.\begin{matrix}\sigma_{\max}\\ \sigma_{\min}\end{matrix}\right\}=\frac{\sigma_x+\sigma_y}{2}\pm\sqrt{\left(\frac{\sigma_x-\sigma_y}{2}\right)^2+\tau_x^2}=\frac{\sigma_C+0}{2}\pm\sqrt{\left(\frac{\sigma_C-0}{2}\right)^2+\tau_C^2}$$

$$=(-44.3\pm 50.6)\text{MPa}=\begin{cases}6.3\text{MPa}\\ -94.9\text{MPa}\end{cases}$$

(4) 求主应力的方位角，应用式(15-7)求得

$$\alpha_0=\frac{1}{2}\arctan\left(\frac{-2\tau_x}{\sigma_x-\sigma_y}\right)=\frac{1}{2}\arctan\left(\frac{-2\tau_C}{\sigma_C-0}\right)=\frac{1}{2}\arctan\left(\frac{-2\times22.4}{-88.6}\right)=\begin{cases}14.4^\circ\\-75.6^\circ\end{cases}$$

根据判别规则式(15-9)，由于 $\sigma_x<\sigma_y$，所以

$$\alpha_1=-75.6^\circ,\quad \alpha_2=-14.4^\circ$$

最后结果绘于图 15.9(e)。

15.4 平面应力状态分析的图解法

在 15.2 节推导出的斜截面应力式(15-3)和式(15-4)都是 2α 参变量的方程。为了消去 2α，把式(15-3)改写成

$$\sigma_\alpha-\frac{\sigma_x+\sigma_y}{2}=\frac{\sigma_x-\sigma_y}{2}\cos2\alpha-\tau_x\sin2\alpha \tag{a}$$

将式(a)和式(15-4)的等号两边平方相加，经整理后得

$$\left(\sigma_\alpha-\frac{\sigma_x+\sigma_y}{2}\right)^2+\tau_\alpha^2=\left(\frac{\sigma_x-\sigma_y}{2}\right)^2+\tau_x^2 \tag{b}$$

这是一个以正应力 σ 为横坐标，切应力 τ 为纵坐标的圆的方程，圆心在横坐标轴上，其坐标为 $\left(\frac{\sigma_x+\sigma_y}{2},\ 0\right)$，半径为 $\sqrt{\left(\frac{\sigma_x-\sigma_y}{2}\right)^2+\tau_x^2}$。这个圆称为应力圆，或称为莫尔圆。对于给定的二向应力状态单元体，在 $\sigma-\tau$ 坐标平面内必有一确定的应力圆与其相对应。

对于图 15.10(a)所示平面应力情况，要求 α 斜面上的正应力 σ_α 和切应力 τ_α。为此，作一个直角坐标系［图 15.10(b)］，以横坐标轴表示 σ，向右为正，以纵坐标轴表示 τ，向上为正。根据图 15.10(a)所示应力情况，按照应力的比例尺，在横轴上量取 $\overline{OA}=\sigma_x$，$\overline{OA'}=\sigma_y$，正值向右，负值向左；以同样的比例尺由 A、A' 两点沿纵轴方向分别量取 $\overline{AC}=\tau_x$，$\overline{A'C'}=\tau_y$，正值向上，负值向下；以 AA' 的中点 D 为圆心 $\left[因为\overline{OD}=\frac{1}{2}(\overline{OA}+\overline{OA'})=\frac{1}{2}(\sigma_x+\sigma_y)\right]$；以 $\overline{CD}$ 为半径 $\left[\overline{CD}^2=\overline{AD}^2+\overline{AC}^2=\left(\frac{\sigma_x-\sigma_y}{2}\right)^2+\tau_x^2\right]$ 作圆。圆上 C 点的两个坐标值即代表单元体上法线为 x 的平面上的正应力 σ_x 和切应力 τ_x；$\overline{CD}$ 线的位置即代表单元体上的 x 轴，以此起始量取 2α 角。

欲求 α 为任意角的斜截面上的应力 σ_α 和 τ_α［图 15.10(a)］，只要在圆上自 CD 线起［图 15.10(c)］，与 α 角同向，转一圆心角 2α，得 $\overline{DE}$ 线，E 点的两个坐标 $\overline{OF}$ 和 $\overline{EF}$ 即代表 α 面上的应力 σ_α 和 τ_α，证明如下。

令圆心角 $\angle CDA=2\alpha_0$，于是由图可有下列关系

$$\begin{aligned}\overline{OF}&=\overline{OD}+\overline{DF}=\overline{OD}+\overline{DE}\cos(2\alpha+2\alpha_0)\\&=\overline{OD}+\overline{DC}(\cos2\alpha\cos2\alpha_0-\sin2\alpha\sin2\alpha_0)\\&=\overline{OD}+(\overline{DC}\cos2\alpha_0)\cos2\alpha-(\overline{DC}\sin2\alpha_0)\sin2\alpha\\&=\overline{OD}+\overline{DA}\cos2\alpha-\overline{CA}\sin2\alpha\end{aligned}$$

$$=\frac{\sigma_x+\sigma_y}{2}+\frac{\sigma_x-\sigma_y}{2}\cos2\alpha-\tau_x\sin2\alpha \tag{c}$$

由式(15－3)知此即为 σ_α 值，再有

$$\begin{aligned}\overline{EF}&=\overline{DE}\sin(2\alpha+2\alpha_0)\\&=\overline{DC}(\sin2\alpha\cos2\alpha_0-\sin2\alpha_0\cos2\alpha)\\&=(\overline{DC}\cos2\alpha_0)\sin2\alpha+(\overline{DC}\sin2\alpha_0)\cos2\alpha\\&=\overline{DA}\sin2\alpha+\overline{CA}\cos2\alpha\\&=\frac{\sigma_x-\sigma_y}{2}\sin2\alpha+\tau_x\cos2\alpha\end{aligned} \tag{d}$$

由式(15－4)知此即为 τ_α 值。

这样，就证明了上述图解法是正确的。

利用应力圆，可以确定应力的极值及其作用面的方位。如图 15.10(d)所示，圆上的最右端的点 B_1 和最左端的点 B_2，它们的横坐标值分别为最大和最小，而纵坐标等于零，所以这两点代表最大正应力 σ_{max} 和最小正应力 σ_{min}，从图上可知它们的值分别为

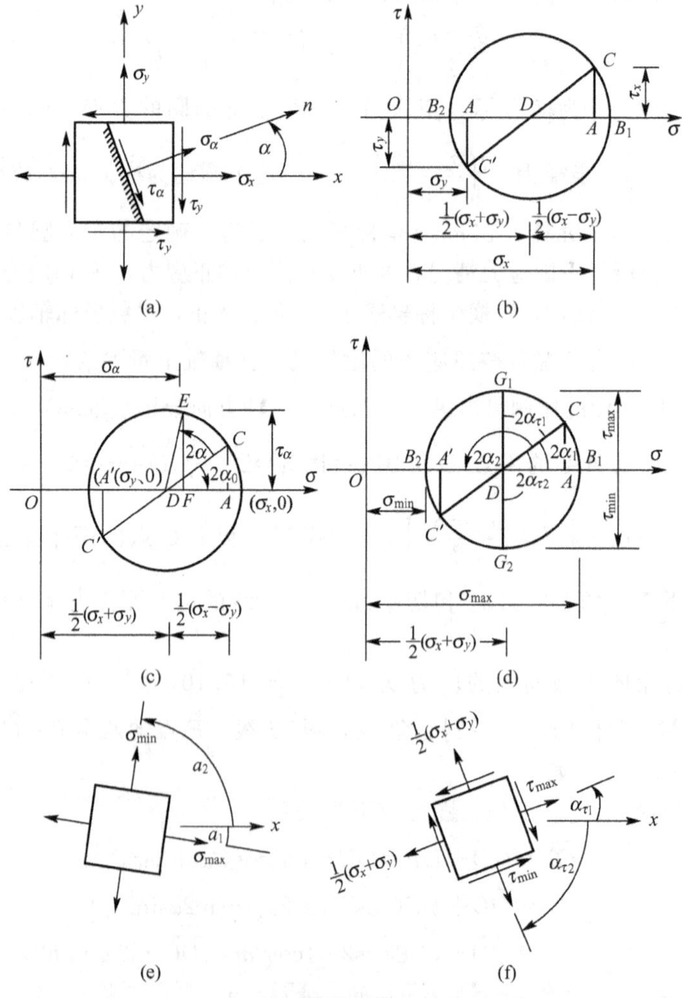

图 15.10

$$\sigma_{\max}=\overline{OB_1}=\overline{OD}+\overline{DB_1}=\overline{OD}+\overline{CD}=\frac{\sigma_x+\sigma_y}{2}+\sqrt{\left(\frac{\sigma_x-\sigma_y}{2}\right)^2+\tau_x^2} \tag{e}$$

$$\sigma_{\min}=\overline{OB_2}=\overline{OD}-\overline{DB_2}=\overline{OD}-\overline{CD}=\frac{\sigma_x+\sigma_y}{2}-\sqrt{\left(\frac{\sigma_x-\sigma_y}{2}\right)^2+\tau_x^2} \tag{f}$$

此即上节的式(15-8)。

由图上看出 $\sigma_{\max}$ 和 $\sigma_{\min}$ 作用的面上，切应力等于零，因而这样的面就是主平面，其上作用的 $\sigma_{\max}$ 和 $\sigma_{\min}$ 也就称为主应力。

要确定 $\sigma_{\max}$ 所作用的主平面的方位角 α_1，可以从基线 CD 起始［图 15.10.(c)］，顺时针转到 DB_1 线，即得 $2\alpha_1$，根据前面的规定，顺时针转为负角，所以有

$$\tan 2\alpha_1=-\frac{\overline{CA}}{\overline{DA}}=-\frac{\tau_x}{\dfrac{\sigma_x-\sigma_y}{2}}=-\frac{2\tau_x}{\sigma_x-\sigma_y}$$

与上节的式(15-6)一致。

$\sigma_{\max}$ 作用面的方位角 α_1 从图上按如下规则判别

(1) 若 $\sigma_x>\sigma_y$，则 $\overline{CD}$ 线必在右半圆，由此可知 $|2\alpha_1|<90°$，即 $|\alpha_1|<45°$；

(2) 若 $\sigma_x<\sigma_y$，则 $\overline{CD}$ 线必在左半圆，由此可知 $|2\alpha_1|>90°$，即 $|\alpha_1|>45°$；

(3) 若 $\sigma_x=\sigma_y$，则 $\overline{CD}$ 线与圆的竖直半径重合，由此可知 $2\alpha_1=\pm 90°$，即 $\alpha_1=\pm 45°$，至于是 $+45°$ 还是 $-45°$，按照如下规则判定：若 $\tau_x>0$，则 $\alpha_1=-45°$；若 $\tau_x>0$，则 $\alpha_1=+45°$。

另外由图可知，与 α_1 相差 90°的面即为 $\sigma_{\min}$ 作用面的方位角 α_2，于是有

$$\alpha_2=\alpha_1\pm 90°$$

相应的主应力情况绘于图 15.10(e)。

现在求切应力的极值，圆上最高点 G_1 和最低点 G_2 即代表最大切应力 $\tau_{\max}$ 和最小切应力 $\tau_{\min}$。它们的绝对值相等，都等于圆半径，即

$$\left.\begin{matrix}\tau_{\max}\\ \tau_{\min}\end{matrix}\right\}=\left\{\begin{matrix}\overline{G_1D}\\ \overline{G_2D}\end{matrix}\right.=\pm\sqrt{\left(\frac{\sigma_x-\sigma_y}{2}\right)^2+\tau_x^2}$$

另外，由图 15.10(d)可知，圆半径也等于 $\sigma_{\max}$ 和 $\sigma_{\min}$ 之差的一半，结合上式得

$$\left.\begin{matrix}\tau_{\max}\\ \tau_{\min}\end{matrix}\right\}=\pm\frac{\sigma_{\max}-\sigma_{\min}}{2}$$

欲求主切应力的作用面的方位角 $\alpha_{\tau 1}$ 和 $\alpha_{\tau 2}$，可自基线 $\overline{CD}$ 起始反时针转到 G_1D 线为 $2\alpha_{\tau 1}$，顺时针转到 G_2D 线为 $2\alpha_{\tau 2}$，由图上可知 $\left.\begin{matrix}2\alpha_{\tau 1}\\ 2\alpha_{\tau 2}\end{matrix}\right\}=2\alpha_1\pm 90°$，即

$$\left.\begin{matrix}\alpha_{\tau 1}\\ \alpha_{\tau 2}\end{matrix}\right\}=\alpha_1\pm 45°$$

相应的主切应力情况绘于图 15.10(f)。

由图还可以看出，G_1 和 G_2 点的横坐标均等于 $(\sigma_x+\sigma_y)/2$，这表明在 $\tau_{\max}$ 和 $\tau_{\min}$ 作用的面上，正应力等于任何方位时的两个正应力之和的一半。

例 15.5 图 15.11(a)所示的一平面应力情况，试求：(1)与 x 轴成 30°角的斜面上的应

力；(2)σ_{max}和σ_{min}的值；(3)主应力的方位角；(4)τ_{max}和τ_{min}的值；(5)主切应力的方位角。

解法一：(1) 求斜截面上的应力。由图可知，$\sigma_x=10\text{MPa}$，$\sigma_y=20\text{MPa}$，$\tau_x=10\text{MPa}$，$\alpha=30°$，应用式(15-3)和式(15-4)，得

$$\sigma_{30°}=\frac{10+20}{2}+\frac{10-20}{2}\cos60°-20\sin60°=-4.82\text{MPa}$$

$$\tau_{30°}=\frac{10-20}{2}\sin60°+20\cos60°=5.67\text{MPa}$$

$\sigma_{30°}$得负值，说明它与图15.11(b)所设的方向相反，即为压应力。$\tau_{30°}$为正值，说明它与图15.11(b)所设的方向相同，即为正切应力。

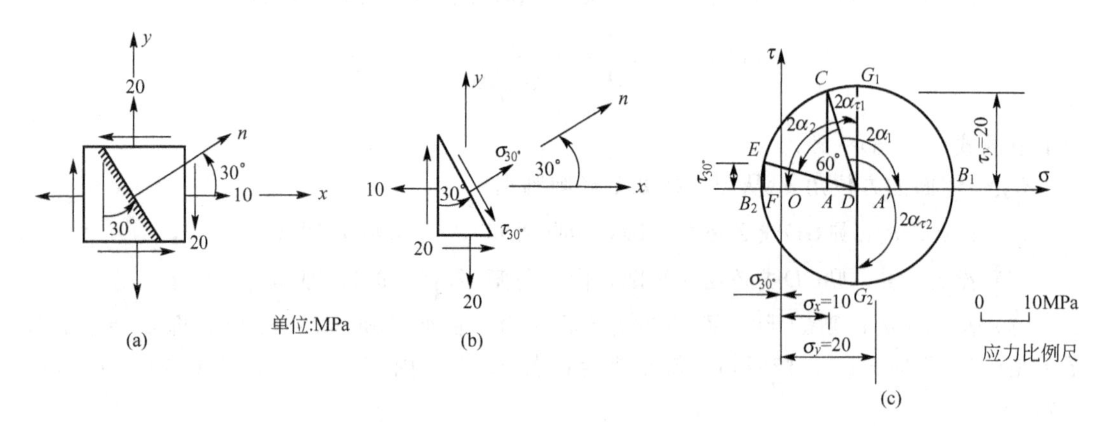

图 15.11

(2) 求σ_{max}和σ_{min}。由式(15-8)，得

$$\left.\begin{matrix}\sigma_{max}\\ \sigma_{min}\end{matrix}\right\}=\frac{10\text{MPa}+20\text{MPa}}{2}\pm\sqrt{\left(\frac{10\text{MPa}-20\text{MPa}}{2}\right)^2+(10\text{MPa})^2}$$

$$=(15\pm11.18)\text{MPa}=\begin{cases}26.18\text{MPa}\\3.82\text{MPa}\end{cases}$$

(3) 求主平面的方位角。由式(15-7)，得

$$\alpha_0=\frac{1}{2}\arctan\left(\frac{-2\tau_x}{\sigma_x-\sigma_y}\right)=\frac{1}{2}\arctan\left(\frac{-2\times10\text{MPa}}{10\text{MPa}-20\text{MPa}}\right)=\begin{cases}31.72°\\-58.28°\end{cases}$$

根据判别规则式(15-9)，由于$\sigma_x<\sigma_y$，所以

$$\alpha_1=-58.28°,\qquad \alpha_2=31.72°$$

(4) 求τ_{max}和τ_{min}的值。由式(15-13)，得

$$\tau_{max}=\frac{\sigma_{max}-\sigma_{min}}{2}=\frac{26.18\text{MPa}-3.82\text{MPa}}{2}=11.18\text{MPa}$$

根据式(15-13)

$$\tau_{min}=-\tau_{max}=-11.18\text{MPa}$$

(5) 求主切应力的方位角。根据式(15-14)，得

$$\left.\begin{matrix}\alpha_{\tau1}\\ \alpha_{\tau2}\end{matrix}\right\}=\alpha_1\pm45°=-58.28°\pm45°=\begin{cases}-13.28°\\-103.28°\end{cases}$$

即 τ_{max} 和 τ_{min} 作用面的方位角分别为$-13.28°$和$-103.28°$(或 $76.72°$)。

解法二: (1) 按上述作图法的应力圆，如图 15.11(c)所示，圆上 C 点即代表图 15.11(a)所示的 x 面上的应力。欲求 $\alpha=30°$斜截面上的应力 $\sigma_{30°}$ 和 $\tau_{30°}$，只要从$\overline{CD}$线出发，反时针量取 2α(即 60°)得 E 点。点 E 的横坐标 OF 即为$\sigma_{30°}$，纵坐标 EF 即为$\tau_{30°}$。根据所选比例尺量得

$$\sigma_{30°}=\overline{OF}=-4.8\text{MPa}$$

$$\tau_{30°}=\overline{EF}=5.7\text{MPa}$$

(2) 求 σ_{max} 和 σ_{min}。按选定的比例尺量取 OB_1 和 OB_2 即得

$$\sigma_{max}=26.2\text{MPa}$$

$$\sigma_{min}=3.8\text{MPa}$$

(3) 求主平面的方位角。从$\overline{CD}$线开始，顺时针转到$\overline{DB_1}$ 线，反时针转到$\overline{DB_2}$ 线，即得

$$2\alpha_1=-117°,\qquad 2\alpha_2=63°$$

所以

$$\alpha_1=-58.5°,\qquad \alpha_2=31.5°。$$

(4) 求 τ_{max} 和 τ_{min} 的值。量取$\overline{G_1D}$或$\overline{G_2D}$，其值等于圆半径

$$\tau_{max}=-\tau_{min}=\overline{G_1D}=11.2\text{MPa}$$

(5) 求主切应力的方位角。从$\overline{CD}$线开始，顺时针转到$\overline{G_1D}$线，顺时针转到$\overline{G_2D}$线，即得

$$2\alpha_{\tau1}=-27°,\qquad 2\alpha_{\tau2}=207°$$

所以 $\alpha_1=-13.5°$，$\alpha_2=103.5°$。

少量的误差是图解法解题时不可避免的。

15.5 强度理论简介

强度问题是材料力学研究的最基本问题之一，而解决强度问题的关键在于建立强度条件。前面几章我们讨论了杆件的 4 种基本变形的强度计算，并建立了相应的正应力、切应力强度条件

$$\sigma_{max}\leqslant[\sigma],\qquad \tau_{max}\leqslant[\tau]$$

然而，适合上面强度条件的危险点必须是处于单向应力状态或纯剪切应力状态。材料的许用应力 $[\sigma]$ 和 $[\tau]$ 是建立在直接试验的基础上的，等于试件达到危险状态时的极限应力除以大于 1 的安全因数。

工程中，有些受力构件的危险点，并不是处于单向或纯剪切应力状态，而是处于二向或三向应力状态，即处于复杂应力状态。要建立复杂应力状态下的强度条件，难以像单向或者纯剪切那样直接通过试验来解决。因为复杂应力状态存在两个或 3 个主应力，材料的破坏与各应力都有关，而破坏时各主应力间可以有无穷多组合，如果通过试验来求主应力的各危险值，就需要按主应力的不同比值进行无穷多次试验，显然，这是无法实现的，因而要另辟蹊径。

长期以来，不少学者致力于探讨引起破坏的因素，其中起决定作用的因素是什么等等。如果能找到这样的因素，那就可以通过简单的试验来推测构件处于复杂应力状态下发生破坏的可能性，从而建立起强度条件。

人们根据能实现的一些实验，分析这些实验中所得到的结果，提出了破坏因素的各种假说，在此基础上建立起强度条件。这类假说就是强度理论。当然，在应用这些强度理论时，又必须经过实践的检验。下面介绍当前工程中常用的几个强度理论及相应的强度条件。

尽管材料的破坏现象比较复杂，但经过分析和归纳不难发现，在常温、静载的条件下，材料破坏的基本形式有两类：一类是在没有明显的塑性变形情况下发生突然断裂，称为脆性断裂。如铸铁试件在拉伸时沿横截面的断裂和圆截面铸铁试件在扭转时沿斜截面的断裂。另一类是材料产生显著的塑性变形面使构件丧失正常的工作能力，称为塑性屈服。如低碳钢试样在拉伸或扭转时都会产生显著的塑性变形，因此，目前工程上常用的强度理论主要也分为两类：一类是关于断裂的强度理论，如最大拉应力理论和最大拉应变理论；一类是关于屈服的理论，如最大切应力理论和形状改变能密度理论。

1. *最大拉应力理论(第一强度理论)*

最大拉应力理论认为，引起材料脆性断裂的主要因素是最大拉应力，不论材料处于何种应力状态，只要最大拉应力 σ_1 达到材料单向拉伸断裂时的最大拉应力即极限应力值 σ_b，材料就要断裂破坏。

按此理论，材料的断裂条件为

$$\sigma_1=\sigma_b$$

考虑一定的安全储备，强度条件则为

$$\sigma_1\leqslant[\sigma]=\frac{\sigma_b}{n_b} \tag{15-16}$$

上式即为最大拉应力理论的强度条件。

式中，$[\sigma]$ 为材料拉伸时的许用应力，n_b 为安全系数。

这个理论能较好地解释铸铁、石料、混凝土等脆性材料在单向拉伸、扭转或双向拉伸所产生的断裂破坏现象。但是，它没有考虑其他两个主应力 σ_2，σ_3 对材料破坏的影响，而且它对没有拉应力的应力状态(如单向压缩、三向压缩等)是不适用的。

2. *最大拉应变理论(第二强度理论)*

最大拉应变理论认为，引起材料脆性断裂的主要因素是最大拉应变，不论材料处于何种应力状态，只要最大拉应变达到材料单向拉伸断裂时的最大拉应变值 ε_u 材料就发生断裂破坏。

按此理论，材料的断裂条件为

$$\varepsilon_1=\varepsilon_u$$

在线弹性范围内，复杂应力状态下的 σ_1 对应的最大拉应变 ε_1 可由广义胡克定律[①]得到

$$\varepsilon_1=\frac{1}{E}[\sigma_1-\mu(\sigma_2+\sigma_3)]$$

---

① 参见孙训方编著《材料力学》上册。

轴向拉伸材料断裂时的最大伸长线应变为

$$\varepsilon_u=\frac{\sigma_b}{E}$$

按此理论，材料发生脆性断裂的条件为

$$\frac{1}{E}[\sigma_1-\mu(\sigma_2+\sigma_3)]=\frac{\sigma_b}{E}$$

即

$$\sigma_1-\mu(\sigma_2+\sigma_3)=\sigma_b$$

考虑一定的安全储备，强度条件则为

$$\sigma_1-\mu(\sigma_2+\sigma_3)\leqslant\sigma_b \qquad (15-17)$$

上式即为最大伸长线应变理论的强度条件。

这个强度理论可以解释像岩石、混凝土这样的脆性材料受轴向压缩时，当受压面上加润滑剂时，为什么破坏是沿纵向产生裂缝的，因为这正是最大拉应变的方向。但是此理论并不为金属材料的试验所证明，所以该理论用得很少。

3. 最大切应力理论(第三强度理论)

该理论认为，材料发生塑性屈服是由最大切应力引起的，当复杂应力状态下的最大切应力达到某一数值时，材料就要发生塑性屈服(流动)，该值就是同类材料轴向拉伸(单向应力状态)发生塑性屈服时的最大切应力。

复杂应力状态下的最大切应力

$$\tau_{max}=\frac{\sigma_1-\sigma_3}{2}$$

轴向拉伸材料发生塑性流动时的最大切应力为

$$\tau_{max}=\frac{\sigma_b}{2}$$

对于塑性材料来说，σ_b 就是屈服极限 σ_s。按此理论，材料发生塑性流动的条件为

$$\frac{\sigma_1-\sigma_3}{2}=\frac{\sigma_b}{2}$$

即

$$\sigma_1-\sigma_3=\sigma_b$$

考虑一定的安全储备，强度条件则为

$$\sigma_1-\sigma_3\leqslant\sigma_b \qquad (15-18)$$

上式即为最大切应力理论的强度条件。最大切应力理论又称为特雷斯加(Tresca)屈服条件，它适用于塑性材料(除三向等拉应力状态外)的屈服破坏。该理论忽略了中间主应力 σ_2 的影响，一般是偏于安全的。

4. 形状改变比能理论(第四强度理论)

该理论认为，材料发生塑性屈服(流动)是由能量引起的，当复杂应力状态下积蓄在单位体积内的应变能(指形状改变能)达到一定数值时，材料就要发生塑性屈服。

略去推导过程，该理论导出的强度条件为

$$\sqrt{\frac{1}{2}[(\sigma_1-\sigma_2)^2+(\sigma_2-\sigma_3)^2+(\sigma_3-\sigma_1)^2]}\leqslant[\sigma] \qquad (15-19)$$

形状改变比能理论也称为米塞斯(Mises)屈服条件。它的适用范围与最大切应力理论相同。

4 个强度理论下的强度条件可以写成统一的形式

$$\sigma_r \leqslant [\sigma] \tag{15-20}$$

此处 σ_r 称为相当应力(或折算应力)。它代表各强度条件不等号左边的主应力按一定形式组合的综合值，并把它折算为一个单向应力。各强度条件中的相当应力分别为

第一强度理论：
$$\sigma_{r1}=\sigma_1 \tag{15-21a}$$

第二强度理论：
$$\sigma_{r2}=\sigma_1-\mu(\sigma_2+\sigma_3) \tag{15-21b}$$

第三强度理论：
$$\sigma_{r3}=\sigma_1-\sigma_3 \tag{15-21c}$$

第四强度理论：
$$\sigma_{r4}=\sqrt{\frac{1}{2}[(\sigma_1-\sigma_2)^2+(\sigma_2-\sigma_3)^2+(\sigma_3-\sigma_1)^2]} \tag{15-21d}$$

一般而言，脆性材料多表现为断裂破坏，塑性材料多表现为屈服破坏，因此，第一强度理论和第二强度理论一般适用于脆性材料，而第三强度理论和第四强度理论则一般适用于塑性材料。

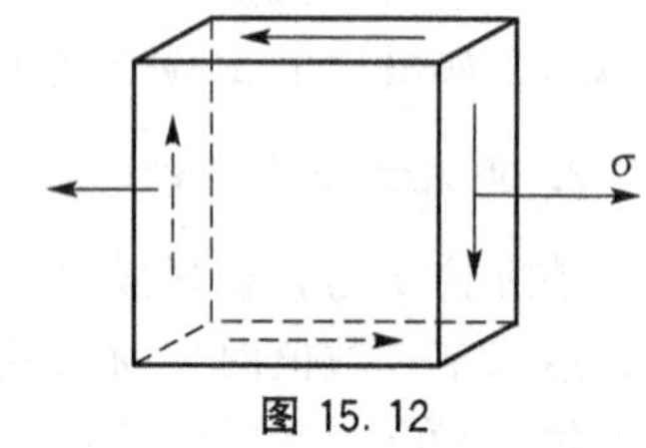

图 15.12

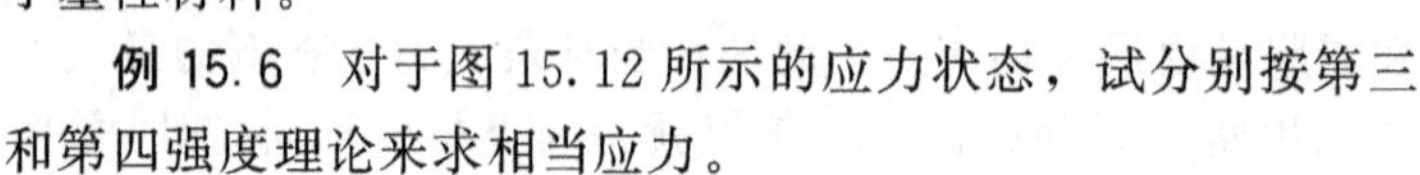

例 15.6 对于图 15.12 所示的应力状态，试分别按第三和第四强度理论来求相当应力。

解：此时 $\sigma_x=\sigma$，$\sigma_y=0$，$\tau_x=\tau$，代入式(15-8)，得

$$\left.\begin{matrix}\sigma_{max}\\ \sigma_{min}\end{matrix}\right\}=\frac{\sigma_x+\sigma_y}{2}\pm\sqrt{\left(\frac{\sigma_x-\sigma_y}{2}\right)^2+\tau_x^2}=\frac{\sigma+0}{2}\pm\sqrt{\left(\frac{\sigma-0}{2}\right)^2+\tau^2}$$

$$=\frac{\sigma}{2}\pm\sqrt{\left(\frac{\sigma}{2}\right)^2+\tau^2}$$

即

$$\sigma_1=\sigma_{max}=\frac{\sigma}{2}+\sqrt{\left(\frac{\sigma}{2}\right)^2+\tau^2},\quad \sigma_2=0,\quad \sigma_3=\sigma_{min}=\frac{\sigma}{2}+\sqrt{\left(\frac{\sigma}{2}\right)^2+\tau^2}$$

代入到式(15-21c)和式(15-21d)，即得到第三和第四强度理论的相当应力

$$\sigma_{r3}=\sqrt{\sigma^2+4\tau^2}$$

$$\sigma_{r4}=\sqrt{\sigma^2+3\tau^2}$$

因此，此种应力状态根据第三和第四强度理论建立的强度条件分别为

$$\sigma_{r3}=\sqrt{\sigma^2+4\tau^2}\leqslant[\sigma]$$

$$\sigma_{r4}=\sqrt{\sigma^2+3\tau^2}\leqslant[\sigma]$$

例 15.7 如图 15.12(a)所示工字钢梁，截面形状如图所示。已知：$F=750\text{kN}$，$b=220\text{mm}$，$h_1=800\text{mm}$，$t=22\text{mm}$，$d=10\text{mm}$，$[\sigma]=170\text{MPa}$。试按第三、第四强度理论校核腹板与上翼缘交界处的 C 点强度，并与最大正应力强度 $\sigma_{max}=M_{max}/W_z\leqslant[\sigma]$ 比较。

解：(1) 找危险截面。很明显中点附件的截面处，弯矩和剪力最大，为危险截面。其弯矩值为 $M_{max}=787.5\text{kN}\cdot\text{m}$；剪力值为 $F_{s,max}=375\text{kN}$。

(2) 求几何参数。

$$I_z=\frac{1}{12}\cdot 220\mathrm{mm}\cdot(800\mathrm{mm}+2\times(22\mathrm{mm})^3)-\frac{1}{12}\cdot(220\mathrm{mm}-10\mathrm{mm})\cdot(800\mathrm{mm})^3$$

$$=2062\times10^{-6}\mathrm{m}^4$$

$$S_z^C=220\mathrm{mm}\cdot 22\mathrm{mm}\cdot\left(\frac{800\mathrm{mm}+22\mathrm{mm}}{2}\right)=1989\times10^{-6}\mathrm{m}^3$$

(3) 求 C 点的正应力和切应力，建立该点的应力状态。

按前面介绍的梁正应力、切应力，得

$$\sigma_C=\frac{M_{\max}}{I_z}y_C=-\frac{788\times10^3\mathrm{N}\cdot\mathrm{m}}{2060\times10^{-6}\mathrm{m}^4}\times\frac{800}{2}\times10^{-3}\mathrm{m}=-153\mathrm{MPa}$$

$$\tau_C=\frac{F_{s,\max}\cdot S_z^C}{I_z\cdot d}=-\frac{375\times10^3 N\times1989\times10^{-6}m^3}{2060\times10^{-6}m^4\times10\times10^{-3}m}=36.2\mathrm{MPa}$$

C 点的应力状态如图 15.13(e)。

(4) 按第三、第四强度理论进行校核。根据例 15.6 的结论，可知

$$\sigma_{r3}=\sqrt{\sigma^2+4\tau^2}=\sqrt{\sigma_C^2+4\tau_C^2}=169.2\mathrm{MPa}<[\sigma]$$

$$\sigma_{r4}=\sqrt{\sigma^2+3\tau^2}=\sqrt{\sigma_C^2+3\tau_C^2}=165.3\mathrm{MPa}<[\sigma]$$

校核结果均安全。

(5) 与最大正应力强度条件作比较

先求最大正应力 $\sigma_{\max}$，按照前面的结论有

$$\sigma_{\max}=\lfloor\sigma_{\min}\rfloor=\left|\frac{M_{\max}}{I_z}\cdot y_{\max}\right|=\left|-\frac{788\times10^3\mathrm{N}\cdot\mathrm{m}}{2060\times10^{-6}\mathrm{m}^4}\times\left(\frac{800}{2}+22\right)\times10^{-3}\mathrm{m}\right|=161.3\mathrm{MPa}$$

与许用应力 $[\sigma]$ 比较，也是安全的。

比较上述 3 个强度条件，相当应力和最大正应力分别为 169.2MPa、165.3MPa 和 161.3MPa。而许用应力 $[\sigma]$ 相同的。如果第四强度理论比较符合实际情况，则按第三理论作强度计算较为保守，但偏于安全，而最大正应力作强度计算则偏于不安全。也就是说，如图 15.13(a)所示的梁，仅按横截面上的最大正应力的强度条件计算是不够的，因为横截面上的最大正应力属于简单应力状态，而其他各点属复杂应力状态。

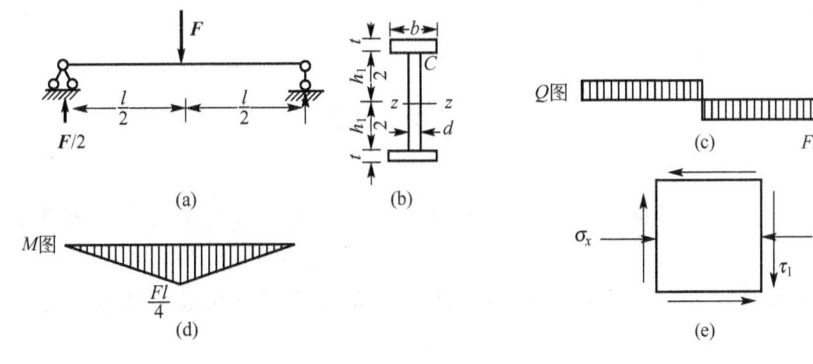

图 15.13

本章小结

1. 通过物体内一点所有各个方位截面上应力的全体称为该点处的应力状态。

2. 在单元体的某平面上，如只有正内力而无剪应力，则此正应力称为主应力，所在的平面称为主平面。一点的主应力按其数值大小排列，即 $\sigma_1 \geqslant \sigma_2 \geqslant \sigma_3$。根据一点处主应力不为零的数目可将应力状态进行分类。

3. 平面应力状态在任意料截面上的应力分量为

$$\sigma_\alpha = \frac{\sigma_x + \sigma_y}{2} + \frac{\sigma_x - \sigma_y}{2}\cos 2\alpha - \tau_x \sin 2\alpha$$

$$\tau_\alpha = \frac{\sigma_x - \sigma_y}{2}\sin 2\alpha + \tau_x \cos 2\alpha$$

其中，计算主应力的公式是

$$\left.\begin{matrix}\sigma_{\max}\\ \sigma_{\min}\end{matrix}\right\} = \frac{\sigma_x + \sigma_y}{2} \pm \sqrt{\left(\frac{\sigma_x - \sigma_y}{2}\right)^2 + \tau_x^2}$$

计算极值切应力的公式是

$$\left.\begin{matrix}\tau_{\max}\\ \tau_{\min}\end{matrix}\right\} = \pm \sqrt{\left(\frac{\sigma_x - \sigma_y}{2}\right)^2 + \tau_x^2}$$

4. 强度理论有 4 个，它们是最大拉应力理论、最大拉应变理论、最大切应力理论和形状改变比能理论。它们的相当应力分别为

第一强度理论：$\sigma_{r1} = \sigma_1$

第二强度理论：$\sigma_{r2} = \sigma_1 - \mu(\sigma_2 + \sigma_3)$

第三强度理论：$\sigma_{r3} = \sigma_1 - \sigma_3$

第四强度理论：$\sigma_{r4} = \sqrt{\frac{1}{2}[(\sigma_1 - \sigma_2)^2 + (\sigma_2 - \sigma_3)^2 + (\sigma_3 - \sigma_1)^2]}$

一般而言，第一强度理论和第二强度理论一般适用于脆性材料，而第二强度理论和第四强度理论则一般适用于塑性材料。

思考题

1. 何谓主应力和主平面？主应力与正应力有何区别？通过受力物体内某一点有几对主平面？

2. 一个单元体，在最大正应力作用平面上有无切应力？在最大切应力作用平面上有无正应力？

3. 试问在何种情况下，平面应力状态下的应力圆符合以下特征：(1)一个点圆；(2)圆心在原点；(3)与 τ 轴相切。

习　　题

15-1　试用解析法及图解法求图 15.14 所示斜截面 ab 上的应力。(单位：MPa)

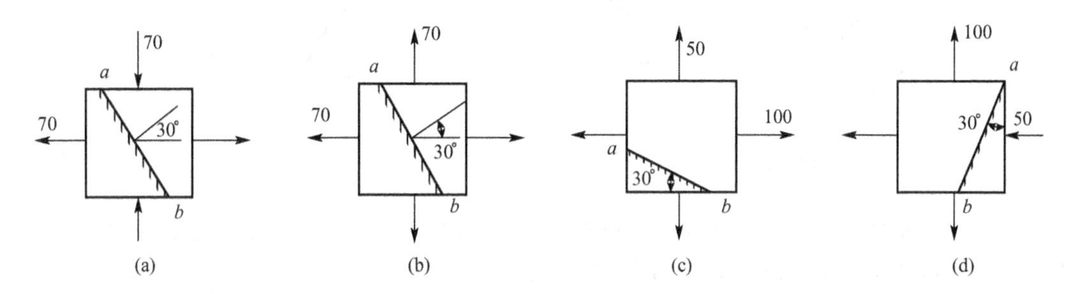

图 15.14

15-2　已知应力状态如图 15.15 所示，图中应力单位皆为 MPa。试用解析法和图解法求：(1)主应力大小，主平面位置；(2)在单元体上绘出主平面位置及主应力方向；(3)最大剪应力。

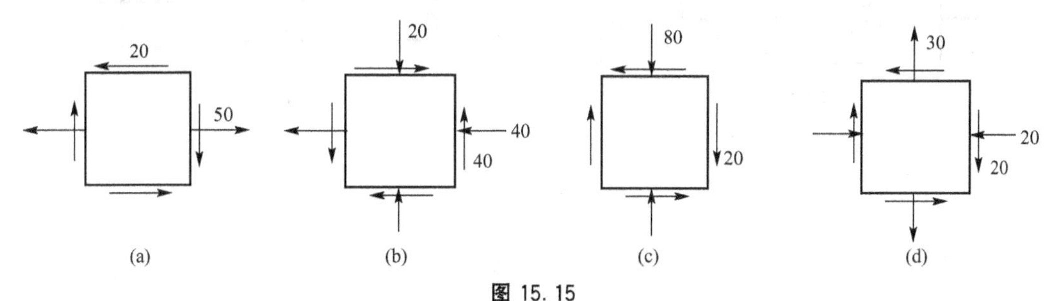

图 15.15

15-3　如图 15.16 所示，已知梁的计算简图和数据如下：$P=20\text{kN}$，$q=12\text{kN/m}$，$M_0=60\text{kN}\cdot\text{m}$，$a=1\text{m}$，$[\sigma]=140\text{MPa}$，$[\tau]=80\text{MPa}$。试为该梁选择工字形截面，并作剪应力及主应力校核(采用第四强度理论)。

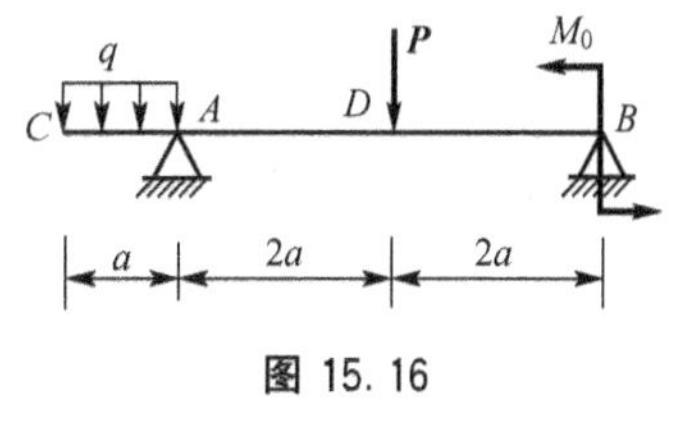

图 15.16

15-4　图 15.17 所示一受力 F 作用的轴向拉伸杆，已知在 $\alpha=\pi/3\text{rad}$ 角的斜面上 $\sigma_{\pi/3}=2.5\text{MPa}$，$\tau_{\pi/3}=2.5\sqrt{3}\text{MPa}$，试求 F 值。

15-5　试根据相应的应力圆上的关系，写出图 15.18 所示单元体任一斜截面 $m-n$ 上正应力及切应力的计算公式。设截面 $m-n$ 的法线与 x 轴成 α 角(画图时可设 $|\sigma_x|>|\sigma_y|$)。

15-6　在拉杆的某一斜截面上，正应力为 50MPa，切应力为 50MPa。试求最大正应力和最大切应力。

15-7　图 15.19 所示两块钢板由斜焊缝连接(对接)。焊缝材料的许用应力为：$[\sigma]=145\text{MPa}$，$[\tau]=100\text{MPa}$。板宽 $b=200\text{mm}$，板厚 $\delta=10\text{mm}$，焊缝斜角 $\theta=\pi/6\text{rad}$。试求此焊缝所许用的最大拉力 $[F]$ 值。

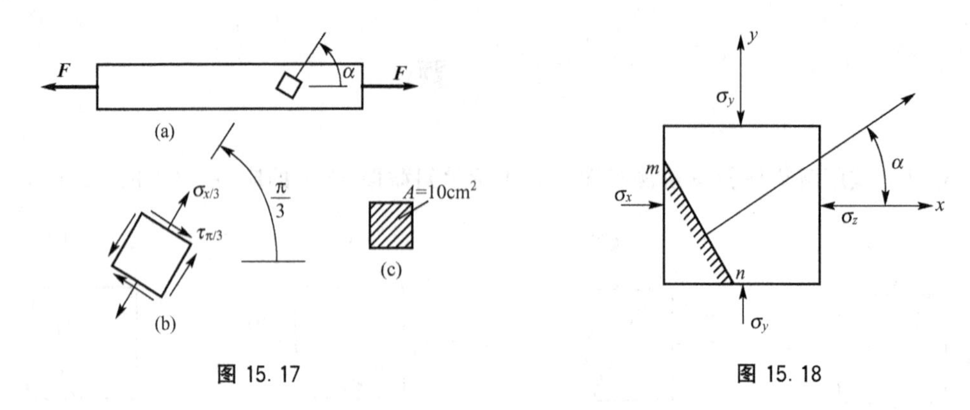

图 15.17　　　　图 15.18

15－8　图 15.20 所示一悬臂梁，已知：$F=40\text{kN}$，$l=50\text{cm}$。试求固定端截面上 A、B、C 三点的最大切应力值及其作用面的方位。

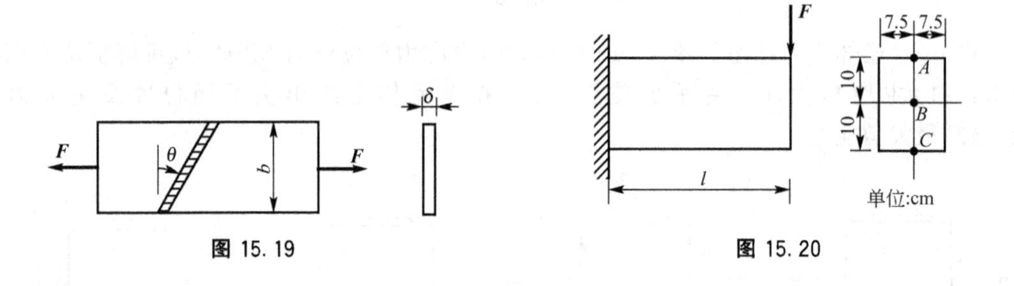

图 15.19　　　　图 15.20

第16章 组合变形的强度计算

【教学提示】

本章在杆件各种基本变形的基础上，进一步讨论在工程实际中常见的斜弯曲、拉压与弯曲、偏心压缩、弯扭等几种组合变形时的强度问题。在叠加原理的基础上，分析讨论在组合变形情况下对危险截面及危险点的确定方法，进而给出各种组合变形的强度条件。

【学习要求】

在学习本章时，要着重掌握组合变形的定义；危险截面、危险点的确定方法；根据危险点的应力状态，建立相应的强度条件。

16.1 概　　述

前面有关章节分别讨论了杆件在各种基本变形下的强度、刚度计算。在实际工程中，杆件受力后发生的变形，往往不是单一的基本变形，可能同时发生两种或两种以上的基本变形。例如，图 16.1(a)所示的水塔，水箱连同水箱中的水的重量使得下面支撑的杆件受压，杆件发生压缩变形，由于水塔比较高，同时还受一定的侧向风压，杆件还要发生弯曲变形，这样，水塔受到来自顶部的水箱连同水箱内水的重量和来自侧向的风压共同作用，同时发生压缩和弯曲两种基本变形。又如，图 16.1(b)所示的受力杆件，仅在 F 作用下发生弯曲变形，仅在 M 作用下发生扭转变形，F、M 共同作用下，杆件同时发生弯曲和扭转两种基本变形。杆件在荷载作用下，同时发生两种或两种以上基本变形的情况称为组合变形。

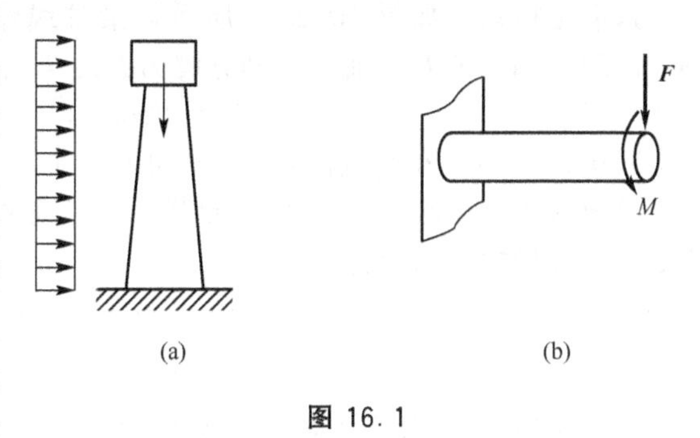

图 16.1

对发生组合变形的杆件计算应力和变形时，可先将荷载进行简化或分解，使简化或分解后的静力等效荷载，各自只引起一种基本变形，然后分别计算各基本变形下的应力和变形，再将同类应力和变形进行叠加，就得到原来荷载所引起的组合变形的应力和变形。叠加法的适用条件为：杆件的变形是微小的；材料服从胡克定律。

本章着重讨论斜弯曲、拉压和弯曲、偏心压缩以及弯扭组合等组合变形杆件的应力和强度计算问题。

16.2 斜　弯　曲

前面讨论梁平面弯曲时指出，若梁具有纵向对称面，当横向外力作用在梁的纵向对称面内时，梁的轴线将在外力作用面内弯曲成一条曲线(即挠曲线)，这就是平面弯曲。当梁的外力作用线虽然通过截面形心，但不与截面的对称轴重合(即外力不作用在形心主惯性平面内)，此时，梁弯曲后的挠曲线不再位于外力所在纵向平面内，这类弯曲则称为斜弯曲。

现以图 16.2 所示矩形截面悬臂梁为例来说明斜弯曲的应力和强度计算。

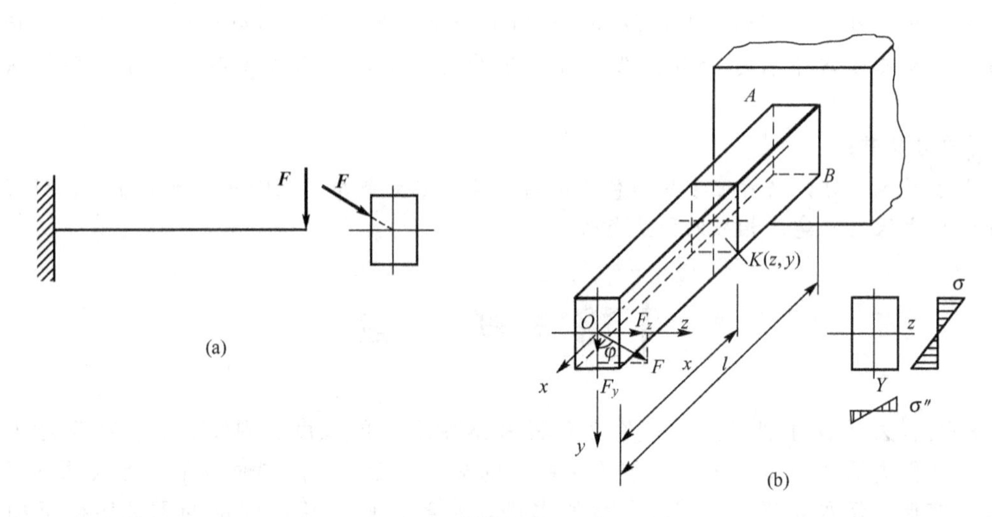

图 16.2

选取坐标系，如图 16.2(b)所示，梁轴线作为 x 轴，两个对称轴分别作为 y 轴和 z 轴。由图可知，F 沿 y 轴和 z 轴分解为 F_y、F_z 两个分量，分别为

$$F_y=F\cos\varphi,\qquad F_z=F\sin\varphi$$

其中，F_y使梁在铅直面，即 xy 面内弯曲，F_z 使梁在水平面内，即 yz 面内弯曲。

设要求距自由端任意距离 x 的截面上任意点 K 的正应力，该点的坐标为 z 和 y。由 F_y、F_z 引起的弯矩分别为

$$\left.\begin{aligned}M_z=F_yx=Fx\cos\varphi=M\cos\varphi\\M_y=F_zx=Fx\sin\varphi=M\sin\varphi\end{aligned}\right\}\tag{a}$$

式中，$M=Fa$ 是外力 F 引起的 x 截面的弯矩。

F_y、F_z 单独作用下，该截面上任意一点 K 处的正应力分别为

$$\sigma'=\frac{M_z}{I_z}y,\qquad \sigma''=\frac{M_y}{I_y}z$$

F_y、F_z 共同作用下，K 点的正应力为

$$\sigma=\sigma'+\sigma''=\frac{M_z}{I_z}y+\frac{M_y}{I_y}z\tag{16-1}$$

代入式(a)，得到

$$\sigma=\sigma'+\sigma''=M\left(\frac{\cos\varphi}{I_z}y+\frac{\sin\varphi}{I_y}z\right)\tag{16-2}$$

式(16-1)或式(16-2)就是梁斜弯曲时横截面上任一点的正应力计算公式。式中 I_z 和 I_y 分别为截面对 z 轴和 y 轴的惯性距；y 和 z 分别为求应力的点到 z 轴和 y 轴的距离。

正应力的正负号，可以直接观察 M_z 和 M_y 弯矩分别引起的正应力是拉应力还是压应力来判定。

梁发生斜弯曲时，横截面上也存在中性轴，而中性轴上各点的正应力都等于零，设中性轴上任意点的坐标为 y_0、z_0，将式(16-2)中的 y 和 z 用 y_0、z_0 来代替，并令 $\sigma=0$，便得到如下确定中性轴位置的方程

$$\frac{\cos\varphi}{I_z}y_0+\frac{\sin\varphi}{I_y}z_0=0 \tag{b}$$

上式称为中性轴方程。可以看出中性轴是通过形心的一条直线，设其与 z 轴的夹角为 α，如图 16.3 所示，则有

$$\tan\alpha=\frac{y_0}{z_0}=-\frac{I_z}{I_y}\tan\varphi \tag{16-3}$$

此式表明：(1)当力 F 通过第一、三象限时，中性轴通过第二、四象限；(2)中性轴与力 F 作用线并不垂直，这也是斜弯曲的特点。除非 $I_z=I_y$，即截面的两个形心主惯性矩相等，例如正多边形的情况，中性轴才与力 F 作用线垂直，而此时不论力 F 的 φ 等于多少，梁所发生的总是平面弯曲。

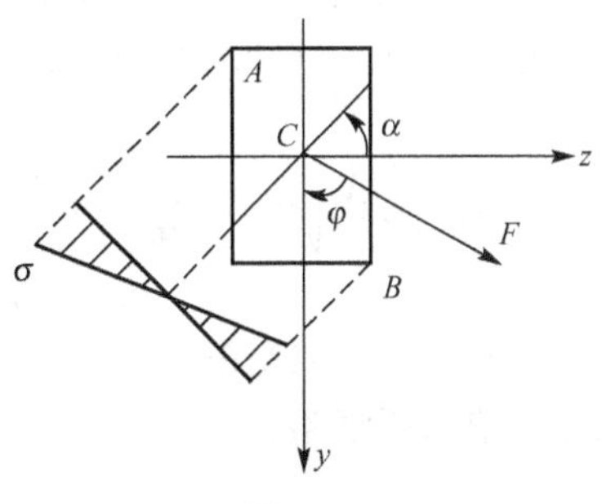

图 16.3

中性轴把截面分为拉应力和压应力两个区域，当中性轴的位置确定后，就很容易确定应力最大的点，这只要在截面的周边上作两条与中性轴平行的切线，如图 16.3 所示的 A、B 点。

为了进行强度计算，必须先确定危险截面，再确定危险截面上危险点。由公式(a)知道，危险截面在悬臂梁的固定端，最大正应力(危险点)在离中性轴最远处棱角 A、B 点，A 点有最大拉应力，B 点有最大压应力。根据式(16-1)，最大正应力为

$$\sigma_{\max}=\frac{M_{z,\max}}{I_z}y_{\max}+\frac{M_{y,\max}}{I_y}z_{\max}=\frac{M_{z,\max}}{W_z}+\frac{M_{y,\max}}{W_y}$$

若材料的抗拉与抗压的许用应力相同，其强度条件可以写为

$$\sigma_{\max}=\frac{M_{z,\max}}{W_z}+\frac{M_{y,\max}}{W_y}\leqslant[\sigma]$$

例 16.1 矩形截面简支梁受力如图 16.4 所示，F 的作用线通过形心与 y 轴成 φ 角。

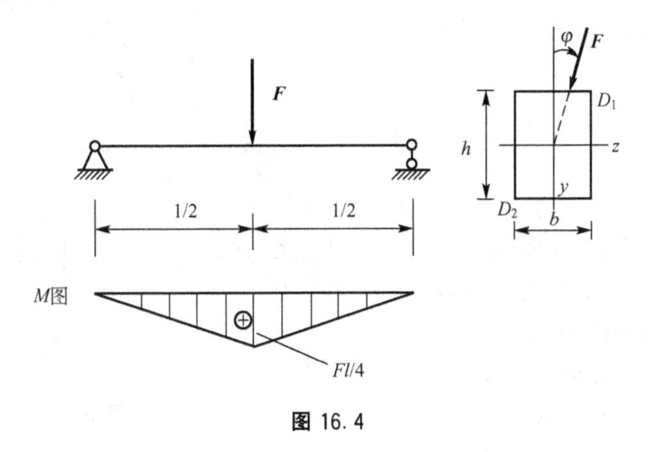

图 16.4

已知 $F=3.2\text{kN}$，$\varphi=14°$，$l=3\text{m}$，$b=100\text{mm}$，$h=140\text{mm}$，材料的许用应力 $[\sigma]=10\text{MPa}$。试校核该梁的强度。

解：梁的弯矩如图 16.4 所示，危险截面在跨中，把荷载沿 y 轴和 z 轴分解，它们引起的跨中截面上的弯矩分别为

$$M_{z,\max}=\frac{1}{4}F_y l=\frac{1}{4}Fl\cos\varphi=\frac{1}{4}\times3.2\text{kN}\times3\text{m}\times0.97=2.33\text{kN}\cdot\text{m}$$

$$M_{y,\max}=\frac{1}{4}F_z l=\frac{1}{4}Fl\sin\varphi=\frac{1}{4}\times3.2\text{kN}\times3\text{m}\times0.242=0.58\text{kN}\cdot\text{m}$$

梁中的最大正应力发生在跨中截面的 D_1 和 D_2 点，D_1 为最大拉应力，D_2 为最大压应力，由于矩形截面两点对称，因此，两点正应力的绝对值相等，只要计算一点即可，计算 D_1 点。

$$\sigma_{\max}=\frac{M_{z,\max}}{W_z}+\frac{M_{y,\max}}{W_y}=\frac{M_{z,\max}}{\frac{1}{6}bh^2}+\frac{M_{y,\max}}{\frac{1}{6}hb^2}=\frac{2.33\times10^3\text{N}\cdot\text{m}}{\frac{1}{6}\times0.1\times0.14^2}+\frac{0.58\times10^3\text{N}\cdot\text{m}}{\frac{1}{6}\times0.14\times0.1^2}$$

$$=9.61\text{MPa}<[\sigma]$$

满足正应力强度条件。

16.3 拉伸(压缩)与弯曲的组合

如果杆件除了在通过其轴线的纵向平面内受到垂直于轴线的荷载外，还受到轴向拉(压)力，这是杆件将发生拉伸(压缩)与弯曲的组合变形。下面结合图 16.5 所示的受力杆件，说明拉弯组合变形时的正应力和强度计算。切应力一般很小，可不予考虑。

计算正应力时，仍采用叠加法，即分别计算拉伸和弯曲下的正应力，再代数相加。轴向力 F 单独作用下时，杆件横截面上的正应力均匀分布，其值为

$$\sigma'=\frac{F_N}{A}$$

横向力 q 单独作用时，梁发生平面弯曲，横截面上任一点的正应力为

$$\sigma''=\frac{M_z}{I_z}y$$

F、q 共同作用下，横截面上任一点的正应力为

$$\sigma=\sigma'+\sigma''=\frac{F_N}{A}+\frac{M_z}{I_z}y \quad (16-4)$$

σ' 与 σ'' 叠加后，正应力 σ 沿截面高度的分布规律，如图 16.5 所示。

对于图 16.5 所示的拉弯组合杆件，正应力的最大和最小值分别发生在弯矩最大截面的上、下边缘处，一个为拉应力，另一个压应力，其值为

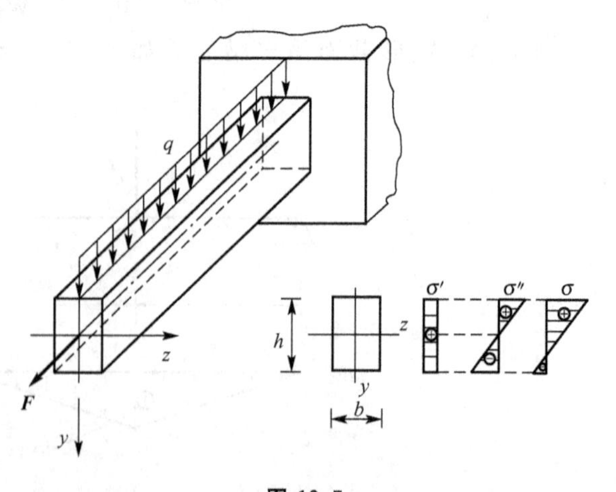

图 16.5

$$\left.\begin{array}{l}\sigma_{max}\\ \sigma_{min}\end{array}\right\}=\frac{F_N}{A}\pm\frac{M_{max}}{W_z}$$

若材料的抗拉与抗压的许用应力相同，其强度条件可以写为

$$\sigma_{max}=\frac{F_N}{A}+\frac{M_{max}}{W_z}\leqslant[\sigma] \tag{16-5}$$

这里应指明一点：处于压弯组合变形的杆件(图 16.6)，在横向力使杆件弯曲后，力 F 对杆件的作用就不是纯轴向压缩了，它在横向力引起的位移上还要产生附加弯矩。所以，对于压弯组合变形杆件来说，只有当杆件的抗弯刚度 EI 较大时，才可以按式(16-4)来算。

例 16.2 矩形截面悬臂梁受力如图 16.7 所示，已知 $l=1.2\text{m}$，$b=100\text{mm}$，$h=150\text{mm}$，$F_1=2\text{kN}$，$F_2=1\text{kN}$。试求梁横截面上的最大拉应力和最大压应力。

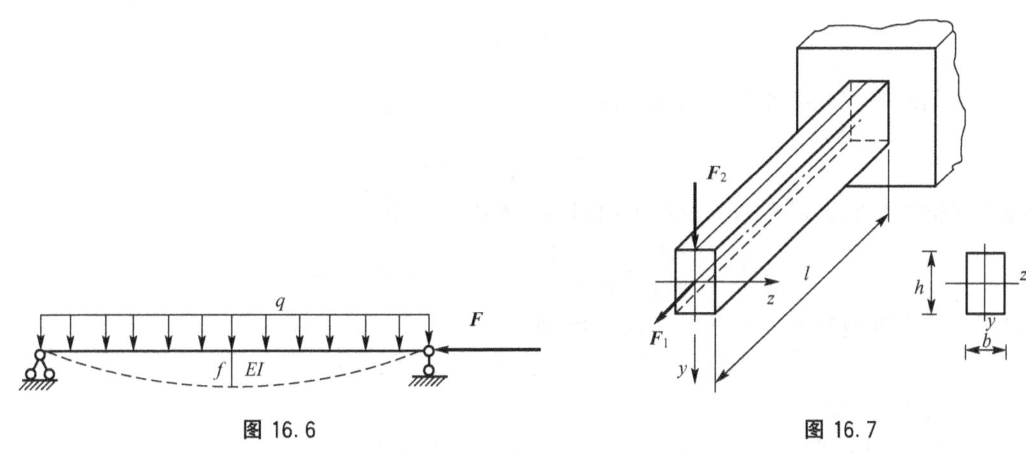

图 16.6　　图 16.7

解：F_1 作用下杆件轴向受拉，F_2 作用下杆件发生平面弯曲。梁横截面上最大拉应力发生在固定端截面的上边缘，其值为

$$\begin{aligned}\sigma_{拉,max}&=\frac{F_N}{A}+\frac{M_{max}}{W_z}=\frac{F_1}{bh}+\frac{F_2 l}{bh^2/6}\\&=\frac{2\times10^3\text{N}}{0.1\times0.15\text{m}^2}+\frac{1\times10^3\times1.2\text{N}\cdot\text{m}}{0.1\times0.15\text{m}^3/6}\\&=3.33\text{MPa}\end{aligned}$$

最大压应力发生在固定端截面下边缘处，其值为

$$\begin{aligned}\sigma_{压,max}&=\frac{F_N}{A}-\frac{M_{max}}{W_z}=\frac{F_1}{bh}-\frac{F_2 l}{bh^2/6}\\&=\frac{2\times10^3\text{N}}{0.1\times0.15\text{m}^2}-\frac{1\times10^3\times1.2\text{N}\cdot\text{m}}{0.1\times0.15\text{m}^3/6}\\&=-3.07\text{MPa}\end{aligned}$$

例 16.3 简易起重机如图 16.8 所示，AB 横梁为工字钢，若最大吊重 $F=10\text{kN}$，材料的许用应力为 $[\sigma]=100\text{MPa}$，试选择工字钢的型号。

解：取横梁 AB 为研究对象，受力图如图 16.8(b)所示，由 $\sum M_A=0$，得

$$F_{NCD}=3F=30\text{kN}$$

作 AB 横梁的轴力图和弯矩图［图 16.8(c)、(d)］，所以危险截面是 C 截面的左邻面，其上的内力为：轴力 $F_N=26\text{kN}$(压)，弯矩 $M=10\text{kN}\cdot\text{m}$。由于钢是拉压等强度材料，因此

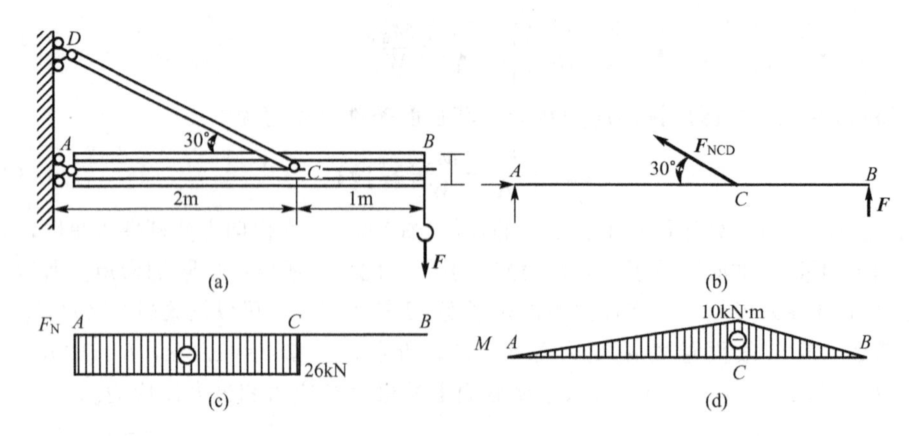

图 16.8

危险点为截面的下边缘各点，强度条件为

$$\sigma=\frac{F_N}{A}+\frac{M}{W_z}\leqslant[\sigma]$$

选择工字钢型号时，可先不考虑轴力的影响进行初选，即

$$W_z\geqslant\frac{M}{[\sigma]}=\frac{10\times10^3}{100\times10^6}\mathrm{m}^3=100\times10^3\mathrm{mm}^3$$

查附录的工字钢型钢表，应选 No. 14 工字钢，有

$$W_z=102\times10^3\mathrm{mm}^3,\quad A=21.5\mathrm{cm}^2$$

初选后进行强度校核

$$\sigma=\frac{F_N}{A}+\frac{M}{W_z}=\left(\frac{26\times10^3\mathrm{N}}{21.5\times10^{-4}\mathrm{m}^2}+\frac{10\times10^3\mathrm{N\cdot m}}{102\times10^{-6}\mathrm{m}^3}\right)\mathrm{Pa}=110\mathrm{MPa}>[\sigma]$$

强度不够。重选 No. 16 工字钢，其 $W_z=141\times10^3\mathrm{mm}^3$，$A=26.1\mathrm{cm}^2$，代入强度条件

$$\sigma=\frac{F_N}{A}+\frac{M}{W_z}=\left(\frac{26\times10^3\mathrm{N}}{26.1\times10^{-4}\mathrm{m}^2}+\frac{10\times10^3\mathrm{N\cdot m}}{141\times10^{-6}\mathrm{m}^3}\right)\mathrm{Pa}=80.9\mathrm{MPa}<[\sigma]$$

所以应选 No. 16 工字钢。

例 16.4 如图 16.9 所示一悬臂起重架，杆 AC 是一根 16 号工字钢，长度 $l=2\mathrm{m}$，$\theta=30°$。荷载 $F=20\mathrm{kN}$ 作用在 AC 的中点 D，若 $[\sigma]=100\mathrm{MPa}$，试校核 AC 梁的强度。

解： AC 梁的受力简图，如图 16.9(b)所示。设 BC 杆的拉力为 F_C，由平衡方程

$$\sum M_A=F_C\times2\sin30°-20\times1=0$$

$$F_C=20\mathrm{kN}$$

则 F_C 的分量为

$$F_{Cx}=F_C\cos30°=17.3\mathrm{kN}$$

$$F_{Cy}=F_C\sin30°=10\mathrm{kN}$$

作 AC 梁的弯矩图和轴力图，如图 16.9(c)、(d)所示，可以看出 D 为危险截面。

查型钢表，对于 16 号工字钢，其 $W=141\mathrm{cm}^3$，$A=26.131\mathrm{cm}^2$。同时考虑轴力及弯矩的影响，进行强度校核。在危险截面 D 的上边缘各点上发生最大压应力，且为

$$|\sigma_{\max}|=\left|\frac{F_N}{A}+\frac{M_{\max}}{W}\right|=\left|-\frac{17.3\times10^3\mathrm{N}}{26.131\times10^{-4}\mathrm{m}^2}-\frac{10\times10^3\mathrm{N\cdot m}}{141\times10^{-6}\mathrm{m}^3}\right|$$

$$=|-6.62-70.92|\mathrm{MPa}=74.54\mathrm{MPa}<[\sigma]$$

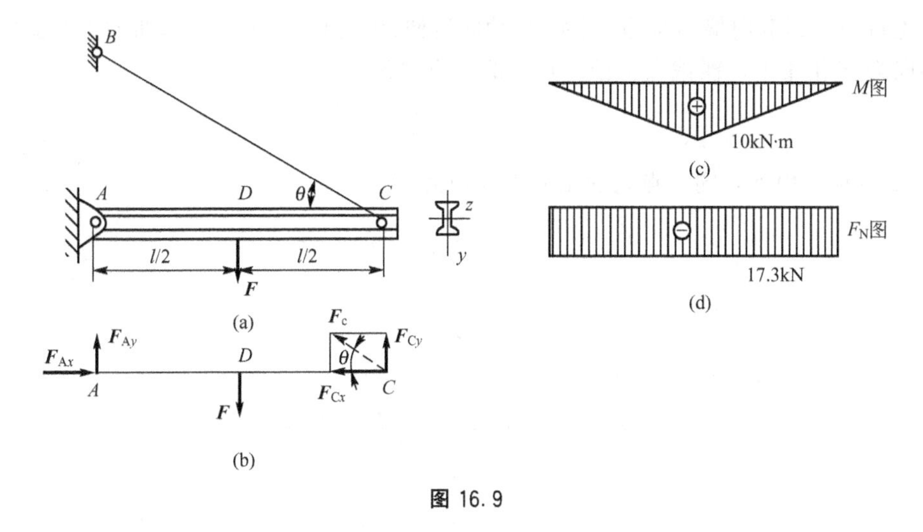

图 16.9

故 AC 梁满足强度条件。

16.4 偏心拉伸(压缩)·截面核心

16.4.1 偏心拉伸(压缩)

作用在杆件上的拉力或压力，当其作用线只平行于杆件轴线但不与轴向重合时，称为偏心拉伸或偏心压缩。偏心拉伸(压缩)也是一种组合变形，这里主要讨论偏心拉、压杆件的正应力计算。

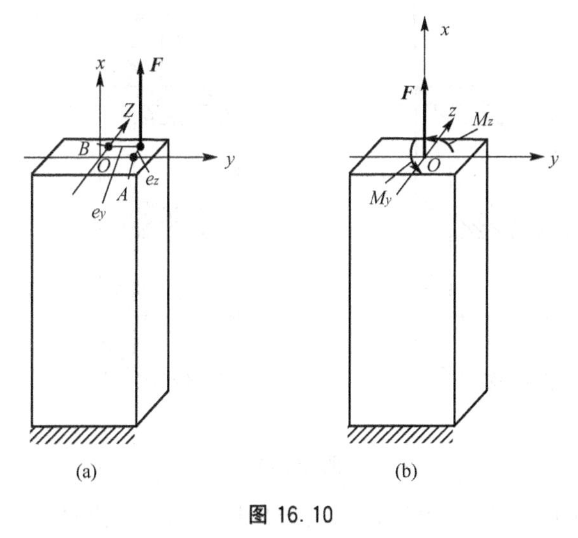

图 16.10

如图 16.10(a)所示的偏向拉伸杆件，外力 F 的作用点不在截面的任何一个形心主轴上，而是位于到 z、y 轴的距离分别为 e_y 和 e_z 的某一点处，这类偏心拉伸称为双向偏心拉伸；F 为压力时，称为双向偏心压缩。这里，e_y、e_z 称为偏心距，若 e_y、e_z 二者之一为零时，则称为单向偏心拉伸(压缩)。

将力 F 平移截面形心处，使其作用线和杆轴线重合，同时附加力偶矩，作法如下［图 16.10(b)］：将外力 F 平移到 y 轴上的 A 点，同时附加一个力偶 M_y，力偶矩 $M_y=F\cdot e_z$，然后将力 F 进一步平移到形心 O 处，同时再附加一个力偶 M_z，力偶矩 $M_z=F\cdot e_y$(也可先将力 F 平移到 z 轴上的 B 点，然后再平移到形心 O 处)。此时，力 F 使杆件发生轴向拉伸，M_z 使杆件在 xOy 平面内发生弯曲，M_y 使杆件在 xOz 平面内发生弯曲。即双向偏心拉伸(压缩)为轴向拉伸(压缩)与两个平面弯曲的组合变形。

轴向力 F 作用下，横截面上任一点处的正应力为

$$\sigma'=\frac{F_{\mathrm{N}}}{A}=\frac{F}{A}$$

M_z 和 M_y 单独作用下，同一点处的正应力分别为

$$\sigma''=\frac{M_z}{I_z}y$$

$$\sigma'''=\frac{M_y}{I_y}z$$

3 者共同作用下，该点的正应力为

$$\sigma=\sigma'+\sigma''+\sigma'''=\frac{F}{A}+\frac{M_z}{I_z}y+\frac{M_y}{I_y}z \tag{16-6}$$

或

$$\sigma=\sigma'+\sigma''+\sigma'''=\frac{F}{A}+\frac{Fe_y}{I_z}y+\frac{Fe_z}{I_y}z \tag{16-7}$$

式(16－6)、式(16－7)既适用于双向偏心拉伸，又适用于双向偏心压缩。式中第一项拉伸时为正，压缩时为负；第二、三项的正负，则根据杆件的弯曲变形及点的位置来确定。

对于矩形、工字型等具有棱角的截面，最大拉应力和最大压应力总是出现在截面的棱角处，这些的危险点处于单向应力状态，将危险点的坐标代入式(16－6)算出最大正应力后，选取其中绝对值最大的应力作为强度计算的依据。强度条件为

$$\sigma_{\max}=\left|\frac{F}{A}+\frac{M_z}{I_z}y_{\max}+\frac{M_y}{I_y}z_{\max}\right|_{\max}=\left|\frac{F}{A}+\frac{M_z}{W_z}+\frac{M_y}{W_y}\right|_{\max}\leqslant[\sigma] \tag{16-8}$$

若材料的许用拉应力和许用压应力不等时，则需要分别对最大拉应力和最大压应力作强度计算。

例 16.5 图 16.11(a)所示偏心受压杆件，已知 $F=42\text{kN}$，$b=300\text{mm}$，$h=200\text{mm}$。试求阴影截面上 A 点和 B 点的正应力。

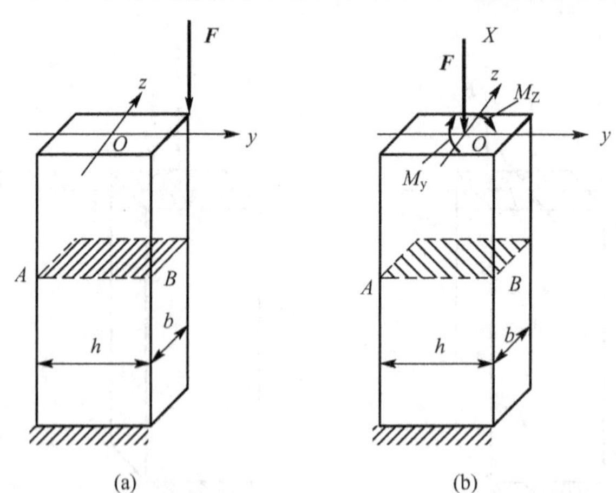

图 16.11

解：将力 F 平移至截面形心处后，对 z、y 轴的附加力偶矩分别为

$$M_z=F\cdot h/2=42\times10^3\text{N}\times\frac{1}{2}\times0.2\text{m}=4200\text{N}\cdot\text{m}$$

$$M_y=F\cdot b/2=42\times10^3\text{N}\times\frac{1}{2}\times0.3\text{m}=6300\text{N}\cdot\text{m}$$

轴向力 F 作用下，A、B 两点均产生压应力；M_z 作用下，A 点产生拉应力，B 点产生压应力；M_y 作用下，A、B 两点均产生拉应力。根据式(16－6)，计算得到

$$\sigma_{\mathrm{A}}=-\frac{F}{A}+\frac{M_z}{I_z}y+\frac{M_y}{I_y}z$$

$$=-\frac{42\times10^3\text{N}}{0.2\times0.3\text{m}^2}+\frac{42\times10^3\text{N}\cdot\text{m}}{0.3\text{mm}\times(0.2\text{mm})^3/12}\cdot\frac{0.2\text{m}}{2}+\frac{63\times10^3\text{N}\cdot\text{m}}{0.2\text{mm}\times(0.3\text{mm})^3/12}\cdot\frac{0.3\text{m}}{2}$$

$$=3.5\text{MPa}$$

$$\sigma_B=-\frac{F}{A}-\frac{M_z}{I_z}y+\frac{M_y}{I_y}z$$

$$=-\frac{42\times10^3\text{N}}{0.2\times0.3\text{m}^2}-\frac{42\times10^3\text{N}\cdot\text{m}}{0.3\text{mm}\times(0.2\text{mm})^3/12}\cdot\frac{0.2\text{m}}{2}+\frac{63\times10^3\text{N}\cdot\text{m}}{0.2\text{mm}\times(0.3\text{mm})^3/12}\cdot\frac{0.3\text{m}}{2}$$

$$=-0.7\text{MPa}$$

例 16.6 如图 16.12(a)所示矩形截面偏心受压柱中，力 F 的作用点位于 y 轴上，偏心距为 e，F、b、h 均为已知。试求柱的横截面上不出现拉应力时的最大偏心距。

解：力 F 平移到截面形心处后，附加的对 z 轴的力偶矩为 $M_z=Fe$，如图 16.12(b)所示。F 作用下，横截面上各点均产生压应力［图 16.12(c)］，其值为 $-F/A$。在 M_z 作用下，横截面上 z 轴左侧受拉，最大拉应力发生在截面的左边缘处［图 16.12(d)］，其值为 M_z/W_z。欲使横截面上不出现拉应力，应使 F、M_z 共同作用下的横截面左边缘处的正应力等于零，即

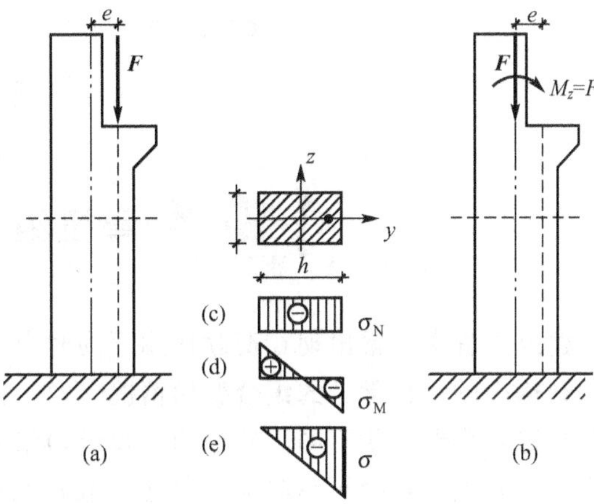

$$\sigma=-\frac{F}{A}+\frac{M_z}{W_z}=-\frac{F}{bh}+\frac{F\cdot e_{\max}}{bh^2/6}=0$$

图 16.12

解得

$$e_{\max}=\frac{h}{6}$$

由此结果可知，当压力 F 作用在 y 轴上时，只要偏心距 $e\leqslant h/6$，截面上就不会出现拉应力。$e=h/6$ 时，正应力(均为拉应力)沿截面 h 方向的发布规律，如图 16.12(e)所示。

16.4.2 截面核心的概念

从例 16.6 可以看出，对于偏心受压杆件来说，当偏心压力 F 的作用点距离截面形心的距离不超过某一值时，杆件横截面上只产生压应力，而不出现拉应力。这是普遍规律，不论单向偏心压缩还是双向偏心压缩，在截面形心附近，总可以找到一个小区域，只要纵向偏心压力的作用点位于该区域时，杆件横截面上只产生压应力而不出现拉应力(偏心拉伸时，只产生拉应力而不出现压应力)，该小区域称为截面核心。

截面核心的概念在工程上是有意义的。工程中的某些材料如砖、石、混凝土等，其抗拉强度远低于抗压强度，对这类材料制成的偏心受压杆件，当偏心压力作用在截面核心内时，杆件截面上就不会出现拉应力。

工程中常见的矩形、圆形、工字形、槽型等截面的截面核心，如图 16.13 所示。

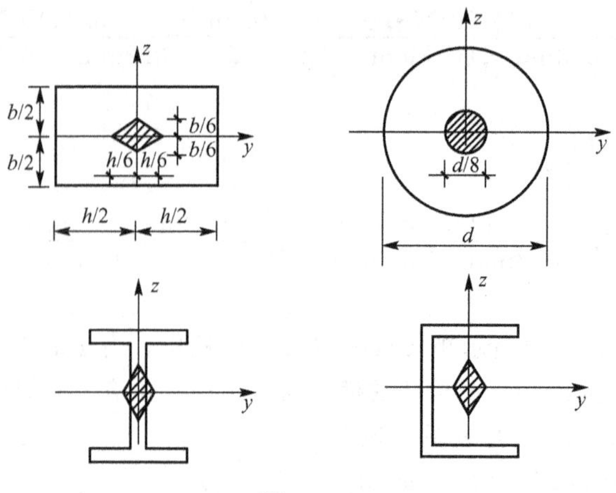

图 16.13

16.5 弯扭组合的强度计算

建筑工程中，常出现在荷载作用下同时出现弯曲变形和扭转变形的情况，这也是机械工程结构中的一种常见的组合变形情况。弯、扭组合变形杆件的强度计算，与前面讨论过的几类组合变形有所不同。斜弯曲、拉(压)组合变形以及偏心拉伸(压缩)时，杆件危险截面上的危险点都是处于单向应力状态，在进行强度计算时，只需求杆件中的最大正应力，然后将其与材料的许用应力进行比较。而弯、扭组合变形时，杆件中的危险点是处于复杂应力状态，进行强度计算时，需要应用有关的强度理论。

下面结合如图 16.14(a)所示圆截面曲拐轴 ABC 为例，说明弯曲与扭转组合变形时的

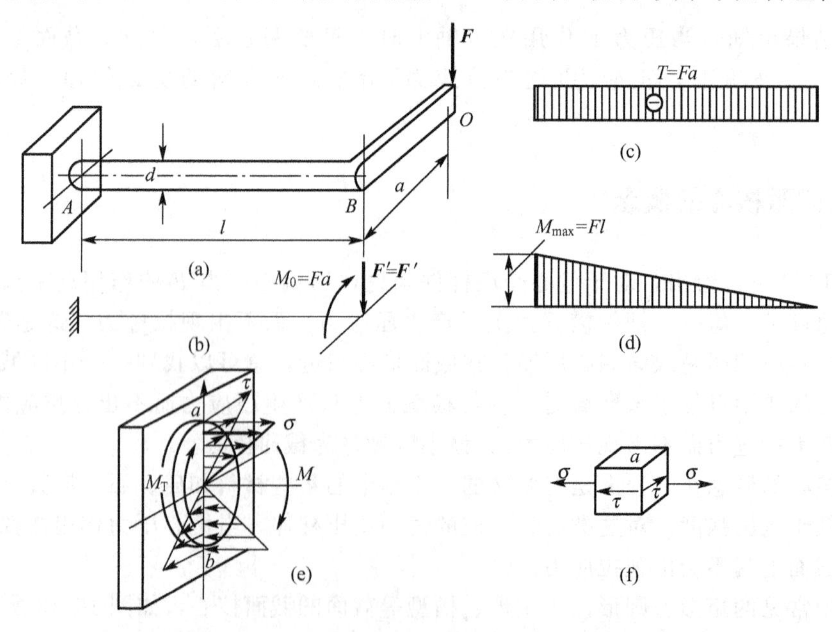

图 16.14

强度计算方法。当分析外力作用时，在不改变构件内力和变形的前提下，可以用等效力系来代替原力系的作用。因此，在研究 AB 杆时，可以将作用于曲拐轴 C 点上的力 F 向 B 点平移，得一力 F' 和一力矩为 M_0 的附加力偶［图 16.14(b)］，其值分别为

$$F'=F, \quad M_0=Fa$$

力 F' 使杆 AB 产生平面弯曲，力偶矩 M_0 使杆 AB 产生扭转。于是，AB 杆为弯、扭组合变形。图 16.14(c)、(d)分别表示 AB 杆的扭矩图和弯矩图(弯曲时的剪力可略去)。由此二图可判断，固定端截面内力最大，是危险截面，危险截面的弯矩、扭矩值(均为绝对值)分别为

$$M_{\max}=Fl, \quad T=M_0=Fa$$

下面分析危险截面上的应力。与弯矩 M、扭矩 T 相对应的弯曲正应力、扭转切应力分别为

$$\sigma=\frac{My}{I_z}, \quad \tau=\frac{T\rho}{I_p}$$

它们的发布规律，如图 16.14(e)所示。

先将 $y=d/2$，$\rho=d/2$ 分别代入后可求得圆轴边缘上 a 点或 b 点处的最大弯曲正应力 σ 和最大扭转切应力 τ。由于 a、b 两点处的弯曲正应力和扭转切应力同时为最大值，故 a、b 两点就是危险点。

对于塑性材料制成的杆件，因其拉、压许用应力相同，故强度计算时可只校核其中一点(危险点)，例如 a 点即可。为此，从 a 点处取一微小单元体，作用在该单元体各面上的应力，如图 16.14(f)所示。该单元体处于平面应力状态，其主应力为

$$\left.\begin{aligned}\sigma_1&=\frac{\sigma}{2}+\sqrt{\left(\frac{\sigma}{2}\right)^2+\tau^2}\\ \sigma_2&=0\\ \sigma_3&=\frac{\sigma}{2}-\sqrt{\left(\frac{\sigma}{2}\right)^2+\tau^2}\end{aligned}\right\} \tag{a}$$

第三、第四强度理论适用于塑性材料。对于塑性材料杆件如果用第三强度理论，其强度条件为

$$\sigma_1-\sigma_3\leqslant[\sigma]$$

将式(a)代入，得

$$\sqrt{\sigma^2+4\tau^2}\leqslant[\sigma] \tag{16-9}$$

将式(a)代入第四强度理论的强度条件

$$\sqrt{\frac{1}{2}[(\sigma_1-\sigma_2)^2+(\sigma_2-\sigma_3)^2+(\sigma_3-\sigma_1)^2]}\leqslant[\sigma]$$

将式(a)代入，得

$$\sqrt{\sigma^2+3\tau^2}\leqslant[\sigma] \tag{16-10}$$

式(16-9)、式(16-10)就是杆件在弯、扭组合变形时分别按第三和第四强度理论建立的强度条件。

对于圆形截面杆，式(16-9)和式(16-10)要改写为另外的形式。将 a 点的正应力 $\sigma=My_{\max}/I_z=M/W_z$、切应力 $\tau=T\rho_{\max}/I_p=T/W_p$，并考虑到圆截面杆的 $W_p=2W_z$，于是又

可得到以弯矩 M、扭矩 T 和抗弯截面模量 W_z 表示的第三强度理论下的强度条件为

$$\frac{\sqrt{M^2+T^2}}{W_z}\leqslant[\sigma] \tag{16-11}$$

第四强度理论下的强度条件为

$$\frac{\sqrt{M^2+0.75T^2}}{W_z}\leqslant[\sigma] \tag{16-12}$$

式(16－11)、式(16－12)同样适用于空心圆轴。对于拉伸(或压缩)与扭转组合变形情况(图 16.15)，由于危险点的应力状态与弯、扭组合变形时完全相同，因此，只要把拉伸(或压缩)正应力代入式(16－9)或式(16－10)中就可得到其相应的强度条件为

$$\sqrt{\left(\frac{F_N}{A}\right)^2+4\left(\frac{T}{W_p}\right)^2}\leqslant[\sigma] \tag{16-13}$$

第四强度理论下的强度条件为

$$\sqrt{\left(\frac{F_N}{A}\right)^2+3\left(\frac{T}{W_p}\right)^2}\leqslant[\sigma] \tag{16-14}$$

例 16.7 如图 16.16 所示铁路路标的圆信号板，装在外径 $D=60\text{mm}$ 的空心圆柱上。若信号板上作用的最大风载的压强 $p=2\text{kPa}$，已知 [1]＝60MPa，试按第三强度理论选定空心柱的壁厚 δ。

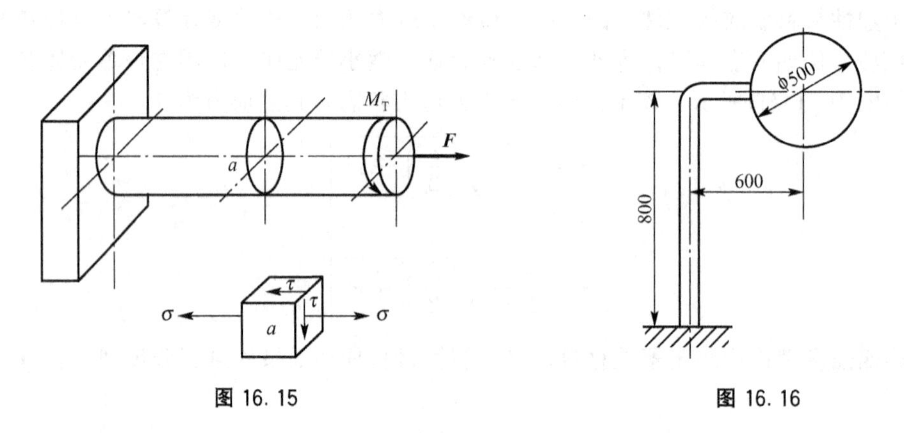

图 16.15　　　　图 16.16

解：(1) 信号板受的外力。

在风力作用下，信号板的空心圆柱受弯曲和扭转组合作用，作用于信号板中心的风载合力为

$$P=Ap=\frac{AD_1^2}{4}p=\left(\frac{\pi\times0.5^2}{4}\times2000\right)\text{N}=392.7\text{N}$$

(2) 立柱的内力。

立柱的危险截面在其根部，危险截面上的扭矩和弯矩分别为

$$T=0.6P=(0.6\times392.7)\text{N}\cdot\text{m}=235.6\text{N}\cdot\text{m}$$

$$M=0.8P=(0.8\times392.7)\text{N}\cdot\text{m}=314.2\text{N}\cdot\text{m}$$

(3) 计算空心圆柱的壁厚。

应用第三强度理论

$$\frac{\sqrt{M^2+T^2}}{W_z}=\frac{32\sqrt{M^2+T^2}}{\pi D^3\left[1-\left(\frac{d}{D}\right)^4\right]}=\frac{32\sqrt{314.2^2+235.6^2}}{\pi\times0.06^3\left[1-\left(\frac{d}{D}\right)^4\right]}\leqslant[\sigma]=60\times10^6$$

简化上式，得

$$0.3807\leqslant1-\left(\frac{d}{D}\right)^4$$

$$d\leqslant0.05471\text{m}=54.71\text{mm}$$

空心柱的壁厚

$$\delta=\frac{D-d}{2}=\frac{60\text{mm}-54.71\text{mm}}{2}=2.645\text{mm}$$

本章小结

1. 构件受力之后，同时产生两种或两种以上的基本变形，称为组合变形。

2. 组合变形构件强度分析是建立在各种基本变形应力计算基础上的。具体步骤如下。

(1) 对外力进行分解，分解成几组基本变形构件受力情况。

(2) 分析基本变形的内力，确定危险截面。

(3) 计算危险截面上的应力，确定危险点位置。

(4) 根据危险点应力状态，建立相应的强度条件。

3. 常见几种组合变形强度条件

斜弯曲 $$\sigma_{\max}=\frac{M_{z,\max}}{W_z}+\frac{M_{y,\max}}{W_y}\leqslant[\sigma]$$

拉(压)与弯曲 $$\sigma_{\max}=\frac{F_N}{A}+\frac{M_{\max}}{W_z}\leqslant[\sigma]$$

偏心拉伸(压缩)

$$\sigma_{\max}=\left|\frac{F}{A}+\frac{M_z}{I_z}y_{\max}+\frac{M_y}{I_y}z_{\max}\right|_{\max}=\left|\frac{F}{A}+\frac{M_z}{W_z}+\frac{M_y}{W_y}\right|_{\max}\leqslant[\sigma]$$

弯扭

第三强度理论 $$\sqrt{\sigma^2+4\tau^2}\leqslant[\sigma]$$

第四强度理论 $$\sqrt{\sigma^2+3\tau^2}\leqslant[\sigma]$$

如果是圆轴，则

第三强度理论 $$\frac{\sqrt{M^2+T^2}}{W_z}\leqslant[\sigma]$$

第四强度理论 $$\frac{\sqrt{M^2+0.75T^2}}{W_z}\leqslant[\sigma]$$

思 考 题

1. 矩形截面杆件处于斜弯曲与拉伸的组合变形时，危险位于何处？

2. 圆轴处于弯扭组合变形时，横截面上存在哪些内力？危险点处于什么样的应力状态？

3. 圆轴在 M_y、M_z 的共同作用下，最大弯曲正应力发生在横截面上的哪一点？

4. 分析偏心拉伸(压缩)时，横截面上的 y、z 轴应如何选取？

习　　题

16－1　图 16.17 所示一 No. 25a 的工字钢简支梁，处于斜弯曲。已知 $l=4\text{m}$，$F=20\text{kN}$，$\varphi=\pi/12$，$[\sigma]=160\text{MPa}$，试校核强度。

16－2　图 16.18 所示一矩形截面悬臂木梁，在自由端平面内作用一集中力 F，此力通过截面形心，与对称轴 y 的夹角 $\varphi=\pi/6$。已知 $E_{木}=10\text{GPa}$，$F=2.4\text{kN}$，$l=2\text{m}$，$h=200\text{mm}$，$b=120\text{mm}$。试求固定端截面上 a、b 两点的正应力。

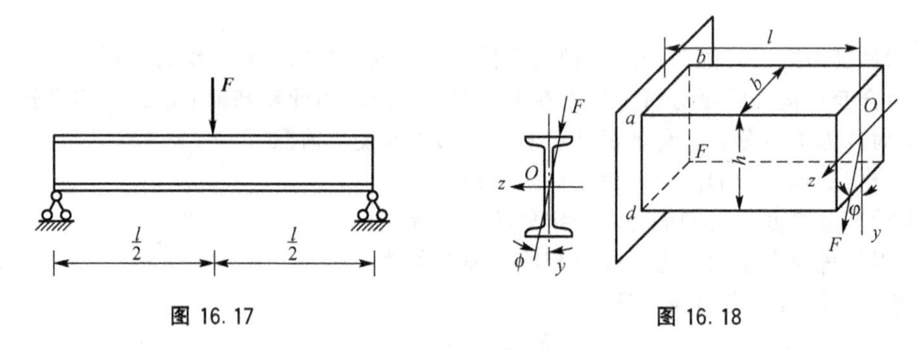

图 16.17　　　　图 16.18

16－3　图 16.19 所示一正方形截面柱，边长为 a，顶部受轴向压力 F 作用，在右侧中部挖了一个槽，槽深 $a/4$。试求：(1)开槽前后柱内最大压应力值及所在点的位置；(2)若在槽内的对称位置再挖一个相同的槽，则应力有何变化？

16－4　图 16.20 所示一矩形截面柱，受压力 F_1 和 F_2 作用，$F_1=100\text{kN}$，F_2 与轴线有一个偏心距 $y_p=200\text{mm}$。$b=180\text{mm}$，$h=300\text{mm}$。试求 $\sigma_{\max}$ 及 $\sigma_{\min}$。欲使柱截面内不出现拉应力，试问截面高度 h 应为多少？此时的 $\sigma_{\max}$ 为多大？

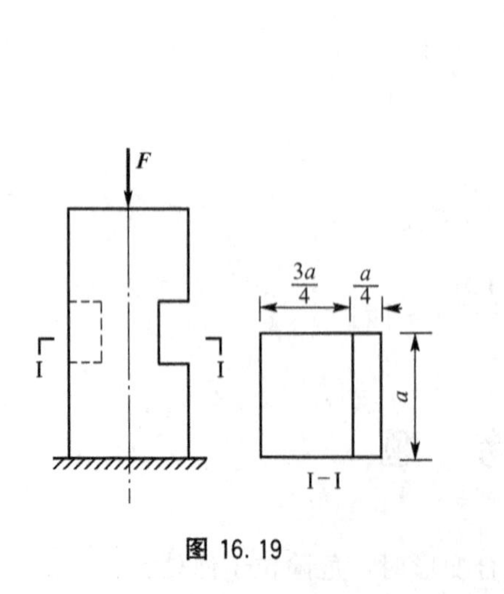

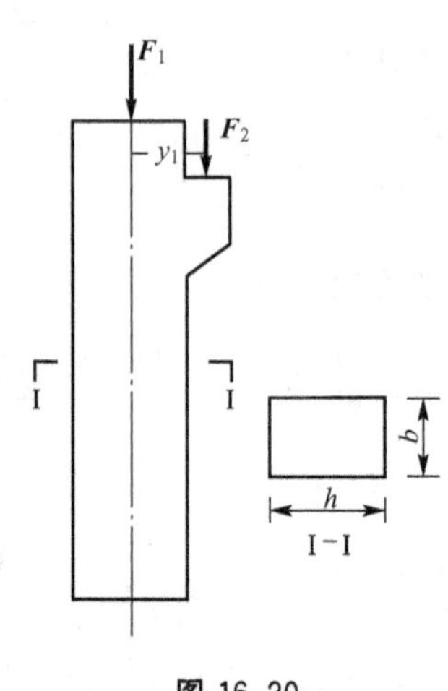

图 16.19　　　　图 16.20

16－5　图16.21所示为两座水坝的截面，一座为矩形截面，一座为三角形，水深均为 l，混凝土密度 $\rho=2.2\times10^3\mathrm{kg/m^3}$。试问当坝底截面上不出现拉应力时 h 各等于多少?

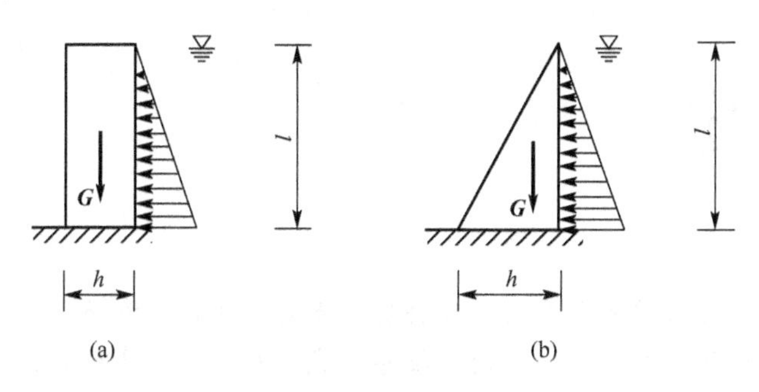

图16.21

16－6　图16.22所示一木制楼梯斜梁，受铅直荷载作用。已知 $l=4\mathrm{m}$，$b=0.12\mathrm{m}$，$h=0.2\mathrm{m}$，$q=3.0\mathrm{kN/m}$，试问：(1)作轴力图和弯矩图；(2)求危险截面(跨中截面)上的最大拉应力和最大压应力值。

16－7　已知图16.23所示牙轮钻机的钻杆为无缝钢管，外径 $D=152\mathrm{mm}$，内径 $d=120\mathrm{mm}$，许用应力 $[\sigma]=100\mathrm{MPa}$。钻杆的最大推进压力 $P=180\mathrm{kN}$，扭矩 $T=17.3\mathrm{kN\cdot m}$，试按第三强度理论校核钻杆的强度。

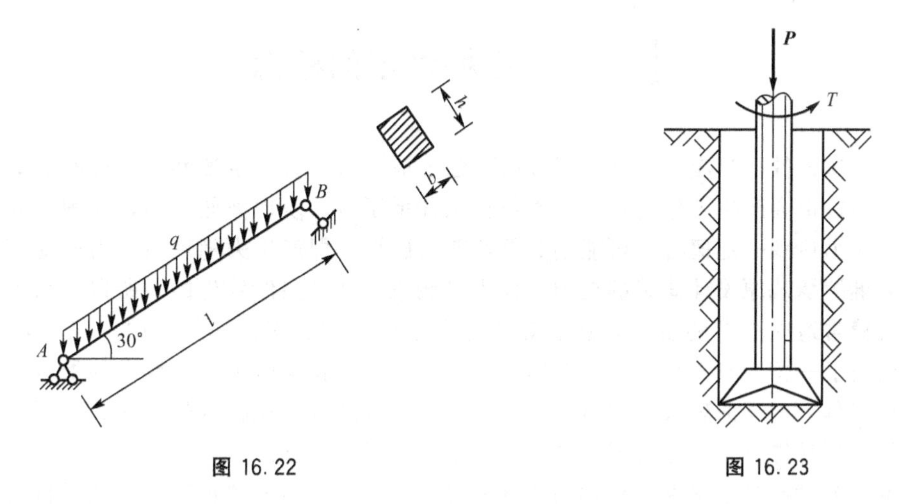

图16.22　　　　图16.23

第17章 压杆稳定

【教学提示】

本章所研究的内容与前面各章的内容将有明显的不同，本章将研究细长压杆的稳定性及计算方法。重点介绍压杆稳定的概念、临界荷载以及临界应力的概念，讨论压杆的稳定计算问题。

【学习要求】

通过本章的学习，理解压杆稳定和压杆失稳的基本概念。懂得细长压杆在承受轴向压力时的平衡形式可能是稳定的，也可能是不稳定的，这主要取决于轴向压力的大小。理解受压细长压杆在临界力作用下的平衡状态是由稳定平衡过渡到不稳定平衡的一种平衡状态，实质上是一种不稳定的平衡状态，掌握临界力的确定方法。理解柔度的概念，掌握欧拉公式的适用范围。

17.1 压杆稳定的概念

对于受拉杆件，当应力达到屈服极限或强度极限时，会产生塑性变形或断裂破坏。对于受压的短柱也会产生类似的现象。而细长压杆承压时，表现截然不同，即细长的受压杆件受到的压力达到一定值时，可能会突然弯曲而破坏，即产生失稳现象。由于受压杆失稳后将丧失继续承载原设计荷载的能力；而失稳现象常常是突然发生的，所以，结果中受压杆件的失稳常造成严重的后果，甚至导致整个结构物的倒塌。例如，1907 年北美魁比克圣劳伦斯河上一座 500 米长的钢桥在施工中突然倒塌，就是由于其桁架中的受压杆失稳造成的。在工程上出现的较大工程事故中，相当一部分是因受压杆件失稳所致，因而，在工程中设计受压杆件时，除考虑强度外，还必须考虑稳定问题。

稳定的概念不同于强度。对轴向压杆来说，只要横截面上的正应力不超过材料的许用应力即可，根据强度条件，压杆可承受的安全荷载为 $F=A\cdot[\sigma]$。但实际上，轴向压杆特别是较细长的受压杆远不能承受 $F=A\cdot[\sigma]$ 这么大的荷载，当轴向压力 F 远小于 $A\cdot[\sigma]$ 时，杆就会发生弯曲而折断。杆的折断，并非抗压强度不足，而是杆件弯曲了，即由受压杆件失稳所致。

所谓压杆的稳定，是指受压杆件的平衡状态的稳定性。

为了说明平衡状态的稳定性，取细长的受压杆来研究。图 17.1(a)所示直杆 AB 受轴心压力 P 作用。从强度的角度考虑，当横截面上的压应力达到极限值时它将发生破坏，但实际情况不是这样。实际情况是：当压应力没有达到强度的极限值时，尤其是截面抗弯刚度 EI 较小而长度 l 较大的细长杆当压应力远没有达到强度的极限值时，杆件将突然发生失稳的破坏。

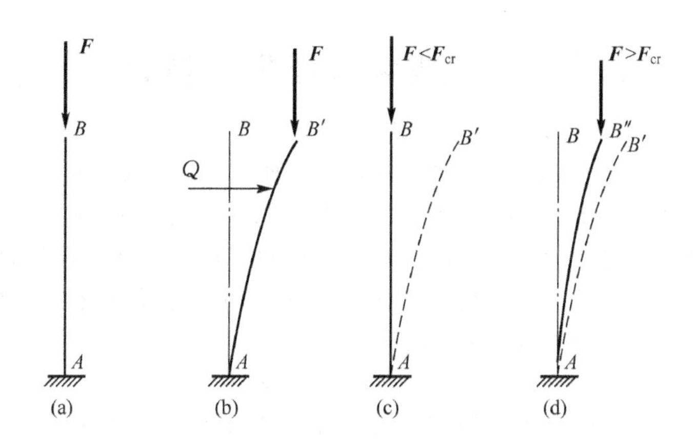

图 17.1

杆件不可避免地总将受到横向干扰力的作用。如图 17.1(b)所示，设有横向干扰力 Q 作用于轴心压杆 AB，则它会发生弹性弯曲变形到 AB'位置。若再撤去干扰力 Q，则将有如图 17.1(c)、(d)所示的两种情况。

(1) 如图 17.1(c)所示，当轴向压力 F 较小，小于某个界值 F_{cr}时，弯曲变形能随横向干扰力的撤去而消失，杆件能恢复到原来的直线位置。这说明，当 $F<F_{cr}$时，杆件原有的直线形式的平衡是稳定的。

(2) 如图 17.1(d)所示，当轴向压力 F 较大，大于某个临界值 F_{cr}时，弯曲变形能随横向干扰力的撤去而消失，杆件能恢复到原来的直线位置。这说明，当 $F>F_{cr}$时，杆件原有的直线形式的平衡是不稳定的。可见，当临界值 F_{cr}作用于直杆 AB 时，是从稳定平衡到丧失稳定平衡的临界状态(简称临界平衡状态)，此时的特点是：不加横向干扰力时，压杆处于直线形式的平衡；加一微小 Q 并将它撤除后，压杆在临界力作用下可保持微弯状态的平衡。临界状态实质上是一种不稳定的平衡状态，因此这时压杆受微小干扰力后，已不能再恢复到原来的直线平衡位置。F_{cr}称为压杆的临界压力，简称临界力。相应的横截面上的压应力 $\sigma_{cr}=F_{cr}/A$ 称为临界应力。

压杆处于不稳定的平衡状态时，就称为丧失稳定或简称失稳。显然，对于承载结构中的受压杆件绝不允许其处于不稳定的平衡状态，即绝不允许其失稳，因此，受压杆件承受的压力必须小于临界力 F_{cr}(当然，还应考虑一定的安全储备)。

上述的压杆 AB 仅是轴心压杆的一种理想的力学模型，称为理想压杆。实际上，轴心压杆不可能是绝对的直杆，总是有初始的弯曲；也不可能受绝对对正的轴心压力作用，压力总有偏心距离；构成杆件的材料也不可能绝对均匀连续和受力性能相同，此外还有一些其他的初始缺陷。具有初弯曲、初偏心的实际压杆，一受压力就增加弯曲变形，在每一个荷载 F 所确定的每一个弯曲变形位置上随遇地保持稳定平衡，直到当 F 过大时弯曲变形过大或材料屈服而丧失承载能力。若把此时的荷载 F 称为“临界力”，则其值总是小于相应的忽略初始缺陷的理想压杆的临界力 F_{cr}。对于实际压杆，通常为了简化将其视为理想压杆来计算，然后通过增大安全系数来计及初弯曲等各种初始缺陷的不利影响。

17.2 铰支细长压杆的临界力

这里将推导两端为铰支(球铰)的细长压杆的临界力计算公式。对于此类细长的受压杆当 F 达到 F_{cr} 时，材料仍处于弹性阶段，这类问题称为弹性稳定问题。

由前一节已知，当 F 达到临界力 F_{cr} 时，压杆的特点是：既可保持直线形式的平衡，又可保持微弯状态的平衡。现令压杆在 F_{cr} 作用下处于微弯状态的平衡(图 17.2)。杆微弯后，其任一横截面上均存在弯矩 $M(x)$，其值为

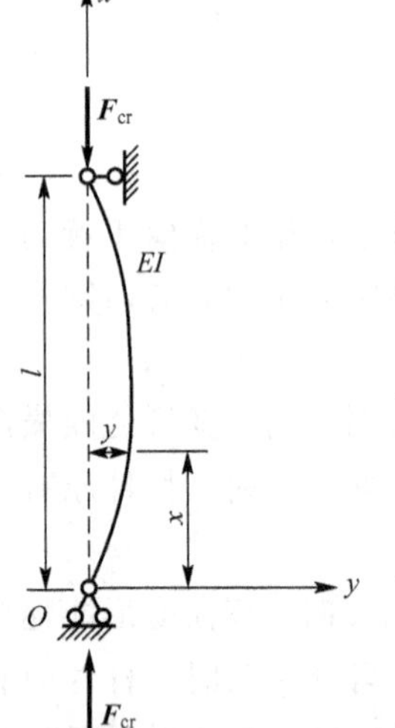

图 17.2

$$M(x)=F_{cr}y \tag{a}$$

由前面章节可知，杆弯曲后挠曲线近似微分方程式为

$$\frac{d^2y}{dx^2}=-\frac{M(x)}{EI} \tag{b}$$

将式(a)代入式(b)中，得

$$\frac{d^2y}{dx^2}=-\frac{F_{cr}}{EI}y \tag{c}$$

令

$$\frac{F_{cr}}{EI}=k^2 \tag{d}$$

则式(c)变为

$$\frac{d^2y}{dx^2}+k^2y=0 \tag{c}$$

该式即为杆微弯后弹性曲线的微分方程式，其通解为

$$y=C_1\sin kx+C_2\cos kx \tag{A}$$

式中 C_1、C_2 为待定常数，其与杆的边界条件有关。此杆的边界条件为

$$x=0,\quad y=0 \tag{1}$$

$$x=l,\quad y=0 \tag{2}$$

将边界条件(1)代入式(A)中得

$$C_2=0$$

于是式(A)变为

$$y=C_1\sin kx \tag{B}$$

将边界条件(2)代入式(B)中，得

$$C_1\sin kl=0$$

此时，$C_1\neq0$，因为已知 $C_2=0$，若 C_1 再为零，则杆为直杆，这与压杆处于微弯的平衡状态相矛盾。因此，只能是

$$\sin kl=0$$

要满足这一条件，必须有

$$kl=n\pi(n=0，1，2，3，\cdots)$$

将其代入式(d)中得

$$F_{cr}=\frac{n^2\pi^2EI}{l^2}$$

式中若 $n=0$，则 $F_{cr}=0$，这与题意不符，必须采用使杆丧失稳定的最小压力，即应取 $n=1$，这样便得到两端铰支压杆的临界力计算公式

$$F_{cr}=\frac{\pi^2 EI}{l^2} \tag{17-1}$$

式(17-1)是由欧拉(L. Euler)在1744年首先导出的，故通常称为欧拉公式(Euler's formula)。注意，杆的弯曲将在其最小刚度平面内发生，故式(17-1)中的 I 是杆截面的最小形心主惯性矩。

在上述临界荷载 F_{cr} 的作用下，$k=\pi/l$，故式(B)可改写为

$$y=C_1 \sin\frac{\pi x}{l}$$

由上式可以看出，在 F_{cr} 的作用下，杆的挠曲线是一条具有“半个波长”的正弦曲线[图17.3(a)]。当 $x=l/2$ 时，$y=f=C_1$，由此可知，C_1 即杆中点处的位移，C_1 为微小的不定值。

当取 $n=2$ 时，由 $y=C_1\sin(2\pi x/l)$ 可知，弹性曲线将为两个半波的正弦曲线[图17.3(b)]；当取 $n=3$ 时，由 $y=C_1\sin(3\pi x/l)$ 可知，弹性曲线将为3个半波的正弦曲线[图17.3(c)]。但这些只有在图17.3(b)、(c)所示的支撑情况下才可能出现。在两端铰支的情况下，只能出现图17.3(a)所示的形式，所以在前面导出临界力公式 $F_{cr}=n^2\pi^2 EI/l^2$ 的过程中，只能取 $n=1$。

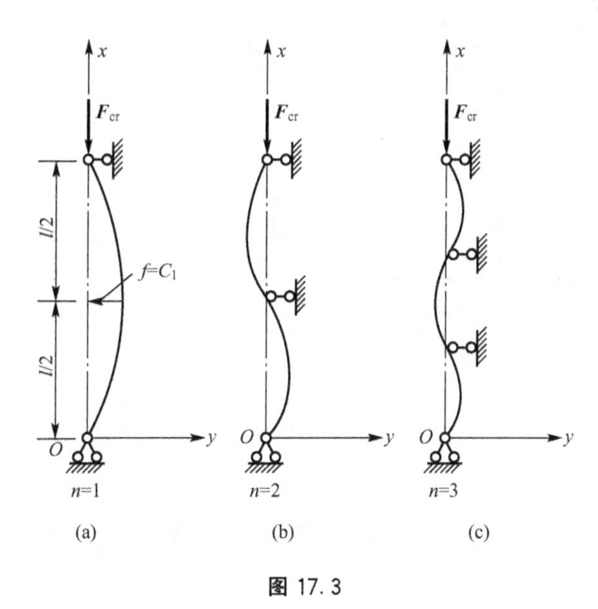

图 17.3

17.3 其他支撑细长压杆的临界力

前面推导了两端铰支的中心受压杆的临界力的计算公式。对杆端支承为其他形式的细长压杆，也可以用同样的方法推导出其临界力的计算公式。即当压力达到临界力时，受压杆可处于微弯状态的平衡，在此基础上建立杆的弹性曲线的微分方程，通过解微分方程便

可求得临界力的计算公式，这里不一一推导，只介绍结果。几种不同支承情况的等截面细长压杆临界力公式见表17-1(均为等截面杆)。从表7-1中可看出，在各临界力公式中，只是分母中l前面的系数不同，因此，临界力公式可写成下列统一形式：

$$F_{cr}=\frac{\pi^2 EI}{(\mu l)^2}=\frac{\pi^2 EI}{l_0^2} \tag{17-2}$$

式中，$l_0=\mu l$称为计算长度，或相当长度(Equivalent Length)；μ称为压杆的长度系数。不同支承下的计算长度及长度系数均见表7-1中。

从表17-1中各支承情况下压杆的弹性曲线的形状还可看出，计算长度都相当于一个半波正弦曲线的弦长。例如，一端嵌固一端自由的压杆，弹性曲线为半个正弦曲线，其两倍相当于一个半波正弦曲线，故计算长度为$2l$；一端嵌固另一端可上下移动而不能转动的情况，其弹性曲线存在两个反弯点(反弯点处弯矩为零)，反弯点在距离端点$l/4$处，中间$0.5l$部分即为一个半波正弦曲线，故计算长度为$0.5l$；一端嵌固一端铰支的情况，其反弯点位于距铰支端$0.7l$处(此由计算所得)，$0.7l$范围内的弹性曲线也相当于一个半波正弦曲线，故计算长度为$0.7l$。

表17-1　各种支承情况下等截面细长压杆的临界力公式

支承情况	两端铰支	一端嵌固 一端自由	一端嵌固，一端可上、下移动(不能转动)	一端嵌固 一端铰支	一端嵌固，另一端可水平移动但不能转动
弹性曲线形状	F_{cr}, l	F_{cr}, l, l	F_{cr}, l, $0.5l$	F_{cr}, l, $0.7l$	F_{cr}, l, $0.5l$
临界力公式	$F_{cr}=\frac{\pi^2 EI}{l^2}$	$F_{cr}=\frac{\pi^2 EI}{(2l)^2}$	$F_{cr}=\frac{\pi^2 EI}{(0.5l)^2}$	$F_{cr}=\frac{\pi^2 EI}{(0.7l)^2}$	$F_{cr}=\frac{\pi^2 EI}{l^2}$
计算长度	l	$2l$	$0.5l$	$0.7l$	l
长度系数	$\mu=1$	$\mu=2$	$\mu=0.5$	$\mu=0.7$	$\mu=1$

17.4 临界应力及欧拉公式的适用范围

1. 临界应力

用临界力F_{cr}除以压杆的横截面面积A，即可求得压杆的临界应力(critical stress)，即

$$\sigma_{cr}=\frac{F_{cr}}{A}=\frac{\pi^2 E}{(\mu l)^2}\cdot\frac{I}{A} \tag{a}$$

令

$$i=\sqrt{\frac{I}{A}}$$

将 $I/A=i^2$ 代入式(a)中，得

$$\sigma_{cr}=\frac{\pi^2 E}{\left(\frac{\mu l}{i}\right)^2} \tag{b}$$

令

$$\lambda=\frac{\mu l}{i} \tag{c}$$

则式(b)又可写为

$$\sigma_{cr}=\frac{\pi^2 E}{\lambda^2} \tag{17-3}$$

上式即为临界应力的计算公式，实际上是欧拉公式的另一种表达形式。

式(17-3)中的 λ 称为长细比，又称为柔度(slenderness)。由式(c)可知，长细比 λ 与 μ、l、i 有关。i 取决于压杆的截面形状与尺寸，μ 取决于压杆的支承情况，因而从物理意义上看，λ 综合地反映了压杆的长度、截面的形状与尺寸以及支承情况对临界应力的影响。由式(12-3)还可看出，当 E 值一定时，σ_{cr}与 λ^2 成反比，这表明，对由一定材料制成的压杆来说，临界应力 σ_{cr}仅取决于长细比 λ，λ 值越大 σ_{cr}越小，压杆就愈容易失稳。

2. 欧拉公式的适用范围

欧拉公式(17-2)是有一定的适用范围的。因为在推导该式时，应用了挠曲线的近似微分方程

$$\frac{d^2 y}{dx^2}=-\frac{M(x)}{EI}$$

此近似微分方程是以下式为基础的

$$\frac{1}{\rho(x)}=-\frac{M(x)}{EI} \tag{d}$$

而式(d)是建立在胡克定律 $\sigma=E\varepsilon$ 的基础上的，因此，欧拉公式成立的条件应该是：当压杆所受的压力达到临界力 F_{cr}时，材料仍服从胡克定律。也就是说临界应力 σ_{cr}不能超过材料的比例极限，即

$$\sigma_{cr}\leqslant\sigma_p$$

将 σ_{cr}用式(17-3)代替

$$\frac{\pi^2 E}{\lambda^2}\leqslant\sigma_p$$

从而得

$$\lambda\geqslant\pi\sqrt{\frac{E}{\sigma_p}} \tag{e}$$

如令

$$\pi\sqrt{\frac{E}{\sigma_p}}=\lambda_p$$

式(e)又可写为

$$\lambda\geqslant\lambda_p=\pi\sqrt{\frac{E}{\sigma_p}} \tag{17-4}$$

上式就是欧拉公式适用范围的数学表达式。只有满足该式时，才能用欧拉公式计算压杆的

临界力或临界应力。λ 大于 λ_p 的压杆称为大柔度杆或细长压杆(long column，slender column)。而当压杆的柔度 $\lambda<\lambda_p$ 时，就不能用欧拉公式，这一临界值 λ_p 取决于压杆材料的力学性能。

例如，对于Q235钢，其 E 和 σ_p 的值分别为 $E=210\text{GPa}$ 和 $\sigma_p=200\text{MPa}$，其 λ_p 则为

$$\lambda_p=\pi\sqrt{\frac{E}{\sigma_p}}=\pi\sqrt{\frac{210\times10^9}{200\times10^6}}\approx100$$

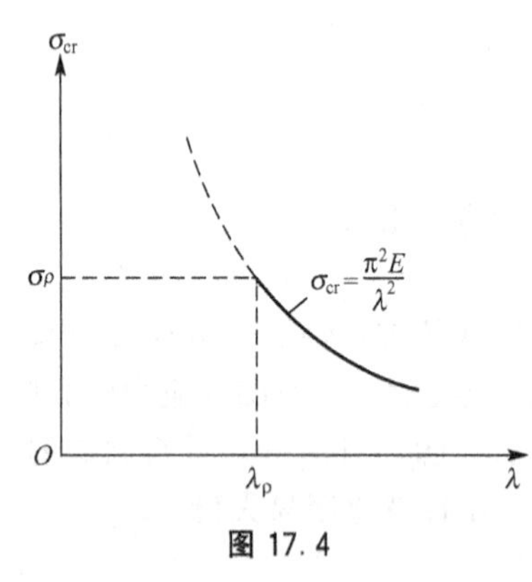

图 17.4

σ_{cr} 和 λ 的关系可用图17.4中的曲线来表示。图中的实线部分为欧拉公式适用范围的曲线，曲线的虚线部分因临界应力超过了材料的比例极限，欧拉公式已不再适用，所以没有意义。另外，从此曲线还可以看出，σ_{cr} 的数值将随着 λ 的增大而迅速地减小。反之，当 λ 较小时，它的数值又远远地超过了材料的比例极限。

例 17.1 有一两端铰支(球形铰)的圆截面受压杆，该杆用Q235号钢制成，已知杆的直径 $d=100\text{mm}$，钢的弹性模量 $E=210\times10^9\text{Pa}$，比例极限 $\sigma_p=200\text{MPa}$，试求能应用欧拉公式的最短柱长。

解：当 $\lambda\geqslant\lambda_p$ 时，才能用欧拉公式计算杆的临界力，而

$$\lambda_p=100$$

因此

$$\lambda=\frac{\mu l}{i}\geqslant100$$

即

$$l\geqslant\frac{100i}{\mu}=\frac{100}{\mu}\sqrt{\frac{I}{A}}$$

将 $\mu=1$、$I=\pi d^2/64$、$A=\pi d^2/64$ 代入得

$$l\geqslant100\times\frac{d}{4}=2.5\text{m}$$

即只有当该杆的长度 $l\geqslant2.5\text{m}$ 时，才能用欧拉公式计算临界力。

例 17.2 图17.5所示的悬臂式压杆为工字形钢，其型号为20a，已知杆长 $l=1.5\text{m}$，材料的比例极限 $\sigma_p=200\text{MPa}$，弹性模量 $E=2.06\times10^5\text{MPa}$，试计算该压杆的临界力。

解：用欧拉公式计算压杆的临界力时，应首先判定压杆是否符合该公式的适用范围，即是否满足 $\lambda\geqslant\lambda_p$。对此压杆来说，因对 z 轴的惯性矩小，所以 $\lambda=\mu l/i=\mu l/\sqrt{I/A}$ 中的 i 应为对 z 轴的惯性矩 I_z，即式中的 i 应为 i_z。由型钢表可查得20a工字钢对 z 轴的惯性半径为

$$i_z=2.12\text{cm}=0.0212\text{m}$$

杆的柔度则为

$$\lambda=\frac{\mu l}{i_z}=\frac{2\times1.5}{0.0212}=142$$

$$\lambda_p=\pi\sqrt{\frac{E}{\sigma_p}}=\pi\sqrt{\frac{2.06\times10^5\text{MPa}}{200\text{MPa}}}=100$$

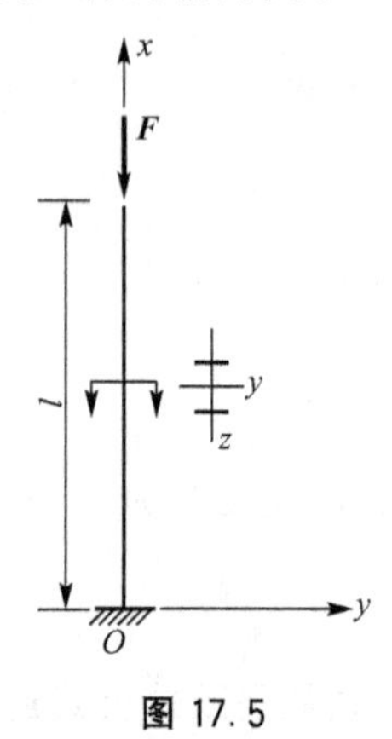

图 17.5

$\lambda>\lambda_p$，所以欧拉公式适用，临界力为

$$F_{cr}=\frac{\pi^2 EI_z}{(\mu l)^2}=\frac{\pi^2\times 2.06\times 10^{11}\mathrm{Pa}\times 0.158\times 10^{-5}\mathrm{m}^4}{(2\times 1.5)^2\mathrm{m}^2}=357\times 10^3\mathrm{N}$$

例 17.3 图 17.6 为一细长压杆($\lambda>\lambda_p$)的示意图，其两端的支承情况如下。

下端：嵌固(在平面、出平面均为嵌固)。

上端：在纸面平面(在平面)内不能水平移动与转动；在垂直于纸面的平面(出平面)内可水平移动与转动。已知 $l=4\mathrm{m}$，$a=0.12\mathrm{m}$，$b=0.2\mathrm{m}$，材料的弹性模量 $E=10\mathrm{GPa}$，试计算压杆的临界力。

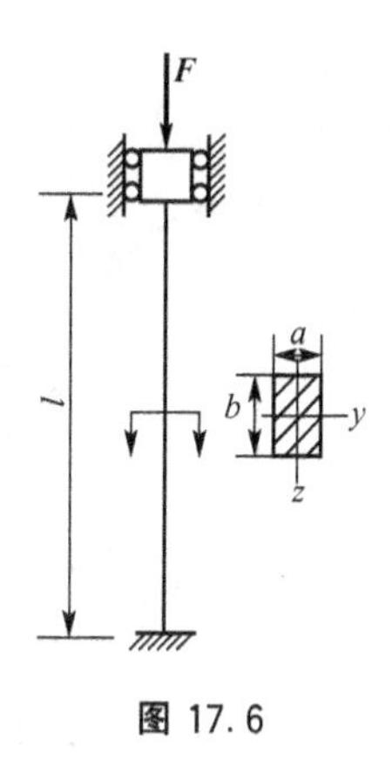

图 17.6

解：由于杆上端在两个平面(在平面与出平面)内的支承情况不同，所以压杆在两个平面内的长细比也不同，压杆将在 λ 值大的平面内失稳。两个平面内的 λ 值分别为

$$\lambda_y=\frac{\mu_1 l}{i_y}=\frac{\mu_1 l}{\sqrt{\frac{I_y}{A}}}=\frac{\mu_1 l}{\sqrt{\frac{\frac{ab^3}{12}}{ab}}}=\frac{\mu_1 l}{b\sqrt{\frac{1}{12}}}=\frac{2\times 4\mathrm{m}}{0.2\mathrm{m}\sqrt{\frac{1}{12}}}=138$$

$$\lambda_z=\frac{\mu_2 l}{i_z}=\frac{\mu_2 l}{\sqrt{\frac{I_z}{A}}}=\frac{\mu_2 l}{\sqrt{\frac{\frac{ba^3}{12}}{ab}}}=\frac{\mu_2 l}{a\sqrt{\frac{1}{12}}}=\frac{0.5\times 4\mathrm{m}}{0.12\mathrm{m}\sqrt{\frac{1}{12}}}=57.8$$

因为 $\lambda_y>\lambda_z$，所以此杆失稳时，杆将绕 y 轴弯曲，因而压杆的临界力为

$$F_{cr}=\frac{\pi^2 EI_y}{(\mu_1 l)^2}=\frac{\pi^2\times 10\times 10^9\mathrm{Pa}\times\frac{0.12\mathrm{m}\times(0.2\mathrm{m})^3}{12}}{(2\times 4)^2\mathrm{m}^2}=123\times 10^3\mathrm{N}$$

或根据

$$F_{cr}=\sigma_{cr}\cdot A=\frac{\pi^2 E}{\lambda^2}\cdot A=\frac{\pi^2\times 10\times 10^9\mathrm{Pa}}{138^2}\cdot 0.12\times 0.2\mathrm{m}^2=123\mathrm{N}$$

17.5 超过比例极限时压杆的临界力・临界应力总图

前面已指出，欧拉公式只适用于大柔度杆，即临界应力不能超过材料的比例极限(称为弹性稳定)，当临界应力超过比例极限时，材料处于弹塑性阶段，此类压杆的稳定称为弹塑性稳定。对于这类压杆各国大都采用经验公式计算临界应力或临界力。经验公式是在试验和实践资料的基础上，经分析、归纳而得到的。各国采用的经验公式多以本国的试验为依据，因此不尽相同。我国根据自己的试验资料采用了下列直线临界应力经验公式：

$$\sigma_{cr}=a-b\lambda \tag{17-5}$$

和抛物线临界应力经验公式

$$\sigma_{cr}=a-b\lambda^2 \tag{17-6}$$

相应的临界力则为

$$F_{cr}=\sigma_{cr}\cdot A$$

式中，λ 为压杆的长细比；a、b 为与材料有关的常数，其随材料的不同而不同。

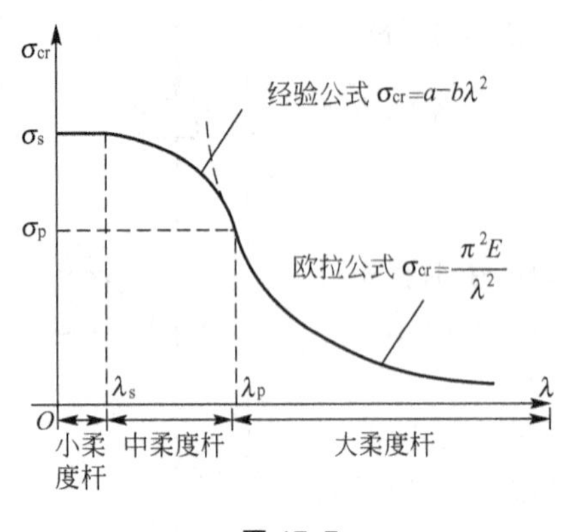

图 17.7

由本节及前节可知，压杆不论处于弹性阶段还是弹塑性阶段，其临界应力均为杆的长细比的函数，临界应力 σ_{cr} 和长细比 λ 的关系曲线称为临界应力总图(图 17.7)。对于 $\lambda \geqslant \lambda_p$ 的大柔度杆压杆，临界应力可按欧拉公式(17－3)计算。对于 $\lambda < \lambda_p$ 的中柔度杆压杆，欧拉公式不再适用，其临界应力的计算有多种不同的方法，经验公式(17－5)和式(17－6)只是其中的一种。当压杆的柔度很小时，即为小柔度杆时，按经验公式求得的临界应力值有可能超过了材料的屈服极限 σ_s，这时，就应以屈服极限 σ_s 作为压杆的临界应力 σ_{cr}。

17.6 压杆稳定的实用计算·稳定条件

在工程中，为了保证受压杆件具有足够的稳定性，需建立压杆的稳定条件，从而对压杆进行稳定计算。下面介绍两种计算方法。

1. 安全系数法

对于轴向受压杆，当轴向压力 F 达到杆的临界力 F_{cr} 时，杆件将失稳。在工程中，为了保证压杆的稳定，将临界力 F_{cr} 除以大于 1 的稳定安全系数 n_{st} 作为压杆允许承受的最大轴向压力，即

$$F \leqslant \frac{F_{cr}}{n_{st}} \tag{17-7}$$

上式即为压杆的稳定条件(stability condition)。

式中，F 为工作压力。

稳定安全系数一般都大于强度安全系数，这是因为难以避免的一些因素，如杆件的初弯曲、压力的偏心、材料的不均匀等都会影响压杆的稳定性，使压杆的临界力降低。稳定安全系数的取值，在有关规范或手册中均有具体规定。

例 17.4 两端铰支(球铰)矩形截面木压杆如图 17.8 所示，已知该杆为大柔度杆($\lambda > \lambda_p$)，$F=40\text{kN}$，$l=3\text{m}$，$b=120\text{mm}$，$h=160\text{mm}$，材料弹性模量 $E=10\text{GPa}$，若稳定安全系数 $n_{st}=3.2$，试校核该杆的稳定。

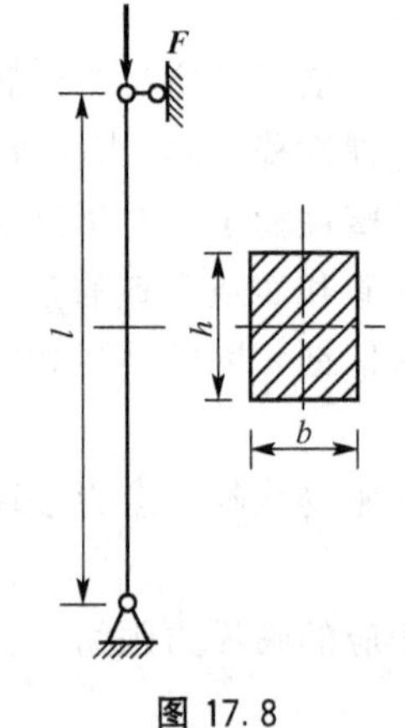

图 17.8

解：校核压杆稳定即验算是否满足稳定条件

$$F \leqslant \frac{F_{cr}}{n_{st}}$$

该杆为大柔度杆，其临界力为

$$F_{cr}=\frac{\pi^2 EI_z}{(\mu l)^2}=\frac{\pi^2 \times 10 \times 10^9\text{Pa} \times \frac{0.16\text{m} \times 0.12^3\text{m}^3}{12}}{(1 \times 3\text{m})^2}=252.6\text{kN}$$

$$\frac{F_{cr}}{n_{st}}=\frac{252.6}{3.2}=78.9>F$$

满足稳定条件。

例 17.5 两杆组成的三角架如图 17.9(a)所示，其中 BC 杆为 10 号工字钢。在节点 B 处作用一竖向荷载 F，已知 $a=1.5\text{m}$，钢材弹性模量 $E=2\times10^5\text{MPa}$，比例极限 $\sigma_p=200\text{MPa}$，若稳定安全系数 $n_{st}=2.2$，试从 BC 杆的稳定角度考虑，求该结构允许承受的最大荷载 $[F]$。

解：首先求出荷载 F 与 BC 杆所受压力间的关系。考虑节点 B 平衡［图 17.9(b)］，由平衡方程

$$\sum F_y=0 \quad F_{NBC}\cdot\cos45°-F=0$$

得

$$F=\frac{\sqrt{2}}{2}F_{NBC}$$

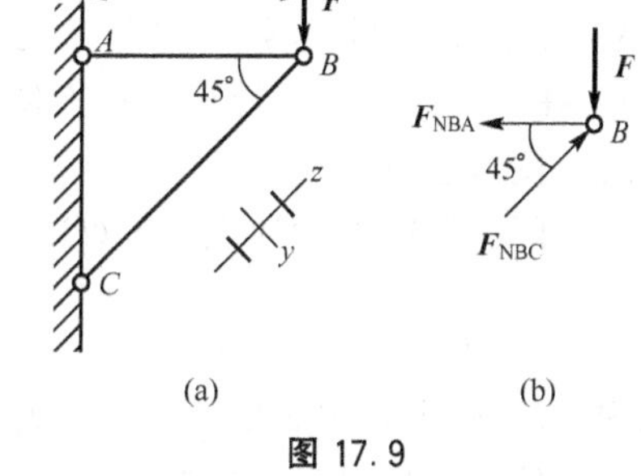

图 17.9

按稳定条件，BC 杆允许承受的最大轴向压力为

$$F_{NBC}=\frac{F_{st}}{n_{st}}$$

结构承受的最大荷载则为

$$[F]=\frac{\sqrt{2}}{2}\cdot\frac{F_{st}}{n_{st}}$$

对 10 号工字钢，由型钢表查得

$$i_z=1.52\text{cm}=1.52\times10^{-2}\text{m}$$
$$I_z=33\text{cm}^4=33\times10^{-8}\text{m}^4$$

BC 杆的长度算得为 $l_{BC}=2.12\text{m}$，BC 杆两端为铰支，其柔度为

$$\lambda=\frac{\mu l}{i_z}=\frac{1\times2.12\text{m}}{1.52\times10^{-2}\text{m}}=139.5$$

而

$$\lambda_p=\pi\sqrt{\frac{E}{\sigma_p}}=\pi\sqrt{\frac{200\times10^9}{200\times10^6}}\approx100$$

满足 $\lambda\geqslant\lambda_p$，$BC$ 杆的临界力可用欧拉公式计算，故 $[F]$ 值为

$$[F]=\frac{\sqrt{2}}{2}\cdot\frac{F_{st}}{n_{st}}=\frac{\sqrt{2}}{2}\cdot\frac{\pi^2EI_z}{(\mu l)^2\cdot n_{st}}=\frac{\sqrt{2}}{2}\cdot\frac{\pi^2\times2\times10^{11}\text{Pa}\times33\times10^{-8}\text{m}^4}{(1\times2.12)^2\text{m}^2\times2.2}=46.6\text{kN}$$

2. 稳定系数法

对于下轴向受压杆，当横截面上的应力达到临界应力时，杆将失稳。为了保证压杆的稳定性，将临界应力除以大于 1 的稳定安全系数 n_{st} 作为压杆可承受的最大压应力，即

$$\sigma=\frac{F}{A}\leqslant\frac{\sigma_{cr}}{n_{st}} \tag{a}$$

将 $\frac{\sigma_{cr}}{n_{st}}$ 写为下列形式

$$\frac{\sigma_{cr}}{n_{st}}=\varphi[\sigma] \tag{b}$$

由此得

$$\varphi=\frac{\sigma_{cr}}{n_{st}[\sigma]} \tag{c}$$

式中，$[\sigma]$ 为计算强度时的许用应力；φ 称为稳定系数或折减系数，其值小于 1。将式(b)代入式(a)中，则有

$$\sigma=\frac{F}{A}\leqslant\varphi[\sigma]\text{或}\frac{F}{A\varphi}\leqslant[\sigma] \quad (17-8)$$

式(17－8)即为压杆的稳定条件。

式(17－8)中的 φ 值按式(c)确定，当 $[\sigma]$ 一定时，φ 取决于 σ_{cr} 与 n_{st}。由于临界应力 σ_{cr} 值随压杆的柔度 λ 而改变，而不同柔度的压杆一般又采用不同的安全系数，故稳定系数 φ 为 λ 的函数，当材料一定时，φ 值取决于 λ 值(λ 值越大，φ 值越小，φ 值在 0～1 间变化)。在工程中，为了计算上的方便，根据不同材料，将 φ 与 λ 间的关系列成表，当知道 λ 值后，便可直接查得 φ 值。

我国《钢结构设计规范》(GB 50017—2003)中规定，稳定条件采用下列形式：

$$\frac{N}{A\varphi}\leqslant f \quad (17-9)$$

式中，N 为压杆的轴力；A 为杆的横截面面积；f 为材料的强度设计值；φ 值为稳定系数，其值与压杆材料、杆的柔度、杆的截面形状和加工条件等有关；f 值和 φ 值均可在设计规范中查得。

使用式(17－9)时，涉及设计规范中的其他有关内容，这里不再进行详细介绍。

与强度条件类似，利用稳定条件可解决压杆稳定计算中常见的 3 类典型问题，即校核稳定、选择(设计)截面和求许用荷载。

对压杆进行稳定计算时，采用的是所谓的毛面积，即当压杆的横截面有局部削弱(如铆钉孔等)时，可不予考虑，仍采用未削弱的面积，因为压杆的稳定性与杆的整体抗弯刚度有关，截面的局部削弱对整体刚度的影响很小，但对消弱处的横截面应进行强度验算。

本 章 小 结

本章研究的是理想压杆的稳定问题，主要是压杆失稳后，其变形仍保持在弹性范围内的弹性稳定问题，在临界力 F_{cr} 作用下，压杆在微弯状态下维持平衡状态。

1. 欧拉公式

临界力公式(欧拉公式)为

$$F_{cr}=\frac{\pi^2 EI}{(\mu l)^2}=\frac{\pi^2 EI}{l_0^2}$$

临界应力公式为

$$\sigma_{cr}=\frac{\pi^2 E}{\lambda^2}$$

式中，$\lambda=\frac{\mu l}{i}=\frac{\mu l}{\sqrt{I/A}}$，$\lambda$ 称为柔度或长细比。

应用上述公式时，I 取 I_{min}。欧拉公式的适用范围是 $\sigma_{cr}\leqslant\sigma_p$(比例极限)，或写成 $\lambda\geqslant\lambda_P=\pi\sqrt{\frac{E}{\sigma_p}}$。

2. 压杆稳定

本章介绍了工程中的两种压杆稳定计算方法，即安全系数法与稳定系数法。它们的稳定条件分别为

安全系数法 $$F\leqslant\frac{F_{cr}}{n_{st}}$$

稳定系数法 $$\frac{F}{A\varphi}\leqslant[\sigma]$$

利用稳定条件可解决稳定计算中的3类典型问题，即校核稳定、选择(设计)截面和确定许用荷载。

思 考 题

1. 理想压杆和实际压杆有何不同?
2. 什么是轴心压杆的临界力?
3. 有一圆截面细长压杆，试问杆长 l 增加1倍、直径d增加1倍时，临界力各有何变化?
4. 何谓失稳?何谓压杆的稳定平衡与不稳定平衡?
5. 什么是柔度?它表征着压杆的什么特征?它与什么因素有关?
6. 若两根压杆的材料相同、柔度相等，这两根压杆的临界应力是否相等?临界力是否相等?
7. 什么是压杆的临界应力总图?塑性材料和脆性材料的临界应力总图有什么不同?
8. 用稳定安全系数法与用折减系数法进行稳定计算有何不同?

习 题

17-1 如图17.10所示，两端铰支的圆截面受压钢杆(Q235钢)，已知 $l=2\text{m}$，$d=0.05\text{m}$，材料的弹性模量 $E=2\times10^5\text{MPa}$，比例极限 $\sigma_p=200\text{MPa}$，试求该压杆的临界力。

17-2 图17.11所示压杆为工字型钢，已知其型号为No.18，杆长 $l=4\text{m}$，材料弹性模量 $E=2\times10^5\text{MPa}$，比例极限 $\sigma_p=200\text{MPa}$。(1)试求该压杆的临界力(只考虑在平面)；(2)若将杆长改为2m，其他条件不变，试求压杆的临界力。

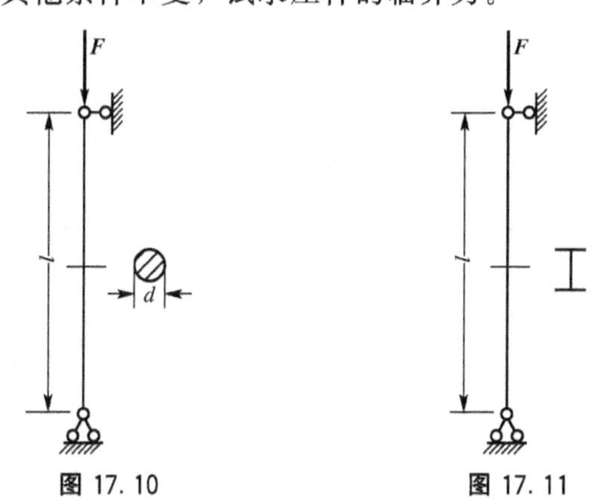

图17.10　　图17.11

17－3　图 17.12 所示各压杆的材料和截面均相同，试问：哪根杆的临界力最大？哪根杆的临界力最小？

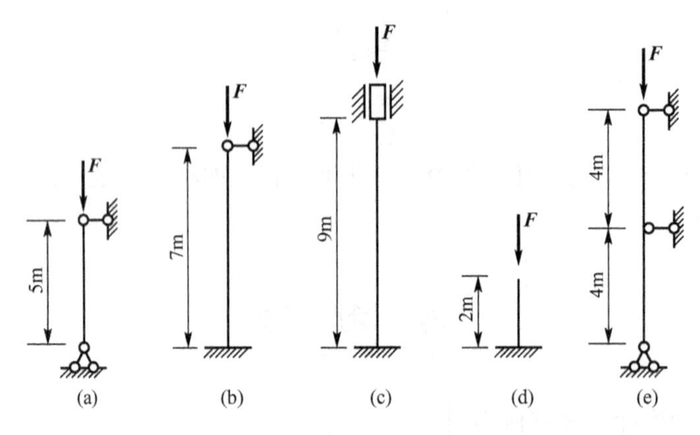

图 17.12

17－4　有两很长度、横截面面积、杆端约束和材料均相同的细长压杆，一根的横截面为圆形，另一根的横截面为正方形，试求圆杆和方杆的临界力之比。

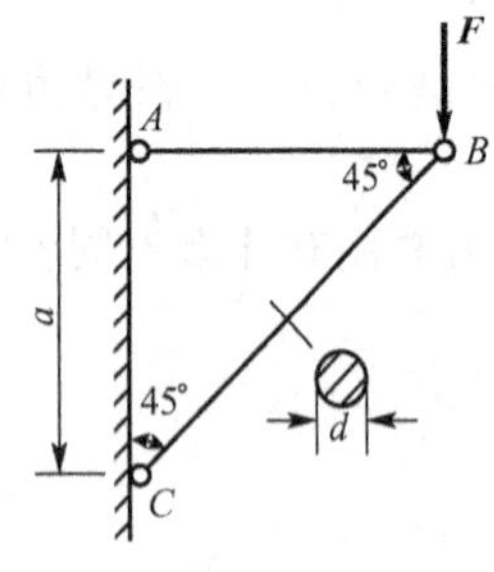

图 17.13

17－5　图 17.13 所示结构由两根圆截面杆组成，已知两个杆的直径 d 及所用材料均相同，且两个杆均为大柔度杆，问：当 F（其方向垂直向下）从零开始逐渐增加时，哪根杆首先失稳？（只考虑在平面）

17－6　在图 17.14 所示的三角架中，BC 为圆截面钢杆（Q235 钢），已知 $F=12\text{kN}$，$a=1\text{m}$，$d=0.04\text{m}$，材料的许用应力 $[\sigma]=170\text{MPa}$。(1)试校核 BC 杆的稳定；(2)从 BC 杆的稳定角度考虑，求此三角架所能承受的最大安全荷载 $F_{\max}$。

附录
型 钢 表

表 1　热轧等边角钢(GB 9787—88)

符号意义：

b——边宽度；　　I——惯性矩；

d——边厚度；　　i——惯性半径；

r——内圆弧半径；　　W——截面系数；

r_1——边端内圆弧半径；　　z_0——重心距离。

角钢号数	尺寸 mm			截面面积 cm^2	理论重量 kg/m	外表面积 m^2/m	参考数值										z_0 cm
							$x-x$			x_0-x_0			y_0-y_0			x_1-x_1	
	b	d	r				I_x cm^4	i_x cm	W_x cm^3	I_{x0} cm^4	i_{x0} cm	W_{x0} cm^3	I_{y0} cm^4	i_{y0} cm	W_{y0} cm^3	I_{x1} cm^4	
2	20	3	3.5	1.132	0.889	0.078	0.40	0.59	0.29	0.63	0.75	0.45	0.17	0.39	0.20	0.81	0.60
		4		1.459	1.145	0.077	0.50	0.58	0.36	0.78	0.73	0.55	0.22	0.38	0.24	1.09	0.64
2.5	25	3		1.432	1.124	0.098	0.82	0.76	0.46	1.29	0.95	0.73	0.34	0.49	0.33	1.57	0.73
		4		1.859	1.459	0.097	1.03	0.74	0.59	1.62	0.93	0.92	0.43	0.48	0.40	2.11	0.76
3.0	30	3	4.5	1.749	1.373	0.117	1.46	0.91	0.68	2.31	1.15	1.09	0.61	0.59	0.51	2.71	0.85
		4		2.276	1.786	0.117	1.84	0.90	0.87	2.92	1.13	1.37	0.77	0.58	0.62	3.63	0.89

（续）

角钢号数	尺寸 mm			截面面积 cm^2	理论重量 kg/m	外表面积 m^2/m	参考数值										z_0 cm
							$x-x$			x_0-x_0			y_0-y_0			x_1-x_1	
	b	d	r				I_x cm^4	i_x cm	W_x cm^3	I_{x0} cm^4	i_{x0} cm	W_{x0} cm^3	I_{y0} cm^4	i_{y0} cm	W_{y0} cm^3	I_{x1} cm^4	
3.6	36	3	4.5	2.109	1.656	0.141	2.58	1.11	0.99	4.09	1.39	1.61	1.07	0.71	0.76	4.68	1.00
		4		2.756	2.163	0.141	3.29	1.09	1.28	5.22	1.38	2.05	1.37	0.70	0.93	6.25	1.04
		5		3.382	2.654	0.141	3.95	1.08	1.56	6.24	1.36	2.45	1.65	0.70	1.09	7.84	1.07
4.0	40	3	5	2.359	1.852	0.157	3.59	1.23	1.23	5.69	1.55	2.01	1.49	0.79	0.96	6.41	1.09
		4		3.086	2.422	0.157	4.60	1.22	1.60	7.29	1.54	2.58	1.91	0.79	1.19	8.56	1.13
		5		3.791	2.976	0.156	5.53	1.21	1.96	8.76	1.52	3.10	2.30	0.78	1.39	10.74	1.17
4.5	45	3		2.659	2.088	0.177	5.17	1.40	1.58	8.20	1.76	2.58	2.14	0.89	1.24	9.12	1.22
		4		3.486	2.736	0.177	6.65	1.38	2.05	10.56	1.74	3.32	2.75	0.89	1.54	12.18	1.26
		5		4.292	3.369	0.176	8.04	1.37	2.51	12.74	1.72	4.00	3.33	0.88	1.81	15.25	1.30
		6		5.076	3.985	0.176	9.33	1.36	2.95	14.76	1.70	4.64	3.89	0.88	2.06	18.36	1.33
5	50	3	5.5	2.971	2.332	0.197	7.18	1.55	1.96	11.37	1.96	3.22	2.98	1.00	1.57	12.50	1.34
		4		3.897	3.059	0.197	9.26	1.54	2.56	14.70	1.94	4.16	3.82	0.99	1.96	16.69	1.38
		5		4.803	3.770	0.196	11.21	1.53	3.13	17.79	1.92	5.03	4.64	0.98	2.31	20.90	1.42
		6		5.688	4.465	0.196	13.05	1.52	3.68	20.68	1.91	5.85	5.42	0.98	2.63	25.14	1.46
5.6	56	3	6	3.343	2.624	0.221	10.19	1.75	2.48	16.14	2.20	4.08	4.24	1.13	2.02	17.56	1.48
		4		4.390	3.446	0.220	13.18	1.73	3.24	20.92	2.18	5.28	5.46	1.11	2.52	23.43	1.53
		5		5.415	4.251	0.220	16.02	1.72	3.97	25.42	2.17	6.42	6.61	1.10	2.98	29.33	1.57
		8		8.367	6.568	0.219	23.63	1.68	6.03	37.37	2.11	9.44	9.89	1.09	4.16	47.24	1.68

（续）

角钢号数	尺寸 mm			截面面积 cm^2	理论重量 kg/m	外表面积 m^2/m	参考数值										z_0 cm
							$x-x$			x_0-x_0			y_0-y_0			x_1-x_1	
	b	d	r				I_x cm^4	i_x cm	W_x cm^3	I_{x0} cm^4	i_{x0} cm	W_{x0} cm^3	I_{y0} cm^4	i_{y0} cm	W_{y0} cm^3	I_{x1} cm^4	
6.3	63	4	7	4.978	3.907	0.248	19.03	1.96	4.13	30.17	2.46	6.78	7.89	1.26	3.29	33.35	1.70
		5		6.143	4.822	0.248	23.17	1.94	5.08	36.77	2.45	8.25	9.57	1.25	3.90	41.73	1.74
		6		7.288	5.721	0.247	27.12	1.93	6.00	43.03	2.43	9.66	11.20	1.24	4.46	50.14	1.78
		8		9.515	7.469	0.247	34.46	1.90	7.75	54.56	2.40	12.25	14.33	1.23	5.47	67.11	1.85
		10		11.657	9.151	0.246	41.09	1.88	9.39	64.85	2.36	14.56	17.33	1.22	6.36	84.31	1.93
7	70	4	8	5.570	4.372	0.275	26.39	2.18	5.14	41.80	2.74	8.44	10.99	1.40	4.17	45.74	1.86
		5		6.875	5.397	0.275	32.21	2.16	6.32	51.08	2.73	10.32	13.34	1.39	4.95	57.21	1.91
		6		8.160	6.406	0.275	37.77	2.15	7.48	59.93	2.71	12.11	15.61	1.38	5.67	68.73	1.95
		7		9.424	7.398	0.275	43.09	2.14	8.59	68.35	2.69	13.81	17.82	1.38	6.34	80.29	1.99
		8		10.667	8.373	0.274	48.17	2.12	9.68	76.37	2.68	15.43	19.98	1.37	6.98	91.92	2.03
7.5	75	5	9	7.412	5.818	0.295	39.97	2.33	7.32	63.30	2.92	11.94	16.63	1.50	5.77	70.56	2.04
		6		8.797	6.905	0.294	46.95	2.31	8.64	74.38	2.90	14.02	19.51	1.49	6.67	84.55	2.07
		7		10.160	7.976	0.294	53.57	2.30	9.93	84.96	2.89	16.02	22.18	1.48	7.44	98.71	2.11
		8		11.503	9.030	0.294	59.96	2.28	11.20	95.07	2.88	17.93	24.86	1.47	8.19	112.97	2.15
		10		14.126	11.089	0.293	71.98	2.26	13.64	113.92	2.84	21.48	30.05	1.46	9.56	141.71	2.22
8	80	5	9	7.912	6.211	0.315	48.79	2.48	8.34	77.33	3.13	13.67	20.25	1.60	6.66	85.36	2.15
		6		9.397	7.376	0.314	57.35	2.47	9.87	90.98	3.11	16.08	23.72	1.59	7.65	102.50	2.19
		7		10.860	8.525	0.314	65.58	2.46	11.37	104.07	3.10	18.40	27.09	1.58	8.58	119.70	2.23
		8		12.303	9.658	0.314	73.49	2.44	12.83	116.60	3.08	20.61	30.39	1.57	9.46	136.97	2.27
		10		15.126	11.874	0.313	88.43	2.42	15.64	140.09	3.04	24.76	36.77	1.56	11.08	171.74	2.35

（续）

角钢号数	尺寸 mm			截面面积 cm^2	理论重量 kg/m	外表面积 m^2/m	参考数值										z_0 cm
							$x-x$			x_0-x_0			y_0-y_0			x_1-x_1	
	b	d	r				I_x cm^4	i_x cm	W_x cm^3	I_{x0} cm^4	i_{x0} cm	W_{x0} cm^3	I_{y0} cm^4	i_{y0} cm	W_{y0} cm^3	I_{x1} cm^4	
9	90	6	10	10.637	8.350	0.354	82.77	2.79	12.61	131.26	3.51	20.63	34.28	1.80	9.95	145.87	2.44
		7		12.301	9.656	0.354	94.83	2.78	14.54	150.47	3.50	23.64	29.18	1.78	11.19	170.30	2.48
		8		13.944	10.946	0.353	106.47	2.76	16.42	168.97	3.48	26.55	43.97	1.78	12.35	194.80	2.52
		10		17.167	13.476	0.353	128.58	2.74	20.07	203.90	3.45	32.04	53.26	1.76	14.52	244.07	2.59
		12		20.306	15.940	0.352	149.22	2.71	23.57	236.21	3.41	37.12	62.22	1.75	16.49	293.76	2.67
10	100	6	12	11.932	9.366	0.393	114.95	3.10	15.68	181.98	3.90	25.74	47.92	2.00	12.69	200.07	2.67
		7		13.796	10.830	0.393	131.86	3.09	18.10	208.97	3.89	29.55	54.74	1.99	14.26	233.54	2.71
		8		15.638	12.276	0.393	148.24	3.08	20.47	235.07	3.88	33.24	61.41	1.98	15.75	267.09	2.76
		10		19.261	15.120	0.392	179.51	3.05	25.06	284.68	3.84	40.26	74.35	1.96	18.54	334.48	2.84
		12		22.800	17.898	0.391	208.90	3.03	29.48	330.95	3.81	46.80	86.84	1.95	21.08	402.34	2.91
		14		26.256	20.611	0.391	236.53	3.00	33.73	374.06	3.77	52.90	99.00	1.94	23.44	470.75	2.99
		16		29.627	23.257	0.390	262.53	2.98	37.82	414.16	3.74	58.57	110.89	1.94	25.63	539.80	3.06
11	110	7	12	15.196	11.928	0.433	177.16	3.41	22.05	280.94	4.30	36.12	73.38	2.20	17.51	310.64	2.96
		8		17.238	13.532	0.433	199.46	3.40	24.95	316.49	4.28	40.69	82.42	2.19	19.39	355.20	3.01
		10		21.261	16.690	0.432	242.19	3.38	30.60	384.39	4.25	49.42	99.98	2.17	22.91	444.65	3.09
		12		25.200	19.782	0.431	282.55	3.35	36.05	448.17	4.22	57.62	116.93	2.15	26.15	534.60	3.16
		14		29.056	22.809	0.431	320.71	3.32	41.31	508.01	4.18	65.31	133.40	2.14	29.14	625.16	3.24
12.5	125	8	14	19.750	15.504	0.492	297.03	3.88	32.52	470.89	4.88	53.28	123.16	2.50	25.86	512.01	3.37
		10		24.373	19.133	0.491	361.67	3.85	39.97	573.89	4.85	64.93	149.46	2.48	30.62	651.93	3.45
		12		28.912	22.696	0.419	423.16	3.83	41.17	671.44	4.82	75.96	174.88	2.46	35.03	783.42	3.53
		14		33.367	26.193	0.490	481.65	3.80	54.16	763.73	4.78	86.41	199.57	2.45	39.13	915.61	3.61

（续）

角钢号数	尺寸 mm			截面面积 cm^2	理论重量 kg/m	外表面积 m^2/m	参考数值										z_0 cm
							$x-x$			x_0-x_0			y_0-y_0			x_1-x_1	
	b	d	r				I_x cm^4	i_x cm	W_x cm^3	I_{x0} cm^4	i_{x0} cm	W_{x0} cm^3	I_{y0} cm^4	i_{y0} cm	W_{y0} cm^3	I_{x1} cm^4	
14	140	10	14	27.373	21.488	0.551	514.65	4.34	50.58	817.27	5.46	82.56	212.04	2.78	39.20	915.11	3.82
		12		32.512	25.522	0.551	603.68	4.31	59.80	958.79	5.43	96.85	248.57	2.76	45.02	1099.28	3.90
		14		37.567	29.490	0.550	688.81	4.28	68.75	1093.56	5.40	110.47	284.06	2.75	50.45	1284.22	3.98
		16		42.539	33.393	0.549	770.24	4.26	77.46	1221.81	5.36	123.42	318.67	2.74	55.55	1470.07	4.06
16	160	10	16	31.502	24.729	0.630	779.53	4.98	66.70	1237.30	6.27	109.36	321.76	3.20	52.76	1365.33	4.31
		12		37.441	29.391	0.630	916.58	4.95	78.98	1455.68	6.24	128.67	377.49	3.18	60.74	1639.57	4.39
		14		43.296	33.987	0.629	1048.36	4.92	90.95	1665.02	6.20	147.17	431.70	3.16	68.24	1914.68	4.47
		16		49.067	38.518	0.629	1175.08	4.89	102.63	1865.57	6.17	164.89	484.59	3.14	75.31	2190.82	4.55
18	180	12		42.241	33.159	0.710	1321.35	5.59	100.82	2100.10	7.05	165.00	542.61	3.58	78.41	2332.80	4.89
		14		48.896	38.383	0.709	1514.48	5.56	116.25	2407.42	7.02	189.14	621.53	3.56	88.38	2723.48	4.97
		16		55.467	43.542	0.709	1700.99	5.54	131.13	2703.37	6.98	212.40	698.60	3.55	97.83	3115.29	5.05
		18		61.955	48.634	0.708	1875.12	5.50	145.64	2988.24	6.94	234.78	762.01	3.51	105.14	3502.43	5.13
20	200	14	18	54.642	42.894	0.788	2103.55	6.20	144.70	3343.26	7.82	236.40	863.83	3.98	111.82	3734.10	5.46
		16		62.013	48.680	0.788	2366.15	6.18	163.65	3760.89	7.79	265.93	971.41	3.96	123.96	4270.39	5.54
		18		69.301	54.401	0.787	2620.64	6.15	182.22	4164.54	7.75	294.48	1076.74	3.94	135.52	4808.13	5.62
		20		76.505	60.056	0.787	2867.30	6.12	200.42	4554.55	7.72	322.06	1180.04	3.93	146.55	5347.51	5.69
		24		90.661	71.168	0.785	3338.25	6.07	236.17	5294.97	7.64	374.41	1381.53	3.90	166.65	6457.16	5.87

注：截面图中的 $r_1=1/3d$ 及表中 r 值的数据用于孔型设计，不做交货条件。

表 2 热轧不等边角钢(GB 9788—88)

符号意义：

B——长边宽度；　b——短边宽度；
d——边厚度；　r——内圆弧半径；
r_1——边端内圆弧半径；　I——惯性矩；
i——惯性半径；　W——截面系数；
x_0——重心距离；　y_0——重心距离。

角钢号数	尺寸 mm				截面面积 cm^2	理论重量 kg/m	外表面积 m^2/m	参考数值													
								$x-x$			$y-y$			x_1-x_1		y_1-y_1		$u-u$			
	B	b	d	r				I_x cm^4	i_x cm	W_x cm^3	I_y cm^4	i_y cm	W_y cm^3	I_{x1} cm^4	y_0 cm	I_{y1} cm^4	x_0 cm	I_u cm^4	i_u cm	W_u cm^3	$\tan\alpha$
2.5/1.6	25	16	3	3.5	1.162	0.912	0.080	0.70	0.78	0.43	0.22	0.44	0.19	1.56	0.86	0.43	0.42	0.14	0.34	0.16	0.392
			4		1.499	1.176	0.079	0.88	0.77	0.55	0.27	0.43	0.24	2.09	0.90	0.59	0.46	0.17	0.34	0.20	0.381
3.2/2	32	20	3		1.492	1.171	0.102	1.53	1.01	0.72	0.46	0.55	0.30	3.27	1.08	0.82	0.49	0.28	0.43	0.25	0.382
			4		1.939	1.522	0.101	1.93	1.00	0.93	0.57	0.54	0.39	4.37	1.12	1.12	0.53	0.35	0.42	0.32	0.374
4/2.5	40	25	3	4	1.890	1.484	0.127	3.08	1.28	1.15	0.93	0.70	0.49	5.39	1.32	1.59	0.59	0.56	0.54	0.40	0.385
			4		2.467	1.936	0.127	3.93	1.26	1.49	1.18	0.69	0.63	8.53	1.37	2.14	0.63	0.71	0.54	0.52	0.381
4.5/2.8	45	28	3	5	2.149	1.687	0.143	4.45	1.44	1.47	1.34	0.79	0.62	9.10	1.47	2.23	0.64	0.80	0.61	0.51	0.383
			4		2.806	2.203	0.143	5.69	1.42	1.91	1.70	0.78	0.80	12.13	1.51	3.00	0.68	1.02	0.60	0.66	0.380
5/3.2	50	32	3	5.5	2.431	1.908	0.161	6.24	1.60	1.84	2.02	0.91	0.82	12.49	1.60	3.31	0.73	1.20	0.70	0.68	0.404
			4		3.177	2.494	0.160	8.02	1.59	2.39	2.58	0.90	1.06	16.65	1.65	4.45	0.77	1.53	0.69	0.87	0.402

（续）

角钢号数	尺寸 mm				截面面积 cm^2	理论重量 kg/m	外表面积 m^2/m	参考数值													
								$x-x$			$y-y$			x_1-x_1		y_1-y_1		$u-u$			
	B	b	d	r				I_x cm^4	i_x cm	W_x cm^3	I_y cm^4	i_y cm	W_y cm^3	I_{x1} cm^4	y_0 cm	I_{y1} cm^4	x_0 cm	I_u cm^4	i_u cm	W_u cm^3	$\tan\alpha$
5.6/3.6	56	36	3	6	2.743	2.153	0.181	8.88	1.80	2.32	2.92	1.03	1.05	17.54	1.78	4.70	0.80	1.73	0.79	0.87	0.408
			4		3.590	2.818	0.180	11.45	1.79	3.03	3.76	1.02	1.37	23.39	1.82	6.33	0.85	2.23	0.79	1.13	0.408
			5		4.415	3.466	0.180	13.86	1.77	3.71	4.49	1.01	1.65	29.25	1.87	7.94	0.88	2.67	0.78	1.36	0.404
6.3/4	63	40	4	7	4.058	3.185	0.202	16.49	2.02	3.87	5.32	1.14	1.70	33.30	2.04	8.63	0.92	3.12	0.88	1.40	0.398
			5		4.993	3.920	0.202	20.02	2.00	4.74	6.31	1.12	2.71	41.63	2.08	10.86	0.95	3.76	0.87	1.71	0.396
			6		5.908	4.638	0.201	23.36	1.96	5.59	7.29	1.11	2.43	49.98	2.12	13.12	0.99	4.34	0.86	1.99	0.393
			7		6.802	5.339	0.201	26.53	1.98	6.40	8.24	1.10	2.78	58.07	2.15	15.47	1.03	4.97	0.86	2.29	0.389
7/4.5	70	45	4	7.5	4.547	3.570	0.226	23.17	2.26	4.86	7.55	1.29	2.17	45.92	2.24	12.26	1.02	4.40	0.98	1.77	0.410
			5		5.609	4.403	0.225	27.95	2.23	5.92	9.13	1.28	2.65	57.10	2.28	15.39	1.06	5.40	0.98	2.19	0.407
			6		6.647	5.218	0.225	32.54	2.21	6.95	10.62	1.26	3.12	68.35	2.32	18.58	1.09	6.35	0.98	2.59	0.404
			7		7.657	6.011	0.225	37.22	2.20	8.03	12.01	1.25	3.57	79.99	2.36	21.84	1.13	7.16	0.97	2.94	0.402
(7.5/5)	75	50	5	8	6.125	4.808	0.245	34.86	2.39	6.83	12.61	1.44	3.30	70.00	2.40	21.04	1.17	7.41	1.10	2.74	0.435
			6		7.260	5.699	0.245	41.12	2.38	8.12	14.70	1.42	3.88	84.30	2.44	25.37	1.21	8.54	1.08	3.19	0.435
			8		9.467	7.431	0.244	52.39	2.35	10.52	18.53	1.40	4.99	112.50	2.52	34.23	1.29	10.87	1.07	4.10	0.429
			10		11.590	9.098	0.244	62.71	2.33	12.79	21.96	1.38	6.04	140.80	2.60	43.43	1.36	13.10	1.06	4.99	0.423
8/5	80	50	5		6.375	5.005	0.255	41.96	2.56	7.78	12.82	1.42	3.32	85.21	2.60	21.06	1.14	7.66	1.10	2.74	0.388
			6		7.560	5.935	0.255	49.49	2.56	9.25	14.59	1.41	3.91	102.53	2.65	25.41	1.18	8.85	1.08	3.20	0.387
			7		8.724	6.848	0.255	56.16	2.54	10.58	16.96	1.39	4.48	119.33	2.69	29.82	1.21	10.18	1.08	3.70	0.384
			8		9.867	7.745	0.254	62.83	2.52	11.92	18.85	1.38	5.03	136.41	2.73	34.32	1.25	11.38	1.07	4.16	0.381

（续）

角钢号数	尺寸 mm				截面面积 cm²	理论重量 kg/m	外表面积 m²/m	参考数值													
								$x-x$			$y-y$			x_1-x_1		y_1-y_1		$u-u$			
	B	b	d	r				I_x cm⁴	i_x cm	W_x cm³	I_y cm⁴	i_y cm	W_y cm³	I_{x1} cm⁴	y_0 cm	I_{y1} cm⁴	x_0 cm	I_u cm⁴	i_u cm	W_u cm³	$\tan\alpha$
9/5.6	90	56	5	9	7.212	5.661	0.287	60.45	2.90	9.92	18.32	1.59	4.21	121.32	2.91	29.53	1.25	10.98	1.23	3.49	0.385
			6		8.557	6.717	0.286	71.03	2.88	11.74	21.42	1.58	4.96	145.59	2.95	35.58	1.29	12.90	1.23	4.13	0.384
			7		9.880	7.756	0.286	81.01	2.86	13.49	24.36	1.57	5.70	169.60	3.00	41.71	1.33	14.67	1.22	4.72	0.382
			8		11.183	8.779	0.286	91.03	2.85	15.27	27.15	1.56	6.41	194.17	3.04	47.93	1.36	16.34	1.21	5.29	0.380
10/6.3	100	63	6	10	9.617	7.550	0.320	99.06	3.21	14.64	30.94	1.79	6.35	199.71	3.24	50.50	1.43	18.42	1.38	5.25	0.394
			7		11.111	8.722	0.320	113.45	3.20	16.88	35.26	1.78	7.29	233.00	3.28	59.14	1.47	21.00	1.38	6.02	0.394
			8		12.584	9.878	0.319	127.37	3.18	19.08	39.39	1.77	8.21	266.32	3.32	67.88	1.50	23.50	1.37	6.78	0.391
			10		15.467	12.142	0.319	153.81	3.15	23.32	47.12	1.74	9.98	333.06	3.40	85.73	1.58	28.33	1.35	8.24	0.387
10/8	100	80	6		10.637	8.350	0.354	107.04	3.17	15.19	61.24	2.40	10.16	199.83	2.95	102.68	1.97	31.65	1.72	8.37	0.627
			7		12.301	9.656	0.354	122.73	3.16	17.52	70.08	2.39	11.71	233.20	3.00	119.98	2.01	36.17	1.72	9.60	0.626
			8		13.944	10.946	0.353	137.92	3.14	19.81	78.58	2.37	13.21	266.61	3.04	137.37	2.05	40.58	1.71	10.80	0.625
			10		17.167	13.476	0.353	166.87	3.12	24.24	94.65	2.35	16.12	333.63	3.12	172.48	2.13	49.10	1.69	13.12	0.622
11/7	110	70	6		10.637	8.350	0.354	133.37	3.54	17.85	42.92	2.01	7.90	265.78	3.53	69.08	1.57	25.36	1.54	6.53	0.403
			7		12.301	9.656	0.354	153.00	3.53	20.60	49.01	2.00	9.09	310.07	3.57	80.82	1.61	28.95	1.53	7.50	0.402
			8		13.944	10.946	0.353	172.04	3.51	23.30	54.87	1.98	10.25	354.39	3.62	92.70	1.65	32.45	1.53	8.45	0.401
			10		17.167	13.476	0.353	208.39	3.48	28.54	65.88	1.96	12.48	443.13	3.70	116.83	1.72	39.20	1.51	10.29	0.397
12.5/8	125	80	7	11	14.096	11.066	0.403	227.98	4.02	26.86	74.42	2.30	12.01	454.99	4.01	120.32	1.80	43.81	1.76	9.92	0.408
			8		15.989	12.551	0.403	256.77	4.01	30.41	83.49	2.28	13.56	519.99	4.06	137.85	1.84	49.15	1.75	11.18	0.407

（续）

角钢号数	尺寸 mm				截面面积 cm^2	理论重量 kg/m	外表面积 m^2/m	参考数值													
								$x-x$			$y-y$			x_1-x_1		y_1-y_1		$u-u$			
	B	b	d	r				I_x cm^4	i_x cm	W_x cm^3	I_y cm^4	i_y cm	W_y cm^3	I_{x1} cm^4	y_0 cm	I_{y1} cm^4	x_0 cm	I_u cm^4	i_u cm	W_u cm^3	$\tan\alpha$
12.5/8	125	80	10	11	19.712	15.474	0.402	312.04	3.98	37.33	100.67	2.26	16.56	650.09	4.14	173.40	1.92	59.45	1.74	13.64	0.404
			12		23.351	18.330	0.402	364.41	3.95	44.01	116.67	2.24	19.43	780.39	4.22	209.67	2.00	69.35	1.72	16.01	0.400
14/9	140	90	8	12	18.038	14.160	0.453	365.64	4.50	38.48	120.69	2.59	17.34	730.53	4.50	195.79	2.04	70.83	1.98	14.31	0.411
			10		22.261	17.475	0.452	445.50	4.47	47.31	146.03	2.56	21.22	931.20	4.58	245.92	2.12	85.82	1.96	17.48	0.409
			12		26.400	20.724	0.451	521.59	4.44	55.87	169.79	2.54	24.95	1096.09	4.66	296.89	2.19	100.21	1.95	20.54	0.406
			14		30.456	23.908	0.451	594.10	4.42	64.18	192.10	2.51	28.54	1279.26	4.74	348.82	2.27	114.13	1.94	23.52	0.403
16/10	160	100	10	13	25.315	19.872	0.512	668.69	5.14	62.13	205.03	2.85	26.56	1362.89	5.24	336.59	2.28	121.74	2.19	21.92	0.390
			12		30.054	23.592	0.511	784.91	5.11	73.49	239.06	2.82	31.28	1635.56	5.32	405.94	2.36	142.33	2.17	25.79	0.388
			14		34.709	27.247	0.510	896.30	5.08	84.56	271.20	2.80	35.83	1908.50	5.40	476.42	2.43	162.23	2.16	29.56	0.385
			16		39.281	30.835	0.510	1003.04	5.05	95.33	301.60	2.77	40.24	2181.79	5.48	548.22	2.51	182.57	2.16	33.44	0.382
18/11	180	110	10	14	28.373	22.273	0.571	956.25	5.80	78.96	278.11	3.13	32.49	1940.40	5.89	447.22	2.44	166.50	2.42	26.88	0.376
			12		33.712	26.464	0.571	1124.72	5.78	93.53	325.03	3.10	38.32	2328.38	5.98	538.94	2.52	194.87	2.40	31.66	0.374
			14		38.967	30.589	0.570	1286.91	5.75	107.76	369.55	3.08	43.97	2716.60	6.06	631.95	2.59	222.30	2.39	36.32	0.372
			16		44.139	34.649	0.569	1443.06	5.72	121.64	411.85	3.06	49.44	3105.15	6.14	726.46	2.67	248.94	2.38	40.87	0.369
20/12.5	200	125	12		37.912	29.761	0.641	1570.90	6.44	116.73	483.16	3.57	49.99	3193.85	6.54	787.74	2.83	285.79	2.74	41.23	0.392
			14		43.867	34.436	0.640	1800.97	6.41	134.65	550.83	3.54	57.44	3726.17	6.02	922.47	2.91	326.58	2.73	47.34	0.390
			16		49.739	39.045	0.639	2023.35	6.38	152.18	615.44	3.52	64.69	4258.86	6.70	1058.86	2.99	366.21	2.71	53.32	0.388
			18		55.526	43.588	0.639	2238.30	6.35	169.33	677.19	3.49	71.74	4792.00	6.78	1197.13	3.06	404.83	2.70	59.18	0.385

注：1. 括号内型号不推荐使用；

2. 截面图中的 $r_1=1/3d$ 及表中 r 的数据用于孔型设计，不做交货条件。

表 3　热轧槽钢(GB 707—88)

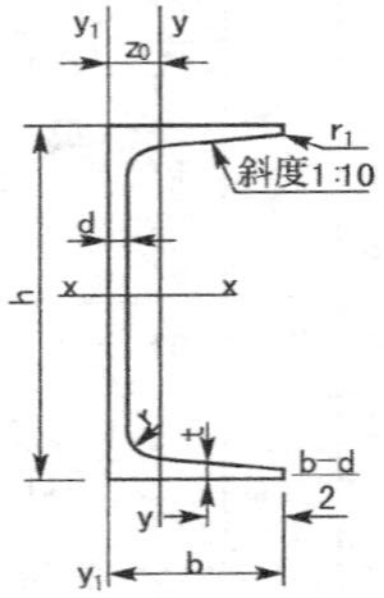

符号意义：

h——高度；　　r_1——腿端圆弧半径；

b——腿宽度；　　I——惯性矩；

d——腰厚度；　　W——截面系数；

t——平均腿厚度；　　i——惯性半径；

r——内圆弧半径；　　z_0——$y-y$ 轴与 y_1-y_1 轴间距。

型号	尺寸 mm						截面面积 cm^2	理论重量 kg/m	参考数值							
									$x-x$			$y-y$			y_1-y_1	z_0 cm
	h	b	d	t	r	r_1			W_x cm^3	I_x cm^4	i_x cm	W_y cm^3	I_y cm^4	i_y cm	I_{y1} cm^4	
5	50	37	4.5	7	7.0	3.5	6.928	5.438	10.4	26.0	1.94	3.55	8.30	1.10	20.9	1.35
6.3	63	40	4.8	7.5	7.5	3.8	8.451	6.634	16.1	50.8	2.45	4.50	11.9	1.19	28.4	1.36
8	80	43	5.0	8	8.0	4.0	10.248	8.045	25.3	101	3.15	5.79	16.6	1.27	37.4	1.43
10	100	48	5.3	8.5	8.5	4.2	12.748	10.007	39.7	198	3.95	7.80	25.6	1.41	54.9	1.52
12.6	126	53	5.5	9	9.0	4.5	15.692	12.317	62.1	391	4.95	10.2	38.0	1.57	77.1	1.59
14a	140	58	6.0	9.5	9.5	4.8	18.516	14.535	80.5	564	5.52	13.0	53.2	1.70	107	1.71
14b	140	60	8.0	9.5	9.5	4.8	21.316	16.733	87.1	609	5.35	14.1	61.1	1.69	121	1.67
16a	160	63	6.5	10	10.0	5.0	21.962	17.240	108	866	6.28	16.3	73.3	1.83	144	1.80
16	160	65	8.5	10	10.0	5.0	25.162	19.752	117	935	6.10	17.6	83.4	1.82	161	1.75
18a	180	68	7.0	10.5	10.5	5.2	25.699	20.174	141	1272	7.04	20.0	98.6	1.96	190	1.88
18	180	70	9.0	10.5	10.5	5.2	29.299	23.000	152	1370	6.84	21.5	111	1.95	210	1.84

（续）

型号	尺寸 mm						截面面积 cm^2	理论重量 kg/m	参考数值							
									$x-x$			$y-y$			y_1-y_1	z_0 cm
	h	b	d	t	r	r_1			W_x cm^3	I_x cm^4	i_x cm	W_y cm^3	I_y cm^4	i_y cm	I_{y1} cm^4	
20a	200	73	7.0	11	11.0	5.5	28.837	22.637	178	1780	7.86	24.2	128	2.11	244	2.01
20	200	75	9.0	11	11.0	5.5	32.837	25.777	191	1910	7.64	25.9	144	2.09	268	1.95
22a	220	77	7.0	11.5	11.5	5.8	31.846	24.999	218	2390	8.67	28.2	158	2.23	298	2.10
22	220	79	9.0	11.5	11.5	5.8	36.246	28.453	234	2570	8.42	30.1	176	2.21	326	2.03
25a	250	78	7.0	12	12.0	6.0	34.917	27.410	270	3370	9.82	30.6	176	2.24	322	2.07
25b	250	80	9.0	12	12.0	6.0	39.917	31.335	282	3530	9.41	32.7	196	2.22	353	1.98
25c	250	82	11.0	12	12.0	6.0	44.917	35.260	295	3690	9.07	35.9	218	2.21	384	1.92
28a	280	82	7.5	12.5	12.5	6.2	40.034	31.427	340	4760	10.9	35.7	218	2.33	388	2.10
28b	280	84	9.5	12.5	12.5	6.2	45.634	35.823	366	5130	10.6	37.9	242	2.30	428	2.02
28c	280	86	11.5	12.5	12.5	6.2	51.234	40.219	393	5500	10.4	40.3	268	2.29	463	1.95
32a	320	88	8.0	14	14.0	7.0	48.513	38.083	475	7600	12.5	46.5	305	2.50	552	2.24
32b	320	90	10.0	14	14.0	7.0	54.913	43.107	509	8140	12.2	49.2	336	2.47	593	2.16
32c	320	92	12.0	14	14.0	7.0	61.313	48.131	543	8690	11.9	52.6	374	2.47	643	2.09
36a	360	96	9.0	16	16.0	8.0	60.910	47.814	660	11900	14.0	63.5	455	2.73	818	2.44
36b	360	98	11.0	16	16.0	8.0	68.110	53.466	703	12700	13.6	66.9	497	2.70	880	2.37
36c	360	100	13.0	16	16.0	8.0	75.310	59.118	746	13400	13.4	70.0	536	2.67	948	2.34
40a	400	100	10.5	18	18.0	9.0	75.068	58.928	879	17600	15.3	78.8	592	2.81	1070	2.49
40b	400	102	12.5	18	18.0	9.0	83.068	65.208	932	18600	15.0	82.5	640	2.78	1140	2.44
40c	400	104	14.5	18	18.0	9.0	91.068	71.488	986	19700	14.7	86.2	688	2.75	1220	2.42

注：截面图和表中标注的圆弧半径 r、r_1 的数据用于孔型设计，不做交货条件。

表4 热轧工字钢(GB 706—88)

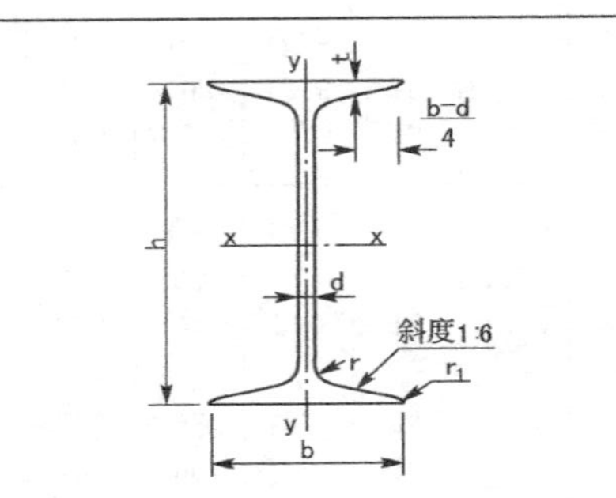

符号意义：

h——高度；　r_1——腿端圆弧半径；

b——腿宽度；　I——惯性矩；

d——腰厚度；　W——截面系数；

t——平均腿厚度；　i——惯性半径；

r——内圆弧半径；　S——半截面的静矩。

型号	尺寸 mm						截面面积 cm^2	理论重量 kg/m	参考数值						
									$x-x$				$y-y$		
	h	b	d	t	r	r_1			I_x cm^4	W_x cm^3	i_x cm	$I_x:S_x$	I_y cm^4	W_y cm^3	i_y cm
10	100	68	4.5	7.6	6.5	3.3	14.345	11.261	245	49.0	4.14	8.59	33.0	9.72	1.52
12.6	126	74	5.0	8.4	7.0	3.5	18.118	14.223	488	77.5	5.20	10.8	46.9	12.7	1.61
14	140	80	5.5	9.1	7.5	3.8	21.516	16.890	712	102	5.76	12.0	64.4	16.1	1.73
16	160	88	6.0	9.9	8.0	4.0	26.131	20.513	1130	141	6.58	13.8	93.1	21.2	1.89
18	180	94	6.5	10.7	8.5	4.3	30.756	24.143	1660	185	7.36	15.4	122	26.0	2.00
20a	200	100	7.0	11.4	9.0	4.5	35.578	27.929	2370	237	8.15	17.2	158	31.5	2.12
20b	200	102	9.0	11.4	9.0	4.5	39.578	31.069	2500	250	7.96	16.9	169	33.1	2.06
22a	220	110	7.5	12.3	9.5	4.8	42.128	33.070	3400	309	8.99	18.9	225	40.9	2.31
22b	220	112	9.5	12.3	9.5	4.8	46.528	36.524	3570	325	8.78	18.7	239	42.7	2.27
25a	250	116	8.0	13.0	10.0	5.0	48.541	38.105	5020	402	10.2	21.6	280	48.3	2.40
25b	250	118	10.0	13.0	10.0	5.0	53.541	42.030	5280	423	9.94	21.3	309	52.4	2.40
28a	280	122	8.5	13.7	10.5	5.3	55.404	43.492	7110	508	11.3	24.6	345	56.6	2.50
28b	280	124	10.5	13.7	10.5	5.3	61.004	47.888	7480	534	11.1	24.2	379	61.2	2.49

（续）

型号	尺寸 mm						截面面积 cm^2	理论重量 kg/m	参考数值							
									$x-x$				$y-y$			
	h	b	d	t	r	r_1			I_x cm^4	W_x cm^3	i_x cm	$I_x:S_x$	I_y cm^4	W_y cm^3	i_y cm
32a	320	130	9.5	15.0	11.5	5.8	67.156	52.717	11100	692	12.8	27.5	460	70.8	2.62
32b	320	132	11.5	15.0	11.5	5.8	73.556	57.741	11600	726	12.6	27.1	502	76.0	2.61
32c	320	134	13.5	15.0	11.5	5.8	79.956	62.765	12200	760	12.3	26.8	544	81.2	2.61
36a	360	136	10.0	15.8	12.0	6.0	76.480	60.037	15800	875	14.4	30.7	552	81.2	2.69
36b	360	138	12.0	15.8	12.0	6.0	83.680	65.689	16500	919	14.1	30.3	582	84.3	2.64
36c	360	140	14.0	15.8	12.0	6.0	90.880	71.341	17300	962	13.8	29.9	612	87.4	2.60
40a	400	142	10.5	16.5	12.5	6.3	86.112	67.598	21700	1090	15.9	34.1	660	93.2	2.77
40b	400	144	12.5	16.5	12.5	6.3	94.112	73.878	22800	1140	15.6	33.6	692	96.2	2.71
40c	400	146	14.5	16.5	12.5	6.3	102.112	80.158	23900	1190	15.2	33.2	727	99.6	2.65
45a	450	150	11.5	18.0	13.5	6.8	102.446	80.420	32200	1430	17.7	38.6	855	114	2.89
45b	450	152	13.5	18.0	13.5	6.8	111.446	87.485	33800	1500	17.4	38.0	894	118	2.84
45c	450	154	15.5	18.0	13.5	6.8	120.446	94.550	35300	1570	17.1	37.6	938	122	2.79
50a	500	158	12.0	20.0	14.0	7.0	119.304	93.654	46500	1860	19.7	42.8	1120	142	3.07
50b	500	160	14.0	20.0	14.0	7.0	129.304	101.504	48600	1940	19.4	42.4	1170	146	3.01
50c	500	162	16.0	20.0	14.0	7.0	139.304	109.354	50600	2080	19.0	41.8	1220	151	2.96
56a	560	166	12.5	21.0	14.5	7.3	135.435	106.316	65600	2340	22.0	47.7	1370	165	3.18
56b	560	168	14.5	21.0	14.5	7.3	146.635	115.108	68500	2450	21.6	47.2	1490	174	3.16
56c	560	170	16.5	21.0	14.5	7.3	157.835	123.900	71400	2550	21.3	46.7	1560	183	3.16
63a	630	176	13.0	22.0	15.0	7.5	154.658	121.407	93900	2980	24.5	54.2	1700	193	3.31
63b	630	178	15.0	22.0	15.0	7.5	167.258	131.298	98100	3160	24.2	53.5	1810	204	3.29
63c	630	180	17.0	22.0	15.0	7.5	179.858	141.189	102000	3300	23.8	52.9	1920	214	3.27

注：截面图和表中标注的圆弧半径 r、r_1 的数据用于孔型设计，不做交货条件。

参考答案

第1章 静力学的基本概念与受力分析

略

第2章 平面汇交力系

2-1 $F_R=161.2N$；$\angle(F_R、F_1)=29°44'$；$\angle(F_R、F_3)=60°16'$

2-2 $F_R=3kN$，方向沿 OB

2-3 (a) $F_{AB}=0.577W$(拉力)；$F_{AC}=1.155W$(压力)

(b) $F_{AB}=1.064W$(拉力)；$F_{AC}=0.364W$(压力)

(c) $F_{AB}=0.500W$(拉力)；$F_{AC}=0.866W$(压力)

(d) $F_{AB}=F_{AC}=0.577W$(拉力)

2-4 (a) $F_A=15.8kN$；$F_B=7.07kN$

(b) $F_A=22.4kN$；$F_B=10kN$

2-5 $F_{BC}=5kN$(压力)；$F_A=5kN$(方向与 x 轴正向夹角 $\alpha=150°$)

2-6 $\cos\alpha=\dfrac{P_1}{P_2}$；$F_D=P-\sqrt{P_2^2-P_1^2}$

2-7 $F_A=0.707F$；$F_B=0.707F$

2-8 $F_{AB}=7.32kN$(压力)；$F_{AC}=27.3kN$(压力)

2-9 $F_T=30kN$

2-10 $F_H=\dfrac{F}{2\sin^2\alpha}$

2-11 $F_N=166.2kN$

2-12 $F_{AC}=1.667kN$(拉力)；$F_{BC}=1kN$(压力)；$F_{DC}=1.333kN$(压力)；$F_A=2.92kN$

2-13 略

第3章 平面力偶系

3-1 (a) $M_O(F)=FL$ (b) $M_O(F)=0$

(c) $M_O(F)=FL\sin\theta$ (d) $M_O(F)=-Fa$

(e) $M_O(F)=F(L+r)$ (f) $M_O(F)=F\sqrt{a^2+b^2}\sin\alpha$

3-2 $M=30N\cdot m$，转向沿顺时针。

3-3 $F_A=750N$；$F_B=750N$

3-4 $F_A=100kN$；$F_B=100kN$

3-5 $F=W$；$F_E=0$；$F_A=\dfrac{a}{b}W$；$F_B=\dfrac{a}{b}W$

3-6 $F_A=1kN$；$F_B=1kN$

3-7　$\dfrac{M_1}{M_2}=\dfrac{3}{8}$

3-8　$M_2=4\text{kN}\cdot\text{m}$，转向为逆时针；$F_A=1.155\text{kN}$；$F_B=1.155\text{kN}$

第4章　平面一般力系

4-1　$F'_R=52.1\text{N}$；$\alpha=196°42'$；$M_O=280\text{N}\cdot\text{m}$，转向为顺时针；$F_R=52.1\text{N}$，$d=5.37\text{m}$，合力 F_R 的作用线在作用于 O 点的 F'_R 的右下方。

4-2　(a) $F_{Ax}=\dfrac{\sqrt{3}}{2}F_2$；$F_{Ay}=\dfrac{1}{6}(4F_1+F_2)$；$F_B=\dfrac{1}{3}(F_1+F_2)$

(b) $F_{Ax}=\dfrac{1}{3\sqrt{3}}(F_1+2F_2)$；$F_{Ay}=\dfrac{1}{3}(2F_1+F_2)$；$F_B=\dfrac{2}{3\sqrt{3}}(F_1+2F_2)$

(c) $F_{Ax}=0$；$F_{Ay}=\dfrac{1}{3}\left(2F+\dfrac{M}{a}\right)$；$F_B=\dfrac{1}{3}\left(F-\dfrac{M}{a}\right)$

(d) $F_{Ax}=0$；$F_{Ay}=\dfrac{1}{2}\left(-F+\dfrac{M}{a}\right)$；$F_B=\dfrac{1}{2}\left(3F-\dfrac{M}{a}\right)$

(e) $F_{Ax}=F_2$；$F_{Ay}=\dfrac{F_1}{2}-\dfrac{5F_2}{3}$；$F_B=\dfrac{F_1}{2}+\dfrac{5F_2}{3}$

(f) $F_{Ax}=F$；$F_{Ay}=-F+\dfrac{M}{2}$；$F_B=F-\dfrac{M}{2}$

4-3　(a) $F_{Ax}=0$；$F_{Ay}=0$；$M_A=M$；转向为逆时针

(b) $F_{Ax}=0$；$F_{Ay}=F+\text{qa}$；$M_A=\text{Fa}+\dfrac{qa^2}{2}$

(c) $F_{Ax}=F$；$F_{Ay}=\dfrac{1}{2}qL$；$M_A=Fa+\dfrac{1}{8}qL^2+M$，转向为逆时针

(d) $F_{Ax}=0$；$F_{Ay}=2.1qa+\dfrac{M_1-M_2}{5a}$；$F_B=0.9qa+\dfrac{M_2-M_1}{5a}$

4-4　(a) $F_{Ax}=F$；$F_{Ay}=3qa-\dfrac{5}{6}F$；$F_B=3qa+\dfrac{5}{6}F$

(b) $F_{Ax}=6qa$；$F_{Ay}=F$；$M_A=2\text{F}a+18qa^2$，转向为逆时针

(c) $F_{Ax}=F$；$F_{Ay}=6qa$；$M_A=12qa^2+4Fa+M_2-M_1$，转向为逆时针

(d) $F_{Ax}=2qa$；$F_{Ay}=2qa$；$M_A=4qa^2$，转向为逆时针

4-5　$F_A=\dfrac{1}{C}(F_1a+F_2b)$；$F_{Bx}=\dfrac{1}{C}(F_1a+F_2b)$；$F_{By}=F_1+F_2$

4-6　$P_{max}=7.41\text{kN}$

4-7　(a) $F_{Ax}=0$；$F_{Ay}=2qa$；$M_A=2qa^2$，转向为逆时针；$F_{Bx}=0$；$F_{By}=0$；$F_c=0$；

(b) $F_{Ax}=0$；$F_{Ay}=2qa$；$M_A=3.5qa^2$，转向为逆时针；$F_{Bx}=0$；$F_{By}=qa$；$F_c=qa$；

(c) $F_{Ax}=0$；$F_{Ay}=0$；$M_A=M$，转向为逆时针；$F_{Bx}=0$；$F_{By}=0$；$F_c=0$；

(d) $F_{Ax}=0$；$F_{Ay}=\dfrac{M}{2a}$；$M_A=M$，转向为顺时针；$F_{Bx}=0$；$F_{By}=\dfrac{M}{2a}$；$F_c=\dfrac{M}{2a}$；

4-8　(a) $F_{Ax}=2.16q$；$F_{Ay}=4.86q$；$F_{Bx}=2.7q$；$F_{Ay}=0$；$F_c=6.87\text{q}$ (b) $F_{Ax}=F$；$F_{Ay}=3q_1-\dfrac{F}{2}$；$F_B=3q_1+2q_2+\dfrac{F}{2}$；$F_D=2q_2$

4-9　$F_A=48.3kN$；$F_B=8.33kN$；$F_D=100kN$

4-10　$F_{Ax}=7.5kN$；$F_{Ay}=72.5kN$；$F_{Bx}=17.5kN$；$F_{By}=77.5kN$；$F_{Cx}=17.5kN$；$F_{Cy}=5kN$

4-11　$F_1=62.5kN$(压力)；$F_2=88.4kN$(拉力)；$F_3=62.5kN$(压力)；$F_4=62.5kN$(拉力)；$F_5=88.4kN$(拉力)；$F_6=125kN$(压力)；$F_7=100kN$(压力)；$F_8=125kN$(压力)；$F_9=53kN$(拉力)；$F_{10}=87.5kN$(拉力)；$F_{11}=87.5kN$(压力)；$F_{12}=123.7kN$(拉力)；$F_{13}=87.5kN$(压力)

4-12　$F_1=2.5F$(拉力)；$F_2=3.54F$(压力)；$F_3=F$(拉力)；$F_4=2.5F$(拉力)；$F_5=0.707F$(拉力)；$F_6=4F$(拉力)

第5章　摩　擦

5-1　(1) $F=10N$，(2) $F=30N$　(3) $F=30N$

5-2　(1) 平衡，$F=200N$；(2) 不平衡，$F=150N$

5-3　$W(\sin\alpha-f\cos\alpha)\leqslant F\leqslant W(\sin\alpha+f\cos\alpha)$

5-4　$F_N\geqslant 8000N$

5-5　A 和 B 都不动

5-6　$F_N=625N$

5-7　$f\geqslant 0.15$

5-8　$b\leqslant 11cm$

5-9　$F\geqslant 100N$

第6章　空间力系

6-1　$M_x(F)=\frac{F}{4}(h-3r)$，$M_y(F)=\frac{\sqrt{3}}{4}F(r+h)$，$M_z(F)=-\frac{Fr}{2}$

6-2　$F_x=212N$，$F_y=212N$，$F_z=520N$，$M_x(F)=424N\cdot m$，$M_y(F)=-68.4N\cdot m$，$M_z(F)=10.6N\cdot m$

6-3　$F_A=F_B=31.6kN$(压力)，$F_C=1.5kN$(压力)

6-4　$F_A=7.45kN$(压力)，$F_B=F_C=2.89kN$(拉力)

6-5　$F_3=F'_3=\frac{F_1r_1-F_2r_2}{r_3}$

6-6　$F_A=4.423kN$，$F_B=7.777kN$，$F_D=5.8kN$

6-7　$F_3=3900N$，$F_{Ax}=-2180N$，$F_{Az}=1860N$，$F_{Bx}=-2430N$，$F_{Bz}=1510N$

6-8　$F_{Ax}=1.03kN$，$F_{Bx}=5.64kN$，$F_{Az}=15.9kN$，$F_{Bz}=19.8kN$

6-9　$F=2130N$，$F_{Ax}=-500N$，$F_{Az}=-919N$，$F_{Bx}=4130N$，$F_{Bz}=-1340N$

6-10　(a) $y_c=105mm$；(b) $x_c=17.5mm$

6-11　$x_c=1180mm$，$y_c=510mm$

6-12　$x_c=9.6cm$

第7章　绪论和基本概念

7-1　AB 杆属于弯曲，$F_s=1kN$，$M=1kN\cdot m$。BC 杆属于拉伸，$F_N=2kN$

7-2 $F_{N1}=\frac{x}{l\sin\alpha}F$；$F_{N1max}=\frac{F}{\sin\alpha}$

$F_{N2}=\frac{x\cot\alpha}{l}F$，$F_{S2}=\left(1-\frac{x}{l}\right)F$，$M_2=\frac{x(1-x)}{l}F$；

$F_{N2max}=F\cot\alpha$，$F_{S2max}=F$，$M_{2max}=\frac{Fl}{4}$。

7-3 $\varepsilon_m=5\times10^{-4}$

7-4 $\varepsilon_m=2.5\times10^{-4}$；$\gamma=2.5\times10^{-4}$rad

7-5 $\varepsilon_{周}=\varepsilon_{径}=3.75\times10^{-5}$

第8章　轴向拉伸和压缩

8-1 (a) $F_{N1}=F$，$F_{N1}=-F$

(b) $F_{N1}=2F$，$F_{N1}=0$

(c) $F_{N1}=2F$，$F_{N1}=F$

(d) $F_{N1}=F$，$F_{N1}=-2F$

8-2 $F_{N1}=-20$kN，$\sigma=50$MPa

$F_{N2}=-10$kN，$\sigma=-25$MPa

$F_{N3}=10$kN，$\sigma=25$MPa

8-3 $F_{N1}=-20$kN，$\sigma=-100$MPa

$F_{N2}=-10$kN，$\sigma=-33.3$MPa

$F_{N3}=10$kN，$\sigma=25$MPa

8-4

截面方位	σ_α/MPa	τ_α/MPa
0°	100	0
30°	75	43.3
45°	50	50
60°	25	43.3
90°	0	0

8-5 $\Delta_D=\frac{Fl}{3EA}$

8-6 (1) 最大压力 $F_{NCB}=260$kN

(2) $\sigma_{AC}=-2.5$MPa，$\sigma_{CB}=-6.5$MPa

(3) $\varepsilon_{AC}=-0.25\times10^{-3}$，$\varepsilon_{CB}=-0.65\times10^{-3}$

(4) $\Delta l=-1.35$mm

8-7 $\delta_{cx}=0.476$mm(→)，$\delta_{cy}=0.476$mm(↓)

8-8 $\Delta=1.365$mm

8-9 $\sigma_{AB}=74$MPa

8-10 杆 AB：2L100×10；杆 AD：2L80×6

8-11 $\Delta l=-0.239\times10^{-3}$，$\varepsilon_d=0.018\%$

8－12　$\sigma_{上}=108\text{MPa}$，$\sigma_{中}=8.3\text{MPa}$，$\sigma_{下}=-141.7\text{MPa}$

8－13　$F_{NBC}=22\text{kN}$

8－14　$\sigma_1=127\text{MPa}$，$\sigma_2=26.8\text{MPa}$，$\sigma_3=86.5\text{MPa}$

8－15　$F_{N1}=F_{N1}=\dfrac{\delta E_1A_1E_3A_3\cos^2\alpha}{l(2E_1A_1\cos^3\alpha+E_3A_3)}$，$F_{N3}=\dfrac{2\delta E_1A_1E_3A_3\cos^3\alpha}{l(2E_1A_1\cos^3\alpha+E_3A_3)}$

第9章　剪　　切

9－2　$\tau=52.6\text{MPa}$，$\sigma_{bs}=91\text{MPa}$

9－3　$d\geqslant 50\text{mm}$，$b\geqslant 100\text{mm}$

9－4　$d/h=2.4$

9－5　$\tau=59.7\text{MPa}$，$\sigma_{bs}=94\text{MPa}$

9－6　$d=14\text{mm}$

9－7　$\tau=52.6\text{MPa}$，$\sigma_{bs}=90.9\text{MPa}$，$\sigma=166.7\text{MPa}$

第10章　扭　　转

10－1　最大正扭矩 $T=0.860\text{kN}\cdot\text{m}$；最大负扭矩 $T=2.006\text{kN}\cdot\text{m}$

10－2　$m=0.0133\text{kN}\cdot\text{m/m}$

10－3　$\tau=27.55\text{MPa}$

10－4　$\tau_{max}=27.55\text{MPa}$

10－6　(1) $\tau_{max}=27.55\text{MPa}$，$\varphi=1.02°$；(2) $\tau_A=\tau_B=71.4\text{MPa}$，$\tau_C=35.7\text{MPa}$，(3) $\gamma_C=0.446\times10^{-3}$

10－7　$\tau_{max}=19.2\text{MPa}$

10－8　$\nu=0.289$

10－9　$E=216\text{GPa}$，$G=81.8\text{GPa}$，$\nu=0.32$

10－10　$d\geqslant 74.4\text{mm}$

10－11　AE段：$\tau_{max}=45.2\text{Mpa}$，$\varphi'=0.462(°)/\text{m}$；$BC$段：$\tau_{max}=71.3\text{Mpa}$，$\varphi'=1.02(°)/\text{m}$

10－12　$\varphi_B=\dfrac{m_el^2}{2GI_p}$

10－13　(1) $M_e\leqslant 110\text{N}\cdot\text{m}$；(2) $\varphi=0.022\text{rad}$

10－14　(1) $\varphi_{AB}=\dfrac{32M_el}{3\pi G(d_2-d_1)}\cdot\left(\dfrac{1}{d_1^3}-\dfrac{1}{d_2^3}\right)=7.152\dfrac{M_el}{Gd_1^4}$；(2) $\Delta=-2.7\%$

第11章　弯曲内力

11－1　(a) $F_{S1}=0$，$M_1=2\text{kN}\cdot\text{m}$，$F_{S2}=-5\text{kN}$，$M_2=-12\text{kN}\cdot\text{m}$

(b) $F_{S1}=2\text{kN}$，$M_1=6\text{kN}\cdot\text{m}$，$F_{S2}=-3\text{kN}$，$M_2=6\text{kN}\cdot\text{m}$

(c) $F_{S1}=4\text{kN}$，$M_1=4\text{kN}\cdot\text{m}$，$F_{S2}=4\text{kN}$，$M_2=-6\text{kN}\cdot\text{m}$

(d) $F_{S1}=30\text{kN}$，$M_1=-45\text{kN}\cdot\text{m}$，$F_{S2}=0$，$M_2=-40\text{kN}\cdot\text{m}$

11－2　(a) 最大正剪力：49.5kN，最大负剪力：49.5kN，最大正弯矩：174kN·m

(b) 最大正剪力：0.6kN，最大负剪力：1.4kN，最大正弯矩：2.4kN·m，最大负弯矩：1.6kN·m

(c) 最大正剪力：qa，最大负剪力：$qa/8$，最大负弯矩：$qa^2/2$

(d) 最大正剪力：30kN，最大负剪力：10kN，最大正弯矩：15kN·m，最大负弯矩：30kN·m

11-3 (a) 最大正剪力：1.5kN，最大负剪力：0.5kN，最大正弯矩：0.563kN·m；

(b) 最大正剪力：$11qa/6$，最大负剪力：$7qa/6$，最大正弯矩：$49qa^2/72$，最大负弯矩：qa^2

11-4 (a) 最大正剪力：qa，最大负剪力：qa，最大正弯矩；$qa^2/2$，最大负弯矩：qa^2

(b) 最大正剪力：$3ql/2$，最大负剪力：$ql/2$，最大正弯矩：0，最大负弯矩：ql^2

11-5 (a) 最大正弯矩：54kN·m

(b) 最大正弯矩：0.25kN·m，最大负弯矩：2kN·m

11-7 (a) 最大负剪力：10kN

(b) 最大负剪力：20kN

11-8 (a) 最大正弯矩：10kN·m，最大负弯矩：10kN·m

(b) 最大正弯矩；$ql^2/40$，最大负弯矩：$ql^2/50$

(c) 最大负弯矩：qa^2

11-9 (a) $Fl/4$；(b) $Fl/6$；(c) $3Fl/20$；(d) $Fl/8$

11-10 $a/l=0.207$

第12章 截面的几何性质

12-1 (a) $\bar{z}_C=0$，$\bar{y}_C=\dfrac{h(2a+b)}{3(a+b)}$；(b) $\bar{z}_C=0$，$\bar{y}_C=0.261\text{m}$；(c) $\bar{z}_C=0$，$\bar{y}_C=0.141\text{m}$；(d) $\bar{z}_C=\bar{y}_C=\dfrac{5}{6}a$

12-2 (a) $S_z=24\times10^3\text{mm}^3$；(b) $S_z=42.25\times10^3\text{mm}^3$；(c) $S_z=280\times10^3\text{mm}^3$；(d) $S_z=520\times10^3\text{mm}^3$

12-3 (a) $I_{zC}=\dfrac{(a^2+4ab+b^2)h^3}{36(a+b)}$；(b) $I_{zC}=1.19\times10^{-2}\text{m}^4$；(c) $I_{zC}=4.45\times10^{-5}\text{m}^4$；(d) $I_{zC}=\dfrac{5a^4}{4}$

12-4 (a) $I_z=5.37\times10^7\text{mm}^4$；(b) $I_z=9.05\times10^7\text{mm}^4$

12-5 $I_{z0}=\dfrac{bh^3}{36}$，$I_{z1}=\dfrac{bh^3}{12}$

12-6 略

12-7 $S_z=\dfrac{2}{3}r^3$，$y_c=\dfrac{4r}{3\pi}$

12-8 $I_z=3.3\text{m}^4$

12-9 (a) $I_z=1.337\times10^{10}\text{mm}^4$；(b) $I_z=1.987\times10^8\text{mm}^4$；(c) $I_z=1.34\times10^{11}\text{mm}^4$；(d) $I_z=2.03\times10^9\text{mm}^4$；

12-10 $I_z=188.9a^4$，$I_y=190.4a^4$

12-11 $I_z=1307\times10^5\text{mm}^4$，$I_y=1309\times10^5\text{mm}^4$

12－12　水平形心轴 z_C 逆时针转 113.8°得到形心主惯性轴 z_{C0}；$I_{zC0}=321\times10^4\text{mm}^4$，$I_{yC0}=57.4\times10^4\text{mm}^4$

第 13 章　弯曲应力

13－1　截面 $m-m$：$\sigma_A=-7.41\text{MPa}$，$\sigma_B=4.94\text{MPa}$，$\sigma_C=0$，$\sigma_D=7.41\text{MPa}$；截面 $n-n$：$\sigma_A=9.26\text{MPa}$，$\sigma_B=-6.18\text{MPa}$，$\sigma_C=0$，$\sigma_D=-9.26\text{MPa}$

13－2　$[F]=122\text{kN}$

13－3　$b\geqslant61.5\text{mm}$，$h\geqslant184.5\text{mm}$

13－4　$\sigma_{t,\max}=15.1\text{MPa}$，$\sigma_{c\max}=9.6\text{MPa}$

13－5　选 No. 120a 工字钢

13－6　$\sigma_{\max}=7.05\text{MPa}$，$\tau_{\max}=74.5\text{MPa}$

13－7　$d=0.145\text{m}$

13－8　$a=1.385\text{m}$

13－9　$a=0.229\text{m}$

13－10　$d=24.4\text{mm}$

第 14 章　弯曲变形

14－1　(1) $\theta_B=\dfrac{ql^3}{6EI_z}$，$y_B=\dfrac{ql^4}{8EI_z}$；(2) $\theta_B=\dfrac{M_el}{EI_z}$，$y_B=\dfrac{M_el^2}{2EI_z}$

14－2　(1) $\theta_A=\dfrac{M_el}{3EI}$，$\theta_B=-\dfrac{M_el}{6EI}$；(2) $\theta_A=\theta_B=-\dfrac{M_el}{24EI}$，$y_C=0$

14－3　(1) $\theta_A=-\dfrac{7Fl^2}{24EI}$，$y_A=\dfrac{Fl^3}{8EI}$；(2) $\theta_C=-\dfrac{ql^3}{96EI}$，$y_C=-\dfrac{ql^4}{384EI}$

14－4　略

14－5　$\theta_A=\dfrac{ql^3}{24EI}-\dfrac{M_el}{2EI}$

14－6　$\theta_C=-\dfrac{5Fa^2}{2EI}$，$y_C=\dfrac{7Fa^3}{2EI}$

14－7　$\theta_C=\dfrac{ql^3}{144EI}$，$y_C=0$

14－8　$d=160\text{mm}$

14－9　安全

14－10　选用两根 No. 20a 槽钢

第 15 章　应力状态和强度理论

15－1　(a) $\sigma_\alpha=35\text{MPa}$，$\tau_\alpha=60.6\text{MPa}$；(b) $\sigma_\alpha=70\text{MPa}$，$\tau_\alpha=0\text{MPa}$；(c) $\sigma_\alpha=62.5\text{MPa}$，$\tau_\alpha=21.6\text{MPa}$；

(d) $\sigma_\alpha=-12.5\text{MPa}$，$\tau_\alpha=65\text{MPa}$

15－2　(a) $\sigma_1=57\text{MPa}$，$\sigma_3=-7\text{MPa}$，$\alpha_0=-19°20'$，$\tau_{\max}=32\text{MPa}$；(b) $\sigma_1=11.2\text{MPa}$，$\sigma_3=-71.2\text{MPa}$，$\alpha_0=-37°59'$，$\tau_{\max}=41.2\text{MPa}$；(c) $\sigma_1=4.7\text{MPa}$，$\sigma_3=-84.7\text{MPa}$，$\alpha_0=-13°17'$，$\tau_{\max}=44.7\text{MPa}$；

(d) $\sigma_1=37\text{MPa}$，$\sigma_3=-27\text{MPa}$，$\alpha_0=-19°20'$，$\tau_{max}=32\text{MPa}$

15-3　No. 25b 工字钢

15-4　$F=10\text{kN}$

15-5　略

15-6　$\sigma_{max}=100\text{MPa}$，$\tau_{max}=100\text{MPa}$

15-7　$[F]=370\text{kN}$

15-8　$\tau_A=\pm10\text{MPa}$，其作用面与梁的横截面成 $\pi/4$rad 角

第 16 章　组合变形的强度计算

16-1　$\sigma_{max}=156\text{MPa}$，安全

16-2　$\sigma_a=0.2\text{MPa}$，$\sigma_b=10.2\text{MPa}$

16-3　(1) $\sigma_{c,max}=\dfrac{8F}{3a^2}$；(2) $\sigma_c=\dfrac{2F}{a^2}$

16-4　$\sigma_{max}=0.648\text{MPa}$，$h=0.372\text{m}$，$\sigma_{min}=-4.33\text{MPa}$

16-5　$h=0.674l$

16-6　(1) 略；(2) $\sigma_{max}=6.37\text{MPa}$，$\sigma_{min}=-6.62\text{MPa}$

16-7　$\sigma_{r3}=86.18\text{MPa}$，安全

第 17 章　压杆稳定

17-1　$F_{cr}=151\text{kN}$

17-2　(1) $F_{cr}=307\text{kN}$；(2) $F_{cr}=619\text{kN}$

17-3　(d)、(e)最大，(a)最小

17-4　$\pi/3$

17-5　BC 杆

17-6　$F_{max}=51.8\text{kN}$

参考文献

[1] 哈尔滨工业大学理论力学教研室. 理论力学(上册) [M]. 5 版. 北京：高等教育出版社，1997.

[2] 干光瑜，秦惠民. 建筑力学第二分册：材料力学 [M]. 4 版. 北京：高等教育出版社，2006.

[3] 范钦珊. 工程力学教程 [M]. 北京：高等教育出版社，1998.

[4] 重庆建筑大学. 建筑力学第一分册：理论力学 [M]. 3 版. 北京：高等教育出版社，1998.

[5] 陈传尧. 工程力学 [M]. 北京：高等教育出版社，2006.

[6] 梅凤翔. 工程力学 [M]. 北京：高等教育出版社，2003.

[7] 刘鸿文. 简明材料力学 [M]. 北京：高等教育出版社，1997.

[8] 李卓球，牛学仁，王苗. 理论力学 [M]. 武汉：武汉理工大学出版社，2003.

[9] 北京科技大学，东北大学. 工程力学 [M]. 4 版. 北京：高等教育出版社，2008.